前沿零距离
Walking at Frontiers

北京市科学技术协会
科普创作出版资金资助

材料与文明

Materials and Civilization

◉ 毛卫民 著

高等教育出版社·北京

图书在版编目（CIP）数据

材料与文明 / 毛卫民著. -- 北京 : 高等教育出版社, 2020.1

ISBN 978-7-04-053003-2

Ⅰ. ①材… Ⅱ. ①毛… Ⅲ. ①材料科学－普及读物 Ⅳ. ①TB3-49

中国版本图书馆CIP数据核字(2019)第253833号

材料与文明

Cailiao Yu Wenming

策划编辑　刘占伟　刘剑波
责任编辑　刘占伟　任辛欣
特约编辑　林　梅
封面设计　赵　阳
版式设计　赵　阳
插图绘制　于　博
责任校对　刘娟娟
责任印制　赵义民

本书如有缺页、倒页、脱页等质量问题，请到所购图书销售部门联系调换

物料号　53003-00
审图号：GS（2019）4308

出版发行　高等教育出版社
社　　址　北京市西城区德外大街4号
邮政编码　100120
印　　刷　北京盛通印刷股份有限公司
开　　本　720mm×1000mm　1/16
印　　张　24.75
字　　数　400千字
购书热线　010-58581118
咨询电话　400-810-0598
网　　址　http://www.hep.edu.cn
　　　　　http://www.hep.com.cn
网上订购　http://www.hepmall.com.cn
　　　　　http://www.hepmall.com
　　　　　http://www.hepmall.cn
版　　次　2020年1月第1版
印　　次　2020年1月第1次印刷
定　　价　89.00元

内容简介

基于中学生的基本知识水平，本书系统而科普性地阐述了作为人类物质文明基础的材料及其基本概念。参照世界各地与材料相关的考古成果，系统地介绍了旧石器蒙昧时代摸索文明的漫长岁月、新石器野蛮时代文明来临的前奏、铜器时代与古代文明的兴起、铁器时代所伴随的发达文明，以及钢铁时代与近代文明的出现。书中还展示了现代信息时代所赖以生存的材料基础、现代文明广泛使用的材料、材料与文明安全的关系，以及面向未来文明的高技术新材料。本书梳理了材料与文明发展之间必然的内在联系，揭示了材料对东西方文明发展影响的潜在差异，可作为普通公众知识性、兴趣性的科普读物，也可以为高考学生选择大学专业时提供材料科学方面的知识与参考。相关的材料科普知识也可为社会科学工作者提供一定的参考。

前言

如今，人们经常会谈论到“精神文明”“物质文明”等概念。作为普通的公众，在介绍、谈论或聆听这些关于文明的话题时，往往并不一定会明确文明的准确定义是什么；可能也不太清楚在人类学、历史学、社会学、考古学、政治学等方面对文明有不同的概念、定义、理解或解读。人们往往只会根据自己的观念来理解所听到的关于文明的阐述，尽管这种理解有时会与阐述者的观念和理解不尽相同。

我们现在已经生活在一个物质产品极为丰富的世界里，并想当然地享受着因此而带来的极为便捷的生活方式。但往往没有或并未尝试去考虑这种丰富的物质环境是怎样形成的，以及物质环境的改善与人类文明的发展有什么内在的联系。即使是历史学家或社会学家，也有可能对人类物质环境和相关技术的进步在促进人类文明与历史发展中产生的积极作用未能给予足够的重视。另一方面，使用各种材料的人，乃至从事材料生产甚至材料科技研究的人们，也未必了解他们所接触的材料对于人类文明的发展会具备什么样的价值和意义。

或许我们从历史教科书中已经了解到，人类社会出现后，曾经历过旧石器时代、新石器时代、铜器时代、铁器时代、后铁器时代（钢铁时代）。表征这些时代的石、铜、铁、钢都是不同的材料，进而有人把当前的信息时代称为硅时代，而硅也是一种材料。从这些时代名称以各种材料来命名这一点就可以看出，材料与人类历史和文明发展有着密切的关联。今天，我们所有人都离不开材料，并且在生活和工作上都要与名目繁多、形形色色的材料打交道。因而了解材料的发展历史及其与人类的关系，或许有助于我们当前和未来的工作与生活。

约在公元前4 000年左右，人类逐渐进入了文明时代。对于今天的许多读者来说，那是一个非常遥远、没有文字记载的已逝去年代。我们往往会想象，那时的人类数量稀少、荒蛮原始、愚钝无知，在大自然面前羸弱乏力、茫然无序、适者生存。我们会在博物馆中看到一些早期的考古文物，从中想象它们的作用及其当时的状态。或许我们会思考：这些文物在当时历史条件下的出现是否出于偶然？这些文物对于人类文明有着什么样的深刻意义？全世界各种文明的出现和发展有哪些本质性的差异或共通？仅仅基于某一次对文物的参观，我们很难得到清晰的答案。但是，当浏览了全世界大量的历史文物并在一起对比分析时，我们就会得到非常震撼的印象，甚至得出意想不到的结论。当我们把全世界同一历史阶段的大量同类文物放在一起时，就会感受到那时的人类数量并不稀少、并不荒蛮原始、并不愚钝无知，他们面对强大的自然界，会奋勇抗争、智慧清醒、频繁交往、生存有序。不仅人类不同特色文明的发展有着非常强烈而共同的内在规律性，而且文明与人类使用材料的技能也有着密不可分的联系。这种联系不仅在历史上存在，今天在维持，而且在未来社会还将持续。

针对材料与文明的种种关系问题，作者参照自己40余年从事材料专业教学和科技研究的经验与知识积累，对各种材料在人类历史上曾经发挥过的作用做了系统性调研。先后访问过中国29个省级博物院馆，20多个其他类型的博物院馆或遗址，以及11个国际博物馆及展会，收集并整理了大量的图片和文字资料。以此为基础，作者以中学生的基本知识水平为出发点，在众多学者、专家和亲朋的帮助下，参考了相关的文献、资料，草拟本书，期望能以大众科普的形式，从多个角度逐步阐述各种材料的特性，及其在不同历史阶段对文明发展所发挥的巨大作用。本书注意保持大众科普的表达基调，促使读者关注到材料对人类无可取代的重要作用，并期待读者对材料的相关知识产生一定的兴趣。

本书首先可作为普通公众的科普读物，为他们提供一些与材料相关的生活知识和科普知识，且可充实业余兴趣。即将进入大学接受高等教育的中学生，不论学习什么专业都会从不同角度与材料打交道。因此，本书也可以为高考学生及其家长在选择接受何种高等教育专业方向时提供材料科学方面的知识，并拓宽知识面。本书所提供的材料科普知识或许也可以为社会科学专业的学者和研究者提供一定的参考。

在本书的成稿过程中，大量的专家、学者及社会各界人士提供了文字和图片资料，参与了编写工作，或为本书的编写提供了指导和帮助。在这里特别感谢北京大学拱玉书老师、浙江大学赵新兵老师、内蒙古科技大学任慧平老师、安徽工业大学朱国辉老师、中南大学张新明老师、广西大学曾建民和罗建举老师等。北京科技大学的许多专家、教授参与了本书的编写，或以各种形式提供了帮助，包括董建新、高学绪、龙毅、廖庆亮、黄运华、杨洲、何万里、郑裕东、于广华、滕蛟、李延祥、潜伟、康永林、唐荻、任学平、蔡庆伍、李晓刚、孙加林、曹文斌、陈俊红、何业东、郭志猛、冯强、杨平、冯惠平等。北京科技大学王开平老师参加了本书的资料收集以及全国性图片和文字资料的调研，同时还承担了本书大量的制图、审核、校对文稿等工作。另外，作者大量的亲朋、学生也为本书的成稿作出了多方的协助和贡献，包括左宏、毛昌民、李东、王学东、毛解民等。在此，作者谨向上述社会各界的专家、学者、亲朋、学生，以及那些未能提及但给作者以帮助的其他各界人士表示诚挚的谢意。感谢内蒙古科技大学教育教学改革研究项目（编号：0302051603）对本书编写的资助，也感谢北京科技大学科技处的支持与协助。

在人类历史上曾出现过种类繁多的各种材料，本书不可能、也没必要面面俱到地罗列和介绍所有这些材料；仅重点阐述和介绍了对人类历史和文明发展起到重大作用的那些主要的材料。在本书论述中涉及各类文物时，如果考古单位仅提供了文物可能的年代范围，则书中统一按照相应年代范围的中间值表示，虽不一定科学、严谨，但可方便读者阅读和简单判断。文稿中会涉及一些与材料相关的概念，书中随时给出了简单的定义或一定的阐述。为了进一步方便阅读，本书后面归纳、汇总了这些概念的科普阐述模式，以便于读者随时翻阅核对。需要注意的是，本书不试图系统地介绍材料专业知识，本书的读者也不需要具备材料专业知识；因此这些概念的阐述仅限于科普水平，并不一定是相关概念完整、严谨、专业、科学的表达，这里仅作参考。

需要强调的是，作者身处工程领域的材料学科，不具备系统性的人类学、历史学、社会学、考古学、政治学等方面的社会科学知识。因此，在阐述社会科学方面的问题和观点时恐专业性不足，还请读者及有关专家见谅。由于作者认识水平有限，书中谬误之处在所难免，恳请广大读者和有关专家批评指正。

作者

2019 年 8 月

图片来源

材料与文明的关系是一个非常复杂的问题。现有文献中可以找到大量对于“材料”和“文明”这两方面问题的观察和研究。这为我们观察两者之间的关系提供了大量参考和依据。作者在大量收集和采编相关资料的同时，很高兴能在丰富的现存文献中查阅到许多学者和专家所制作的一些有参考价值的图片，使作者得以在本科普著作中有所引用并向广大读者介绍。作者在这里向他们表达崇高的敬意，感谢他们富有成效的工作。作者无缘与这些学者和专家一一当面请教，特将所引用图片的出处罗列如下，供读者查阅和参考。

第 1 章

图 1.10：中华人民共和国国家文物局 . 中原文明：华夏之光——中华文明起源 . 西安：三秦出版社，2011.

图 1.11：华觉明 . 中国古代金属技术 . 郑州：大象出版社，1999.

图 1.12：刘海旺，赵志文 . 河南鲁山望城岗汉代冶铁遗址一号炉发掘简报 . 华夏考古，2002（1）：3–12.

第 2 章

图 2.1a：Black striped capuchin (Sapajus libidinosus) using rocks to crack nuts, piaui, Brazit. Image number: 01324087. 源自 Nature Picture Library.

图 2.2：Harmand S, Lewis J E, Feibel C S, *et al.*

3.3-million-year-old stone tools from Lomekwi 3, West Turkana, Kenya. Nature. 2015, 521: 310–315.

图 2.3a：Stout D, Semaw S, Rogers M J, *et al*. Technological variation in the earliest Oldowan from Gona, Afar, Ethiopia. Journal of Human Evolution, 2010, 58: 474–491.

图 2.4d：Wei G, Huang W, Chen S, *et al*. Paleolithic culture of Longgupo and its creators. Quaternary International, 2014, 354: 154–161.

图 2.4e：Doronichev V, Golovanova L. Beyond the Acheulean: A view on the Lower Paleolithic occupation of Western Eurasia. Quaternary International, 2010, 223–224: 327–344.

图 2.6a：Barsky D, Celiberti V, Cauche D, *et al*. Raw material discernment and technological aspects of the Barranco León and Fuente Nueva 3 stone assemblages (Orce southern Spain). Quaternary International, 2010, 223–224: 201–219.

图 2.7a：Barsky D, Celiberti V, Cauche D, *et al*. Raw material discernment and technological aspects of the Barranco León and Fuente Nueva 3 stone assemblages (Orce southern Spain). Quaternary International, 2010, 223–224: 201–219.

图 2.17b：中国国家博物馆．中华文明．北京：中国社会科学出版社，2010.

图 2.18b：Blackwell B A B, Skinner A R, Smith J R, *et al*. ESR analyses for herbivore teeth and molluscs from Kharga and Bir Tarfawi Oases: Constraining water availability and hominin paleolithic activity in the Western Desert, Egypt. Journal of African Earth Sciences, 2017 (136): 216–238.

图 2.21f：沈阳市文物考古研究所，吉林大学边疆考古研究中心．沈阳地区旧石器考古发现研究．北京：科学出版社，2015.

图 2.23a：沈阳市文物考古研究所，吉林大学边疆考古研究中心．沈

阳地区旧石器考古发现研究 . 北京：科学出版社，2015.

图 2.23i：王永，王军，纪占胜，等 . 藏北羌塘中部戈木错盆地石制品的初步研究 . 地质通报，2009，29（9）：1330–1334.

图 2.24a：李季，安家瑗，孙其刚 . 文物史前史 . 北京：中华书局，2009.

图 2.26j：王永，王军，纪占胜，等 . 藏北羌塘中部戈木错盆地石制品的初步研究 . 地质通报，2009，29（9）：1330–1334.

图 2.29d：李季，安家瑗，孙其刚 . 文物史前史 . 北京：中华书局，2009.

图 2.30b：Pétillon J M. Technological evolution of hunting implements among Pleistocene hunteregatherers: Osseous projectile points in the middle and upper Magdalenian (19–14 ka cal BP). Quaternary International, 2016, 414: 108–134.

图 2.32：高星，裴树文 . 中国古人类石器技术与生存模式的考古学阐释 . 第四纪研究，2006，26（4）：504–513.

武春林，张岩，李琴，郭正堂，高星 . 中国古人类遗址环境数据库及遗址时空分布初步分析 . 科学通报，2011，56（26）：2229–2231.

第 3 章

图 3.5：佟柱臣 . 中国新石器研究：下册 . 成都：巴蜀书社，1998.

图 3.9j：李珍 . 中国国家博物馆馆刊，2011（7）：58–68.

图 3.20c：Borrell F, Štefanisko D. Journal of Archaeological Science, 2016, 69: 130–142.

图 3.28f：李珍 . 贝丘、大石铲、岩洞葬——南宁及其附近地区史前文化的发展与演变 . 中国国家博物馆馆刊，2011,（7）058–068.

图 3.29a：傅熹年 . 中国科学技术史：建筑卷 . 北京：科学出版社，2008.

图 3.30b：傅熹年 . 中国科学技术史：建筑卷 . 北京：科学出版社，2008.

图 3.41a：Hrouda B. Der Alte Orient: Geschichte und Kultur des alten Vorderasien. Münschen: C. Bertelsmann Verlag GmbH, 1991.

图 3.44e：Sarreta M, Adam P, Schaeffer P, *et al*. Organic substances from Egyptian jars of the Early Dynastic period (3100–2700 BCE): Mode of preparation, alteration processes and botanical (re)assessment of "cedrium" . Journal of Archaeological Science, 2017, Reports 14: 420–431.

图 3.50i：Sanjurjo-Sánchez J, Montero Fenollós J L, Prudêncio M I, *et al*. Geochemical study of beveled rim bowls from the Middle Syrian Euphrates sites. Journal of Archaeological Science, 2016, Reports 7: 808–818.

图 3.52b：Teoh M L, McClure S B, Podrug E. Macroscopic, petrographic and XRD analysis of Middle Neolithic figulina pottery from central Dalmatia. Journal of Archaeological Science, 2014, 50: 350–358.

图 3.52h：吕章申 . 中国国家博物馆 . 北京：长征出版社，2011.

图 3.55j：中国国家博物馆 . 中华文明 . 北京：中国社会科学出版社，2010.

图 3.55u：中国国家博物馆 . 文物史前史 . 北京：中华书局，2009.

图 3.57d：约 4500 年前印度哈拉帕 . 源自印度国家博物馆官网 .

图 3.67b：戴自怡 . 中华原始服饰与石器时期文化源流考 . 国际服装导报，2011（1）：52，54–56，58.

图 3.69f：刘国祥 . 红山文化研究 . 北京：科学出版社，2015.

图 3.69g：刘国祥 . 红山文化研究 . 北京：科学出版社，2015.

图 3.69j：吕章申 . 中国国家博物馆 . 北京：长征出版社，2011.

图 3.71b：刘家和，网敦书 . 世界史：古代史编 . 北京：高等教育出版社，2011.

图 3.72d：王晖 . 从蚌埠双墩遗址陶符看史前陶器刻划符号的性质 . 宝鸡文理学院学报（社会科学版），2013，33（6）：5–15.

图 3.73：石钺上的神秘符号 . 温州商报，2013 年 7 月 10 日 .

图 3.74a：王晖 . 中国文字起源时代研究 . 陕西师范大学学报（哲学社会科学版），2011，40（3）：5–23.

图 3.74c：栾丰实 . 丁公龙山城址和龙山文字的发现及其意义 . 文史哲，1995（3）：85–89.

冯时 . 山东丁公龙山时代文字解读 . 考古，1994（1）：37–54.

图 3.74d–e：王晖 . 中国文字起源时代研究 . 陕西师范大学学报（哲学社会科学版），2011，40（3）5–23.

第 4 章

图 4.3a：拉斯伯恩 D. 古代文明大百科 . 王晋，侯佳，译 . 北京：电子工业出版社，2016.

图 4.3b：巴特利 S. 符号中的历史 . 范明瑛，王敏雯，译 . 北京：北京联合出版有限责任公司，2016.

图 4.4a：巴特利 S. 符号中的历史 . 范明瑛，王敏雯，译 . 北京：北京联合出版有限责任公司，2016.

图 4.4b：文娟 . 世界考古未解之谜 . 北京：中国华侨出版社，2014.

图 4.5：张琦 . 一本书读懂世界历史和中国历史 . 北京：北京联合出版有限责任公司，2016.

宛华 . 世界历史全知道 . 北京：北京联合出版有限责任公司，2015.

丁舟，言必称希腊还是中国：上册 . 北京：北京日报出版社，2015.

图 4.6：郭泳 . 夏史 . 上海：上海人民出版社，2015.

图 4.8a：上海博物馆 . 博物馆与古希腊文明 . 北京：北京大学出版社，2016.

图 4.8b：Neils J. The British Museum concise introduction: Ancient Greece. London: The British Museum Press, 2008.

图 4.9：Neils J. The British Museum concise introduction: Ancient Greece. London: The British Museum Press, 2008.

图 4.18b：华觉明 . 中国古代金属技术 . 郑州：大象出版社，1999.

图 4.18c：中国国家博物馆 . 中华文明 . 北京：中国社会科学出版社，2010.

图 4.19b：Ling J, Stos-Gale Z, Grandin L, *et al.* Moving metals Ⅱ: Provenancing Secandinavian Bronze Age artefacts by lead isotope and elemental analyses. Journal of Archaeological Science, 2014, 41(2): 106–132.

图 4.22a：Partworks B. Ancient civilization. Grolier Educational, 2000.

图 4.22b：Goodrich J T. The ancient art of trepanation——A Greek Bronze Age “hole in the skull”. World Neurosurgery. 2014, 81(2): 296–297.

图 4.25b：范荣静，李三谋 . 青铜农具考释 . 农业考古，2012（4）：96–103.

图 4.26a：范荣静，李三谋 . 青铜农具考释 . 农业考古，2012（4）：96–103.

图 4.26c：杨晰智 . 武梁祠汉画像石“神农执耒图”研究 . 农业考古，2014（3）：146–149.

图 4.28a: Morr Z E L, Permot M. Middle Bronze Age metallurgy in the Levant evidence from the weapons of Byblos. Journal of Archaeological Science, 2011, 38: 2613–2624.

图 4.28b：Goodrich J T. The ancient art of trepanation——A Greek Bronze Age “hole in the skull” . World Neurosurgery, 2014, 81(2): 296–297.

图 4.29a：Goodrich J T. The ancient art of trepanation——A Greek Bronze Age “hole in the skull” . World Neurosurgery, 2014, 81(2): 296–297.

图 4.30a：Partworks B. Ancient civilization. Danbury: Grolier Educational, 2000.

图 4.30b：Goodrich J T. The ancient art of trepanation——A Greek

Bronze Age “hole in the skull” . World Neurosurgery, 2014, 81(2): 296–297.

图 4.31b：Partworks B. Ancient civilization. Danbury: Grolier Educational, 2000.

图 4.33d：Goodrich J T. The ancient art of trepanation——A Greek Bronze Age “hole in the skull” . World Neurosurgery, 2014, 81(2): 296–297.

图 4.43b：Partworks B. Ancient civilization. Danbury: Grolier Educational, 2000.

图 4.43d：Morr Z EL, Permot M. Middle Bronze Age metallurgy in the Levant evidence from the weapons of Byblos. Journal of Archaeological Science, 2011, 38: 2613–2624.

图 4.47a：Partworks B. Ancient civilization. Danbury: Grolier Educational, 2000.

图 4.48b：Partworks B. Ancient civilization. Danbury: Grolier Educational, 2000.

图 4.49a：马青云 . 奇迹背后的故事 . 北京：世界图书出版公司 , 2015.

图 4.53a：Hrouda B. Der alte Orient: Geschichte und Kultur des alten Vorderasien. Münschen: C. Bertelsmann Verlag GmbH, 1991.

图 4.53d：Strommenger E. Fünf Jahrtausende Mesopotamien. Münschen: Hirmer Verlag, 1962.

图 4.54a：上海博物馆 . 博物馆与古希腊文明 . 北京：北京大学出版社 , 2016.

图 4.55：吕章申 . 中国国家博物馆 . 北京：长征出版社，2011.

图 4.65a：戴自怡 . 中华原始服饰与石器时期文化源流考 . 国际纺织导报，2011（7）：52–58.

图 4.65b：赵翰生 . 一段飘逸的历史——漫谈桑蚕丝绸史话 . 生命世界，2005（2）：42–52.

第 5 章

图 5.2d：Pritchard J B. The ancient Near East in picture. Princeton: Princeton University Press, 1969.

图 5.4a：陈建立，毛瑞林，王辉，等 . 甘肃临潭磨沟寺洼文化墓葬出土铁器与中国冶铁技术起源 . 文物，2012（8）：45–54.

图 5.4b：新疆维吾尔自治区文物局 . 新疆维吾尔自治区第三次全国文物普查成果集 . 北京：科学出版社，2011.

图 5.4h：河南文物考古研究所，三门峡市文物工作队 . 三门峡虢国墓：第一卷下 . 北京：文物出版社，1999.

图 5.5a：河南西平县酒店冶铁遗址 . 源自新浪博客 .

图 5.24f：仝涛，李林辉，黄珊 . 西藏阿里地区噶尔县故如甲木墓地 2012 年发掘报告（附图片）. 考古学报，2014（4）：563–587.

图 5.25q：仝涛，李林辉，黄珊 . 西藏阿里地区噶尔县故如甲木墓地 2012 年发掘报告（附图片）. 考古学报，2014（4）：563–587.

图 5.30：沧州市文物局 . 沧州文物古迹 . 北京：科学出版社，2007.

图 5.31：宋应星 . 天工开物 . 北京：人民出版社，2015.

图 5.32：北京科技大学冶金与材料研究所 . 铸铁中国——古代钢铁技术发明创造巡礼 . 北京：冶金工业出版社，2011.

图 5.42：丁舟 . 言必称希腊还是中国（上）. 北京：北京日报出版社，2015.

图 5.44a：刘仁庆，刘军钛 . 欧洲早期造纸技术发展史略 . 纸和造纸，2014，33（9）：72–75.

图 5.44b：刘仁庆 . 由“莎草纸”引起的联想 . 天津造纸，2011（2）：44–48.

图 5.45b：宋应星 . 天工开物 . 北京：人民出版社，2015.

图 5.48e：干福熹等 . 中国古代玻璃技术发展史 . 上海：上海科学技术出版社，2016.

图 5.48f：干福熹等 . 中国古代玻璃技术发展史 . 上海：上海科学技术出版社，2016.

第 6 章

图 6.2：Tylecote, R F. A history of metallurgy. The Institute of Materials, 1992.

图 6.5：刘兴明．中国首个钢铁重工业——青溪铁厂．文史天地，2016（5）：12–16.

图 6.8：张国辉．论汉冶萍公司的创建、发展和历史结局．中国经济史研究，1991（2）：1–28.

图 6.11：黄逸平．旧中国的钢铁工业．学术月刊，1981（4）：9–14.

王子祐．抗战八年来之我国之钢铁工业．资源委员会季刊，1946，6（1–2）：468.

第 7 章

图 7.1d：最新常用电子管速查手册编写组．最新常用电子管速查手册．2 版．北京：机械工业出版社，2013.

第 8 章

图 8.6a：黄玲．中国海事新旗舰——大型巡航救助船“海巡 01”轮下水．中国海事，2012（8）：2.

图 8.9a：孙烈．党的八大二次会议与万吨水压机．百年潮，2012（1）：15–21.

图 8.9c：田宗伟，叶葳．500 万：骄人的三峡速度．中国三峡建设，2008（1）：20–27.

图 8.22：王向东，逯福生，贾翊，等．2010 年的中国钛工业．钛工业进展，2010，27（5）：1–5.

贾翊，逯福生，郝斌．2015 年中国钛工业发展报告．钛工业进展，2016，33（2）：1–6.

图 8.23c：Kokubo T, Matsushita T, Takadama H, *et al*. Development of bioactive materials based on surface chemistry. Journal of the European Ceramic Society, 2009, 29: 1267–1274.

图 8.25：鲍荣华，范蓓茜 . 21 世纪金属镁将成为战略材料 . 中国国土资源经济，2012（12）：24–26.

刘煜，刘静安，刘志国 . 镁合金加工工业及技术的发展特点与趋势 . 有色金属加工，2013，42（1）：1–3.

图 8.28c：崔利军，肖永清 . 轻量化的镁合金引领电动自行车更轻盈 . 中国自行车，2016（12）：74–81.

图 8.55：肖永清 . 光纤照明技术给汽车增添精彩 . 交通与运输，2010（3）：44–45.

图 8.59a：Liu H, Leng Y, Tang J, *et al.* Tribological performance of ultra–high–molecular–weight polyethylene sliding against DLC–coated and nitrogen ion implanted CoCrMo alloy measured in a hip joint simulator. Surface & Coatings Technology, 2012, 206: 4907–4914.

图 8.59b：Ghanbari H, Kidane A G., Burriesci G, *et al.* The anti–calcification potential of a silsesquioxane nanocomposite polymer under in vitro conditions: Potential material for synthetic leaflet heart valve. Acta Biomaterialia, 2010, 6: 4249–4260.

第 9 章

图 9.1b：张黎明，户传斌，王恩德，等 . 汽轮发电机组轴颈与轴瓦磨损问题浅析 . 电力技术，2010，19（17–18）：47–55.

图 9.3a：赵萍 . 全球近期灾害录 . 防灾博览，2012（10）：90–95.

图 9.3c：2011 年 7 月 23 日温州动车追尾事故 . 源自中新网 .

图 9.3e：1986 年 4 月 26 日乌克兰切尔诺贝利核电站核泄漏事故 . 源自百度搜索 .

图 9.3f：Plaut R H. Snap loads and torsional oscillations of the original Tacoma Narrows Bridge. Journal of Sound and Vibration, 2008, 309: 613–636.

图 9.3g：Schultz A E, Gastineau A J. Bridge collapse// Innovative Bridge Design Handbook. Elsevier Inc. 2016, 795–815.

图 9.3h：新华社 / 法新社 . 戴高乐机场屋顶坍塌事故 . 中国记者，2004（6）：30.

图 9.3i：海洋钻井史上最惨重 9 大事故 . 源自龙 de 船人网 .

图 9.4a：小蒙 . 现代航空史上最大的挑战之一——穿越音障 . 世界博览 , 2004（2）：74–75.

图 9.4b：沙漠中行驶的陆风越野车 . 源自百度搜索 .

图 9.6：Space Shuttle Challenger disaster. 源自维基百科网 .

图 9.7：Space Shuttle Columbia disaster. 源自维基百科网 .

图 9.9c：鲁实 . 全球近期灾害录 . 防灾博览，2012（5）：90–95.

图 9.9d：张旭辉 . 福岛核震启示录 . 环境保护，2011（6）：8–15.

图 9.9e：马瑞 . 潘多拉盒子再度打开——世界各国应对福岛核事故综述 . 环境保护，2011（6）：16–23.

第 10 章

图 10.3：Autumn K, Liang Y A, Hsieh S T, *et al.* Adhesive force of a single gecko foot-hair. Nature, 2000, 405: 681–684.

Autumn K, Majidi C, Groff R E, *et al.* Effective elastic modulus of isolated gecko setal arrays. The Journal of Experimental Biology, 2006, 209: 3558–3568.

图 10.4：Eigler D M, Schweizer E K. Positioning single atoms with a scanning tunneling microscope. Nature, 1990 344: 524–526.

图 10.5a：Iijima S. Helical microtubules of graphitic carbon. Nature, 1991, 354: 56–58.

图 10.5b：碳纳米管原子结构示意图 . 源自百度搜索 .

图 10.6：Xiao L, Chen Z, Feng C, *et al.* Flexible, stretchable, transparent carbon nanotube thin film loudspeakers. Nano Letters, 2008, 8(12): 4539–4545.

图 10.7：Graphene. 源自维基百科网 .

图 10.8：Bae S, Kim H, Lee Y, *et al.* Roll-to-roll production of 30-

inch graphene films for transparent electrodes. Nature Nanotechnology, 2010, 5(8): 574–578.

图 10.9：Qin Y, Wang X, Wang Z L. Microfibre-nanowire hybrid structure for energy scavenging. Nature, 2008, 451: 809–813.

图 10.12：埃德蒙顿 . 极光梦境 . 新经济，2013（3）：30–31.

图 10.17：赵敏寿，孙长英 . 稀土金属间化合物磁蓄冷材料 . 稀有金属，1996，20（6）：467–471.

图 10.21a：太阳系 . 源自美国 NASA 政府网 .

图 10.21b：煤油灯收音机 . 源自雅虎搜索 .

图 10.24：Johansen T H, Bratsberg H, Riise A B, *et al.* Measurements and model calculations of forces between a magnet and granular high-Tc superconductor. Applied Superconductivity, 1994, 2(7–8): 535–548.

Yang Z J, Johansen T H, Bratsberg H, *et al.* Lifting forces acting on a cylindrical magnet above a superconducting plane. Physica C, Superconductivity, 1992, 197(1–2): 136–146.

图 10.25：马如璋，蒋民华，徐祖雄 . 功能材料概论 . 北京：冶金工业学出版社，1999.

图 10.31：乡村走出来的巨人——莱特兄弟 . 乡镇论坛，1994（9）：49.

图 10.32b：乡村走出来的巨人——莱特兄弟 . 乡镇论坛，1994（9）：49.

图 10.33：航空发动机结构示意图 . 源自百度搜索 .

图 10.34：中国航空发动机一线曙光粉末涡轮盘获重大突破 . 中国科学报，2013 年 4 月 3 日 .

图 10.35：郭仁玮. 利用聚合物稳定胆甾相液晶制备宽波反射薄膜的研究 . 博士学位论文 . 北京：北京科技大学，2010.

图 10.36：郭仁玮. 利用聚合物稳定胆甾相液晶制备宽波反射薄膜的研究 . 博士学位论文 . 北京：北京科技大学，2010.

图 10.37：郭仁玮. 利用聚合物稳定胆甾相液晶制备宽波反射薄膜的研究 . 博士学位论文 . 北京：北京科技大学，2010.

图 10.39：Lutjering G, Williams J C. 钛 . 雷霆，杨晓源，方树铭，译 .

2 版，北京：冶金工业出版社，2011.

图 10.40：贺潇 . 新京报，2012 年 3 月 27 日 .

图 10.41：王庆良 . 羟基磷灰石仿生陶瓷及其生物摩擦学研究 . 徐州：中国矿业大学出版社，2010.

目录

第 1 章

什么是材料

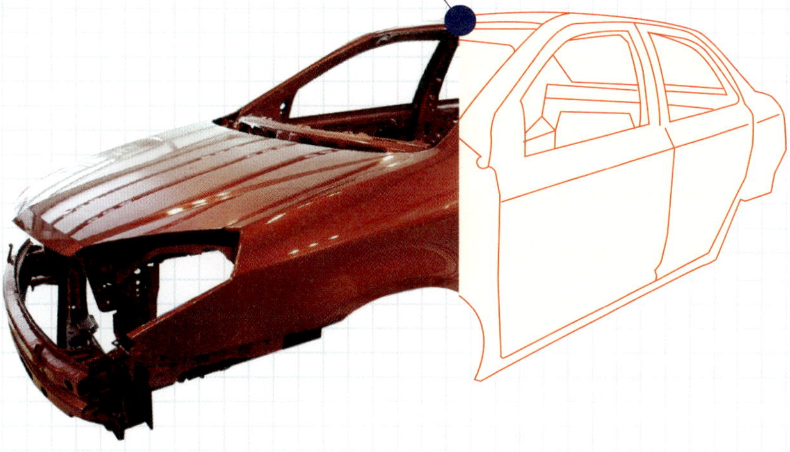

“人们对“材料”一词并不陌生。在这里我们希望介绍和讨论的“材料”涉及在现代社会工程领域中广泛应用且与人类文明的发展密切相关的那些物质。如果把材料与人类文明扯上关系，这里的材料则不再是学生们的学习材料、复习材料、指导材料等；也不会是办公室里的汇报材料、总结材料、背景材料、调查材料、参考材料等；当然也不是指厨房里的各种食用材料。那我们要谈论的材料是什么？或者到底什么是材料呢？”

1.1 现代社会中人类生活的物质环境——材料

当我们清晨醒来，睁开眼睛会看到房间里的桌椅门窗（图 1.1a）；起身穿衣、整理床铺会看到内衣外衣（图 1.1b）、床单被褥（图 1.1c）；洗漱清理、准备早餐会接触到卫生洁具（图 1.1d）、锅灶碗筷（图 1.1e），它们有各自的特性和用途。我们是否有时会想到或问到，这些东西是用什么做的？怎样做成的？使用过程是否便捷、有效？当我们走出家门，可以看到我们赖以生活的各种类型的建筑（图 1.2）。或许，我们会利用不同的交通工具去上学或上班，如自行车、公交车、轨道交通等（图 1.3），以便捷地到达目的地。

如果我们外出旅行，或许会乘坐汽车、火车、轮船、飞机（图 1.4），这些现代交通工具可以使我们舒适、迅速地到达世界的各个角落。打开电视机，我们可以掌握全世界的新闻资讯，欣赏全球的娱乐节目（图 1.5a）；拿出手提电话，我们可以随处与亲友通话（图 1.5b）；打开计算机，我们可以借助互联网与世界各地取得联系（图 1.5c）。

观察日常的衣食住行、社会生活会发现，我们生活在一个极为丰富多彩的物质环境中。这个环境是我们舒适、方便、高质量生活的基础。而且，这个环境与野生动植物生存的自然环境有着本质的不同，它是由人类自己创造出来的。我们所接触到的这些物质并不是以简朴的原生态形式存在的物质，而是人们按照一定的思想设计，并借助繁杂的加工、处理、组合、安装等过程而制作出来的设施、工具、器具等对人类非常有用的物件。

从工程角度观察，在采矿、地质、机械、建筑、车辆、仪器、冶金、电工、电子、计算机、自动化、信息、网络、通信、军工、化工、生物、制药、医学、农业、交通、装备、核能、轻工、航空、航天等工程领域，或者说几乎在一切工程领域中，都涉及研究、设计、生产、制造、选择和应用各种类型的、对于相关领域非常有用的不同物件，即各种仪器、设施、机器、工具等。

通常，我们会把制成特定有用物件的物质称为某种材料，那么什么是材料呢？材料显然归属于物质的范畴，但并不是所有物质都是材料。从上述的日常生活和工程实践中，我们可以简单地归纳出**材料**的概念为：用于制造有用物件的物质。

回过头来重新观察人类所生存的社会环境不难发现，我们整日被形形色色的材料所包围，我们所生活的物质社会实际上是由不同材料构成的。不论是日常生活还是工程实践所遇到的上述种种有用物件，通常都是由某个工业部门借助某种方式进行加工、

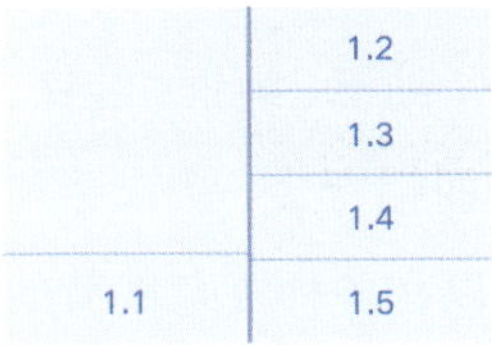

◉ **图 1.1** 日常可接触到的各种材料：a. 桌椅门窗；b. 内衣外衣；c. 床单被褥；d. 卫生洁具；e. 锅灶碗筷

◉ **图 1.2** 居民小区

◉ **图 1.3** 市内交通工具：a. 自行车；b. 公交车；c. 地下轨道交通

◉ **图 1.4** 长途交通工具：a. 汽车；b. 火车；c. 轮船；d. 飞机

◉ **图 1.5** 家用电器：a. 手提电话；b. 电视机；c. 计算机

制造而生产出来的，其中会使用到各种不同的物质，称为**工程材料**；在工程领域中简称为材料。

1.2 材料的物质本质

从化学的角度出发，世间绝大多数物质是由大量不同原子构建、堆砌出来的。这些物质分为纯净物和混合物，纯净物还分成单质和化合物两大类。人们已经认识到，不同化学成分组成的几千万种物质都是由不同种类和堆砌形式的原子组成。作为用于制造有用物件的物质，材料则一定是由大量不同原子构建、堆砌出来的。

根据科学家的长期研究，俄国科学家门捷列夫于 1869 年发现并总结出了化学元素周期表，阐述了宇宙中存在的各种原子的规律性。加上后续的研究，人们至今发现了周期表上共可罗列出 112 种常见的单质元素；其中有 90 种金属元素以及 22 种非金属元素，包括氦、氖、氩、氪、氙、氡等稀有气体。与人类社会密切接触的地壳约有接近一半重量是氧，地壳另外还含有大约 26% 硅、8% 铝、5% 铁、3% 钙、3% 钠、2% 钾、2% 镁，以及小于 1% 的氢、钛及其他元素。

金属元素共同的物理特性包括易导电、易导热、有延展性等。一个固体物质在外力作用下会发生一定变形。当外力去除后，固体物质能够恢复到原来几何形状的那种变形特性称为**弹性**；根据胡克定律，弹性变形量的大小与外力的大小成比例，比值为**劲度系数**。与弹性相对应的是**刚性**，即在外力作用下固体物质不容易改变原来几何形状的那种不易变形特性。物质的劲度系数越低，弹性越好，而刚性越差，反之亦然。当外力足够高，以致适当变形并去除外力后固体物质不能恢复原来形状而保留一定程度永久变形量的变形特性即是延展性，也称为**塑性**。以金属元素为基础，由两种或两种以上金属或金属与非金属组成的金属体系称为**合金**，合金仍具备易导电、易导热、有延展性等物理特性。由金属或合金构成的材料称为**金属材料**，常见的金属材料包括钢铁、铝、铜、钛、镁等及其合金。多数钢铁材料的密度范围为每立方厘米 7.7 克至 7.9 克；纯铝、纯铜、纯钛、纯镁的密度分别为每立方厘米 2.70 克、8.96 克、4.51 克、1.74 克；而铝合金、钛合金和镁合金均属于低密度轻质金属材料。金属材料具有良好的塑性，可以在各种复杂载荷的作用下可靠地使用或服役，因此是当今各工业部门主要使用的材料。多数金属元素的化学性质比较活泼，容易在环境中发生氧化或其他化学反应，这种金属材料的化学反应行为称为**腐蚀**。

活泼的化学性质也使得金属元素通常在自然界中以化合物的形式存在，且多为氧化物。例如地壳中虽然有许多金属元素，但它们多以氧化物的形式存在，因此地壳中最多的元素是氧。地壳中蕴藏最多的物质是氧化硅，硅是非金属元素，因此氧化硅属于非金属氧化物，或称无机化合物。

多数无机化合物的化学稳定性很高，但不具备延展性和其他金属特性；以这类化合物构成的材料称为**无机非金属材料**。这类不具备延展性的材料会表现出很大的**脆性**，即在外载荷值提高到一定程度后材料直接突发性断裂，之前并不发生塑性变形。传统的无机非金属材料主要涉及日用陶瓷、搪瓷、工业陶瓷、玻璃材料、耐火材料、水泥、砖瓦、石灰、石膏等。这些均是以氧化硅为基础、由多种硅酸盐化合物构成的材料，因此也统称为**硅酸盐材料**或**陶瓷材料**。工业技术的发展推动着许多新型陶瓷材料不断涌现。现代无机非金属材料还包含了由氧化物、氮化物、碳化物、硼化物、硅化物以及各种其他无机化合物构制成的材料；这些化合物可以是非金属元素的化合物，也可以是金属元素的化合物。多数无机非金属材料的密度大致在每立方厘米 2 克至 3.5 克的范围。无机非金属材料内原子间的化学结合方式决定了其具备良好的绝缘性和化学稳定性，因而不导电并耐腐蚀，在高温下也能保持很高的稳定性，适合在高温、腐蚀、暴晒、寒冷、潮湿、辐射、重压等恶劣、复杂的环境下使用或服役。

碳的化合物及其衍生物总称为**有机化合物**，或简称为**有机物**，绝大多数有机化合物中均含有氢。诸如一氧化碳、二氧化碳、碳酸、氰酸、含碳的盐类、碳与金属间的简单化合物仍应归属于无机化合物。工业用有机化合物主要来源于石油、天然气、煤等。有机化合物中的高分子化合物是指分子量很大的化合物，其分子量通常在数千以上，甚至可以趋近于无穷大。如果用相对原子量来表示分子的质量，则一个氢原子的质量为 1，一个碳原子的质量为 12。一个甲烷分子有 1 个碳原子和 4 个氢原子，其分子质量为 16；一个苯分子有 6 个碳原子和 6 个氢原子，其分子质量为 78；一个乙烯分子有 2 个碳原子和 4 个氢原子，其分子质量为 28。而用于制作许多塑料薄膜或各种塑料制品的聚乙烯分子是由大量的乙烯分子聚合而成，属于高分子，其分子质量可达几十万。通常把分子量大于 5 000 或 10 000 的化合物称为**高分子化合物**。一些高分子化合物的化学组成和结构十分复杂，但大多数高分子化合物虽然分子量很高，其化学组成并不复杂，它的每个分子都是由一种或几种较简单的低分子组成，即低分子量分子重复链接而成。构成高分子化合物的简单低分子化合物称为**单体**。如聚氯乙烯大分子是由氯乙烯单体重复链接而成。这种类型的高分子化合物可通过特定的聚合处理制成，因此又称为**聚合物**。以聚合物为基本组分的材料称为**有机高分子材料**，或**聚合物材料**。常见的有机高分子材料包括塑料、橡胶、纤维、涂料等。多数高分子材料的密度大致在每立方厘米 1 克至 2 克的范围，属于轻质材料。用高分子材料所制作的构件通常具备良好的弹性。高分子材料内原子间的化学结合方式使其不能电离也没有自由电子，因而具备良好的绝缘性和化学稳定性，且不导电、耐腐蚀。高分子材料内存在的碳、氢等元素使其易在高温下发生燃烧，因此其工作温度通常不超过 300 ℃。高分子材料的性能会随使用或放置时间的延长而恶化，表现为在外界光照、温度、湿度、载荷等环境因素的作用下产生变脆、龟裂、变软、发黏、褪色、失去光泽等不可逆的现象，称为**老化**。

综上所述，根据材料的化学组成及其相关特征，大体可以把材料划分成金属材料、无机非金属材料和有机高分子材料三大类。有时也需要把金属材料、无机非金属材料或有机高分子材料混合在一起构成**复合材料**，即将两种或两种以上固体材料借助特定的加工方法混合在一起而组成的具有良好总综合性能的材料。例如在房屋建筑中把钢筋与水泥、砂石混合后制成的钢筋混凝土就属于复合材料。

根据材料的来源还可以把材料划分成天然材料与人工材料。人工材料包括上述种种钢铁、合金、硅酸盐化合物、聚合物等；天然材料则包括石料、砂、泥浆、黏土、天然金刚石、矿石、宝石、玉石、自然铜、自然金、自然银、陨铁、棉、麻、丝、木材、芦苇、草、树脂、动物角、皮革、毛、天然橡胶等。

1.3　材料因不同的使用和服役条件而需具备的特性

现代社会中各种材料服役于特定的工作环境。为了满足使用和服役环境对材料的种种要求，材料本身需要具备各种特定的基本性质和能力。例如，一座斜拉跨河桥上日常会通过大量的车辆和人流，因此使得水泥桥墩承受很大的向下压力，而斜拉钢索则需承受沿钢索长度方向很大的拉力（图 1.6a）。在铁锤的冲击作用下，木工借助敲打铁钉使之钉入木板，因此要求制作铁锤的材料很硬，而且还要有很强的承受冲击载荷而不发生断裂的能力（图 1.6b）。运输车辆在行驶过程中很难避免遇到颠簸路面，因而需要在车体和车轮之间安装弹簧装置以减少振动；这种弹簧材料需具有良好的弹性变形能力，且长期使用而不易损坏（图 1.6c）。日常生活中和工业上会使用各种加热炉，在高温条件下炉子内的材料在强氧化气氛下工作，且同时会受到力的作用；因此炉体材料不仅应具备在高温下承受载荷的能力，而且还应具备抗氧化的能力（图 1.6d）。由此可见，各种材料需具备承受各种外来载荷作用的能力。承受各种载荷力作用的能力称为材料的**力学性能**，有时也称为**机械性能**。

玻璃窗是我们日常生活经常接触的建筑物组成部分（图 1.6e）。窗上的玻璃不仅需要承受一定载荷，而且还要具备良好的透光性，以使人能够看到窗外的物体，且阳光可以照射到室内。把两种热膨胀系数不同的金属片叠压在一起绕制成环形弯曲状双金属片，利用两种不同金属在温度变化时膨胀程度的差异而改变双金属片弯曲状态，并带动指针旋转以指示温度，这就是双金属温度计的工作原理（图 1.6f），在这里利用的是双金属片的热胀冷缩特性及其差异。在化学实验中所使用的许多腐蚀性化学试剂通常会装在玻璃容器内（图 1.6g），因此要求这些玻璃容器具有很强的化学稳定性，不与腐蚀介质发生化学反应。对于一些遇到光容易发生分解变质的试剂还需要使用深色、甚至不透光的容器。利用地球磁场与磁性物质的相互作用原理可以制作指南针（图 1.6h），用以指示方向，这是中国古代的四大发明之一；用于制作指南针的材料需要具备特定的磁性。我们会经常接触到电源线、电话线、互联网线等各种导线，金属铜是制作导线的主要材料（图 1.6i），其电阻率对导电能力有重要影响。除了力学性能以外，这里介绍的各种服役环境主要对材料提出了其他方面的性能要求，往往是力学性能以外的其他物理性能。

1.4 材料的基本力学性质与结构材料

当力或载荷作用于材料时，会传递到材料内部不同的截面上，单位截面面积上所承受的力称为**内应力**或**应力**。当应力达到某一临界值使材料发生塑性变形或断裂时，这个相应的应力称为材料的**强度**，具体表现为开始塑性变形时的屈服强度和发生断裂时的断裂强度。强度通常表示材料在使用和服役过程中能够承受的最大应力，能承受高负荷力的材料应具有高的强度。我们在所接触到的环境中不可避免地会接触到各种设施、器物、装置、工具等，用于制造它们的材料在服役过程中往往需承受各种不同的力或载荷的作用。

假设在一个铁钉上悬挂重物，当重物的质量提高到某一较高值时，我们会观察到铁

◉ 图 1.6 材料的各种服役环境举例：a. 桥梁的桥墩和钢索；b. 铁锤的冲击作用；c. 承受弹力的弹簧；d. 工业炉子内的高温氧化环境；e. 透光的玻璃窗；f. 双金属温度计；g. 装有腐蚀性化学试剂的玻璃容器；h. 地磁原理的指南针；i. 导电铜线

钉出现了弯曲现象，即铁钉在重物的作用下发生了少量塑性变形；同时变形后的铁钉承受外力的能力有所提高，可继续支撑重物。此时需及时卸下重物，更换更粗或强度更高的铁钉。而如果将重物悬挂在一支粉笔上，当重物的质量提高到某一较高值时，粉笔会在没有任何警示信号的情况下即刻折断，使重物落地，并可能使重物损坏。如果材料在发生断裂前有塑性变形现象，一方面可提高其承载能力从而继续支撑重物，另一方面也发出了载荷过重的警示。由此可见，塑性对于受力材料来说也是非常重要的。

当用铁锤以一定速度敲击铁钉时，铁锤和铁钉都会受到冲击力的作用，通常不会破碎、断裂；而用粉笔做的锤子，即使敲击木钉，粉笔锤也会即刻破碎。显然粉笔很脆，即为脆性材料；铁则不属于脆性材料，这种与脆性相反的概念为**韧性**。韧性表示的是材料抵抗冲击作用而不被破坏的能力，数值上表现为材料由完整转变成断裂的过程中所吸收的因外力做功而产生的能量，它是表示材料强度和塑性的综合指标。只有强度没有塑性的材料，其韧性会很差；强度很低的材料，其韧性也不会很高。

铁钉可以钉入木板，而木钉却不可以钉入铁板，因此通常认为铁比木头硬。在材料领域通常用**硬度**表示一种物质抵抗外来物质侵入或迫使其塑性变形的能力。在一定程度上，硬度是强度的另一种表达形式。

强度、塑性、韧性、硬度这些材料所具备的性能都与其遭受外力的作用有关，因此这些性能都属于材料的力学性能。材料服役的力学环境可能非常复杂，因此还有许多其他的力学性能指标。当材料的服役环境对材料的力学性能有特定要求时，所使用的材料就称为**结构材料**，如上述桥墩、钢索、铁锤和弹簧等。

1.5 材料的其他基本物理性质与功能材料

不同材料均具备一定的热传导能力和热膨胀系数，这些热学特征均可以得到利用。热传导能力良好的铝、铜等金属材料常用来制作各种设备的散热部件或导热良好的部件，如发动机、制冷设备的散热片等；热传导能力差的材料则可以用作隔热部件，如工业炉的隔热砖、隔热板、隔热膜、隔热管、隔热棉、隔热漆等。材料的热胀冷缩特性及不同材料热膨胀系数的差异可以用来显示温度。有时为了减小温度对构件尺寸的影响，还需要发展低膨胀材料。

光线照射到材料上后，会出现反射、折射、透射、吸收，以及激发出其他光线的光学特性。常见的民用玻璃就是利用了材料的透光性；调整玻璃的化学成分就可以控制玻璃透过不同颜色的可见光，也可以借助对特定颜色光波的吸收而滤除某种颜色。显微镜、望远镜、照相设备的镜头以及各种棱镜、透镜多采用光学玻璃制作，并利用其对可见光的折射原理成像；而镜子则是利用了材料对光线的反射特性。一些材料在受到外来射线照射后会发出激光，因而是制作激光器的重要材料。一些材料的折射率和相应的全反射原理可以用于通信设施，如制作通信光学纤维。

铁是可以被磁化的物质，可以利用其磁化特性来制作变压器、发电机、电动机的铁芯以及电磁铁等。一些金属氧化物如磁性氧化铁可以制成磁体用作特定的电磁部件。一些物质在磁场作用下会出现涨缩现象并产生机械波，可用来制造水下探测声呐设备的关键部件。

各种材料均具备一定的导电能力。导电优良的银、铜、铝等金属可用作导电材料；导电能力极差的陶瓷、塑料等则可用于制作绝缘材料，如高压电线的绝缘子、常规电路中的绝缘磁柱、绝缘磁片、绝缘磁管、导线的绝缘包皮等；导电能力介于导体和绝缘体之间的半导体材料可广泛用于制作各种二极管、晶体管、集成电路等电子器件。一些材料在 –196 ℃左右的液氮温度范围内就可以实现电阻为零的超导电性，是用于制作诸如高速交通运输、重要医疗检测仪器和物理研究等设备的关键材料。材料电学性质中的介电特性也是十分重要的性质，许多物质在电场作用下有很高的储存电荷的能力，可用于制作电容器并能大幅提高电容器的容量。外来电场、作用力或温度的变化可使一些材料内储存的电荷量及其正负性质发生改变，这些特性在工程上也有重要的应用价值。一些半导体材料的电阻率会随其所在环境的温度、压力、气氛、光照、核辐照、噪声或湿度等因素的变化而发生改变，因而可以用来制作传递各种物理参数信息的传感器材料。当在恒电压下，上述环境条件发生变化时，传感器内的电流变化可以定量预报出相关环境参数变化的幅度，甚至可以因此驱动某些设备或装置，借以把环境参数调整到所需的数值水平。

材料所具备的热学、光学、磁学、电学等性能，以及这些物理性能随环境温度、压力、气氛、光照、湿度等的变化而改变的行为，都可以被用来在特定场合使用。材料还存在许多其他可利用的物理性能，因此还会有许多其他的物理性能指标。当材料的服役环境主要对非力学的物理性能有特定要求时，所使用的材料就称为**功能材料**。

1.6 材料的人文特征

英国学者达尔文认为，人类和现代猿起源于共同的祖先。人类的起源过程可以粗略地表达成从古猿经过能人、直立人、智人等不同阶段到现代人的逐步转化或演进过程。考古证明，三四百万年前的古猿能够使用木棒、石块等天然工具，但尚不能算作人类。古猿在距今 300 多万年前开始向能人转变的漫长岁月中，先从森林的树上迁移到地面觅食生存，然后学会行走；其解放出来的前肢就有机会抓取天然石块和木棒以帮助采集和捕猎。在长期使用石块的过程中，古猿逐渐体会到需要选择更便于使用的石块，乃至借助摔碎、敲打或研磨石块以获得所需要的形状。此时石块已经成为它们生存所需的工具，摔碎、敲打或研磨石块是对天然石块的制作加工，而制作成功的石质工具需要满足事先根据以往积累的经验和体会而设想的形状。这里可以看出，古猿思维能力的提高以及在思维能力驱使下借助劳动来改变外界环境的行为不仅可以极大地改变古猿的生存能力，同时也使得古猿开始脱离动物的生存形态而转向“人”，即能人。因此，能人能够借助改变天然石料的形状而制造出原始的石质工具，这种“制造”行为还属于原始的“劳动”。正是这种在较高级的思维能力指导下进行工具制造的劳动行为，使得能人逐渐脱离了猿而向人类转化；因此恩格斯说，劳动创造了人。

如上所说，我们把材料定义为“用以制造有用物件的物质”，这个定义虽然非常简单，却包含了广泛而深刻的含义。材料概念中“制造”一词一定涉及人类的劳动行为，即人类为实现特定目的而借助某种劳动来改造客观物质。材料概念中“有用”一词，就限定了相应劳动行为的目的是把特定物质改造成具备某种实际使用功效的物件，且“有用”也是指对人类有用。借助人类的劳动行为并实现对人类有用的目的是材料的基本属性；由此可见，材料是一个以人为本的概念。

古猿向直立人转变的过程（图 1.7）中，经常需要制作加工石质工具，或者说需要把天然石料制作加工成石质工具，用于更好地采集和捕猎。如果我们对照一下材料的定义就会发现，天然石料就是人类制作最早期工具的“材料”。劳动不仅是人类的“制造”行为，而且劳动的对象一定涉及“材料”。由此可见，材料与人类同时出现，与人类社会共

1.7

◉ **图 1.7** 古猿、能人、直立人、智人、现代人的进化过程

生；没有人及与之相伴的劳动，也就没有材料。最早被人类认作材料而使用的物质中，就包括了天然石料。

1.7 从原料到材料的加工制作

一切材料最初均来自地球，并借助人类的加工制作成为有用的物件。

绝大多数制作金属材料的原料都源于地壳中蕴藏的金属矿，它们通常是金属的氧化物或其他类型的化合物。以制作汽车外壳的钢板为例，人们最初获得的是地壳中的铁矿石（图 1.8a），并以此为原料制作钢板。在以焦炭为燃料，将从铁矿山采集的以氧化铁为主的铁矿石加热熔化时，铁矿石中的氧与碳结合生成二氧化碳，并将铁矿石还原成含有较高碳量的铁水，称为**炼铁**（图 1.8b）。将铁水转入炼钢炉中去除各种残留杂质和多余的碳，并调整铁水中各种元素的含量而形成所期望成分的钢水，称为**炼钢**（图 1.8c）。将钢水注入特定模腔中使之连续地凝固成一定厚度且较宽的钢坯，称为**连续铸造**（图 1.8d）。随后将铸造钢坯（图 1.8e）加热到高温，以一种**轧制**（图 1.8f）变形的方式作热变形加工（图 1.8g），即上下互为反向滚动的轧辊把厚板坯卷入二者的缝隙中压制，形成厚度较低的热轧板（图 1.8h）。在室温下再作冷态的轧制变形加工（图 1.8i），使之成为很薄的钢板（图 1.8j）。变形加工和后续处理后的钢板（图 1.8k），经过特定而复杂的折弯成型过程，可加工成汽车外壳形状（图 1.8l），并安装到汽车上。金属天生具有延展性或塑性，因此对金属材料通常很容易实施变形和成型加工。

不仅是汽车钢板，其他钢铁材料以及许多金属材料都会有类似的生产加工过程。它们通过金属冶炼技术从化合物状态还原成金属态后，会经历凝固、热变形加工、冷变形加工、适当的后续加热处理而制成板、带、箔、棒、丝、线、管材及特定几何形状的型材，用于后续的加工。金属液体还可以直接在特定形状的模子中凝固成所需的形状，或利用金属在高温或室温的延展性，经外力作用下的塑性变形而加工成所需要的构件形状。

陶瓷材料是无机非金属材料中的主体。中国古代传统制备陶瓷的原料主要由黏土、长石和石英三种组分构成，即多采用自然界中天然的原料。黏土是细颗粒的含水铝硅酸盐，即含有氧化铝、氧化硅和水。长石是含钾、钠或钙的无水铝酸盐，例如正长石含有氧化钾、氧化铝、氧化硅。石英即是通常的二氧化硅。将这三种主要原料以适当比例与辅料和水混合，经过压制成一定形状的坯件，然后在常规的窑炉中作高温长时间加热，可

1.8

◉ 图 1.8 汽车外壳的生产过程：a. 铁矿石；b. 炼铁；c. 炼钢；d. 连续铸造；e. 铸造成坯；f. 轧制加工模式；g. 热轧加工；h. 热轧成板；i. 冷轧加工；j. 冷轧成材；k. 钢板成品；l. 汽车外壳面板制品

制成具有一定力学性能的陶瓷构件。高温加热使细碎的原料结合成整体坚硬的构件，因此称为**烧结**。现代无机非金属材料的某些制备加工流程大体与传统陶瓷的加工流程类似，但通常采用高度精选的原料、严谨的成分设计、精确控制的加工工艺参数和新型的烧结设备，因而可以获得优良的性能。其中，原料多为高纯度的人工特制的原料，并严格而科学地控制原料粉末的颗粒尺寸，随后采用真空烧结、保护气氛下烧结、热压致密化烧结等先进技术手段，进而确保了构件的性能。根据不同无机非金属材料的许多特殊用途，会有不同的制备加工过程。

单体是合成高分子化合物的原料。通常要经过**聚合反应**，即把单体聚合起来生成聚合物或高聚物。一部分高分子材料仅由聚合物构成，但大多数高分子材料除了以聚合物为基本组分外，还需要有各种添加剂，如增塑剂、稳定剂、填充剂、着色剂、阻燃剂、润滑剂等。有机高分子材料经聚合加工后可以直接注入模子而制成各种形状的制品，也可以制成粉、颗粒、球、片、板、膜、棒、丝、纤维、块等不同形状的原料，用于后续的加工。

1.8 材料科学的知识范围

根据上面的描述我们可以体会到，材料科学是一个比较复杂的知识体系。人们在认识、学习、研究材料时，不仅会涉及物理、化学、数学、生物学等许多基础科学知识，还要涉及力学、电学、高等数学等专业基础知识，并且会涉及许多深层次的专业知识。但是作为普通读者，可以如下简单地归纳材料科学的知识范围。

对于任何材料，首先涉及其基本的化学组成，即它由哪些化学元素构成。在化学构成确定的情况下，构成材料的各种化学元素原子或分子的排列方式称为材料的内部结构，它对材料的应用有重要影响。材料的化学构成和内部原子排列方式可统称为**结构**。

材料在获得使用价值之前需要经过特定的加工制备过程，如对金属材料的冶炼、凝固处理、变形加工、成型制备等；对无机非金属材料的选料、压制成形、烧结等；对有机高分子材料的聚合、配料、注模制成等。这些加工制备过程可统称为**加工**。

制成构件的材料应具备所设想的各种“有用”的工程性能，包括结构材料所必需的力学性能和功能所需具有的热学性能、光学性能、磁学性能、电学性能或声学性能等其他物理性能，乃至弹性和腐蚀性能等。材料所必备的种种特性可统称为**性能**。材料所表现出来的各种性能与其结构有着密切的关系。

材料制成构件并投入使用后，需要关注其是否能实现事先所设想的工程能力，同时还要特别关注在温度、湿度、气氛、载荷等环境条件下能否长时间胜任工作并持续保持所需的性能。根据材料的基本性质，把不同材料制成各种各样的制品或产品使用，此时材料处于正在发挥其性能的应用状态，这种相应的行为称为材料的**使役**或**服役**。材料在使役过程中会发生一定的变化，例如金属材料会因超载而变形，无机非金属材料会发生疲劳断裂，有机高分子材料会出现老化现象等，材料在使役过程中性能的恶化直接影响到其所服役设施的安全运行。材料使用过程中的种种问题都可以简单地归纳为“使役”，或材料的服役行为。

综上可以看出，“结构”“加工”“性能”“使役”是材料科学知识范畴四个重要的方面，而且它们两两之间都存在着密切的联系；同时所有的材料技术也与它们密切相关。如果把这四个方面做成四个两两相连的球，则构成一个四面体模型（图 1.9），四面体的四个顶点刚好是这四个要素的位置。作为一门科学知识，不仅要深入分析和研究这四个方面内在的理论和规律，而且要掌握它们两两之间及整体的内在联系的原理和规律。可以说，任何一种材料的制作和使用都会涉及上述四个要素。

1.9 人类文明发展过程中的材料特征

材料是用于制造有用物件的物质，该定义中“有用”一词意味着材料自始至终实实在在地推动了人类历史的发展，并成为社会经济发展的基础。材料不仅与人类社会共生，而且与人类社会同步发展。

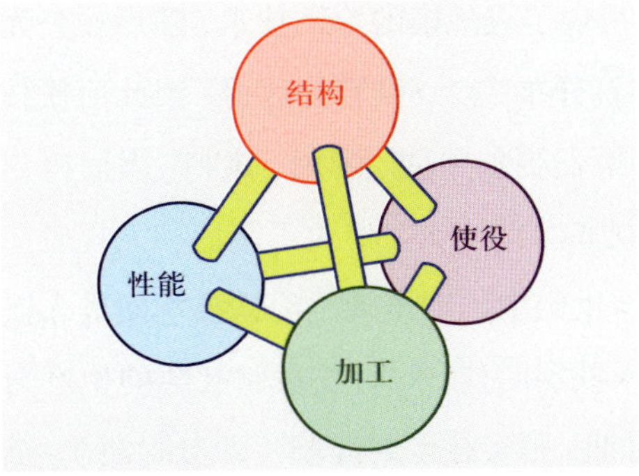

◉ 图 1.9 材料的结构、加工、性能、使役四个要素之间的关系

人类出现后最初的社会形态为原始社会，最初使用的工具主要是石器，因此把人工制造和使用石质工具的时代称为**石器时代**。石器时代跨越的时间范围距今大约为 350 万年前至公元前 4 000 年。其中，350 万年前至约 15 000 年前的前一阶段称为**旧石器时代**，以狩猎和采集为生。其间约在一百万至几十万年前，世界各地陆续出现了直立人，并逐渐学会了火的使用；晚期二三十万年至一万多年前演变成智人；随后逐渐形成了现代人类。15 000 年前之后的石器时代后期阶段称为**新石器时代**，这时古猿向现代人的转变过程基本完成，出现了游牧业和农业，并逐渐开始了陶器的制作和广泛使用。例如在大约公元前 5 000 年至公元前 3 000 年的黄河流域及中原地区的仰韶文化时期，就有过大量陶器的生产和使用（图 1.10）。新石器时代晚期，逐渐出现了私有制，原始社会开始解体。现代科技分析表明，新、旧石器时代所使用石器的成分主要是氧化硅、氧化铝等氧化物，因此用天然石料制造出来的石器属于无机非金属材料。

约在公元前 4 000 年，西亚的两河流域（即今伊拉克境内的幼发拉底河和底格里斯河）及其附近地区先后出现了冶炼铜的技术，随后北非的尼罗河流域、东亚的黄河流域、南亚的印度河流域和南欧的爱琴海地区也陆续出现了冶炼铜的技术。用铜制作的工具、器具和武器具有更好的使用特性和更长的寿命，使人类社会的生产力明显提高；由此，公元前 4 000 年以后开始人工制造和大规模使用铜器的时代称为**铜器时代**，或**青铜器时代**。在这个阶段，地球气候变得温和湿润、土壤逐渐肥沃、动植物繁衍茂盛，为人类社会的发展提供了良好的自然环境。同时，人类社会出现了不同阶级的划分，欧洲开始形成奴隶制社会。在这个阶段出现了两河流域、尼罗河流域、黄河流域、印度河流域、爱琴海地区等古代人类文明，并伴随着文字的形成；其中黄河流域的中华文明是全球唯一的自古连续不间断、延续至今的世界文明（图 1.11）。

约公元前 2 000 年在小亚细亚即今天土耳其亚洲部分的区域内，可能已经出现了人工冶炼铁的技术。约公元前 1 400 年在两河流域出现了成规模的冶铁技术，随后在公元前 1 100 至 700 年开始向外传播。在地壳中铁矿石分布广泛，很容易获得，因此冶铁技术迅速传播；用铁制作的工具、器具和武器比青铜器更加坚固、耐用、锋利，因而得到越来越广泛的应用，极大地促进了人类社会生产力的发展。此后，人工制造和大规模使用铁器的时代被称为**铁器时代**。公元前 10 至前 9 世纪中国因出现了冶铁技术而进入铁器时代（图 1.12），公元前 8 世纪欧洲和埃及进入铁器时代；此时奴隶制社会的生产力已发展到很高的程度。在中国出现铁器的西周时期，则实行了封建制（即分封制）；至两汉时期，封建制结束，开始全面实施中央集权的郡邑制（即郡县制）。欧洲铁器出现时间明显晚于西亚地区，大约与中国同时期进入铁器时代，但当时欧洲所实施的领主和封臣制度与中国的封建制有所不同，并延宕到15世纪才逐渐弱化。其间出现国王或皇帝经常需要获得领主与封臣的推选或支持，并时常会受制于罗马教皇所掌握的教权约束，因此欧洲的皇权制度远没有中国绝对集权的皇权制度强大。这种非绝对的专制体制，为后来欧洲工业革命的出现和其时材料技术的飞速发展提供了一定前提。显然，上述的铜和铁都属于金属材料。

美国人类学家摩尔根根据自己的研究，于19世纪末期将人类社会划分为蒙昧时代、野蛮时代和文明时代三个阶段。自人类的出现至陶器制造技术之前属于蒙昧时代，逐渐形成了语言、家族和氏族组织，属于旧石器时代。自陶器出现之后至文字和阶级及奴隶制形成之前为野蛮时代，属于新石器时代。由于文字的发明和应用，使得人类得以获得有文献记录的历史，自此人类进入了文明时代，文明时代大约始于铜器时代的开端。可以估算出，人类的文明时代至今已持续的时间不到人类社会总时间的0.3%，而蒙昧时代则占据了99%以上的时间，人类出现后，在绝大多数时间里都是在蒙昧地摸索中生存。

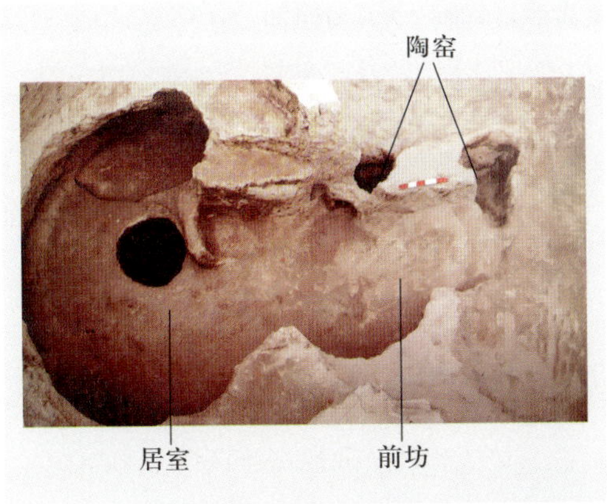

1.10	1.11
1.12	

◉ 图 1.10 位于陕西高陵杨官寨距今5 500至5 000年前新石器时代仰韶文化晚期的烧陶遗址

◉ 图 1.11 河南南陵考古发现春秋时期的炼铜炉

◉ 图 1.12 河南鲁山望城岗汉代冶铁遗址

可惜，文明时代最初出现的社会制度包括了奴隶制，并伴随着国家的起源；从这个角度看，文明时代也伴随着不文明制度的开始。

综上所述，人类社会的发展始终伴随着材料技术的不断更新和新型材料的推广应用，因此人类社会的不同发展阶段也以当时所使用的主要材料来表征。由此可以大体看出，材料技术的发展与人类社会的发展密切联系，并对社会文明进步起到了关键性的推动作用。

进一步阅读

- 毛卫民．材料与人类社会．北京：高等教育出版社，2014.
- 刘家和，王敦书．世界史古代史篇：上卷．北京：高等教育出版社，2011.
- 中国国家博物馆．文物史前史．北京：中华书局，2009.
- 中华人民共和国国家文物局．中原文明：华夏之光——中华文明起源．西安：三秦出版社，2011.
- 华觉明．中国古代金属技术．郑州：大象出版社，1999.
- 刘海旺，赵志文．河南鲁山望城岗汉代冶铁遗址一号炉发掘简报．华夏考古，2002（1）：3–12.

02

第 2 章

旧石器蒙昧时代摸索文明的漫长岁月

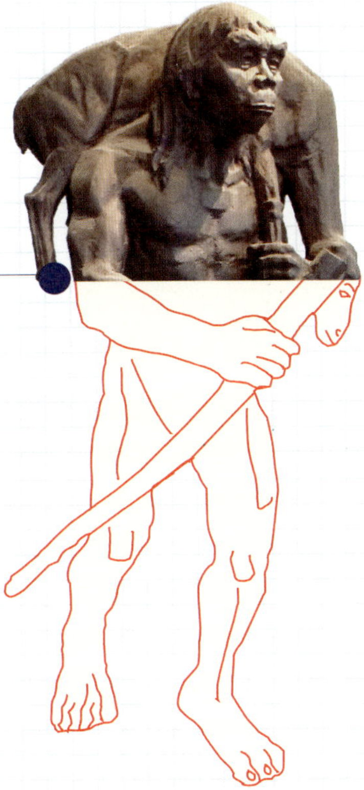

“大家熟知，远古的人类是由猿进化而来，古猿向现代人的演变是一个经历了几百万年的漫长过程。人类智力在演变初期还很低下，对周围环境的理解和适应尚属于蒙昧状态。然而，人类初期的简单劳动能力已使其开始摆脱普通动物的范畴。劳动需使用工具以应对自然环境，而工具的制作和使用使得人类和材料发生了密不可分的联系。劳动使人类的智力、劳动能力、制作工具的能力、使用材料的范围等互相促进、不断拓展。让我们看一看，劳动和材料的使用如何逐渐造就了现代人！”

2.1 人类的起源与材料

人类学与考古学的研究表明，人是由猿演变而来的。在距今 1 000 万至 300 万年前的云南地区就曾生存过多种古猿。人类最可能的、直接的共同祖先是大约 400 万年前出现在南非、东非、中国等一些地区的南方古猿。目前的一些研究认为，现代人类主要是由非洲的南方古猿逐渐转变而来的。

分析显示，几百万年前古猿生存的环境发生了巨大变化，如地壳和气候突变，森林面积和传统食物来源大幅减少，使得部分古猿被迫来到平原地区并改变了食物结构。另一方面，来到平原的古猿很少有机会即刻爬上大树，而必须经常地用前肢与各种猛兽正面对抗，借以自卫和获取肉食。在这个过程中，古猿逐渐形成了直立行走的习惯。来到平原地区后，古猿的食物主要依靠采集和狩猎获得；在激烈的生存对抗中，它们还逐渐学会了使用木棒和石块等天然工具。严酷生存实践的训练和考验使这些古猿的智力逐渐高于普通的猿，脑的容量也明显增大。天然的木棒和石块往往并不是理想的工具，除了寻找和选择合适的石块外，200 万年前的南方古猿已经能够借助摔、打等动作制作简单的砾石工具。现在无法准确地认定南方古猿在哪一年开始如此制作简单的砾石工具，但是这个制作过程一定经历了十分漫长的、从偶发到频发的岁月；而且这种制作过程萌发了古猿向人类转变的起点，同时也出现了与人类密切相关的材料。

早期的古猿虽然会使用工具，但还不属于人类。在自然界有许多动物都会使用工具。例如，白兀鹫会衔起石头敲碎鸵鸟蛋以食取蛋黄，猴子会用石块敲碎坚果获取果仁，啄木雀可以用小细枝把树干里的虫子抠出来，黑猩猩不仅会用石头敲碎坚果，而且可以借助植物枝条把洞中的白蚁钓出来，水獭也会用石头敲碎蚌壳获得食物；另一方面，一些动物诸如鸟雀的筑巢、寄居蟹择壳而居等，这些行为都是基于本能的纯遗传性，即借助并利用自然环境而生存，这种现象与人类的生存行为有着本质的区别（图 2.1）。

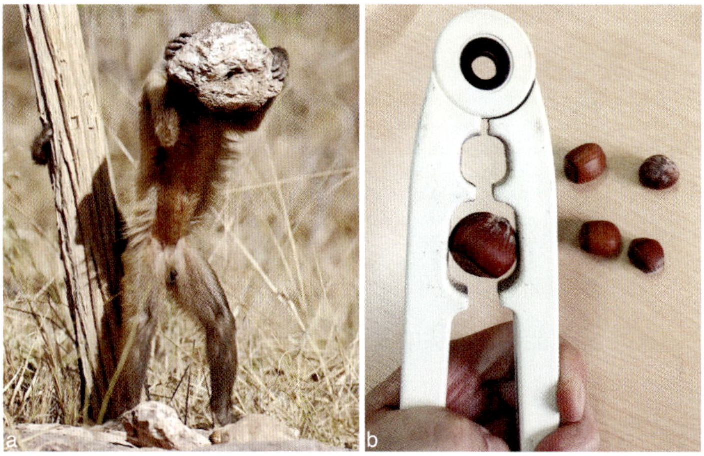

◉ 图 2.1 食用坚果的方法：a. 黑帽悬猴（nature picture library）用石块敲碎坚果；b. 现代人使用工具

初期的古猿并不具备系统性的思维能力。我们来想象一下：古猿在利用天然石头采集和狩猎以获取食物的过程中，会逐渐体会到石头的坚硬程度、外在几何形状、重量等因素对其获取食物行为的效率有显著的影响。长期的经验积累会促使其在获取石料上有所选择，这种大脑支配的选择是依照所积累的经验，由此古猿有了较为活跃的思考行为，并促进了大脑的发育和增大。这种产生选择行为的思考可能还不能完全归属于人类的行为。古猿用天然石头狩猎时，所用石头难免会被摔、砸，进而因破裂磨损而改变其几何外形。有些改变其几何外形的石头可能会特别适合用来攻击猎物，或特别适合切割加工猎物的尸体，或特别适合砸碎猎物的骨头。在长期的生存过程中，古猿也会在这方面逐渐积累起丰富的经验。当古猿一时无法找到合适的石料时，就开始尝试对天然石料进行“事先的”摔、打、砸、磨等，以获得适当形状的采集或狩猎工具，这样事情就开始有了本质性的变化。此时的古猿不仅已经积累了非常丰富的选择石头的经验，而且对石头的几何形状与用于特定采集或狩猎手段的相适应关系有了足够的体验，进而产生了一种思维冲动，即主动地按照自己积累的经验去加工和改造所选择的天然石料，进而获得所需的几何形状。这一加工和改造的目的是获取特定工具，该加工和改造行为即是“劳动”。动物使用工具的动作并不属于劳动，只有在思维指导下有目标地改造环境而获取成果的生存行为才属于**劳动**。古猿最早的劳动极可能是借助思维指导下的制造性劳动而获得工具的行为；这种劳动行为应归属于古猿开始摆脱动物而向人类转变的转折点，因此劳动创造了人。

材料是用以制造有用物件的物质，而制造行为指的是人的劳动，且动物原则上并不具备劳动能力。由此可见，在古猿开始制造对其有用的工具而向人类转变的最初起始点，同时也是材料出现的起始点。古猿向人类转变时，最初使用的主要材料是用以制造有用工具的石料，石料的主要化学组分是氧化硅等氧化物，属于无机非金属材料。向人类转变过程中的古猿频繁从事劳动行为时，会进一步反复积累经验并自我改进，且在四方面获得进展：选择更好的石料；采用更巧妙高效的加工方式；获得几何形状更适用的工具；更好地实施特定的采集或狩猎行为。这刚好是前一章谈到的材料科学知识和材料技术范畴的四个重要的方面，即材料的“结构”“加工”“性能”“使役”。综上可以看出，即使是最原始的材料，也会从最原始的层面上涉及材料的四个关键要素。在当今社会，材料概念里的有用物件已经从最原始的工具扩展成了人类制造出来的一切物质产品。

2.2　摆脱古猿形态的能人与原始的石质工具（距今约 300 万至 180 万年）

假如我们今天能同时看到古猿和初期的能人，从外观上看可能很难看出明显的区别。能人相比古猿，更多地采取直立行走，而且会越来越少地保留四肢攀爬和行走的习性，其脑力只略强于古猿，制作工具的能力也很低下。目前能收集到能人制造和使用的石器实物非常有限，因为年代久远，具体判断挖掘物是否为远古能人的石器也需要精心细致的分析、研究，以免误判。

目前发现旧石器时代最早的石器很多出现在非洲，估算的年代为 300 万年前左右，即最初期萌生人类的能人阶段。因为天然石块往往不具备锋锐边沿，早期能人可借助砍、砸、磨等方式加工天然石块，以形成具有边沿的石器，且其尺寸刚好方便双手或单手掌握持。最初制作的石器多为**砍砸器**（图 2.2），属于一种较大型的工具，一般比较厚钝，主要用于伐树制棒、挖掘植物块茎、砸破坚果外壳、攻击狩猎猎物及后续加工等。另外，还有一类较为小型的**刮削器**（图 2.3），通常带有刃口状边缘，用于切割猎物或刮削、分割猎物以分享。

古猿能够接触到的最早的工具还应该包括木材。古猿可以轻易地获取各种树枝并将之当作工具使用。由于当时石质工具的原始状态，古猿并不能对较大的树木作复杂的加工。如上所述，自然界中许多动物都会使用工具，而使用工具并不能使古猿转变成人。例如，能灵巧地举起石头砸开坚果以食用的黑帽悬猴至今也没能转变成人。由于早期人类曾使用过的木质工具无法保留到今天，因此很难从考古上直接证实人类的演变与制造和使用木质工具的复杂程度之间有何种关系。然而，古人类学家可以根据所发掘的古猿和古人类的头骨判断其大脑的容量，进而确定出其思维能力的水平。研究发现，若以约 300 万年前为大致的界限，可以发现之后人类的脑容量与古猿相比有越来越明显的增加，且考古学证实人类使用石器的水平与古猿比较也相应地越来越高；因此普遍认为，在大约 300 万年前的时段古猿开始转变为人。使用石器水平的提高必然伴随着制作木质工具水平乃至砍伐加工大树的水平也不断提高，应用木材的范围也越来越广泛。由此推断，在旧石器时代，木器必定与石器同步发展，但石器的制造和使用是比木器更为关键的人类发展的控制因素。

早期能人的劳动能力和水平非常低下，使用石质工具并不频繁。在需要工具时，会尽量寻找和使用形状合适的天然石料；偶尔制作石器时，打制的石器以粗厚、笨重、形状简单为特点。通常一件石器会在不同的场合使用，即以一器多用为特点，往往统称为砍砸器。这些砍砸器体大而沉重，在任何需使用石器的场合均可使用。在世界各地先后发现了 180 万年以前人类使用的不同类型早期粗糙的石器（图 2.4），石器的分工并不细致。古人类学家主要依照所挖掘出骨骼残骸的生理学特征来确定所挖掘对象是否属于人类；而考古学家则主要依照所挖掘出工具的制造水平来判断挖掘遗址所对应的人类进化

◉ 图 2.2 在非洲肯尼亚发现的 330 万年前初始能人所使用的单侧加工的砍砸器

◉ 图 2.3 旧石器早期的刮削器：a.250 至 260 万年前非洲埃塞俄比亚；b.230 万年前安徽繁昌人字洞［皖］

阶段。因此，对使用这些石器的物种是否属于能人目前还有不同的看法；但从年代和人类发展的一般规律判断，这些应该是早期能人所制造和使用的石器。

在能人阶段，人类加工制造石器的方法通常比较简单。例如，选取适合用来制作的称为**石核**的石材，用石头块作为石锤直接打击，使该石材转变或碎变为适合使用的形状，以用作工具，称为**锤击法**。另外，可手持所选择的石核向周围环境中的天然大石头上碰击以产生碎石片，称为**碰击法**。再有，也可选用适当的石块作为加工工具，砸击放在石砧上面的石核以形成所需的石器形状，称为**砸击法**。在能人阶段晚期，除了上述加工手段外，人类还会对加工成的石料作二次加工，进一步修整石器的形状，以利于使用。

180 万至 150 万年前，随着大脑容量扩大和上肢的行走功能的退化，能人逐渐完成向直立人的转化，其所制造的砍斫（zhuó）类石器具备了多边的刃锋或呈明显尖锥状（图 2.5）；虽然仍以砍砸功能为主，但器形已经变得复杂，砍砸功能有更强的适用性。

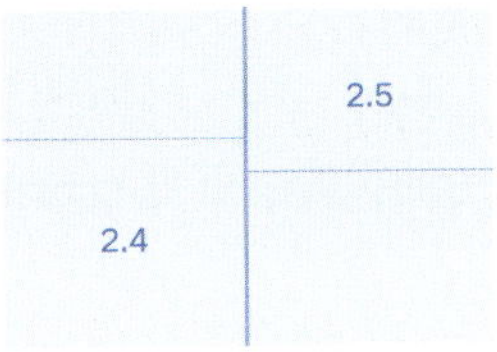

◉ **图 2.4** 旧石器时期世界各地的砍砸器：a. 200 万年前沙特舒维希亚［沙］；b.190 万年前坦桑尼亚奥杜威［英］；c.180 万年前河北阳原马圈沟［冀］；d. 约 180 万年前重庆巫山龙骨坡；e. 约 180 万年前至 120 万年前俄罗斯东北高加索地区

◉ **图 2.5** 约 180 万年前山西西侯度的各种砍砸器［晋］

2.3　早期直立人石器的改进（距今约 180 万至 100 万年）

一些研究认为，大约从 200 万年前开始，由古猿演变成的能人逐渐地进化成了直立人，并生存至大约 30 万年前。实际上，能人已经能够直立行走，只是经常还习惯于四肢行走。直立人则以直立的姿势行走为主，与现代人的行走方式已经没有太大区别。

考古研究显示，随着在石质工具的打制和使用经验的积累，石器的器形开始发生一定的变化和改进。所发掘出的距今约 180 万至 100 万年的石器比更早期的石器展现出一些新的特征。这个阶段的石器虽然仍以砍砸器为主，但砍砸器不再那么笨重，通常可以单手把握（图 2.6）。根据使用目的的不同，会打制出不同的几何形状，其整体形状往往表现出比较锋锐的边缘或尖锐的突出部位，外形通常带有一个尖角和两个刃边。带有尖锐突出部位的石器称为**尖状器**，大型尖状器是由砍砸器演变而来，多用作挖掘工具和狩猎；小型尖状器由刮削器（图 2.7）演变而来，多用作切割工具。这种形状通常需要初步制成石器形状后，再做二次加工，以便按照制作者的意志形成更恰当的形状。可见，当时的人类根据积累的经验已知悉，不同的形状会有利于手持，去攻击不同的野兽或分割、砍断不同的猎物（图 2.8）。同期的刮削器更加薄而锋锐，且可根据需求制成不同的形状，以方便割取食物或加工木器等。此阶段石器的改进，说明了直立人在劳动过程中进一步增强了思维能力。由于直立人忙于用双手制造更便捷的工具，上肢逐渐完全丧失了行走功能，因此直立人从此永远地站立了起来。

在这个阶段还出现了用于专门目的的石器工具。例如，可以在木料上钻孔、刻槽等的尖状器或石锥（图 2.9a），可用于伐木、挖掘块根等的手镐（图 2.9b），用于砍木、断骨等的手斧等。同时，人类学会了制作三维各方向尺寸都相近且单手可把握的石球（图 2.10）。常规狩猎时，人类需要追逐上或伏击到猎物，并与猎物作近身危险性搏斗以捕获猎物，其间难免会受伤。有了石球，就可以借助远距离投送石球攻击猎物；这不仅提高了狩猎效率，而且也降低了受伤的风险；可见石球的使用是人类使用石器技能的一个飞跃。

a　b　c　d

a　b　c

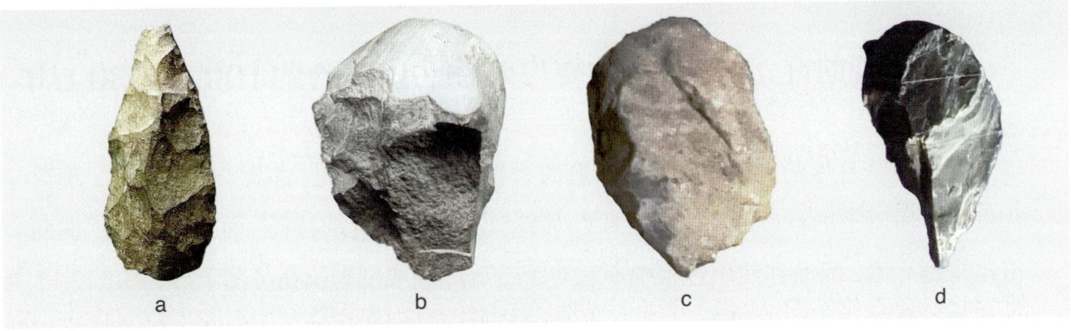

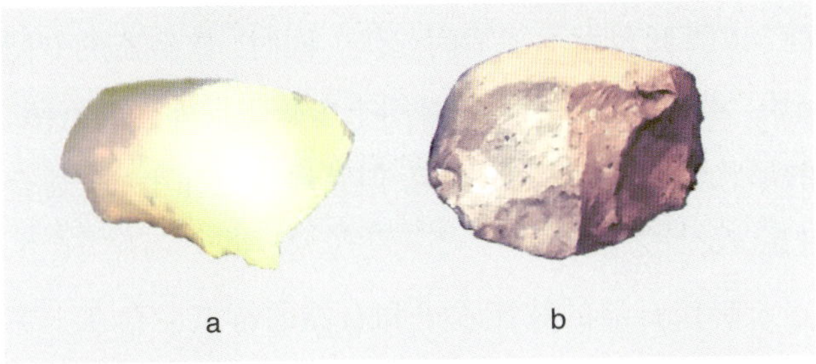

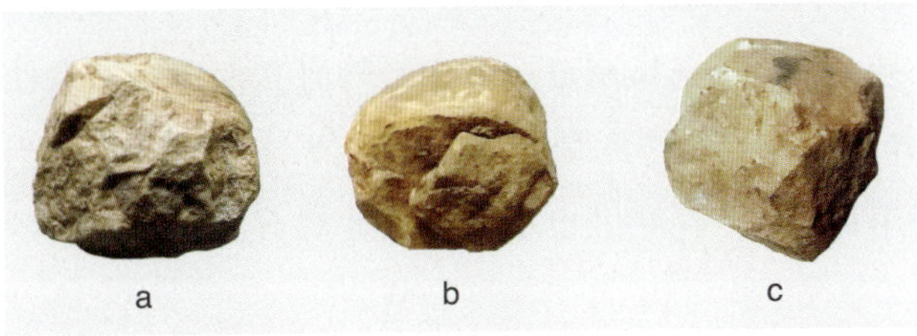

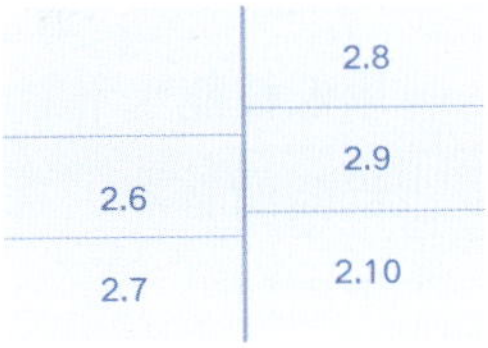

◉ **图 2.6** 各地早期直立人使用的砍砸器：a. 约 130 万年前西班牙狮子谷；b. 约 100 万年前浙江长兴泗安［浙］；c. 约 100 万年前徽宣城陈山［皖］；d. 约 100 万年前湖北郧县曲远河口［鄂］

◉ **图 2.7** 各地早期直立人使用的刮削器：a. 约 130 万年前西班牙狮子谷；b. 约 100 万年前安徽宣城陈山［皖］；c. 约 100 万年前吉林郭县王府屯［吉］

◉ **图 2.8** 各地早期直立人使用的手斧、尖状石器：a. 约 130 万年前坦桑尼亚奥杜威峡谷手斧［英］；b. 约 115 万年前陕西蓝田公主岭尖状器［陕］；c. 约 100 万年前陕西南郑梁山镇手斧［陕］；d. 约 100 万年前湖北郧县曲远河口［鄂］

◉ **图 2.9** 约 100 万年前湖北郧县曲远河口的专用石器［鄂］：a. 石锥；b. 手镐

◉ **图 2.10** 各地早期直立人使用的石球：a. 约 115 万年前陕西蓝田公主岭［陕］；b. 约 100 万年前安徽宣城陈山［皖］；c. 约 100 万年前浙江长兴林城镇［浙］

2.4　晚期直立人石器的演变与火的使用（距今约100万至30万年）

距今100万年前之后，人类所制造的石器继续向精细化、多样化、专门化、小尺寸化发展。所制造的砍砸器不仅进一步凸显锋锐边刃或尖峰的特征，而且砍砸器手握面变得越来越光滑，因而在使用过程中不宜对手造成磨削或割划损伤（图2.11、图2.12）。为实现这一目的，需要对经过二次加工的砍砸器再做后续精细加工（图2.13）。例如，用特定砺石磨制砍砸器或其他石器的表面，以降低表面不平整的起伏。同时，砍砸器的专门化分工也越加明显；除了可用于挖掘块、根等的手镐外，还有用于击碎坚果外壳的石锤、切割食物的石刀等。同时期刮削器的形状没有太明显的进步，但其尺寸更加小巧，适合更精细的切割、刮削或分割加工（图2.14）。

应该注意到，同一时期各地直立人制作石器的技能水平和石器的特点会存在一定差异。另一方面考古证实，在同一地点可以发掘出不同制作水平的石器，即同一时代不同的直立人个体的制作技术会有差异，因而具备高制造石器水平的直立人也仍旧会使用低技能水平制作的石器。因为制作石器在当时毕竟是一个比较复杂、耗时的劳动，当粗糙的石器工具能够胜任简单的实用目的时，直立人也不会额外地对石器作不必要的精细加工。

在直立人阶段的初期，人类就有了与火相伴的生活经历。目前，在距今约180万年前的山西西侯度，发现了最早的有使用火痕迹的人类遗址。在肯尼亚库比拂拉和奇索哇尼亚地区以及埃塞俄比亚的盖地博遗址，也发现了距今约150万年前燃烧过的地层、燃

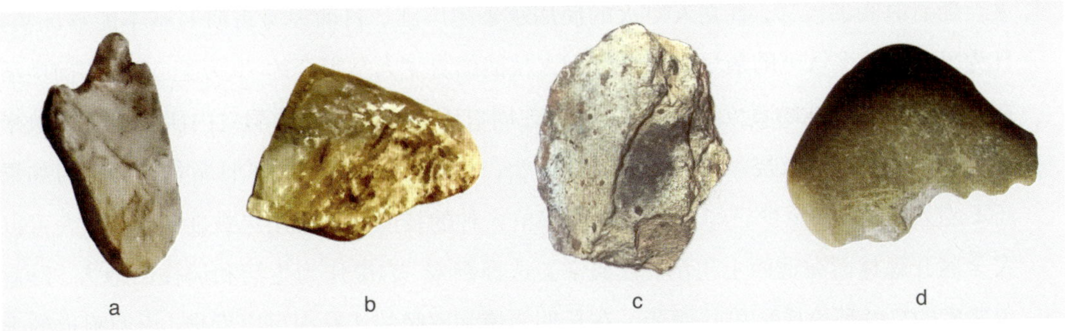

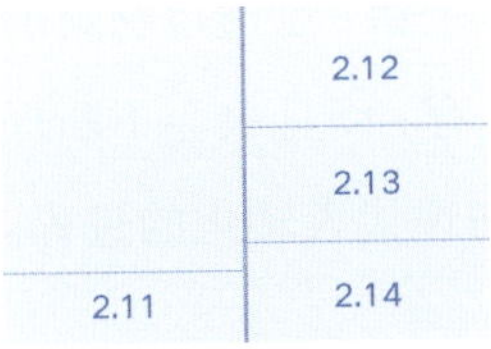

◉ **图 2.11** 世界各地晚期直立人使用的凸显边刃、握面光滑、不易伤手的砍砸器：a. 约 80 万年前广西百色［桂］；b. 约 73 万年前重庆丰都烟墩堡［渝］；c. 约 50 万年前沙特萨法卡双面［沙］；d. 江西安义城郊［赣］；e. 湖南津市虎爪山［湘］；f. 北京周口店［周］

◉ **图 2.12** 世界各地晚期直立人使用的不同尖状器：a. 约 80 万年前广西百色［桂］；b. 约 73 万年前重庆丰都烟墩堡［渝］；c. 约 50 万年前沙特东部省双面［沙］；d. 江西安义城郊［赣］；e. 湖南津市虎爪山［湘］

◉ **图 2.13** 各地晚期直立人多样化的专用砍砸器：a. 约 80 万年前广西百色镐［桂］；b. 约 33 万年前江苏金坛和尚墩镐［苏］；c. 约 30 万年前福建漳州莲花池镐［闽］；d. 锤［闽］；e. 福建永安黄衣垄刀［闽］

◉ **图 2.14** 各地晚期直立人倾向小巧的刮削器：a. 约 80 万年前山西芮城匼河［晋］；b. 约 50 万年前内蒙古呼和浩特大窑［蒙］；c. 约 50 万年前北京周口店［周］；d. 约 30 万年前福建永安黄衣垄［闽］

烧过的岩石或被烧过的动物骨骼等。随后在约 170 万年前的云南元谋、约 90 万年前的陕西蓝田及世界各处也发现了类似的现象。但这些用火遗迹的规模都比较有限并存在偶然性，目前的研究还不能确认，这些火的痕迹是人工制造的火还是天然的火，即不能确认当时人类是否能够人工制火、控制火并保留火种。

在没有火之前，人类捕获猎物后，只能连毛带血生吃，过着**茹毛饮血**式的生活（图 2.15）。火可以被人类用来取暖、照明、驱赶猛兽、聚群居住、烹饪食物、减少疾病、改善营养结构和生存质量，并得以向较寒冷的地区拓展生存空间，更好地繁衍生息。因此掌握用火技能对人类社会极为重要。历史也证明了，用火技能的获得不仅对旧石器时期直立人极为重要；而且用火技术的发展，对后续人类社会各阶段的发展都发挥了至关重要的核心作用。

在漫长的生存过程中，直立人发现经自然火灾烧烤的动物味道香美，因而从恐惧火灾转而追踪火源，并设法保存自然火源，用于人为烧烤猎物和取暖。经过长期的经验积累和探索，人类逐渐掌握了**钻木取火**或**燧石取火**的技术，即在木槽内木与木摩擦生热或敲打燧石的方法产生燃木或火星，引燃周围易燃的树叶或动植物纤维，最终获得燃烧的火。随着时间的推移，直立人对火的使用越来越广泛。目前经考古研究基本能够证实，且为国内外较多认可的最早掌握持续用火技能的直立人是距今约 70 万至 30 万年前生活在北京周口店等地的直立人（图 2.16）。在周口店直立人居住的洞穴内所发现堆积数米厚的大量的灰烬以及烧焦的石头和动物骨头，表明使用火已成为了日常行为。那时如果还不能人工造火，至少已经掌握了持续保留火种的技能。掌握用火技能后，直立人可以完全离开森林而在地面上生活，且通常会选择洞穴、岩厦作为生活和居住的地方，以避免恶劣的自然环境或猛兽的侵袭。在长期烧烤和取暖的实践中可以发现，火源附近的土质会变成板结而坚硬的**烧土**。这不仅留下直立人已经广泛使用火的证据，而且为后续新石器时代的来临奠定了坚实的基础。

2.5 早期智人使用石器的多样化发展（距今约 30 万至 5 万年）

人类打制石器的过程是一个在思维指导下的劳动过程。从技术上讲，是通过材料的制造加工过程，制成有用的物件。这种劳动不仅能够保障人类的生存，而且也会不断提高人类的思维能力以及认识世界和改善生活的能力，并积极推动向现代人转化的进程。

2.15
2.16

a b

a b

◉ 图 2.15 a. 约 70 万至 30 万年前旧石器时期的北京房山周口店北京人［周］；b. 依靠砍砸器和木棒狩猎［京］

◉ 图 2.16 a. 北京房山周口店北京人用火想象场景［周］；b. 持续用火留下的烧土［国］

当人类社会的总体智力提高到一定水平后，人类就进入了智人阶段。在早期智人阶段，也反映出在石器加工和使用方面继续保持有针对性的多样化发展。

以砍砸器为例，虽然不能明显看出与前一阶段的砍砸器有什么本质性的差异，但边刃部多经过进一步磨制加工，制成区别于原始粗放式制作石器的**磨制石器**（图 2.17）。更多的磨制加工使得石器边刃更锋利，其形状多样化的趋势也进一步拓展（图 2.18）。石器使用目的逐步从一石多用向一器一用的模式转变，即石器的制作过程中已设置更明确的应用目的，且需参照事先设计加工；明显降低了所制石器形状的偶然性，也难以再一器多用。

在广泛使用石球狩猎的基础上，山西阳高许家窑及河北阳原侯家窑等地约 10 万年前的早期智人发明了一种利用石球高效率远程狩猎的技能（图 2.19），这种技能在石器时期延续了很长时间。在直立人的晚期，人们已经掌握了利用野麻、野葛、竹皮等植物中获取的天然植物纤维搓制绳索，或将动物皮切割成窄皮条以捆绑物品的技能。用一根绳索或长皮条将石球捆绑，并在捆绑末端一段连接的绳索，借助甩动绳索或皮条抛掷石球，可成倍增加石球的抛掷距离。将绳索或长皮条两端各捆扎一个直径约为 50 毫米至

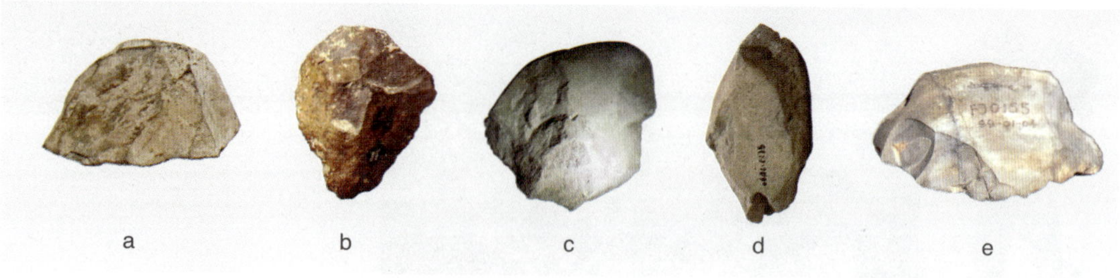

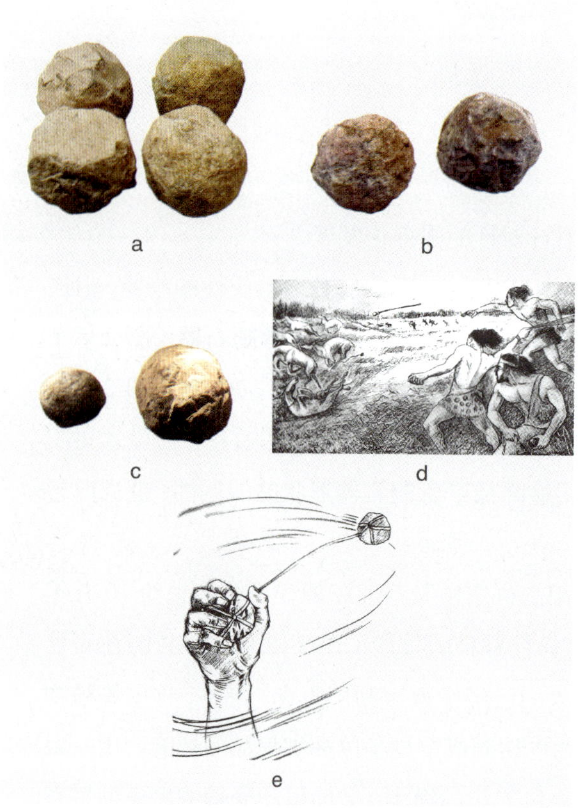

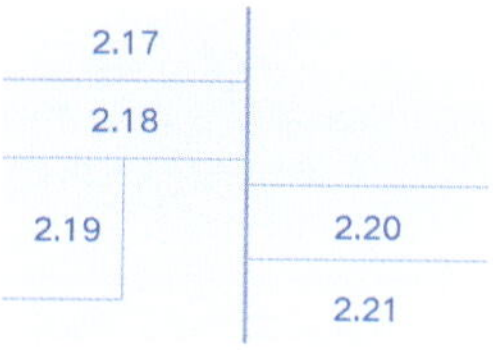

◉ **图 2.17** 各地早期智人改进的砍砸器：a. 约 25 万年前辽宁本溪庙后山［辽］；b. 约 20 万年前贵州黔西观音洞；c. 约 20 万年前福建三明万寿岩灵峰洞［闽］；d. 约 16 万年前吉林安图立新［吉］；e. 约 8 万年前重庆丰都井水湾［渝］

◉ **图 2.18** 各地早期智人使用的类似于手斧的尖状器：a. 约 15 万年前湖南浏阳永安［长］；b. 约 12 万年前埃及哈里杰绿洲；c. 约 12 万年前山西襄汾丁村［国］；d. 约 10 万年前沙特伯希玛有背石刀［沙］

◉ **图 2.19** 各地早期智人用于远程狩猎的石球与飞石索：a. 约 12 万年前山西襄汾丁村［国］；b. 约 10 万年前山西阳高许家窑［晋］；c. 约 10 万年前河北阳原侯家窑［冀］；d. 石球狩猎图［晋］；e. 约 6 千年前陕西西安霸桥半坡石球；即飞石索的使用［半］

100 毫米的石球，并使两石球间保持一定的距离，这样就制成了石球索猎的工具——飞石索。在追逐猎物时抛出飞石索，不仅石球可能会击倒猎物，而且飞石索触及逃逸的猎物时会产生旋绕效应而缠绊猎物腿部，从而捕获猎物。这种远距离狩猎技能比简单抛掷石球的抛出距离远、捕猎效率高，而且可与猎物保持安全距离。

早期智人阶段不仅出现了更加多样化的专用石质工具，而且这些工具通常都会不同程度地经历了磨制加工，其较平滑的表面更方便流畅地使用（图 2.20）。同样，该时期小型化的刮削器也不同程度地经历了磨制加工（图 2.21），这类刮削器基本上保持了早期的类型和加工技术，即使类型稍有变化或技术稍有进步，其变化与进步也是非常缓慢的。

石器磨制技术的出现，应算得上是石器制造技能的革命，对人类后期石器技能的发展产生了深刻的影响。石器磨制技术是在手工作业下进行的，磨制加工导致了人类手工制造技能的不断进化，推动着人类精细制造技术和主观设计能力的发展，对改善当时的社会生活条件和社会的发展也起到了极为重要的促进作用。

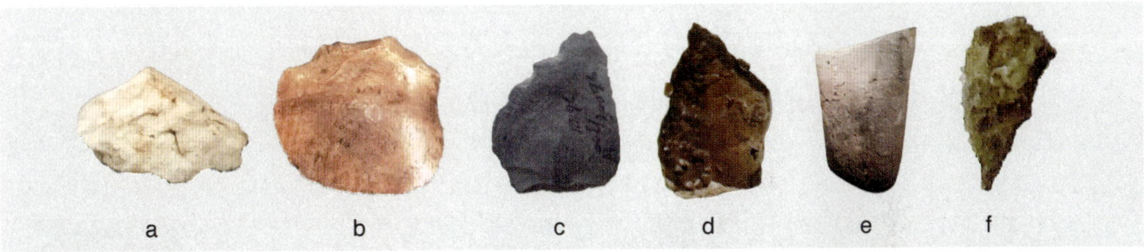

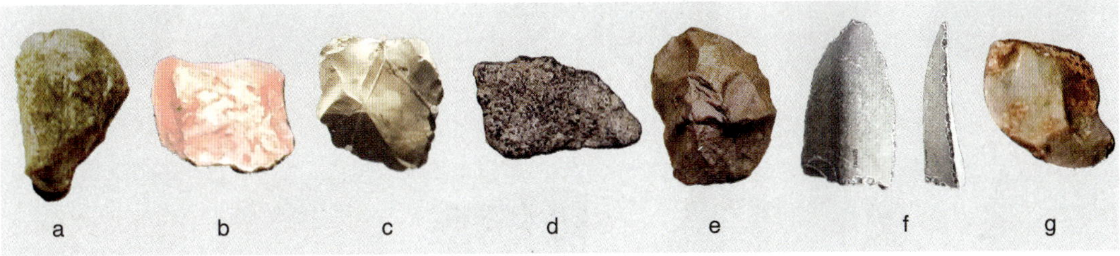

◉ **图 2.20** 各地早期智人的各种磨制加工工具：a. 约 28 万年前辽宁营口金牛山石刀［辽］；b. 约 15 万年前北京周口店石刀［周］；c. 约 12 万年前山西襄汾丁村锯齿刃器［晋］；d. 约 10 万年前沙特瓦迪法蒂玛钻孔石器［沙］；e. 约 10 万年前河北阳原板井子石锤［冀］；f. 约 6 万年前河南洛阳北窑遗址石锥［洛］

◉ **图 2.21** 各地早期智人的各种小型磨制刮削器：a. 约 20 万年前陕西大荔段家乡［陕］；b. 约 20 万年前湖北大冶石龙头［鄂］；c. 约 20 万年前贵州黔西观音洞［贵］；d. 约 16 万年前吉林桦甸寿山仙人洞［吉］；e. 约 10 万年前沙特伯希玛［沙］；f. 约 7 万年前辽宁沈阳农业大学后山；g. 约 6 万年前河南洛阳北窑遗址［洛］

2.6 晚期智人与石木复合石器（距今约 5 万至 1 万年）

进入晚期智人阶段，人类社会基本不再制作一般意义的砍砸器，所制造的多为特定的专用石质工具（图 2.22），且多经过磨制加工。工具的种类急剧增加，工具的分类制造过程也越来越精细。但相应的小型磨制刮削器的发展并不明显（图 2.23）。

在旧石器时期，人类日常大多数时间是完全赤身露体的。到了旧石器中、晚期，人类逐渐意识到可以用兽皮、羽毛、树叶、茅草等遮身，如把兽皮简单捆绑在身上以御寒和保障身体的安全。当人类掌握了搓制绳索技能后，就有可能更好地满足对遮身的需求。在晚期智人阶段，人类掌握了缝纫技能，使遮身需求得到大幅度的改进。这个时期，石器的精细化发展使得人类切割、刮削、磨削、钻孔等加工骨制品的能力达到了非常细致的地步。约 4 万年前北京周口店地区的智人已经制作出了细小的骨针（图 2.24），全长 82 毫米，直径 3 毫米多，经刮削和磨制后，一端的针尖圆锐而针身圆滑，骨针另一端用尖状器挖制出针孔。当时已经能够将动植物纤维搓制成足够细的线，以穿过针孔。如此的穿针引线，可以将当时可能获得的各种平面材料，如树皮、兽皮、树叶等裁剪成特定的形状，进而缝制成复杂的遮身物（图 2.25）。由此可见，缝纫技术的出现是当时各项材料加工技术发展到一定程度后的综合体现，为人类大幅度地提高生存质量奠定了坚实的基础，也为人类智力的继续发展提供了更好的平台。

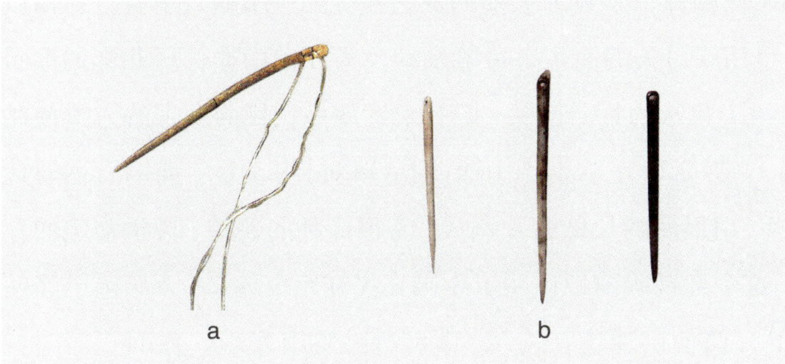

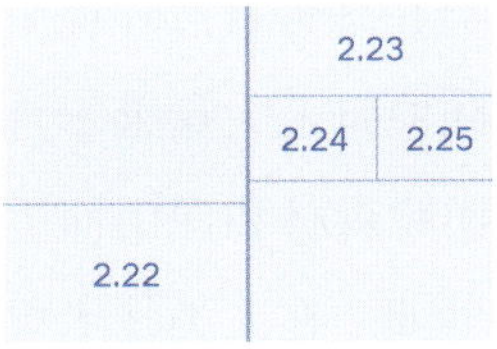

◉ **图 2.22** 各地晚期智人制作的各种专用石质工具：a. 约 5 万年前新疆和布克赛尔骆驼石遗址石刀［新］；b. 约 4 万年前辽宁海城小孤山仙人洞石钻［辽］；c. 福建漳州阳尾山石刀［闽］；d. 约 2 万年前重庆铜梁石刀［渝］；e. 山西沁水下川石锯［晋］；f. 青海海西小柴达木湖石镐［青］；g. 德国明曾根石钻［弗］；h. 德国明曾根石锯［弗］；i. 约 1 万年前湖北十堰房县樟脑洞石锥［鄂］；j. 河北阳原籍箕滩石锛［冀］；k. 海南三亚落笔洞坚果石砧［琼］；l. 贵州兴义猫猫洞石刀［贵］

◉ **图 2.23** 各地晚期智人制作的各种小型磨制刮削器：a. 约 4 万年前辽宁沈阳五里山;b. 约 3 万年前宁夏银川水洞沟［宁］；c. 约 3 万年前贵州普定穿洞［国］；d. 约 2 万年前湖北荆州鸡公山［鄂］；e. 海南昌江钱铁洞［琼］；f. 约 1 万年前新疆吐鲁番交河故城［新］；g. 青海共和拉才［青］；h. 吉林龙市大洞遗址［吉］；i. 西藏藏北戈木错

◉ **图 2.24** 晚期智人制作的骨针：a. 约 4 万年前北京周口店骨针；b. 约 3 万年前辽宁海城小孤山骨针［辽］

◉ **图 2.25** 约 4 万年前北京周口店用骨针缝纫的山顶洞人［周］

各项材料加工技术的进步也推动了狩猎工具的革命。传统的砍砸器、尖状器等狩猎工具需与猎物近身搏斗，比较危险；而石球、飞石索等远距离狩猎技能的效率虽然在不断提高，但仍不如近距离狩猎效率高；石矛的出现正是整合了两种狩猎方式的优点，降低了二者的缺点。将尖状器加工成细长锋利形状石矛头，用绳索将其捆绑在长柄木棒的一端可制成石木复合的长柄石矛（图 2.26、图 2.27）。这种新型狩猎工具可用于近身捕猎，且降低了近身捕猎的危险性。当猎物逃逸时，还可以把石矛以投枪的形式抛出，延长了狩猎距离，且投枪的准确度会高于抛掷石球和飞石索；同时也可以直接投掷石矛，用于远距离狩猎。石木复合长矛是人类在智人阶段的一个重要创造。在智人晚期阶段，世界各地均出现了石矛的制作和使用技术。

在旧石器时期智人晚期阶段的另一个极为重要的发明和实际应用的石木复合石器就是弓箭。现已发现的人类最早用于弓矢的箭头有可能是约 5 万年前南非德班北部的旧石器时代遗址中的几支疑似长约 1 厘米的骨质箭头，但并未发现弓。目前发现的人类使用最早的石质箭头即石**镞**（zú）（图 2.28），出土于山西朔县峙峪村约 3 万年前旧石器时代晚期遗址，石镞长约 2.8 厘米，用很薄的长燧石片制成，有很锋利的尖端，科学鉴定的存在时间为距今 28 900 多年。这个发现确凿地证明了中国先民在距今约 2.8 万年前已经使用了弓箭（图 2.29）。类似的弓箭使用遗迹在埃及、欧洲等地均有发现。在旧石器时代晚期，箭镞构成已经非常多样化，可用石、骨、蚌壳等不同材料经磨制而成，形状多样。

在实际的狩猎过程中，对很多非常警觉而敏感的猎物不可能近距离捕获，由此限制了人类稳定的食物来源。弓箭技术的狩猎范围可大于投掷石球和石矛的距离，弓箭的出现和使用极大地拓展了人类的狩猎范围和食物来源，显著增强了人类在恶劣自然环境中的生存能力。对于远离森林树木、深山洞穴的人类，面对生存于广阔原野上大量善于奔跑、警觉而敏感猎物，弓箭是一种决定性的工具，使人类可以完全摆脱森林和深山而生存。弓箭也使得人类大大提高了自身远程防卫、确保安全的能力。因此，在人类技术史上以至整个社会发展中，弓箭的发明和使用是一种革命性的进步。

在晚期智人阶段，某些地区可以找到鱼叉、鱼镖等天然骨质捕鱼工具，以及独木舟和桨等木制捕鱼和运载器具。在约 3 万年前的辽宁海城小孤山遗址发现了迄今为止中国最早用于捕鱼的骨质鱼镖（图 2.30a），长约 18 厘米，镖上有若干倒刺。捆绑在木棒上后，可以用来镖叉河流中游动的鱼；叉中后，镖上的倒刺使得鱼无法逃脱，这种捕鱼技能更丰富了智人的食物来源。但考古显示，当时人类的捕鱼行为并不十分普及。到了距今约

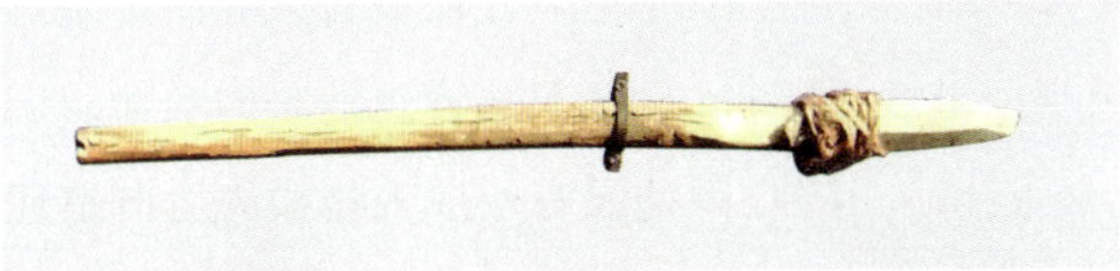

2.26
2.27
2.28

◉ 图 2.26 各地晚期智人制作复合石矛的各种矛头：a. 约 4 万年前福建漳州阳尾山［闽］；b. 约 3 万年前宁夏银川水洞沟［宁］；c. 吉林榆树大桥屯［吉］；d. 贵州普定穿洞［国］；e. 约 2 万年前青海海西小柴达木湖［青］；f. 约 1 万年前天津东营房［津］；g. 山西吉县柿子滩［晋］；h. 美国亚利桑那克洛维斯［英］；i. 河北阳原于家沟［冀］；j. 西藏藏北戈木错尖状器

◉ 图 2.27 复合狩猎工具石矛的制作［鄂］

◉ 图 2.28 晚期智人制作的远程射猎的石镞：a. 约 3 万年前山西朔州峙峪［晋］；b. 江苏连云港将军崖［苏］；c. 约 2 万年前山西沁水下川石镞［晋］

1.6 万年，欧洲法国的马格德林才出现了 10 厘米至 13 厘米长的骨质倒刺鱼叉等捕鱼工具（图 2.30b）；此时世界其他地区已经开始逐渐进入新石器时期。

在旧石器时代，人类从开始依赖于森林到逐渐走出森林，经历了极为漫长的时间才转变为以生存于原野地面为主。来到地面的人类通常也只能居住在露天，或藏身于洞穴、岩厦等自然界存在的较封闭的环境，以躲避风雨猛兽的侵扰，其间人类并不具备自己建筑居所的能力。到了旧石器时代晚期，鉴于对更良好生活状态的追求，智人已经能够离开森林、山洞，更自由地迁移。由于一年的季节轮回造成周围食物资源的变化以及相应气候或天气的变化，当时人类基本无法过定居的生活；但他们已经明显地提高了智力和运用工具的能力，在需要时也会用树干、动物骨、兽皮等天然材料建造窝棚或棚屋作为季节性居所。作为群居性整体，在一些地区也发现有由几个棚屋构成的临时性聚集营地（图 2.31）。棚屋的基部由土台、石块或大型动物骨骼加固，中央往往设有火塘用于烧烤烹饪。当智人因季节变化或周围资源枯竭而继续迁移时，会随时放弃这些临时居所。旧石器时代的人类经常需要季节性迁移，不能持久定居，因此没有形成大规模人为制造建筑材料和建造房屋的能力。

统计显示，在中国境内已发现和挖掘出一千多处的旧石器遗址（图 2.32）。可以看出，我们的祖先在几十万年前已经大量繁衍生息，主要集中在黄河流域、长江流域和珠江流域。到了几万年前，他们的生存足迹已经遍布全国各地。这些旧石器的遗迹为我们认识旧石器时代的石器技术，即远古材料技术的发展提供了大量可贵的实物证据。在旧石器时期结束时，晚期智人的生理学状态逐渐完成了向现代人类的过渡过程。

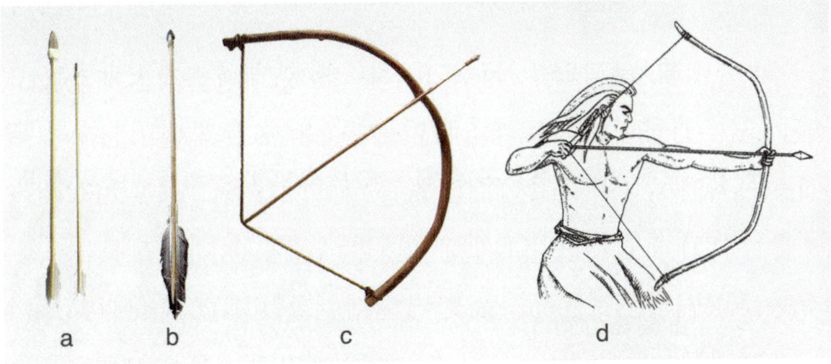

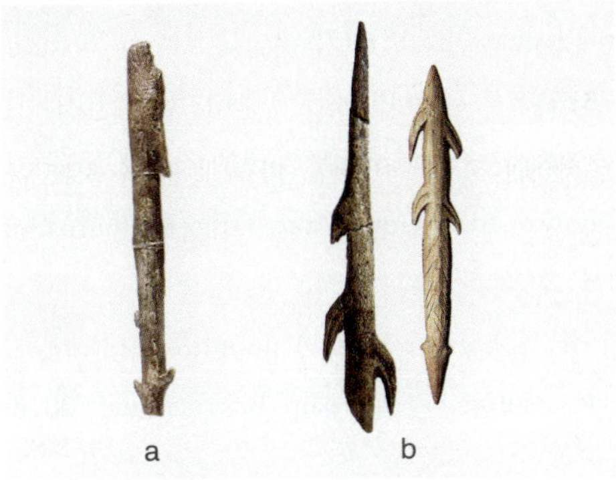

◉ 图 2.29 晚期智人射猎弓箭示意：a. 中国箭镞［云］；b. 北美箭镞［魁］；c. 约 3 万年前的弓箭［国］；d. 智人射箭图

◉ 图 2.30 晚期智人制作的捕鱼工具：a. 约 3 万年前辽宁海城小孤山骨鱼镖［辽］；b. 约 1.6 万年前法国马格德林倒刺鱼叉

◉ 图 2.31 北美原始部落用树干、树皮、兽皮建造的棚屋，以及用木料和兽骨打磨捆扎的长矛、长叉等狩猎工具［魁］

图 2.32 中国境内部分发掘出旧石器时代石器的遗址位置分布

进一步阅读

- 周启迪．世界上古史，4版．北京：北京师范大学出版社，2016.
- 李季，安家瑗，孙其刚．文物史前史．北京：中华书局，2009.
- 刘家和，王敦书．世界史古代史篇：上卷．北京：高等教育出版社，2011.
- Harmand S, Lewis J E, Feibel C S, *et al*. 3.3-million-year-old stone tools from Lomekwi 3, West Turkana, Kenya. Nature, 2015, 521: 310-315.
- Stout D, Semaw S, Rogers M J, *et al*. Technological variation in the earliest Oldowan from Gona, Afar, Ethiopia. Journal of Human Evolution, 2010, 58: 474-491.
- Wei G, Huang W, Chen S, *et al*. Paleolithic culture of Longgupo and its creators. Quaternary International, 2014, 354: 154-161.
- Doronichev V, Golovanova L. Beyond the Acheulean: A view on the Lower Paleolithic occupation of Western Eurasia. Quaternary International, 2010, 223-224: 327-344.
- 李树雪．山西史前石器制造技术及其社会功能．科学技术与辩证法，2005，22（3）：94-96.
- 王谦．寻找人类祖先的足迹：直立人．科学，1999，51（6）：26-29.
- Barsky D, Celiberti V, Cauche D, *et al*. Raw material discernment and technological aspects of the Barranco León and Fuente Nueva 3 stone assemblages (Orce southern Spain). Quaternary International, 2010, 223-224: 201-219.
- 武仙竹，李禹阶，刘武．旧石器时代人类用火遗迹的发现与研究．考古，2010（6）：57-65.
- 中国国家博物馆．中华文明．北京：中国社会科学出版社，2010.
- Blackwell B A B, Skinner A R, Smith J R, *et al*. ESR analyses for herbivore teeth and molluscs from Kharga and Bir Tarfawi Oases: Constraining water availability and hominin

paleolithic activity in the Western Desert, Egypt. Journal of African Earth Sciences, 2017 (136): 216−238.

◉ 沈阳市文物考古研究所，吉林大学边疆考古研究中心．沈阳地区旧石器考古发现研究．北京：科学出版社，2015.

◉ 王永，王军，纪占胜，等．藏北羌塘中部戈木错盆地石制品的初步研究．地质通报，2009，29（9）：1330−1334.

◉ 吕遵谔．海城小孤山仙人洞鱼镖头的复制和使用研究．考古学报，1995（1）：1−17.

◉ Pétillon J M. Technological evolution of hunting implements among Pleistocene hunteregatherers: Osseous projectile points in the middle and upper Magdalenian (19−14 ka cal BP). Quaternary International, 2016, 414: 108−134.

◉ 马宁，王春雪．旧石器时代晚期的居址．化石，2008（4）：31−33.

◉ 高星，裴树文．中国古人类石器技术与生存模式的考古学阐释．第四纪研究，2006，26（4）：504−513.

◉ 武春林，张岩，李琴，等．中国古人类遗址环境数据库及遗址时空分布初步分析．科学通报，2011，56（26）：2229−2231.

03

第3章

新石器野蛮时代与文明来临的前奏

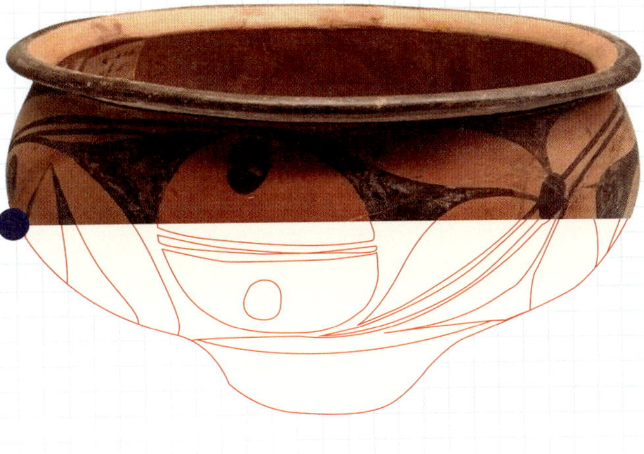

“旧石器晚期，现代人的智力已经与今天的人类没有太大的差别，但人类仍需面对严酷自然环境的挑战。当人类某些群体的生存能力不足以对抗自然灾害或无法应付自然环境的突变时，就会遭遇灭绝的危险。努力改进工具、创造新的用具、改进生存方式等是当时人类在自然环境中获得温饱、持续生存的最佳选择。在材料技术不断进步的基础上，人类开始了定居生活，并出现了农耕、捕鱼、纺织等较高水平的经济和生活形态。在温饱得以满足的前提下，人类开始对精神生活有所追求，并出现了用文字交流的行为；由此，人类社会呈现出了文明的曙光。”

3.1 原始农业的出现与人类的定居

旧石器时期，人类获取食物的经济模式包括捕获野生动物等猎物以及采摘植物的果实，后来可能还包括捕鱼。这种经济模式称为**采猎经济**，其运作方式比较自然、简单，但随自然环境的变化，会存在一定的不确定性和偶然性，即人类并不能完全掌握生存的保障。相对于人类的人口规模来讲，当自然界动植物资源的自然增长速度足够高，或通过迁移可以不断追寻自然界足够丰沛的食物资源时，采猎经济基本可以稳定地维持。相对安定的生活会造成人口较快地增长，甚至会超过自然资源再生的速度；这样，完全依赖采猎经济的人类就会遭遇生存困境，因而引发人类不断探索新的高效获取食物的方式。这种探索导致了原始种植业、饲养业、畜牧业的出现，其中种植业和与之相伴的饲养业的发展构成了农业的雏形。通常可以把农业的发展划分成原始农业、传统农业和近现代农业。新石器时期末期，粗放的原始农业转变为精耕细作的经验式传统农业，到了 18、19 世纪才逐渐转变为较为科学的近现代农业。这里所说农业的雏形即为原始农业的开端，也是人类在获取食物方式的一种创造。因此，原始农业的出现成为人类进入新石器时期的关键性标志之一。

人类在旧石器时期采集野生植物可食用部位的过程中已经积累了丰富的经验，并发现丢弃的种子或植物的其他部位有可能随后会自己再生长出植株并结出果实来。如果人类开动脑筋自己尝试把野生植物的种子栽种培育，就有可能获得稳定的植物性食物来源。尝试各种野生植物的利用价值和培育方式直至获得成功及相应经验的过程为野生植物的驯化过程；之后就可以筛选出能满足人类需求和适合人类栽培的植物来。规模化的人工种植即会导致种植业的发展。人类在捕猎野生动物时，有时也会捕获到野生动物的幼崽。如果幼崽没有食用价值或一时不需要食用，就有可能被暂时圈起来，喂以食物。幼禽在长大过程中可能会生蛋，幼畜可能会继续繁衍；这些幼崽长大后仍可宰杀食用。如果人类认真观察和分辨哪种野生动物适合圈养并扩大饲养范围和规模，就有可能获得稳定的动物性食物来源。尝试各种野生动物的利用价值和饲养方式直至获得成功和相应经验的过程为野生动物的驯化过程。规模化的人工饲养即会导致饲养业的发展，饲养业往往附属于种植业。经过驯化的野生动物并不一定都需要圈养，一些驯化动物也可以放养。在自然界所提供的环境和资源允许的情况下，也可以大规模地对驯化动物进行放牧蓄养，由此可导致畜牧业的发展。另外，在渔业资源丰富的地区，可能得到发展的是渔业，而不是农业或畜牧业。

人类在开始种植、饲养、放养、捕鱼等活动的同时，始终仍伴随着一定的采猎经济。当种植业和饲养业成为维持经济生活的主体时，相应的部落群体最终会发展成农耕民族；当因特定的自然环境导致畜牧业成为维持经济生活的主体时，则相应的部落群体最终会发展成游牧民族。

最初期农业的生产效率非常低下，在经济生活中占据的比例也比较低。人类需要用石刀、石斧等工具去砍伐树木，用石铲去除杂草，清理出一块荒地，再用石锄、石钁（jué，类似于镐）或石耜（sì，类似于锹）等工具刨坑并种植驯化植物。随后发现，用所掌握的人工制火技能把树木杂草烧掉可提高开荒效率，还可使所种植的植物长得更加茂盛。因此，刀耕火种成为当时较普遍的农业形式。当时人类并没有什么农业知识，种植后人们基本不对植物作很多管理，只等收获。几年后，所种植的植物越长越差，于是人们就把种植几年的地荒废一两年，等其生长植物的能力恢复后再种，称为**撂荒耕作制**。

全世界主要有西亚、中南美洲、东亚三个独立起源的原始农业区域。西亚以种植小麦、大麦为主；中南美洲以种植马铃薯、玉米为主；中国是东亚原始农业起源的主要区域，以种植粟、黍、水稻为主，粟俗称小米，黍俗称黄米或糜。在早期家畜饲养方面，西亚以绵羊和山羊为主；中南美洲以饲养羊驼为主；而中国早期则以饲养猪、狗、鸡、牛为主，且饲养业通常只是种植业的副业。

中国目前已经发现了很多人类早期种植、饲养的遗迹，因而是原始农业发展较早的国家。在中国北方，约 10 000 年前河北南庄头就出现了已经驯化的狗，当时仍保持采猎为主，并能以较高的效率加工所采集的植物种子或果实；约 7 800 年前内蒙古兴隆洼出现了处于驯化期的黍和粟等植物，但其采猎经济仍占主导；约 7 700 年前河南中部和中南部区域已经开始种植驯化的粟，同时饲养着驯化了的猪、狗、黄牛等，但还以采猎经济为主；约 7 500 年前甘肃大地湾和约 7 000 年前辽宁沈阳新乐也在种植驯化的黍，同时可高效加工所采集的植物种子，其采猎经济仍然很重要；约 6 000 年前连接陕西、山西、河南、河北等地的仰韶文化区则已大量种植驯化的黍、粟、水稻、蔬菜等作物，同时也饲养驯化的猪、狗、山羊、绵羊、黄牛等，虽然其采猎活动仍较频繁，但农业已占了主要地位；约 4 500 年前连接陕西、山西、河南、河北、山东、辽宁等地的龙山文化区已广泛种植黍、粟等，也饲养猪、水牛、马等，其采猎的比重明显下降，农业取得了主导性经济地位。但是由于自然环境的特色与制约，约 6 000 年前黑龙江密山新开流的人类经济则以捕鱼为主。在中国南方，约 14 000 年前湖南道县玉蟾岩就出现了驯化过程中的稻粒（图 3.1a）；在约 10 000 年前浙江浦江上山的遗址中也发现了人工种植的稻粒（图 3.1b）。对湖南水稻种植历史的发掘显示（图 3.2），新石器时期几千年来，湖南一直持续地以种植水稻为生。约 6 500 年前浙江余姚河姆渡（图 3.1c）不仅种植水稻，饲养猪、狗、水牛等，同时还有捕鱼的活动；约 4 500 年前长江下游良渚文化区水稻种植及猪、狗、水牛饲养的规模已经非常大，使得采猎经济明显降低；同时，还出现了栽种桑树和养蚕的种植和饲养活动。

随着种植业及附属饲养业所构成的原始农业的发展，旧石器时期人类经常性迁徙的生活方式以及洞穴、岩厦、棚屋等临时性、非坚固的居所就显得不合时宜了。因此进入新石器时期以后，人类逐渐开始了定居的生活，建造住房是定居必须首先要解决的问题。随着人类建房技术的不断进步，人类离开穴居方式后开始建造的永久性居所多为半地下式的（图 3.3）。之后，人类逐渐掌握了夯土技术、木结构捆绑技术、泥墙加固技术乃至木结构榫卯技术等，居所也进化成地上建筑。

约 8 000 年前湖南澧县八十垱聚落中已经出现了半地穴式的住所，约 7 700 年河南中部和中南部区域、约 7 500 年前甘肃大地湾（图 3.4）、约 7 000 年前辽宁沈阳新乐、约 6 500 年前浙江余姚河姆渡、约 4 500 年前陕西西安半坡和临潼姜寨等地，都广泛出现了定居和聚落遗迹。定居地的出现为中国新石器时期的考古发掘提供了便利条件，所发现的新石器遗址已经遍布全国（图 3.5）。其中姜寨聚落遗址出现了超过了 100 平方米的大房子，同期湖北天门石家河古城遗址的面积超过 1 平方千米。农业会导致人类的居住方

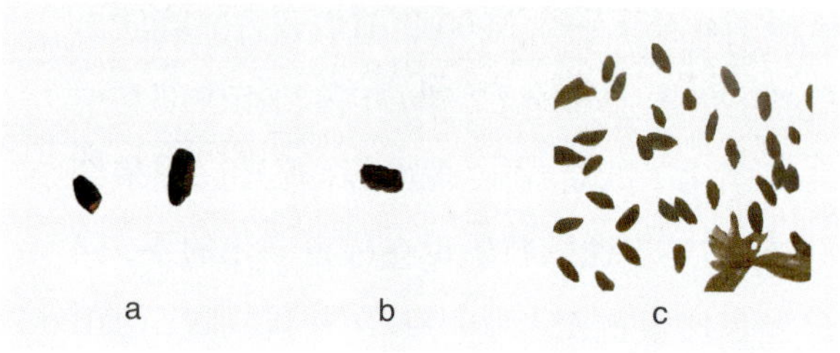

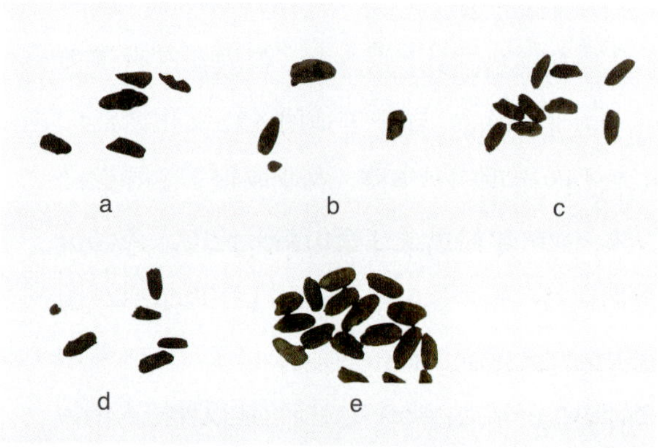

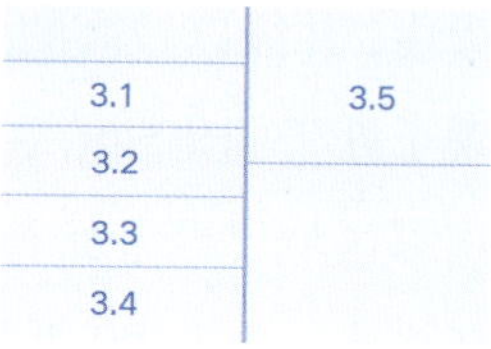

◉ 图 3.1 中国早期驯化中及驯化成的稻粒：a. 约 14 000 年前湖南道县玉蟾岩［湘］；b. 约 10 000 年前浙江浦江上山［浙］；c. 约 6 500 年前浙江余姚河姆渡遗址［浙］

◉ 图 3.2 新石器时期各阶段湖南的稻粒［湘］：a. 约 9 000 年前澧阳平原；b. 约 8 000 年前澧县八十垱；c. 约 7 000 年前湖南澧县丁家岗；d. 约 6 500 年前湖南澧县城头山；e. 约 5 000 年前湖南澧县鸡叫城

◉ 图 3.3 新石器各阶段建造的半地下房屋：a. 早期河北易县北福地房屋模型［冀］；b. 中晚期辽宁沈阳新乐遗址房屋模型［乐］；c. 晚期陕西西安半坡遗址房屋模型［半］

◉ 图 3.4 新石器早中期甘肃秦安大地湾聚落沙盘模型［甘］

◉ 图 3.5 中国境内部分新石器时代石器遗址分布

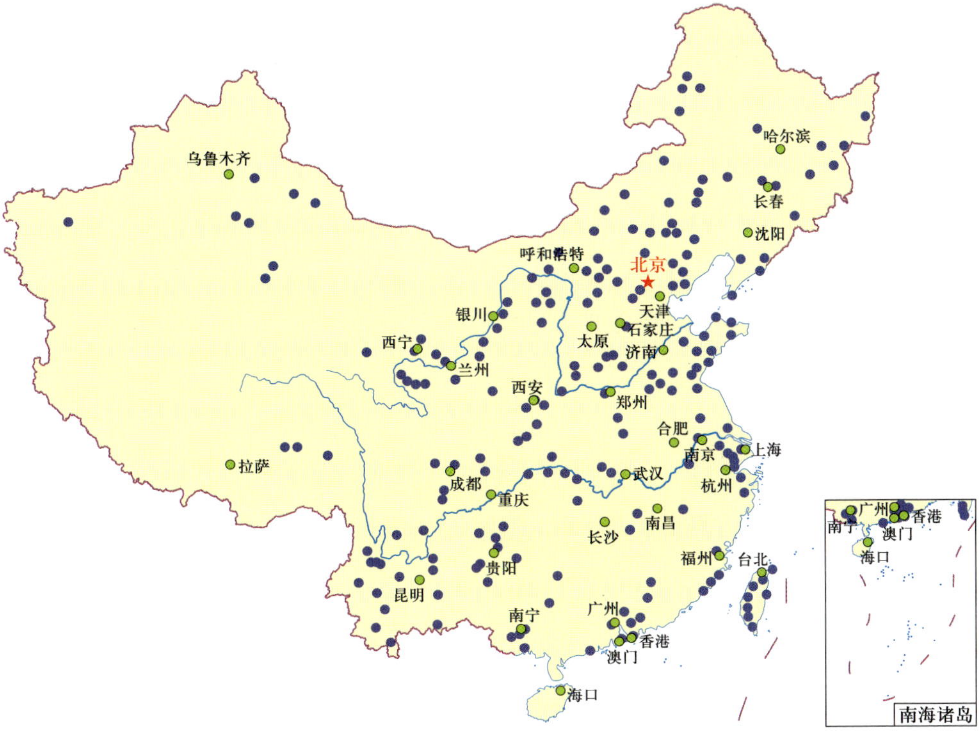

式从流动转而定居，因此聚集定居也成为新石器时期的重要特征。

大范围的聚落建设需要建造很多房屋。建造所使用的虽然绝大多数都是土、石、木、草、骨、麻等天然材料，但人类必须从一开始就要根据已积累的大量的生活经历和劳动体验，设想出所建造房屋的完整形状，安排应有的制造过程并实施加工，从而建造出自然界当时不曾存在的房屋。这不仅需要非常严谨的逻辑思维能力，而且在建造聚落时还需要当时人类的精英阶层具备更加宏观和长远的抽象思维能力。聚落的出现显示出当时人类非凡的智力水平。

3.2 精细的磨光石器及其对农、猎、渔业发展的推进

原始农业的出现和发展需要使用大量的各种工具，其间人类制造石质工具的水平顺应了原始农业发展的需求，达到了历史的一个最高境界。人们不再满足于以往石质工具粗糙的表面和非精准的形状；而是在掌握并不断改进磨制技术的基础上，选择比较坚硬且适合磨制加工的砺石作为磨石，然后把粗制的石器坯料在磨石上作精细的磨制加工以获得较光洁的表面，进而发展出了**磨光石器**（图 3.6）。磨光石器制成后，有时还需要使

用手持的石研磨器进一步精细完善被加工石器外形的细节（图 3.7）。磨光石器的出现和广泛使用是新石器时期非常重要和关键性的材料特征。

为适应刀耕火种时开垦荒地的需求，在新石器时期各地普遍出现了石木复合石斧（图 3.8），且斧头部位均经过了磨光加工（图 3.9），成为典型的磨光石器。石斧和石刀等都可以用来砍树伐枝，石木复合的石铲或石刀则可以用来去除杂草，清理荒地。石刀可以参照石斧的模式制成石木或骨木复合工具，也可以用于传统采猎活动和食物的加工（图 3.10、图 3.11）。

荒地被开垦出来后，就可以种植驯化植物的籽种。人类刚刚开始农业播种时，可能只是直接向地面播撒籽种。随着经验的积累，人类会认识到需在地面挖出浅坑，再埋入植物的种子、果实、根、茎等，可使植物更好地生长。挖坑需使用磨光的石铲（图 3.12）、石锄（图 3.13）、石镢（jué）（图 3.14）或石耜（sì）（图 3.15）等工具。石铲与石锄的形状、功能的区别有时并不明显。镢的形状与功能类似于现代的镐，耜的形状与功能则类似于现代的锹；它们都具有简单的挖掘功能。这些工具都需要以石木复合的形式使用。农耕初期，人们只是一个一个地挖浅坑播种。在播种技能逐渐熟练、对植物生长规律有了基本了解之后，人类随后还发明了石犁（图 3.16），以提高农业生产的效率。播种时把石犁的尖端插入泥土并按住，另有人用绳索捆绑住石犁的下端，并拉绳拖拽石犁，使尖端在地面划出连续的浅沟。与单坑逐一点播相比，石犁的生产效率明显提高。农耕初期，人类在播种完成后往往就简单地等待成熟和收获了。

出现原始农业之后，采猎仍是非常重要的经济行为；尤其在新石器时期初期，采猎经济还维持着主体经济地位，因此采猎所需的工具也在不断改进成磨光石器。与旧石器相比，狩猎石矛（图 3.17）不仅日渐光滑，而且逐渐向更加锋锐和修长发展。在这个时期还出现了一种称为石**钺**（yuè）（图 3.18）的工具，钺最初源于斧，其功能也与斧类似，制成石木复合形式后可用于狩猎。在新石器时期之后的演变过程中，钺逐渐失去了其实用价值，而成为一种用于装饰和陈列的礼器，象征着权力与地位。

在这一时期，远程狩猎工具也演变成磨光石器。用于投掷的石球（图 3.19）变得浑圆、光洁，因石球在空气中飞行时的阻力小，使得投掷距离可以更远，准确度也明显提高。石镞（图 3.20）的变化与石矛类似，变得更加光滑、锋锐、修长。因飞行阻力降低，使命中目标的距离和准确程度都明显提高。

在旧石器时期，人类已经认识到河流、湖泊中的鱼类可以成为人类的食物资源，并

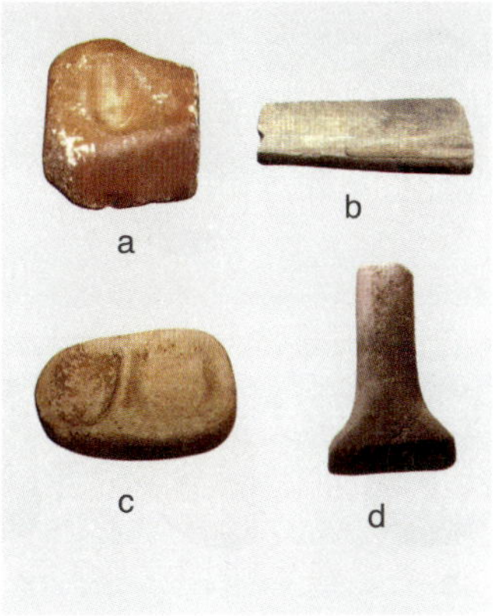

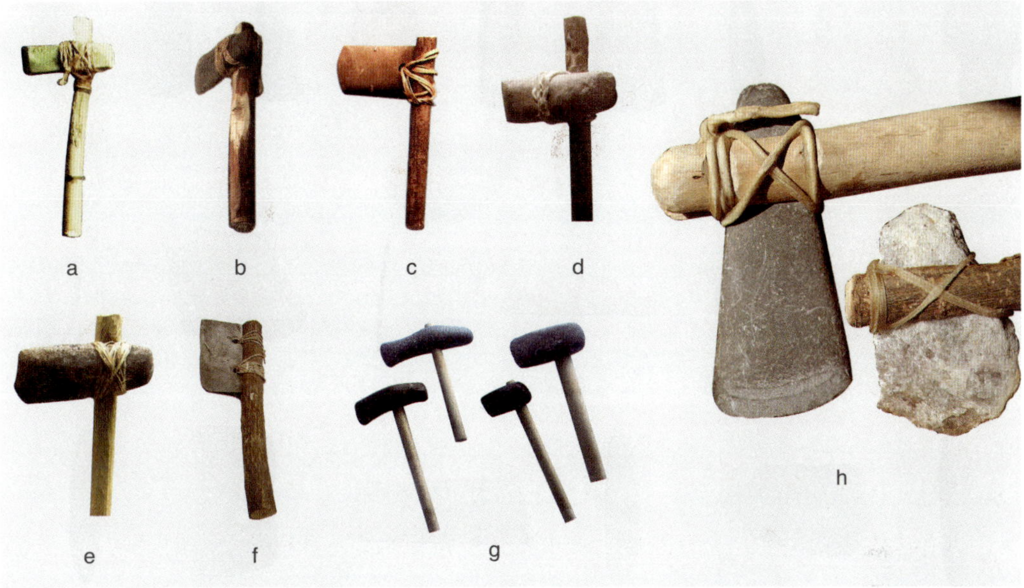

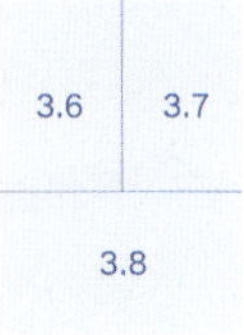

◉ **3.6** a. 新石器时代用于磨制石器的砺石［琼］; b. 制造磨光石器想象场景［渝］

◉ **图 3.7** 新石器时代磨制石器的工具：a. 约 8 000 年前江苏泗洪顺山集石研磨器［苏］; b. 约 7 000 年前重庆丰都玉溪（下层）磨石［渝］; c. 约 6 000 年前陕西宝鸡北首岭仰双格石磨盘［国］; d. 约 5 000 年前青海民和喇家石研磨器［青］

◉ **图 3.8** 新石器时期各地石木复合石斧的组合形态：a.［鄂］; b.［琼］; c.［湘］; d.［青］;e.［云］;f.［赣］,g.［希］;h.［魁］

◉ **图 3.9** 新石器时期各地不同时段的磨光石斧：a. 约 13 000 年前广东阳春独石仔［粤］；b. 约 10 000 年前浙江浦江上山［浙］；c. 约 10 000 年前河北阳原于家沟［冀］；d. 约 8 000 年前辽宁阜新查海遗址［辽］；e. 约 8 000 年前江苏泗洪顺山集［苏］；f. 约 7 800 年前内蒙古赤峰敖汉旗兴隆洼［蒙］；g. 约 7 700 年前河南新郑裴李岗［豫］；h. 约 7 500 年前陕西西乡李家村［陕］；i. 约 7 500 年前湖南黔阳高庙［湘］；j. 约 7 500 年前广西横县秋江遗址；k. 约 7 500 年前甘肃秦安大地湾［甘］；l. 约 6 900 年前希腊塞萨利［希］；m. 约 6 500 年前吉林九台腰岭子［吉］；n. 约 6 200 年前德国萨斯巴赫［弗］；o. 约 6 000 年前新疆吉木萨尔［新］；p. 约 6 000 年前天津青池［津］；q. 约 6 000 年前黑龙江密山新开流［黑］；r. 约 6 000 年前贵州天柱县遗址群［贵］；s. 约 5 600 年前湖北枝城红花套［国］；t. 约 5 400 年前山东泰安大汶口［鲁］；u. 约 5 000 年前青海民和宗日［青］；v. 约 4 800 年前宁夏隆德凤岭［宁］；w. 约 3 500 年前台湾圆山［昙］

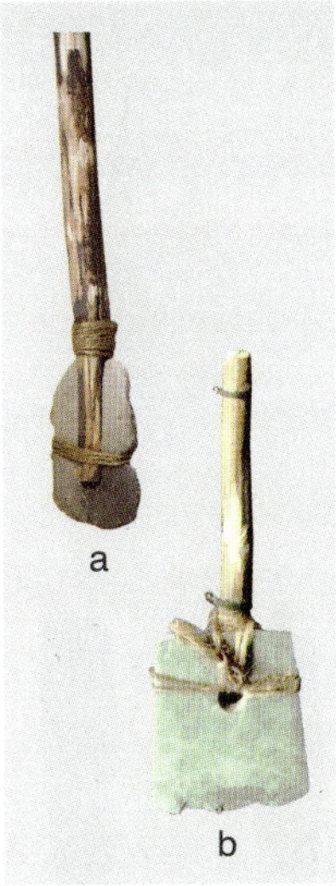

◉ **图 3.10** 新石器时期各地不同时段的磨光石刀（复合捆绑形态参见石斧）: a. 约 10 800 年前沙特马嘉［沙］; b. 约 7 500 年前陕西西乡李家村［陕］; c. 约 7 500 年前贵州平坝飞虎山［贵］; d. 约 7 000 年前辽宁新乐（下层）［乐］; e. 约 7 000 年前湖南长沙南托［长］; f. 约 6 700 年前江苏溧阳神墩［苏］; g. 约 6 700 年前吉林长岭腰井子［吉］; h. 约 6 500 年前浙江余姚河姆渡［浙］; i. 约 6 000 年前新疆疏附乌帕尔［新］; j. 约 5 100 年前安徽潜山薛家岗［皖］; k. 约 5 000 年前青海民和宗日［青］; l. 约 5 000 年前黑龙江饶河小南山［黑］; m. 约 4 500 年前广东韶关曲江石峡［粤］; n. 约 4 300 年前山东潍坊姚官庄［鲁］; o. 约 4 800 年前吉林白城靶山目（骨柄）［吉］

◉ **图 3.11** 新石器时期石木复合石铲的捆绑形态: a. 约 6 500 年前陕西西安霸桥半坡［半］; b. 约 5 000 年前湖北宜城顾家坡［鄂］

◉ **图 3.12** 新石器时期各地不同时段的磨光石铲: a. 约 8 000 年前辽宁阜新查海遗址［辽］; b. 约 7 800 年前内蒙古兴隆洼［农］; c. 约 7 700 年前河南新郑裴李岗［豫］; d. 约 7 500 年前陕西西乡李家村［陕］; e. 约 7 500 年前河北武安磁山［冀］; f. 约 6 000 年前湖北武昌放鹰台［鄂］; g. 约 6 000 年前重庆巫山大溪［渝］; h. 约 5 500 年前湖南［湘］; i. 约 5 400 年前山东泰安大汶口［鲁］; j. 约 5 000 年前青海同德宗日［青］; k. 约 5 000 年前黑龙江尚志亚布力［黑］

◉ **图 3.13** 石锄捆绑形式及新石器时期各地不同时段的磨光石锄: a. 石锄捆绑形式示意［辽］; b. 约 14 000 年前湖南道县玉蟾岩［湘］; c. 约 8 000 年前辽宁阜新查海遗址［辽］; d. 约 7 800 年前内蒙古敖汉旗兴隆洼［蒙］; e. 约 6 000 年前新疆吐鲁番交河故城［新］; f. 约 6 000 年前陕西宝鸡北首岭［国］; g. 约 5 000 年前黑龙江宁安莺歌岭［黑］; h. 约 4 800 年前重庆丰都玉溪坪［渝］

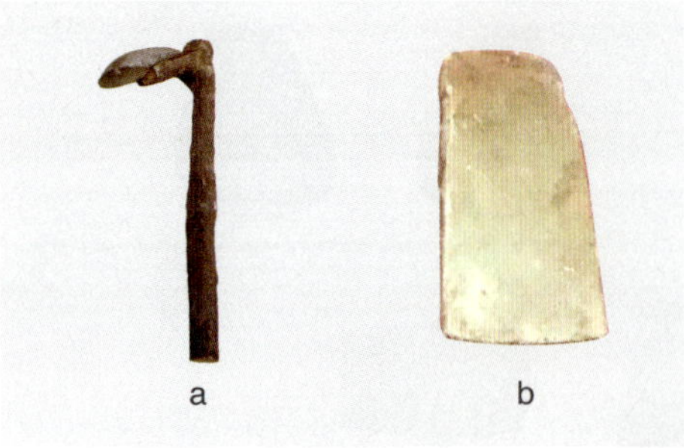

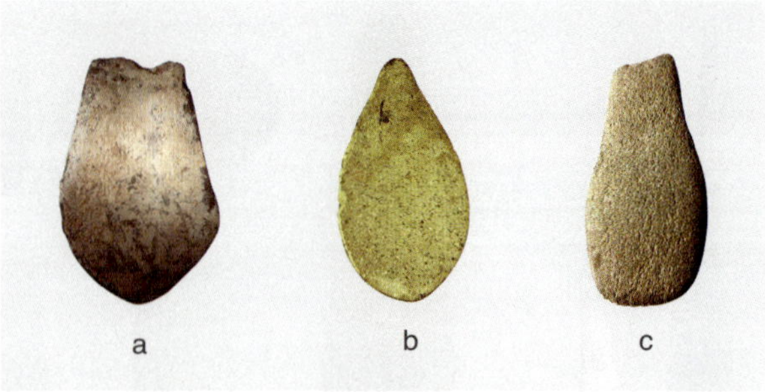

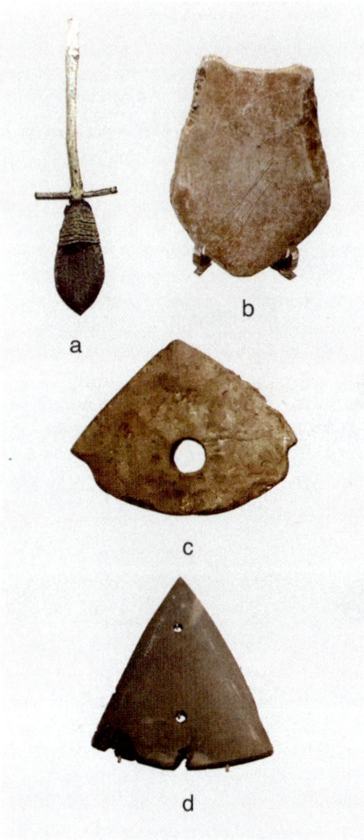

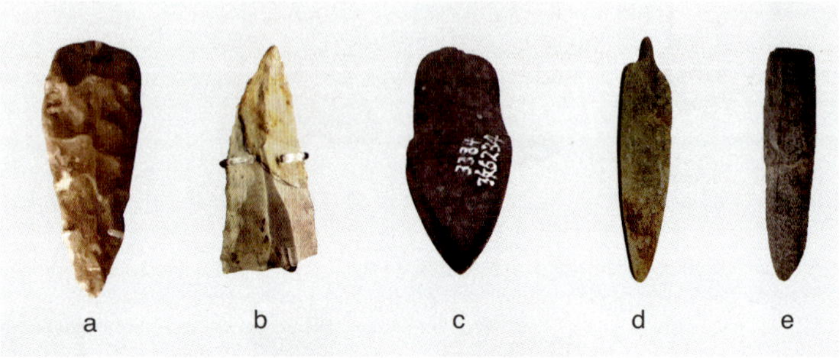

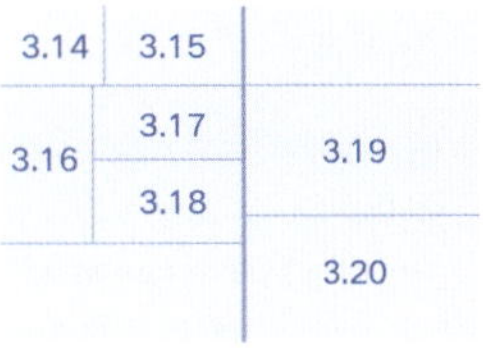

◉ **图 3.14** 新石器时期的磨光石镢（jué，类似于镐）：a. 约 5 000 年前江西新余拾年山［赣］；b. 约 4 500 年前广东韶关曲江石峡［粤］

◉ **图 3.15** 新石器时期的磨光石耜（sì，类似于锹）：a. 约 6 600 年前辽宁赵宝沟［农］；b. 约 5 700 年前内蒙古赤峰巴林右旗［蒙］；c. 约 5 700 年前辽宁［农］

◉ **图 3.16** 新石器时期的磨光石犁：a. 石犁捆绑形式示意［辽］；b. 约 5 500 年前辽宁凌源牛河梁［辽］；c. 约 5 600 年前浙江湖州邱城［浙］；d. 约 4 800 年前浙江余杭石鸽［浙］

◉ **图 3.17** 新石器时期各地用于石木复合石矛的磨光矛头：a. 约 6 900 年前希腊塞萨利［希］；b. 约 6 700 年前德国耶赫廷根［弗］；c. 约 6 500 年前陕西西安霸桥半坡［半］；d. 约 5 400 年前山东泰安大汶口［鲁］；e. 约 4 800 年前宁夏隆德凤岭［宁］

◉ **图 3.18** 新石器时期各地的磨光石钺（类似于石斧）：a、b. 约 6 500 年前浙江嘉兴马家浜石钺复合捆绑方式与石钺［浙］；c. 约 5 500 年前安徽含山凌家滩［皖］；d. 约 4 500 年前广东韶关曲江石峡［粤］

◉ 图 3.19 新石器时期各地不同时段的磨光石球：a. 约 10 000 年前浙江浦江上山［浙］；b. 约 8 000 年前江苏泗洪顺山集［苏］；c. 约 7 500 年前甘肃秦安大地湾［甘］；d. 约 6 500 年前陕西西安霸桥半坡［半］；e. 约 6 000 年前河南洛阳妯娌遗址［洛］；f. 约 6 000 年前福建平潭壳丘村［昙］；g. 约 5 000 年前青海同德宗日［青］

◉ 图 3.20 新石器时期各地不同时段的磨光石镞：a. 约 5 000 年前石镞箭矢复合捆绑示意图［云］；b. 约 10 800 年前沙特马嘉［沙］；c. 约 9 000 年前叙利亚哈鲁拉；d. 约 7 500 年前浙江萧山跨湖桥［浙］；e. 约 7 500 年前贵州平坝飞虎山［贵］；f. 约 7 000 年前辽宁新乐（下层）［乐］；g. 约 6 900 年前希腊塞萨利［希］；h. 约 6 700 年前德国耶赫廷根（含残桦木）［弗］；i. 约 6 500 年前陕西西安霸桥半坡遗址［半］；j. 约 5 600 年前浙江湖州邱城［浙］；k. 约 5 500 年前辽宁大连小珠山［辽］；l. 约 5 000 年前黑龙江饶河小南山［黑］

出现了由石木复合石矛延伸出来的捕鱼工具——带倒刺的鱼镖。然而用鱼镖一个一个捕鱼的效率非常低下；在掌握了搓制绳索技能的情况下，人类用绳索制成渔网并投入河中捕鱼，由此大幅度地提高了捕鱼效率。搓制绳索所用的原料为野麻、野葛、竹皮等天然植物纤维，这些天然植物体的密度与水非常接近。渔网投入水中往往会持续漂浮在水面难以下沉或下沉很慢，捕鱼时很难掌握恰当的时机。如果在渔网的一侧的捆绑上一系列密度比水高很多的石块，则可以带动投入水中捆石一侧的渔网迅速下沉，造成良好的张网效应。在世界各地均发现了新石器时期用于捕鱼的石网坠（图 3.21）。这些石网坠磨制圆润光滑，下沉阻力很小；且网坠上刻有凹槽，便于固定捆绑、防止脱落，使捕鱼效果明显改进，由此鱼也成了人类主要的食物来源。

3.3　原始农业收割与加工用磨光石器

原始农业种植的农作物生长成熟后，首先需要收获。在种植量很小的情况下，人类

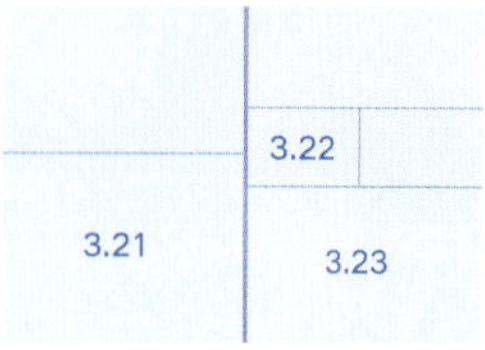

◉ 图 3.21　新石器时期各地的磨光石网坠：a. 网坠张网示意图［云］；b. 约 7 500 年前河北易县北福地［冀］；c. 约 7 000 年前辽宁新乐（下层）［乐］；d. 约 7 000 年前湖南长沙南坨［长］；e. 约 6 700 年前德国耶赫廷根［弗］；f. 约 6 500 年前陕西西安霸桥半坡遗址［半］；g. 约 6 000 年前辽宁丹东后洼［辽］；h. 约 6 000 年前湖北宜昌伍相庙［鄂］

◉ 图 3.22　约 6 500 年前陕西西安霸桥半坡石木复合石镰的捆绑形态［半］

◉ 图 3.23　新石器时期各地不同时段的磨光石锄：a. 约 7 800 年前内蒙古赤峰敖汉旗兴隆洼石镰［蒙］；b. 约 7 700 年前河南新郑裴李岗锯齿［豫］；c. 约 7 500 年前河南郏县水泉［国］；d. 约 7 500 年前河北武安磁山（残片）［冀］；e. 约 7 000 年前湖南长沙南坨［长］；f. 约 6 000 年前陕西彬县下孟村（残片）［陕］；g. 约 5 700 年前辽宁红山文化（半成品）［农］；h. 约 4 300 年前山东潍坊姚官庄［鲁］

收获的方式与传统的在自然界采集的方式没有什么区别，直接用手收集；当播种量扩大后，就需要使用专门的工具收集。与随时产生的单个狩猎事件不同，农作物的收获具有特定的季节性和收获操作集中而繁忙的特征，所使用的工具不仅不能笨重，而且需要顺手、轻便、精细、高效。因此，人类在已有制造磨光石器的基础上，发明了石镰（图 3.22、图 3.23）这种专门用于农业收割的石木复合磨光工具。可以看出，这种石质工具很薄，要求很精细的磨制制作，磨制劳动量很大。在很多石镰的刃边可以看到磨制出的密排镰齿，由此可以大幅度地提高割断效率，降低劳动强度。

新石器初期世界各地用石镰收割到的农作物中包括了粟（小米）、黍（黄米）、水稻、小麦、大麦等。收割后经粗加工获得的米粒、稻粒、麦粒，需经过深加工才能烹煮食用。这类加工的工具通常为经过磨光制造的石磨盘和石磨棒（图 3.24）。成熟农作物的颗粒外表有干脆而轻的壳层，将米粒、稻粒或麦粒放置在石磨盘上，用石磨棒滚压就可以使壳层破碎（图 3.25）。借助抛洒风吹的方式可以去除轻飘的壳层，获得可以食用的颗粒，即成为支撑人类生存的粮食。还可以用类似的流程把粮食颗粒经二次加工后制成粉状，

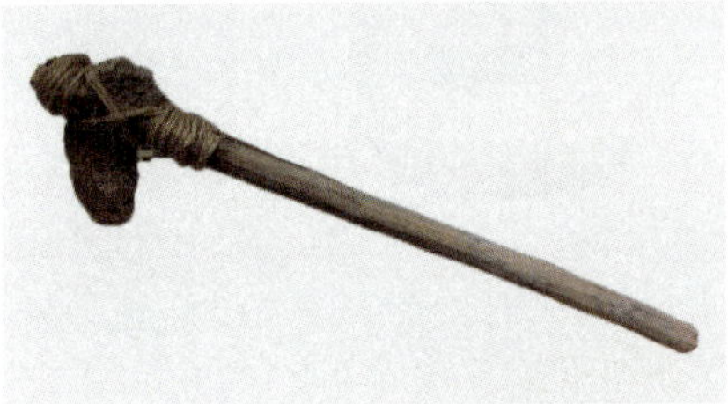

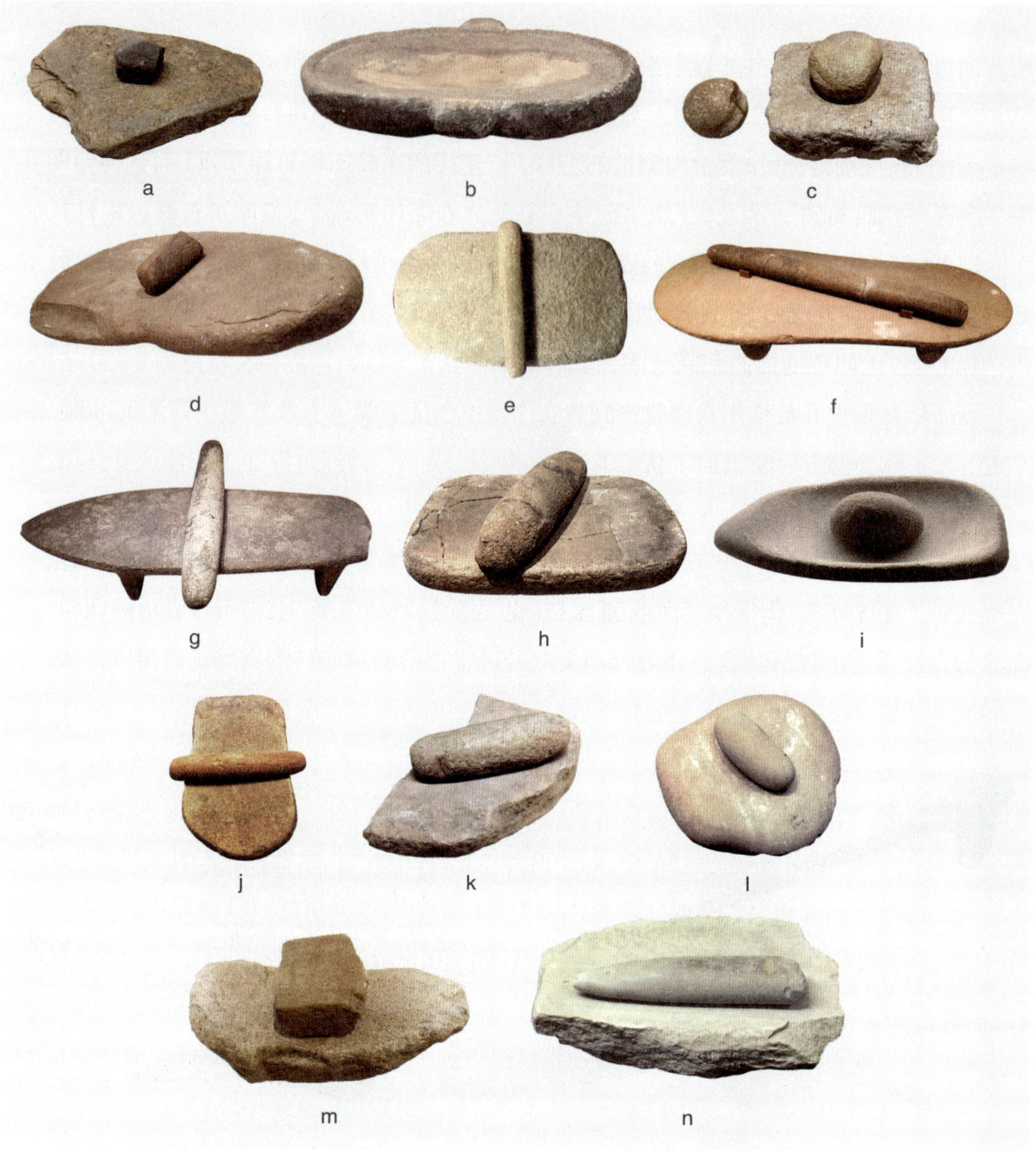

◉ **图 3.24** 新石器时期各地不同时段的石磨盘和石磨棒：a. 约 19 000 年前江西万年仙人洞［赣］；b. 约 10 800 年前沙特马嘉［沙］；c. 约 10 000 年前浙江浦江上山［浙］；d. 约 8 000 年前山东章丘西河［鲁］；e. 约 7 800 年前内蒙古兴隆洼［农］；f. 约 7 700 年前河南新郑裴李岗［国］；g. 约 7 500 年前河北武安磁山［冀］；h. 约 7 000 年前辽宁新乐（下层）［辽］；i. 约 6 700 年前青海贵南拉乙亥［青］；j. 约 6 000 年前天津青池［津］；k. 约 6 000 年前陕西西安临潼姜寨［陕］；l. 约 6 000 年前湖北长阳西寺坪［鄂］；m. 约 6 000 年前德国沃芬维勒［弗］；n. 约 4 800 年前重庆丰都玉溪坪［渝］

◉ **图 3.25** 使用磨棒、磨盘示意图：a.［冀］；b.［乐］

◉ **图 3.26** 约 5 700 年前辽宁红山文化石杵：a. 与石臼；b.［农］

即成了沿袭至今的面粉和米粉。实际上，新石器初期，原始农业在人类经济生活中占的比例很低；那时石磨盘和石磨棒更经常地用来加工采集到的成熟植物的可食用颗粒。在约 10 000 年前河北南庄头以及约 7 500 年前甘肃大地湾等地都发现当时主要用石磨盘来加工所采集到的植物种子。另外，新石器时期也出现过用磨光手段制造的石臼、石杵（图 3.26）加工粮食颗粒的情况，即把颗粒放入石臼的中心凹洞内，再用石杵冲捣凹洞内的颗粒，这种操作方式可以达到同样的加工效果。可能由于其加工效率较低，当时人类并不经常制造和使用，因此考古中较少发现这类磨光石器。

3.4 建造房屋用磨光石质工具

原始农业的兴起及相应的定居需求，使得大量修建永久性住房成为人类不可避免的选择。修建房屋所需使用的材料主要包括树干、树枝、树皮、苇草、竹束、藤条、泥土等，也可能包括动物的毛、皮、骨、角等，这些都是可以从自然界直接获得的材料。其中，会

3.24 | 3.25 | 3.26

用一定直径且笔直光洁的树干搭建房屋的主体木结构。

首先需用石斧砍伐适当的树干或粗树枝。当时石斧的砍伐能力和可伐倒树木的尺寸尚十分有限，好在初期所需搭建房屋的规模也比较有限，所砍伐到的木材尚可支撑所建的房屋。对砍伐好的木材需作初步的加工，包括去除枝杈、剥去树皮、修整外形；这种加工就需要一种石木复合的磨光工具——石锛（图 3.27）。将树干平放在地面固定好，人手持捆绑好石锛头的木把站立或弯腰劈砍树干表面，以逐根树干完成除杈、剥皮、修形的工序。当时使用石锛的形制（图 3.28）与功效与今天木工使用的铁锛很相似。加工树干表面使其挺直光洁是一个比较细致的加工过程，因此只有磨光石锛才可以胜任。

用石铲等工具清理出建房地面后，需夯实地基。北方地区因气候干燥，往往将地面往下挖一定深度，以建筑半地下式的住房，由此可增强房屋的保温性和保暖效果。建房需先将修正好的较粗树干捆绑搭建出房屋的主体结构形状（图 3.29a），在其上捆绑由细小树枝或藤条排列而成的木栅栏，然后再密排敷设、捆绑树皮面、苇草捆或竹束等覆盖材料。建好房屋后，有时需在外表面涂抹厚泥层，可以起到保暖、防雨等作用（图 3.29b）。

简单捆绑的主体木结构通常不够牢固。如果在横竖两根互相搭接树干的搭接处事先

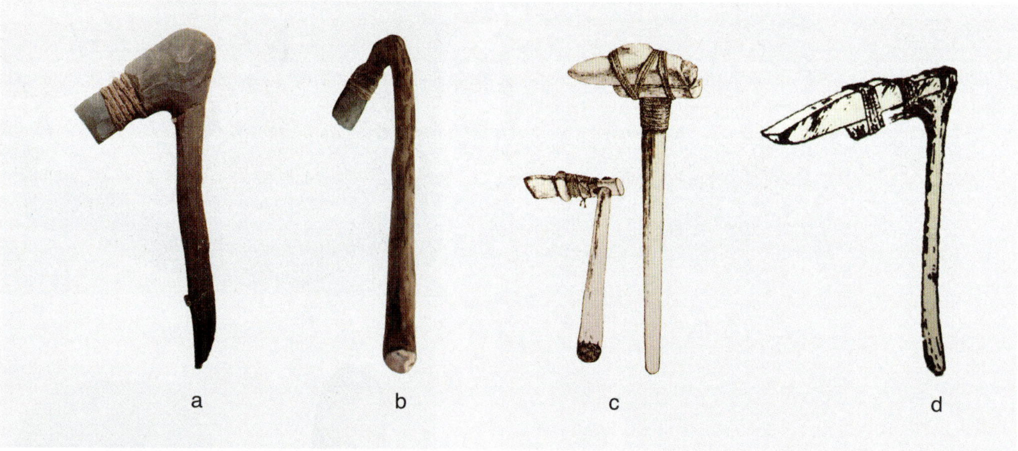

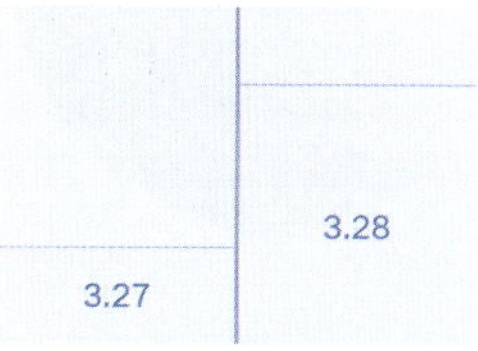

◉ **图 3.27** 各地石锛的石木复合捆绑方式：a. 约 6 500 年前浙江余姚河姆渡［浙］；b. 约 5 000 年前云南［云］；c. 陕西［陕］；d. 福建［闽］

开凿出适当的凹槽，使二者得以槽卯咬合（图 3.30a），则捆绑连接后的牢固程度会显著提高。如果进一步在搭接的树干上开凿出榫头和卯洞以实现榫卯连接（图 3.30b），甚至可以省去后续的捆绑工序。

在槽卯或榫卯连接及其他许多搭建主体木结构的操作中，都需要在树干上开凿出凹

◉ 图 3.28 新石器时期各地不同时段的磨光石锛：a. 约 10 000 年前浙江浦江上山［浙］；b. 约 8 500 年前湖南澧县彭头山［湘］；c. 约 7 500 年前陕西西乡李家村［陕］；d. 约 7 500 年前河北武安磁山［冀］；e. 约 7500 年前贵州平坝飞虎山［贵］；f. 约 7 500 年前广西横县秋江遗址石锛；g. 约 6 900 年前希腊塞萨利［希］；h. 约 6 700 年前江苏溧阳神墩［苏］；i. 约 6 000 年前湖北武昌放鹰台［鄂］；j. 约 6 000 年前河南洛阳妯娌遗址［洛］；k. 约 6 000 年前福建平潭壳丘村［昙］；l. 约 5 500 年前辽宁大连小珠山［辽］；m. 约 5 500 年前安徽含山凌家滩［皖］；n. 约 5 400 年前山东泰安大汶口［鲁］；o. 约 5 000 年前青海民和宗日［青］；p. 约 5 000 年前黑龙江饶河小南山［黑］；q. 约 3 500 年前台湾圆山［昙］

槽、卯洞、榫头等连接结构。由此需使用的工具为更精细的石凿（图 3.31）以及石锤（图 3.32）等。这类工具通常并不需要石木复合，用手持石凿和石锤即可。

有些地方发现用手动石锥或石木复合驱动的石钻（图 3.33）加工出卯洞或其他需加工出的结构细节。在北美的原始部落里，仍然可以找到石木复合带动皮绳往复驱动的石钻（图 3.33e），可在木材上钻孔。当需要将树干截断时，除了使用石斧外，在欧洲还发现了新石器时期石木复合石锯（图 3.34），同样可以用于截断木材或在木材表面锯出凹槽。很显然，只有磨光石器才能完成上述各项精细的木材加工任务。

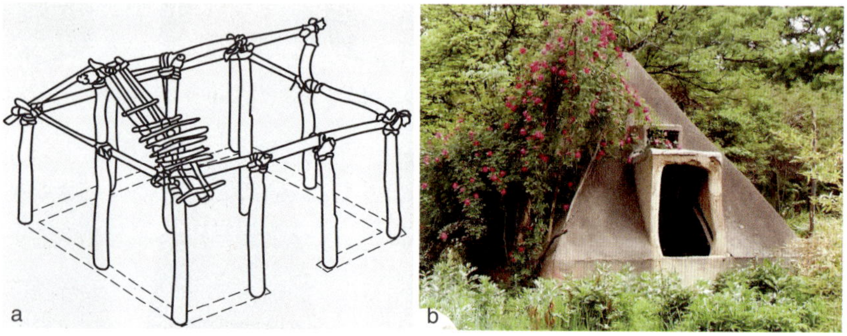

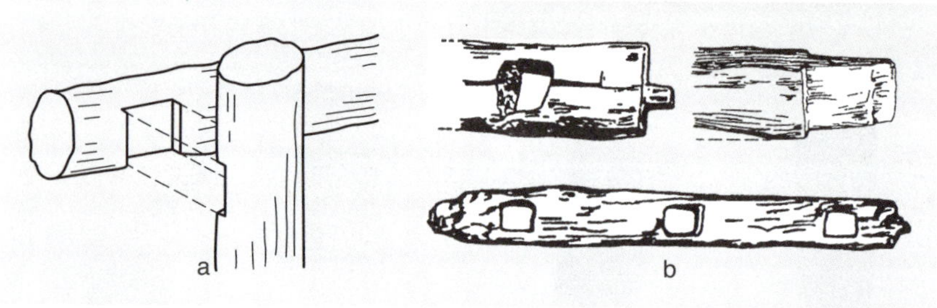

3.31
3.29
3.32
3.30

◉ 图 3.29 a. 约 6 500 年前陕西西安霸桥半坡遗址房屋木架结构示意图；b. 外泥墙模型［半］

◉ 图 3.30 a. 槽卯结构示意图；b. 约 6 500 年前浙江余姚河姆渡榫卯结构件

◉ 图 3.31 新石器时期各地不同阶段的石凿：a. 约 8 000 年前江苏泗洪顺山集［苏］；b. 约 7 500 年前陕西西乡李家村［陕］；c. 约 7 500 年前河北武安磁山［冀］；d. 约 7 000 年前辽宁新乐（下层）［乐］；e. 约 7 000 年前湖南长沙南圫［长］；f. 约 6 900 年前希腊塞萨利［希］；g. 约 6 800 年前德国俾首芬根［弗］；h. 约 6 000 年前河南洛阳妯娌遗址［洛］；i. 约 5 600 年前浙江湖州邱城［浙］；j. 约 5 500 年前安徽含山凌家滩［皖］；k. 约 5 400 年前山东泰安大汶口［鲁］；l. 约 5 000 年前青海民和拱北［青］；m. 约 5 000 年前黑龙江宁安莺歌岭［黑］；n. 约 4 800 年前宁夏隆德凤岭［宁］

◉ 图 3.32 新石器时期各地不同阶段的石锤：a. 约 10 100 年前河北徐水南庄头［冀］；b. 约 10 000 年前广东英德青塘［粤］；c. 约 8 000 年前江苏泗洪顺山集［苏］；d. 约 7 500 年前湖南黔阳高庙［湘］；e. 约 7 000 年前辽宁新乐（下层）［乐］；f. 约 6 800 年前德国俾首芬根［弗］；g. 距今约 6 500 年前，陕西西安霸桥半坡遗址［半］；h. 约 6 000 年前河南洛阳妯娌遗址［洛］

a
b
c
d
e
f
g
h
i
j
k
l
m
n

a
b
c
d
e
f
g
h

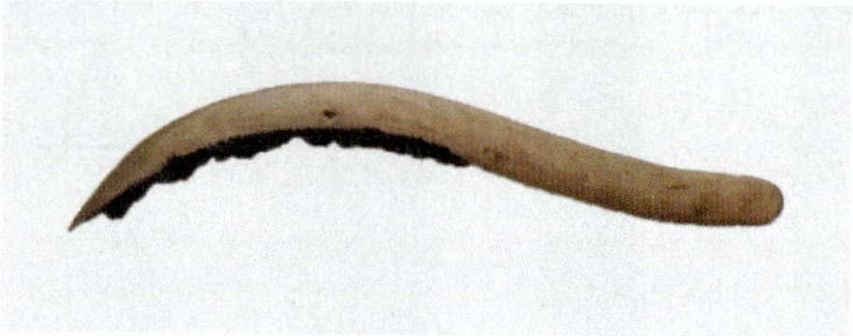

3.33

3.34

◉图 3.33 新石器时期各地的手动石锥或驱动石钻：a. 约 7 000 年前辽宁新乐（下层）[乐]；b. 约 6 000 年前福建平潭壳丘村 [昙]；c. 约 6 700 年前吉林长岭腰井子 [吉]；d. 约 5 500 年前安徽含山凌家滩 [皖]；e. 北美原始部落驱动石钻装置 [魁]

◉图 3.34 新石器时期德国石木复合石锯 [弗]

人类改为定居模式生活后，通常会有很多人在一起聚集居住，因此需集中在一起建造若干房屋，形成聚落。新石器时期末期，聚落的规模和聚集居住的人口不断增大。约 4 500 年前陕西临潼姜寨聚落面积超过了 2 万平方米，同期河南淮阳平粮台聚落的面积达到 3.4 万平方米，并修筑了聚落围墙；而约 5 500 年前湖北枣阳雕龙碑聚落的面积就已经达到 4.5 万平方米。许多聚落中最大的房子超过了 100 平方米，通常是聚落举行公共活动的场所或提供给聚落头领居住的。聚集面积的不断扩大，导致了修有城墙和护城河的大面积聚落，即古城的形成。约 4 700 年前湖北天门石家河古城的面积达到 1.3 平方千米；而约 4 700 年前河南辉县孟庄文化城址的规模则达到了 10 平方千米的水平。

3.5 人类用火技能的提高与陶器的发明

水是一切动植物生存所必需的物质，人类当然也不例外。因此古人类总是择水而居。人类通过长期的生存经历会发现或体验到，河、湖等水源旁边总会有土，着水的土就会变成泥。泥块是柔软且具有延展性的物质，可以人为地改变其形状。当泥块变干后会硬化板结，特定形状的板结泥块可用作容器，称为**土器**。如果把泥涂抹在容器状编织物上，待泥板结干硬后可以用于存放水。古代人类也曾使用过土器，但土器特性酥脆，易于毁坏，并不能长久使用。原始人类生活的周围到处都可以接触到自然界的泥土，泥土主要由颗粒细小的氧化硅、适量的氧化铝以及少量氧化铁和多种其他氧化物组成，并含有一定量的水，统称为**黏土**。各种天然石料经过长年风化破碎后，会转变成碎沙粒，再进一步转移风化，就会转变成黏土或混入黏土；因此旧石器时代石器的基本化学组成往往与黏土很接近。

在旧石器时代，人类至少经历了上百万年认识、学习、掌握和使用火的漫长过程。最初，人类对自然界的火灾是非常恐惧的，因为火灾会对人类造成伤害。食用了经历火灾烧烤的动物并感受到火带来的温暖，人类逐渐认识到火的有益价值，开始尝试利用火和保存火种，并最终掌握了人工造火的技能。在一个有意控制的有限时间和空间范围内燃起火堆，可以使得火的温度达到 400 ℃至 500 ℃的范围，可用于烧烤和取暖。如果在一个相对凹陷的灶坑环境中长时间燃火，则可以使环境温度达到 600 ℃以上。分析约 2 万年前四川汉源晚期智人阶段的富林文化遗迹，可看到使用篝火的痕迹。在稍晚一些的河北阳原虎头梁遗址中，已经可以找到多处当时晚期智人在灶坑中用火的痕迹，即在一个相对有限制和相对封闭的环境中使用火。

长期在灶坑中用火，会发现灶坑周围的土质会板结成烧土，从而有一定的强度和硬度。如果残损的土器落入灶坑中，或偶然把土器放入灶坑，经过长时间火烧后，落入灶坑的土器或土器残片就会变成不再酥脆的坚硬陶器或陶片。在世界各地古代人类的发展过程中，都不可避免地会用到火和土器，因此都不可避免地制造出陶器来，只是时间早晚有所不同。大约在一万多年前，世界各地都陆续出现了早期原始的陶器（图 3.35）。**陶器**即以黏土为原料，与水混合成泥，人工塑造坯胎成型并晾干，经过火高温适时烧烤后，即经历一个烧结过程，就会形成坚硬的器具。世界各地的黏土中各类氧化物的比例会有所不同，但组成黏土的主要氧化物类型基本一致；其中所包含的少量氧化物的类型会影响到烧成陶器的颜色。

如果烧制陶器的温度较低，则陶器的硬度和强度都不会很高；由此所制造的陶器难以保留到今天，最多只能找到一些陶器的残片。分析约 19 000 年前江西万年仙人洞残留的早期陶片及约 10 000 年前广西桂林甑皮岩残留陶片显示，其烧结温度大约都是 680 ℃，烧结质量就非常有限。但这种陶器的实用价值多少会高于未经烧结的土器；估计其烧制的环境应该类似于当时日常使用的灶坑或由平地堆烧而成，属于无窑烧成。若想烧制硬度和强度良好的陶器，首先需要使烧成温度至少达到 800 ℃以上，这就需要在更加封闭的环境中对制作陶器的坯胎作长时间集中烧制。由此，需建造专门烧制陶器的窑炉，实施窑炉烧成。

目前，中国发现最早的陶窑是在距今约 7 700 年前裴李岗遗址中的一个横卧穴窑的残体，推算窑炉温度可达 800 ℃至 900 ℃，说明在此之前中国已经有了借助窑炉烧成陶器的技术。目前，世界上最早的陶器发现于中国湖南道县玉蟾岩（图 3.36a），时间约 14 000 年前或更早。约 10 000 年前，中国多地出现了早期的陶器（图 3.36b–d）。这些陶器大多为各种容器，具有非常重要的实用价值。同时在世界各地也发掘到早期的陶器遗迹（图 3.37）。

根据现在已发掘的早期陶器的分析，一定存在比裴李岗时期更早的陶窑。随着人类的迁徙或陶窑的改造，最早期的陶窑恐怕早就被废弃或毁坏，因此如今已经很难找到大量的远古陶窑的踪迹。经过不断的考古探寻，目前中国各地还是保留了一些较为完整的陶窑遗址（图 3.38）。例如，较早的有约 6 500 年前陕西西安半坡遗址的陶窑；新石器时期晚期约 4 800 年前重庆丰都玉萍溪的陶窑；更晚一些约 3 900 年前福建闽侯县石山规模较大的陶窑群等。西安半坡遗址陶窑左侧为火膛，右侧为窑室，二者之间由火道连接；如果在窑室安装窑箅，其上放置坯胎，在火膛放置木柴并点火就可以烧制陶器了。重庆丰都玉萍溪陶窑图的下侧为火膛，上端窑箅上可放置坯胎进行烧制加工。福建闽侯县石山陶窑遗址中多个陶窑相互邻接，显示出当年烧陶的规模以及陶器的产量都是巨大的。

在约 300 万年漫长的旧石器时期，人类在自然界中艰难地生存，并向现代人类进化。人类把自然界中可以利用的石材、木材、动物骨、蚌壳等天然材料制造成各种工具，以增强其在严酷自然界中的生存能力和生活质量；这种制造过程只是改变了自然界已经存在的物质的外形。陶器的出现不仅仅是继续改善了人类的生存能力和生活质量，而且是人类材料技术进步的一次飞跃。在自然界中并不存在天然陶器，而通过选择原料黏土、制坯、烧成等复杂劳动过程，人类第一次创造了一种自然界不存在的物质，一种新的材料，这无疑是人类创造力的突出展现。另一方面，人类在旧石器时期只能根据在自然界获取的原料的既有形状考虑如何加工，使之接近头脑中所期待的理想形状；但自然界本身不存在陶器的任何形影，人类必须从一开始就要凭空设想出所制造陶器的完整形状，

3.35

3.36

3.37

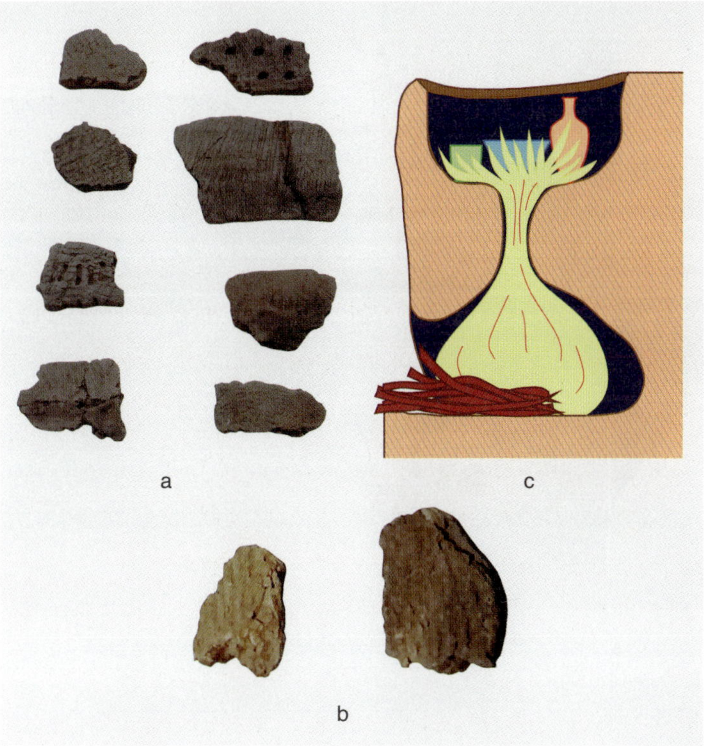

◉ **图 3.35** 中国新石器时期早期陶器残片及陶窑示意图：a. 约 19 000 年前江西万年仙人洞［赣］；b. 约 10 000 年前广西桂林甑皮岩［国］；c. 烧制简单陶器的窑炉示意图

◉ **图 3.36** 中国新石器时期早期陶器：a. 约 14 000 年前湖南道县玉蟾岩陶釜［湘］；b. 约 10 000 年前江西万年仙人洞陶罐［国］；c. 约 10 000 年前浙江嵊州小黄山圈足陶盘［浙］；d. 约 10 000 年前浙江浦江上山双耳陶罐［浙］

◉ **图 3.37** 世界各地发现的早期陶片：a. 约 8 000 年前西班牙；b. 约 8 000 年前利比亚；c. 约 7 000 年前摩洛哥；d. 约 8 000 年前突尼斯

◉ 图 3.38 中国各地的陶窑遗址：a. 约 6 500 年前陕西西安半坡遗址陶窑；b. 陶窑示意图［半］；c. 约 4 800 年前重庆丰都玉萍溪陶窑［渝］；d. 约 3 900 年前福建闽侯昙石山陶窑遗址［昙］

思考应有的制造过程，并依此实施加工，以获得理想的形状。这首先需要人类具备比较严谨的系统性逻辑思维能力，进而得以推进一个相当完整的设计过程。陶器制作的出现表明，人类不仅积累了大量的生活经历和劳动体验，而且也进化出了很强的智力和抽象思维能力。因此，陶器的出现成为人类依靠创新而进入新石器时期的关键性标志之一。陶器具备储藏种子、汲水育苗、给驯养动物喂食等功能，无疑对原始农业的发展发挥了积极的推动作用；同时，陶器也会对游牧民族生活的改善具有重要的贡献。

3.6 制陶技术的发展与新石器时期的日常生活

开始制作陶器的初期，人类只是简单地用手把软泥捏塑成所期待形状的坯胎，再烧制成陶器。随着制作陶器的器形和数量的增大，制陶技术也不断改进，出现了多种坯胎制作新技术。其中，泥条盘筑法制作陶器坯胎的流程（图 3.39）包括：和泥；将软泥搓成很长的泥条；将泥条螺旋堆砌盘整成所需要的器形；将器形作平整、光滑修整；安装各种预制的陶器附属附件；最后送烧成器。多数陶器都具有圆形器形。为提高制坯效率和质量，许多地方出现了转轮修整陶坯的技术（图 3.40）。把粗制的坯胎放置在一个可以旋转的地盘中心，边转动底盘边修整陶坯形状，这样就明显改进了器形圆周特性的质量并提高了制作效率。

水是人类生存的必要物质。人类所制造的大量陶器都与汲水和用水相关。如果河水

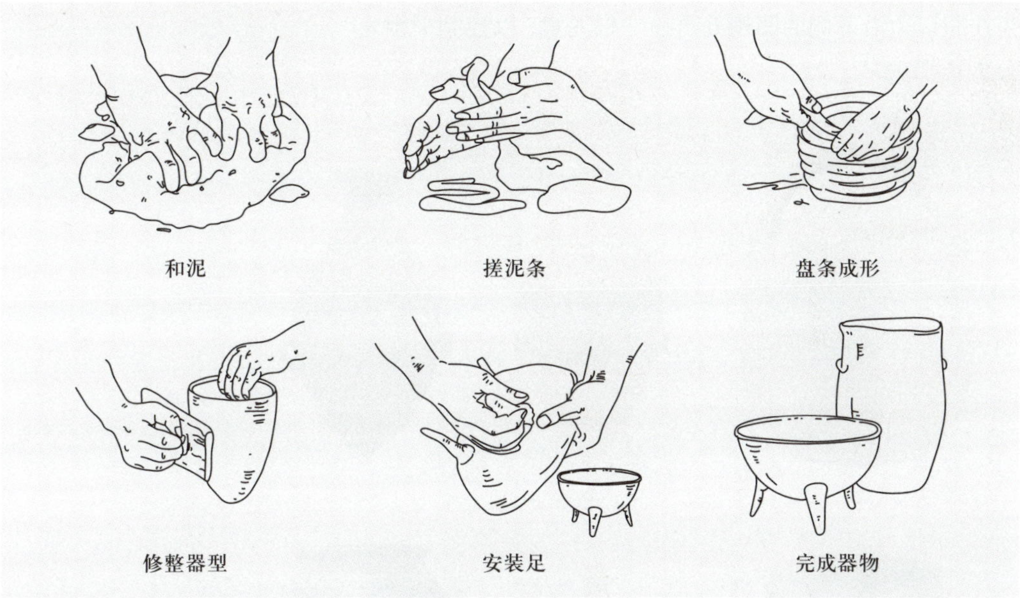

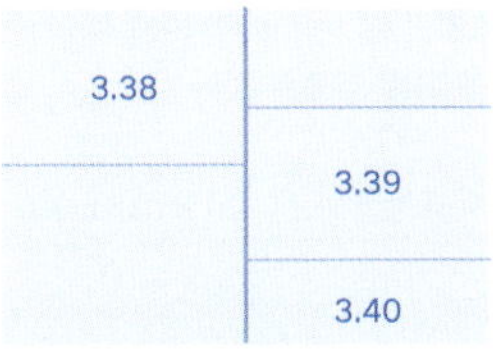

◉ 图 3.39 泥条盘筑法制作陶坯流程［冀］

◉ 图 3.40 快轮制陶示意图［国］

或湖水的水面伸手可及，可以用陶水桶取水；如果距离水面较远，则可以采用专门的汲水陶壶或陶罐取水。在中国许多地方都出现了一种尖底的汲水陶器（图 3.41）。

分析显示，用尖底瓶汲水时（图 3.42），用绳索拴缚在两侧的耳孔上，将尖底瓶悬挂式地放入水中。尖状瓶底在入水时有利于克服水的阻力。入水后放松绳索，尖底瓶会侧倾，水会自动流进瓶口直至装满。随后可将尖底瓶提出水面。如果两侧的耳孔位置低于尖底瓶的重心，入水时容易发生倾侧灌水，当装满水上提时也容易发生倾覆。因此，还需在瓶口边沿下侧的凹槽处再拴一根绳索，以控制平衡。

◉ 图 3.41 新石器时期各地汲水陶器：a. 约 9 000 年前土耳其安纳托利亚陶桶；b. 约 7 000 年前山西翼城枣园村陶壶［晋］；c. 约 6 500 年前陕西西安半坡尖底瓶［半］；d. 约 6 500 年前吉林九台腰岭子陶罐［吉］；e. 约 5 800 年前河南南召二郎岗尖底陶缸［豫］；f. 约 5 600 年前埃及纳恰达尖底陶罐［陶］

◉ 图 3.42 尖底瓶汲水过程示意图［陕］

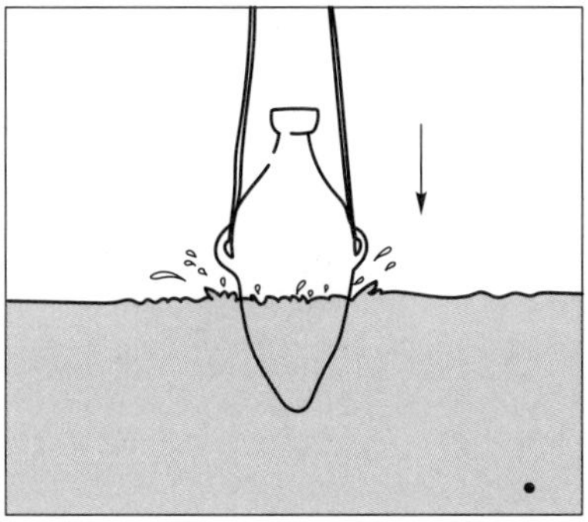

提起瓶身，直立不倒

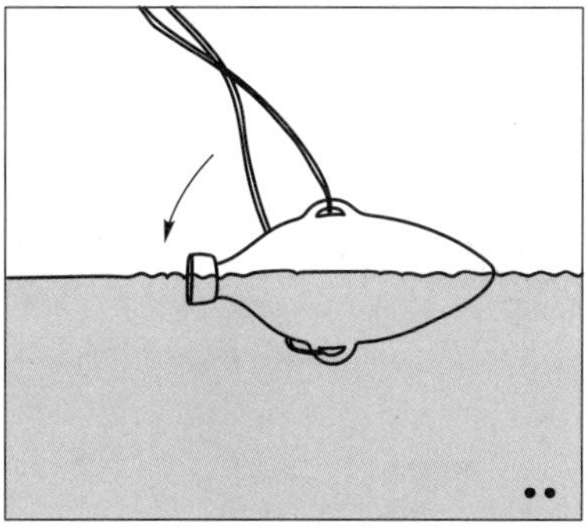

入水后，自动倾斜

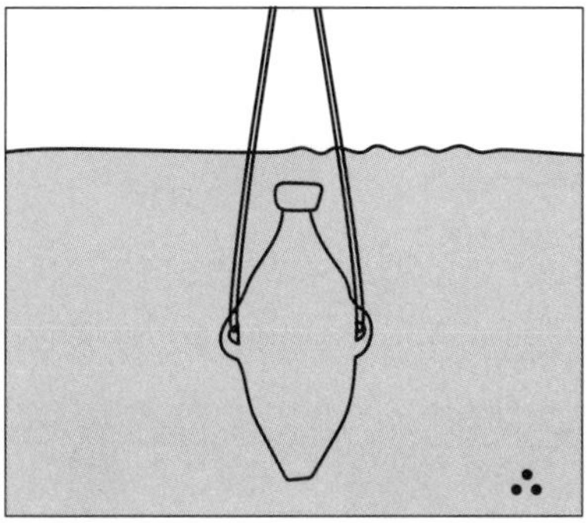

水满瓶正

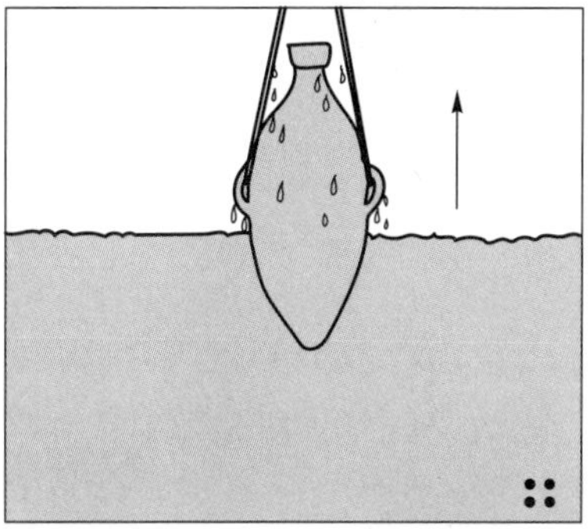

盛水之后，仍保持直立

汲取的水可以存放到陶壶（图 3.43）或陶瓶（图 3.44）等存水装置里。还有一种陶器称为陶**盂**（yú）（图 3.45），是一种广口的陶瓶，也可以用于存水。如果所存的水还需要转入其他的容器里，则可以把水存入陶**匜**（yí）（图 3.46）中，即一种一侧有敞口的水器。敞口一侧是向其他容器注水时的出水口，可防止水的撒漏。

汲水还有一个重要目的是烹饪食物。烹饪需要使用烧灶（图 3.47）以及便于加热的陶釜（图 3.48），即陶锅。这种陶器是烧制出来的，因此可以耐受烧煮的高温。烧煮时，可将陶釜或陶锅架设在一种三足石灶上，下面加柴火烧，即可烹煮。

烧灶通常设置在居所的固定之处，并不一定方便随时生活烧烤。于是，人类发明了陶**鼎**（图 3.49），这是一种带支撑腿的陶釜。支撑腿相当于灶的支撑架，因此在任何地方放置陶鼎都可以即刻生火烧煮，大大提高了烹饪饮食的便利程度。

当有多人分享烹煮好的食物时，需分而食之。因此，陶钵或陶碗（图 3.50）成为必要的餐食用具。同时，各自饮水时也会用到陶杯（图 3.51）。这些陶器在世界各地都有广泛的应用。

当时还出现了各种陶盆（图 3.52），可以满足日常盥洗或清洗物品时的需求。如果

3.43 | 3.46 | 3.47
3.44 | 3.48
3.45

◉ **图 3.43** 新石器时期各地陶壶：a. 约 7 600 年前河南长葛［沪］；b. 约 7 500 年前湖南澧县八十垱［湘］；c. 约 7 500 年前甘肃秦安大地湾［甘］；d. 约 7 300 年前湖北宜都城背溪［鄂］；e. 约 7 000 年前山西翼城枣园村［晋］；f. 约 6 000 年前陕西宝鸡北首岭［国］；g. 约 5 500 年前安徽含山凌家滩［皖］；h. 约 5 300 年前内蒙古通辽科左中旗舍伯吐图镇［蒙］

◉ **图 3.44** 新石器时期各地汲水陶瓶：a. 约 6 500 年前湖南安乡划城岗［湘］；b. 约 6 000 年前重庆巫山大溪［川］；c. 约 6 000 年前陕西西安姜寨［陕］；d. 约 6 000 年前山西垣曲下马村［晋］；e. 约 4 900 年前埃及阿比杜斯

◉ **图 3.45** 新石器时期的陶盂（yú）：a. 约 7 500 年前河北武安磁山［冀］；b. 约 6 000 年前陕西西安姜寨［陕］

◉ **图 3.46** 新石器时期的陶匜（yí）：a. 约 8 000 年前山东临淄后李［鲁］；b. 约 6 700 年前江苏溧阳神墩［苏］

◉ **图 3.47** 约 8 000 年前山东章丘西河遗址三足石灶［鲁］

◉ **图 3.48** 新石器时期各地陶釜（陶锅）：a. 约 8 500 年前湖南澧县彭头山［湘］；b. 约 8 000 年前山东临淄后李［鲁］；c. 约 8 000 年前江苏泗洪顺山集［苏］；d. 约 7 500 年前浙江萧山跨湖桥［浙］；e. 约 7 300 年前湖北宜都城背溪［鄂］；f. 约 6 700 年前湖南安乡汤家岗［湘］；g. 约 6 700 年前德国耶赫廷根［弗］；h. 约 6 500 年前浙江余姚河姆渡［浙］；i. 约 6 500 年前浙江余姚河姆渡［沪］；j. 约 6 500 年前江苏江阴祁头山［苏］；k. 约 5 500 年前地中海区艾金 - 杜金［陶］

有些食物需随时食用，或有些物品需要随手取用时，可放在陶盘（图 3.53）中，十分方便。刚煮好的食物温度比较高，不宜随处放置。因此还出现了一种放热食的陶簋（guǐ）（图 3.54），其底部有一个座腿，与放置处隔开了一定距离，防止烫灼。

原始农业的出现使收获季节可获得大量谷物，这时需考虑长期保存以维持生计；另外，下一季节种植需要的籽种也需要大量储存；在缺水或离水源较远的地方，也需要事先储存水。这些都需要较大型的储存容器，陶罐（图 3.55）即是这类容器。当需要从存

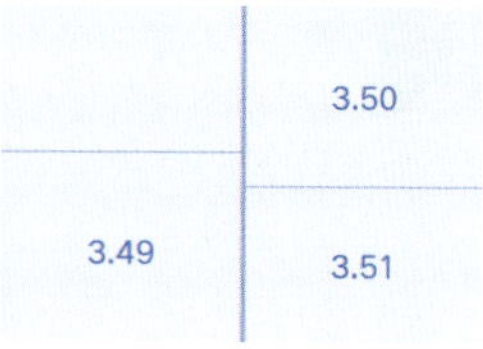

◉ **图 3.49** 新石器时期各地陶鼎：a. 约 7 500 年前陕西渭南临渭北刘三足鼎［陕］；b. 约 7 500 年前河北武安磁山陶鼎［冀］；c. 约 7 300 年前湖北宜都枝城北陶鼎［鄂］；d. 约 7 000 年前山西垣曲古城东关陶鼎［晋］；e. 约 6 800 年前山东临淄后李陶鼎［鲁］；f. 约 6 000 年前陕西华县太平庄鹰陶鼎［国］；g. 约 5 000 年前江西靖安郑家坳陶鼎［赣］

◉ **图 3.50** 新石器时期各地陶钵（碗）：a. 约 8 500 年前湖南澧县彭头山［湘］；b. 约 8 000 年前希腊塞斯克洛［希］；c. 约 7 800 年前内蒙古敖汉兴隆洼［蒙］；d. 约 7 500 年前湖南黔阳高庙［湘］；e. 约 7 500 年前甘肃秦安大地湾［甘］；f. 约 6 500 年前浙江余姚河姆渡猪纹［浙］；g. 约 6 000 年前重庆巫山大溪［川］；h. 约 5 800 年前河南三门峡庙底沟［豫］；i. 约 4 800 年前叙利亚泰尔胡美达陶碗

◉ **图 3.51** 新石器时期各地陶杯：a. 约 8 000 年前土耳其安纳托利亚［陶］；b. 约 7 500 年前土耳其安纳托利亚［陶］；c. 约 7 500 年前河北易县北福地［冀］；d. 约 7 000 年前希腊塞萨利高脚［希］；e. 约 6 000 年前重庆巫山大溪［川］；f. 约 5 800 年前河南淅川高栋树［豫］；g. 约 5 500 年前地中海区艾金－杜金［陶］；h. 约 5 200 年前伊朗思雅尔克［陶］

a
b
c
d
e
f
g
h
i

a
b
c
d
e
f
g
h

3.52	3.55
3.53	
3.54	

◉ 图 3.52 新石器时期各地陶盆：a. 约 7 500 年前河北易县北福地［冀］；b. 约 7 200 年前克罗地亚达尔马提亚；c. 约 7 000 年前山西垣曲古城东关［晋］；d. 约 6 500 年前陕西西安半坡［国］；e. 约 6 500 年前陕西西安半坡［半］；f. 约 6 000 年前山西垣曲下马村彩［晋］；g. 约 5 500 年前青海民和阳洼坡［青］；h. 约 4 600 年前青海大通上孙家寨

◉ 图 3.53 新石器时期各地陶盘：a. 约 7 500 年前湖南黔阳高庙［湘］；b. 约 6 700 年前湖南安乡汤家岗印纹［湘］；c. 约 7 200 年前德国欧芬根［湘］

◉ 图 3.54 新石器时期陶簋（guǐ）：a. 约 7 500 年前湖南黔阳高庙［湘］；b. 约 6 000 年前重庆巫山大溪［川］

◉ **图 3.55** 新石器时期各地陶罐：a. 约 8 000 年前山东临淄后李［鲁］；b. 约 8 000 年前辽宁阜新查海遗址［辽］；c. 约 8 000 年前江苏泗洪顺山集［苏］；d. 约 7 800 年前内蒙古敖汉兴隆洼［蒙］；e. 约 7 500 年前浙江萧山跨湖桥［浙］；f. 约 7 500 年前甘肃秦安大地湾［甘］；g. 约 7 300 年前湖北宜都城背溪［鄂］；h. 约 7 000 年前重庆丰都玉溪（下层）［渝］；i. 约 7 000 年前沙特胡塞尼亚［沙］；j. 约 6 700 年前土耳其罗思山北坡；k. 约 6 500 年前陕西西安半坡遗址［半］；l. 约 6 500 年前德国纽伦堡［陶］；m. 约 6 000 年前天津青池［津］；n. 约 6 000 年前山西垣曲下马村彩［晋］；o. 约 6 000 年前黑龙江密山新开流筒形［黑］；p. 约 6 000 年前广西邕宁顶狮山［桂］；q. 约 5 500 年前希腊雅典卫城［卫］；r. 约 5 500 年前湖南澧县三元宫［湘］；s. 约 5 000 年前希腊雅典柱廊［廊］；t. 约 5 000 年前沙特玛甸沙勒［沙］；u. 约 4 700 年前西藏昌都卡若

水陶罐中少量取水时，可用到陶勺（图 3.56a），需从陶罐中少量取出谷物或其他储存物时，可用到小型斜口陶罐（图 3.56b、c）。。

到了新石器时期的中、晚期，人类的生活越来越精细。陶器的制作也更多地涉及日常的许多细节。陶**豆**（图 3.57）是一种高脚食器，盛放热食时可以端起来随处移动而不烫手；加上盖还可以保温。陶**鬶**（guī）（图 3.58）是一种带把的盛放液体的壶，底部可以烧火加热，以随时保障热饮。新石器时期人类已经可以造酒，其间出现的陶**盉**（hé）（图 3.59）即是一种温酒的陶器。

除了容器，人类也曾尝试用制陶技术制作其他工具。例如渔网用的陶网坠（图 3.60），但它与石网坠相比并不具备明显优势。当时还出现了陶质锉刀（图 3.61），可能用于木器表面的精修或指甲修整等。另外，陶器还用来制作各种装饰品、祭祀品、摆设品、礼仪物品以及各种文化用品和实用器；但不同类型的容器在陶器中始终占据着主导地位。

制作陶器的原料就是地表的黏土。与传统制造石器相比较，陶器的优势在于：原料来源广泛、制作简易、形状随意可控、生产稳定、应用广泛等。因此新石器时期陶器的制

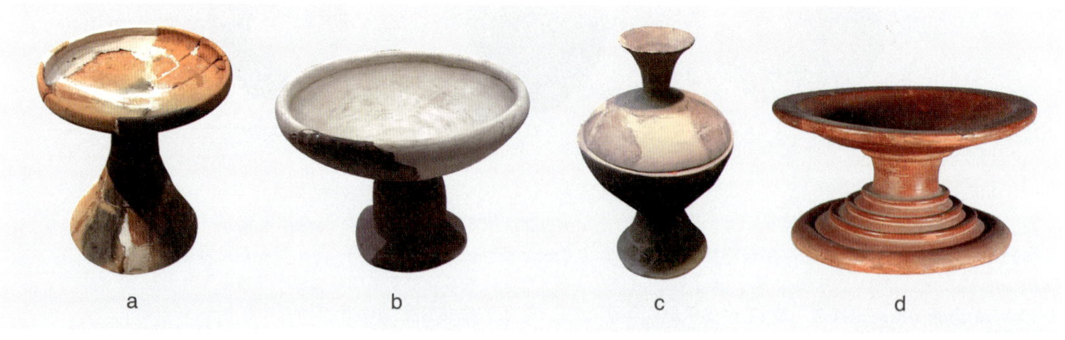

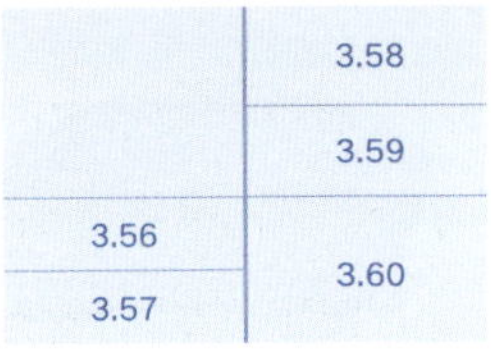

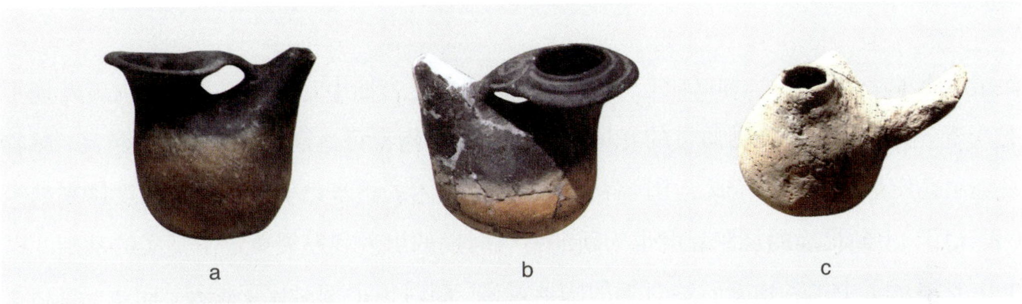

◉ **图 3.56** 新石器时期各种用于转送、传递水或粮食的陶器：a. 约 6 000 年前辽宁丹东后洼陶勺［辽］；b. 约 7 000 年前沙特艾恩萨耶陶容器［沙］；c. 约 7 000 年前辽宁沈阳新乐下层斜口罐［乐］

◉ **图 3.57** 新石器时期各种陶豆：a. 约 6 700 年前江苏宜兴西溪［苏］；b. 约 6 000 年前天津青池［津］；c. 约 5 700 年前湖北京山油子岭［鄂］；d. 约 4 500 年前印度哈拉帕

◉ **图 3.58** 新石器时期的陶鬶（guī）：a. 约 5 800 年前河南郸城［豫］；b. 约 5 500 年前安徽含山凌家滩［皖］

◉ **图 3.59** 新石器时期的陶盉（hé）：a. 约 6 000 年前江苏苏州草鞋山［苏］；b. 约 6 500 年前浙江嘉兴马家浜［浙］；c. 约 6 500 年前浙江余姚河姆渡［浙］

◉ **图 3.60** 新石器时期的陶网坠：a. 约 7 000 年前辽宁新乐（下层）［辽］；b. 约 6 000 年前辽宁丹东后洼［辽］；c. 约 5 500 年前辽宁大连小珠山［辽］

3.61

◉ 图 3.61 新石器时期曾尝试过的陶质工具：a. 约 6 500 年前陕西西安霸桥半坡遗址陶刀［半］；b. 约 8 000 年前江苏泗洪顺山集陶锉［苏］；c. 约 7 300 年前安徽蚌埠双墩陶锉［皖］；d. 距今约 6 500 年前陕西西安霸桥半坡遗址陶锉［半］

作极为普遍。仅距今 7 000 年至 5 000 年前的新石器时期中晚期，在中国境内就发现了七八千处烧陶遗址。陶器质量的好坏关键之处在于陶窑可达到的温度，温度越高，越容易烧出高质量的陶器。因此，中国各地陶窑烧制技术的进步也表现为烧制温度越来越高（表 3.1）。不断提高的烧制温度也为新的材料时期的出现和发展奠定了坚实的基础。以上主要展示了中国各地新石器时期的陶器发展，同时也举例对比了埃及、印度、叙利亚和土耳其及沙特阿拉伯，还有希腊、德国、克罗地亚等欧洲国家新石器时期的陶器。可以看出，世界各地的陶器呈现了类似的发展趋势。

表 3.1　新石器时期中国各地陶窑可达到的最高加热温度

估计年代	陶窑地点	分析对象	最高温度
约 19 000 年前	江西万年仙人洞	陶器残片	680 ℃
约 14 000 年前	广西桂林甑皮岩	陶器残片	680 ℃
约 10 000 年前	广东英德青塘	砂质陶	680 ℃
约 10 000 年前	河北徐水南庄头	陶器残片	700 ℃
约 10 000 年前	海南南海西樵山	粗陶	930 ℃
约 7 700 年前	河南新郑裴李岗	砂质陶	820 ℃
约 7 700 年前	河南新郑裴李岗	泥质陶	910 ℃
约 7 500 年前	河北武安磁山	泥质陶	890 ℃
约 6 500 年前	浙江余姚河姆渡	泥质陶	970 ℃
约 6 000 年前	重庆巫山大溪	灰陶	810 ℃
约 5 800 年前	河南陕县庙底沟	彩陶	1 000 ℃
约 5 600 年前	上海青浦崧泽	灰陶	990 ℃
约 5 500 年前	山东泰安大汶口	白陶	900 ℃
约 5 300 年前	湖北枝江关庙山	红陶	1 019 ℃
约 5 300 年前	内蒙古赤峰林西水泉	红陶	1 000 ℃
约 5 200 年前	福建闽侯昙石山（下层）	细砂灰陶	1 100 ℃
约 5 000 年前	广东曲江石峡	灰陶	1 000 ℃

续表

估计年代	陶窑地点	分析对象	最高温度
约 5 000 年前	辽宁大连郭家村（下层）	泥质红陶	1 006 ℃
约 4 300 年前	山东日照两城镇	红陶	950 ℃
约 4 000 年前	辽宁大连郭家村	红陶	1 089 ℃
约 3 200 年前	青海乐都柳湾	红陶	1 020 ℃

3.7 捻线工具与纺织技术的出现

人类生存的基本需求涉及衣、食、住。新石器时期的原始农业和定居生活从本质上改善了人类的食、住问题。与此同时，在旧石器时期的人们已经能够把作为线的苎麻纤维穿过所制造骨针的针眼，借以缝制可供穿戴的简单遮体衣物；到了新石器时期，人类的衣着问题又得到了革命性的改变。

先观察一个实验。将一缕约一尺长的苎麻纤维水平放在桌子上，用双手轻按住并向两个相反的方向滚搓，使其束卷成一条苎麻线（图 3.62a）。两手捏住线的两端向左右伸直，此时苎麻线上有一种反向转散的驱动力。如果放开苎麻线的一端，则束卷的苎麻线会立刻沿与滚搓方向的反向转动、松散开，恢复到初始的那一缕纤维的状态。如果捏住苎麻线两端的手都保持捏紧的状态，但双手向中间靠拢，则苎麻线上反向转散的驱动力会使卷束的苎麻线盘拧成一段双股的绳。这就是苎麻纤维卷搓成绳的简单过程。如果把三根或多根束卷而成的苎麻线平行地聚集在一起，其转散驱动力会自动地使苎麻线盘拧成三股或多股的绳索。这些绳索可以在制造石木复合工具时把木柄和石器头捆绑在一起；在建造房屋时也可以用来捆绑房子木结构、木栅栏、苇草捆等。通常，用手搓卷就可以制成不太长的绳索。如果要制造很长的绳索，就需要几个人合作，且需要借助一些简单的盘拧工具。新石器时期，人类已经非常娴熟地掌握了制造绳索的技能（图 3.62b）。

在新石器时期，编制技术已经非常成熟。人们可以把芦苇、竹皮、草茎、竹篾（miè）等编织成席或其他较复杂的形状（图 3.63），以供日常使用。这样的编织物并不柔顺、难以贴身，不适合制成衣服使用。但制绳和编织技术的成熟为纺织技术的出现和衣服的制作奠定了必要的基础。

人类很容易想象到，如果能把苎麻纤维参照编织物的方式制成大块布料就可以制作柔顺贴身的衣服了，纤维材料制成布料的过程称为**纺织**。制造布料需要非常长而细的纤维线，而当时已有的搓绳技术所能制造的绳索粗而短，不适合织布，需要作新的改进。

由此新石器时期出现了制造细长纤维线的纺轮捻线技术（图 3.64），以满足织布的需要。

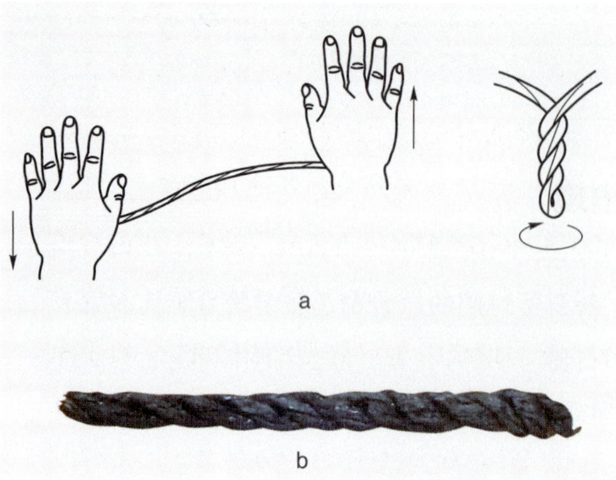

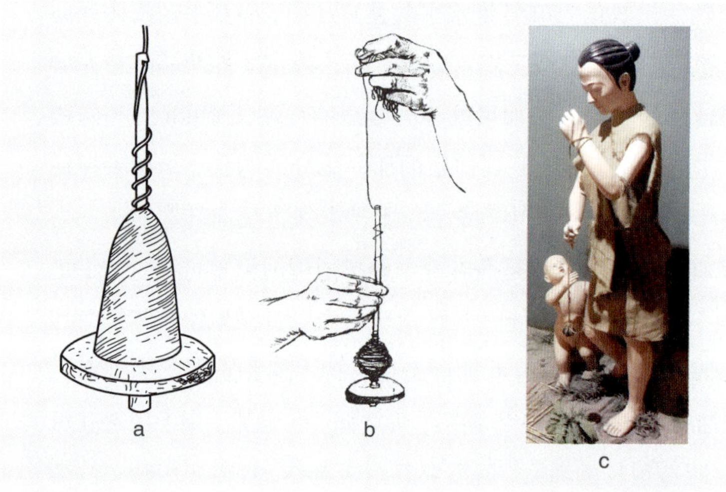

3.62 3.63

3.64

◉ **图 3.62** 新石器时期的麻绳搓制：a. 滚搓苎麻纤维使其束卷成线，束卷的苎麻线盘拧成绳；b. 约 6 500 年前浙江余姚河姆渡麻绳［浙］

◉ **图 3.63** 约 6 500 年前浙江余姚河姆渡苇编［浙］

◉ **图 3.64** 纺轮捻线示意图：a. 纺轮结构［鄂］；b. 纺轮操作［半］；c. 捻线人捻线示意［半］

该捻线技术的操作如下：制作一个陶质或石质、带中心孔的圆饼形纺轮，将称为捻杆的一个细轴的下端垂直插入纺轮中心孔，插入的下端与纺轮固定卡死。垂直悬空放置捻杆，下端为纺轮，先把足够细的纤维束的一端卷绕在捻杆上；纤维束的另一端向上延伸，经过捻杆上端时将纤维束嵌入捻杆上端的沟槽内，然后继续向上延伸，纤维束的最上端由捻线人手持。参照搓卷苎麻纤维的原理，垂直转动纺轮就可以使纤维束不断旋转成线。卷成纤维线后，从捻杆上端沟槽取出嵌入部位，再将纤维线卷绕在捻杆上，并防止其出现搓绳时的自动盘拧。卷绕后把纤维线未能卷绕的部位重新嵌入捻杆上端的沟槽内，然后在同方向继续转动纺轮，使纤维束继续旋转成线。拧转的纤维线连接大团纤维时，团内的纤维会自动与纤维线互相缠绕在一起。捻线人左手拿着大团的纤维，右手驱动纺轮转动；在纺轮惯性转动期间，双手合作使右手从左手的纤维团中连续、均匀地抽出同样细小的纤维束，持续供应纤维束以保证纺轮转动时旋转成线过程不停止。反复上述操作，就可以在捻杆上积累出大捆捻好的纤维线。在左手的纤维团快用尽时可随时添加新的纤维团，并与之前的纤维团揉在一起，促使其自然地互相缠绕，使捻线过程不间断。由此操作可以捻出任意长的纤维线，纤维线的粗细由捻线人的双手控制，因此捻线人的操作技能也很重要。

世界多地在新石器时期均出现了纺轮捻线的现象，所使用的纺轮多为陶纺轮（图3.65），也有些地方使用了磨光石纺轮（图3.66）。中国开始捻线所使用的天然纤维是苎麻、苘（qǐng）麻、葛等野生植物；在捻线织布需求量增长的情况下，也出现了人工种植麻、葛等提供纤维的植物。到后期，各种动物的毛都可以用这种方法捻出毛线来。

参照编织的经验、所捻麻线的特点以及当时的条件，人类发明并制造了简单的织布工具，用手工织麻布（图3.67）所能织的麻布片尺寸并不很大。但当时人类已经掌握了相应的缝纫技能，已可以制出非常适合长期使用的麻布衣服，这使人类的衣着得到了根本性的改善。

通过上述描述可见，人类在新石器时期生产、生活的每个环节以及社会的每种进步、发展都与磨光石器材料、陶瓷材料、纺织纤维材料等多种材料的使用以及相关材料技术的进步密切相关。

3.65 | 3.67
3.66

◉ **图 3.65** 新石器时期各地的陶纺轮：a. 约 8 000 年前江苏泗洪顺山集［苏］；b. 约 7 500 年前河北武安磁山［冀］；c. 约 7 500 年前贵州平坝飞虎山［贵］；d. 约 6 900 年前希腊塞萨利［希］；e. 约 6 500 年前浙江余姚河姆渡［国］；f. 约 6 500 年前陕西西安霸桥半坡遗址［半］；g. 约 6 000 年前辽宁丹东后洼［辽］；h. 约 6 000 年前福建平潭壳丘村［昙］；i. 约 5 100 年前安徽潜山薛家岗［皖］；j. 约 4 800 年前宁夏固原店河［宁］；k. 约 4 500 年前海南陵水石贡贝丘［琼］；l. 约 4 000 年前河南陕县庙底沟［国］

◉ **图 3.66** 新石器时期各地的石纺轮：a. 约 6 900 年前希腊塞萨利［希］；b. 约 6 500 年前陕西西安霸桥半坡遗址［半］；c. 约 6 500 年前吉林九台腰岭子［吉］；d. 约 5 400 年前山东泰安大汶口［鲁］；e. 约 5 000 年前青海同德宗日［青］

◉ **图 3.67** a. 手工织布示意［半］；b. 约 65 000 年前浙江余姚河姆渡苎麻织物残片

3.8 生活的逐渐富足与玉石材料和玉器的兴起

人们熟知，玉石材料和玉器均比较昂贵。但是在旧石器时期，人类在对普通石料与玉石的加工和使用上并没有区别。玉石的密度通常在每立方厘米 3 克以上，高于一般的石料。体积相同时，玉石更显沉重、有质量感；更加坚硬、质地细腻、手感温润，且略透明而有光泽。玉石的这些特点只有在磨光的情况下才会被发现，或更加凸显出来。在人类广泛使用磨光石器的新石器时期的早、中期，玉石制作的石器也只被看作同样的普通石器而用作各种工具（图 3.68），如匕（小刀）、凿、刻刀、斧、铲、锛等。当人们认识到了玉的种种特性后，玉石便不断地从普通石料中逐步脱颖出来，不再被用来制作工具，而是走向了与普通石料完全不同的发展道路。

在新石器时期的许多遗址中，均发现了玉石材料制成的各种礼器、配饰、摆设以及各种日常生活用具等（图 3.69）。例如，玉璧是一种中央有孔而扁平状的用于装饰或配饰的圆形玉器；玉璜（huáng）是半璧形礼仪挂饰；玉玦（jué）是环状圆形体上有缺口的挂饰；玉琮（cóng）是内圆外方筒形祭祀礼器，等等。许多玉石还被雕刻成各种想象的动物形状，可能代表着种群或部落的某种图腾。

与普通石料相比，玉石的自然存量很少且更加坚硬，对其作磨光加工时会非常费工、费时、费力。当玉器的形状复杂时，会更加耗费精力。但是这些非工具类的玉器并

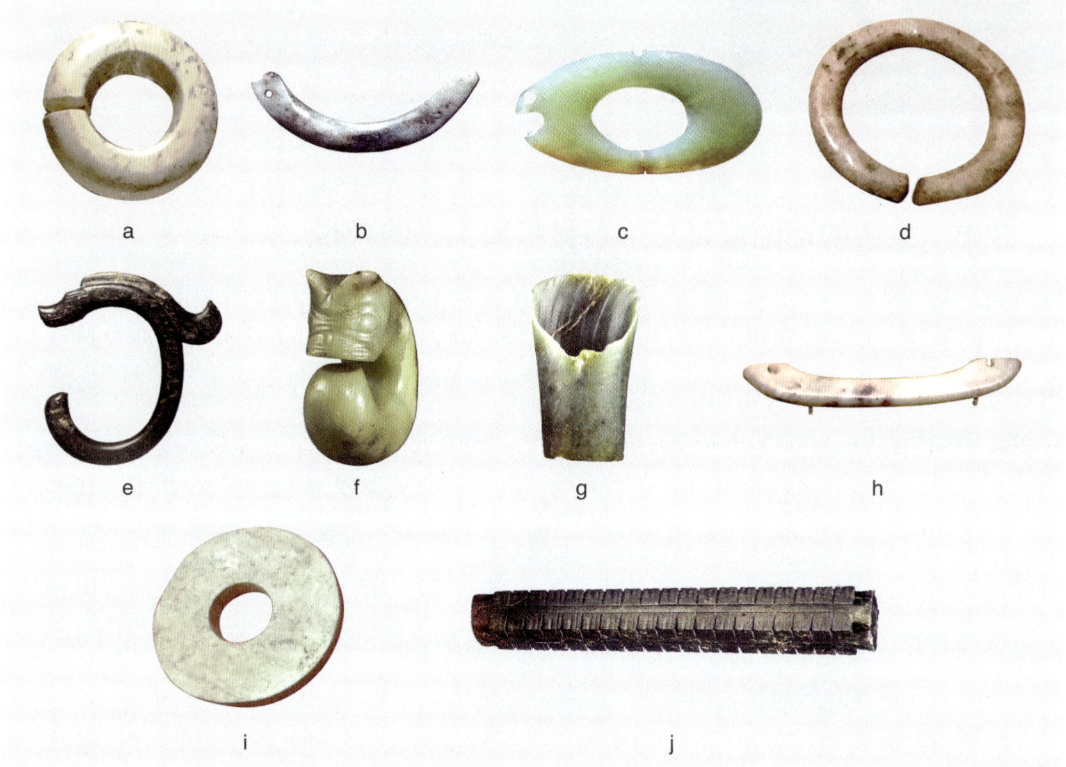

◉ **图 3.68** 新石器时期的玉质工具：a. 约 8 000 年前辽宁阜新查海遗址玉匕（小刀）［辽］；b. 约 7 000 年前辽宁新乐（下层）玉凿［辽］；c. 约 7 000 年前辽宁新乐（下层）玉刻刀［辽］；d. 约 7 000 年前辽宁新乐（下层）玉斧［辽］；e. 约 6 000 年前陕西南郑龙岗寺青玉铲［陕］；f. 约 6 000 年前辽宁丹东后洼玉锛［辽］

◉ **图 3.69** 新石器时期的玉质饰品和礼器：a. 约 8 000 年前辽宁阜新查海遗址玉玦［辽］；b. 约 7 800 年前内蒙古敖汉旗兴隆洼玉头饰［蒙］；c. 约 6 700 年前吉林长岭腰井子玉鱼［吉］；d. 约 6 500 年前浙江嘉兴马家浜玉玦［浙］；e. 约 5 800 年前内蒙古翁救特旗红山玉龙［国］；f. 约 5 500 年前内蒙古巴林右旗玉猪龙；g. 约 5 500 年前辽宁凌源牛河梁玉筒；h. 约 5 500 年前江苏南京北阴阳营玉璜［苏］；i. 约 5 000 年前广东韶关曲江石峡玉璧［粤］；j. 约 4 800 年前浙江杭州良渚玉琮

3.68

3.69

不是人类生存必不可少的物品。人类肯花费大量精力制作这些礼器、配饰、摆设等，说明原始农业出现后经济的发展使得人类的衣、食、温饱已经不是很大的问题了，因而可以抽出大量精力用于非生产性劳动。另一方面，在当时不可能所有的人都有能力享用这些玉器；它们可能只属于部落的某类公共品，或只有部落的一部分人有权利或有机会享用，如部落首领和其他有地位、身份的人。由此可见，复杂玉器的出现不仅反映出当时人类的生活逐渐富足，而且同一部落里人与人之间逐渐出现了差异性的不平等关系。在新石器时期以后的历史进程中，这种差异和不平等关系在玉器制作和使用上反映得愈加突出。

人类生存所需的绝大多数资源均来自地壳，尤其是石器、陶器、玉器等均直接从地面或地下获得。组成地壳的主要成分是各种氧化物。据整体估算，地壳中 50% 以上是氧化硅，接近 15% 为氧化铝，其次比较多的是氧化铁、氧化钙以及其他多种氧化物。分析表明，石器时代人类使用的石器、陶器、玉器等都是以氧化硅为主，含有较多氧化铝及少量其他氧化物的氧化物集合体；不同地方的石器、陶器、玉器中氧化硅、氧化铝及其他少量或微量氧化物之间的比例会有所区别，但它们之间在化学组成上并没有太多本质的差别。在日常生活中，人们常接触到价值不菲的各种宝石。例如**翡翠**即是一种玉石，主要由氧化硅、氧化铝、氧化钠及少量其他氧化物组合而成，其中氧化硅、氧化铝、氧化钠可融合成主体的硅酸钠铝，因质地偏硬而称为**硬玉**。著名的和田玉（图 3.70）主要由氧化硅、氧化镁、氧化钙及少量其他氧化物组合而成，其中氧化硅、氧化镁、氧化钙可熔合成硅酸钙镁，因质地偏软而称为**软玉**。纯净的氧化硅、氧化铝等主要氧化物是白色的。玉中各种其他的微量氧化物会给玉石带来不同的颜色。

自地球外层地壳形成以来，地壳下面时刻运动的岩浆经常会尝试涌向地表，岩浆剧烈喷涌而出时即表现为火山爆发。但在很多时候，岩浆也会比较缓慢地向地表方向渗透，并在其涌出驱动力降低后最终停下来，并逐渐冷却形成岩石。地壳以下岩浆的温度通常在 1 000 ℃以上，且所承受的压力超过地表大气压力的一万倍。岩浆向地壳表层渗透时，其温度和所承受的压力都在逐渐降低，并且在一定的温度范围内凝固。当岩浆在 650 ℃至 800 ℃的范围凝固，其所承受的压力仍超过地表大气压力的一万倍以上时，就有可能在高压下凝固成玉石。其间，岩浆的氧化物组成和岩浆的纯净、均匀程度都必须满足形成玉石的条件。同时，凝固也应该是一个非常缓慢的降温过程，以便使玉石中各种液态氧化物有充分的机会以融为一体的形式凝固，达到尽可能高的致密度。目前，尚很难以经济的人工方式模拟玉石的这一形成过程，因此很难有人造玉石。抛开文化艺术层面的

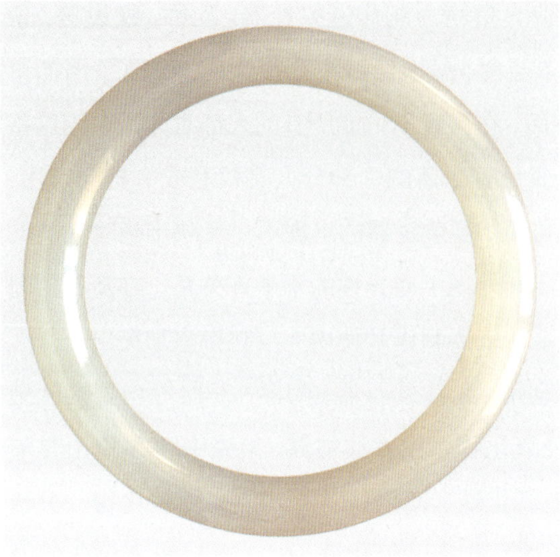

3.70

◉图 3.70 和田玉手镯

价值，从技术层面看，玉器之所以昂贵主要不是由于它有特殊的化学组成，而是源于其苛刻而缓慢的形成过程以及因此导致的坚硬、细腻、温润、通透等特点。

3.9 文明来临前中华汉字的萌生与发展

新石器时期以前，人类主要依靠语言互相交流和传递信息。原始农业出现及人类以聚落形式定居以来，人与人之间信息交流的需求急剧增长。语言是一种不留物理痕迹的瞬时交流方式，只有不断地重复才能把需交流的信息一代一代地传递或逐家逐聚落地传递。新石器时期的人类已积累了大量的需要交流或传递给下一代的生产和生活的知识和经验。聚落、部落和较大古城镇出现之后，聚集生存的形式经常需要把某些信息从较大范围迅速专递给每一个人。而语言在时间和空间上传递信息的局限很难满足这种信息传递的需求。因此，人类自然地会尝试把语言记录下来，以具体可见的形式把信息传递给生活在不同空间和时间的人。于是，新石器时期在全世界很多地方都出现了记录语言所要传递内容的符号，并最终形成了文字。**文字**是保存和传递语言信息的一种系统性符号体系，使信息可以在广泛的时间和空间范围高效率地传递。

在旧石器时期，人类已开始采用在石、骨、木、竹上刻画简单痕迹，或通过在绳子上打结的结绳方式记录一些简单的语言信息；随后逐步尝试在各种物体上刻画图形或符号来表示一些需要传递的语言信息。这些图形或符号是依照所要表达事物的客观形象而简化的图或符，是象形文字的前身。当这些刻画的图形、符号逐步简洁化、规范化，多个图形、符号相链接可表达出复杂的意思；同时符号与固定的语言发音相结合，使得系统性的符号在较大人群范围被接受和使用，这时即演变成了文字。由此可见，文字的形成是一个较漫长的过程；其中还包括了相邻聚落、部落、城镇图符信息相融合、统一的过程。

在中华文明形成的过程中，汉字的发展也经历了一个漫长的探索过程。在河南舞阳贾湖出土了距今 8 000 年以前中国最早刻有字符的龟甲（图 3.71）。新石器时期随后的年代里，在中国多地都发现了书写或刻画在陶器上的文字性字符（图 3.72），包括约 7 500 年前甘肃秦安大地湾、约 7 400 年前湖北宜都柳林溪、约 7 300 年前安徽蚌埠双墩、约 6 500 年前陕西西安半坡、约 6 500 年前湖北宜都柳林溪、约 5 400 年前山东泰安大汶口区域、约 4 700 年前青海柳湾、约 4 600 年前湖北天门石家河、约 4 600 年前湖北房县七里河、约 4 300 年前湖北随州金鸡岭、约 4 000 年前陕西临潼姜寨、约 4 000 年前内蒙古赤峰三座店等考古遗址陶片上的字符。在约 5 000 年前，浙江平湖庄桥坟遗址还发掘出刻画有字符的石钺（图 3.73）。

经过多年的考古研究，中国新石器时期出现的许多刻画字符已经被认定为早期的汉字，并且被解读出来（图 3.74）。例如发现了约 8 000 年前河南舞阳贾湖字符与商代甲骨文及现代汉字的联系；约 7 300 年前安徽蚌埠双墩遗址陶片上大量的字符已经借助甲骨文和现代汉字得到了解读。新石器时期结束后，约 4 200 年前山东邹平丁公遗址陶片上的字符也得到解读。在山西襄汾陶寺遗址中挖掘出了约 4 100 年前的陶扁壶上出现了两个涂写的汉字，并与甲骨文或金文对照后被解读成了“邑”或“尧”以及“文”字。这些考古挖掘和研究表明，中国汉字在新石器时期已经出现并逐渐形成体系。在新石器时期晚期的许多字符都演变成了今天的汉字，因此，新石器时期中国文字符号的发展和系统化是后续甲骨文及现代文字发展演化的主要基础。所发掘到的这些新石器时期的字符可称为**陶文**，且为我们今天了解当时的社会生产和生活提供了有价值的参考。

新石器时期晚期的中国不仅出现了聚落群，而且也出现了一定规模的城镇。但尚未观察到有成形的国家和相应的规范性国家管理机构。至今未找到当时有专职人员用文字记录社会重大事件的遗迹和文物，因此目前尚无法获得有助于了解当时历史的、更为系统而直接的文字资料。

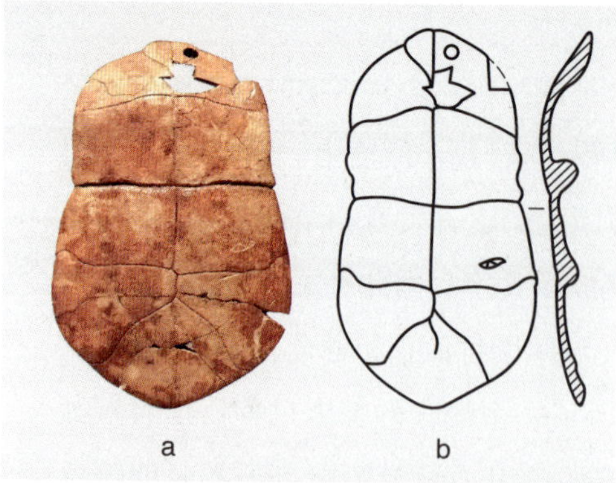
a
b

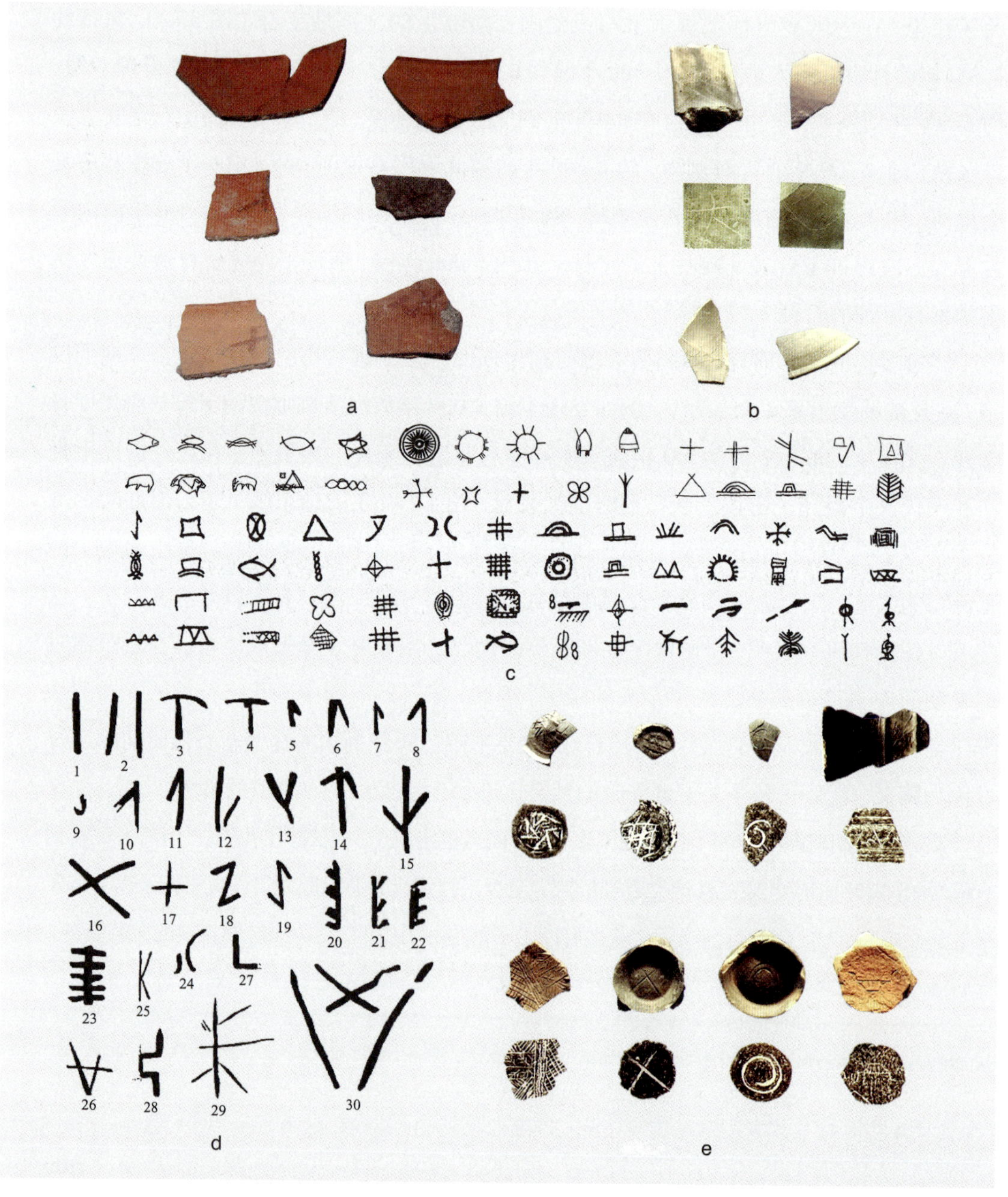
a
b
c
1 2 3 4 5 6 7 8
9 10 11 12 13 14 15
16 17 18 19 20 21 22
23 25 24 27
26 28 29 30
d
e

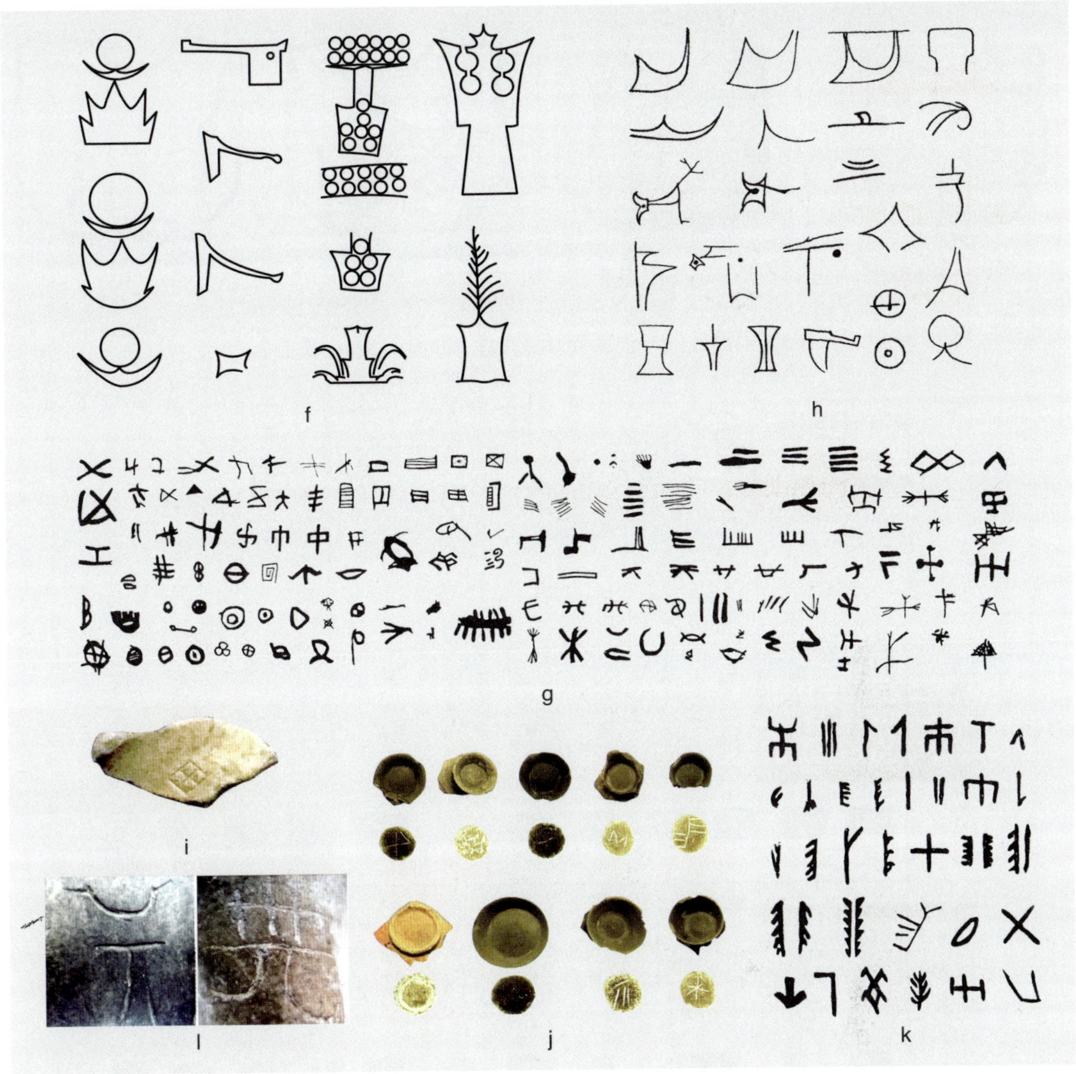

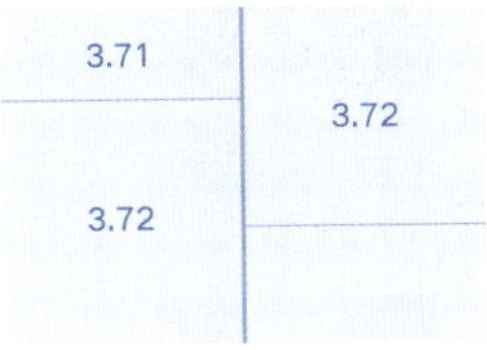

◉ **图 3.71** 约 8 000 年前河南舞阳贾湖龟甲上的字符［豫］

◉ **图 3.72** 新石器时期中国各地发现带字符的陶片：a. 约 7 500 年前甘肃秦安大地湾［甘］；b. 约 7 400 年前湖北宜都柳林溪［鄂］；c. 约 7 300 年前安徽蚌埠双墩遗址［国 / 鄂］；d. 约 6 500 年前陕西西安半坡遗址；e. 约 6 500 年前湖北宜都柳林溪［鄂］；f. 约 5 400 年前山东泰安大汶口区域［国］；g. 约 4 700 年前青海柳湾［鄂］；h. 约 4 600 年前湖北天门石家河［国］；i. 约 4 600 年前湖北房县七里河［鄂］；j. 约 4 300 年前湖北随州金鸡岭［鄂］；k. 约 4 000 年前陕西临潼姜寨［陕］；l. 约 4 000 年前内蒙古赤峰三座店［蒙］

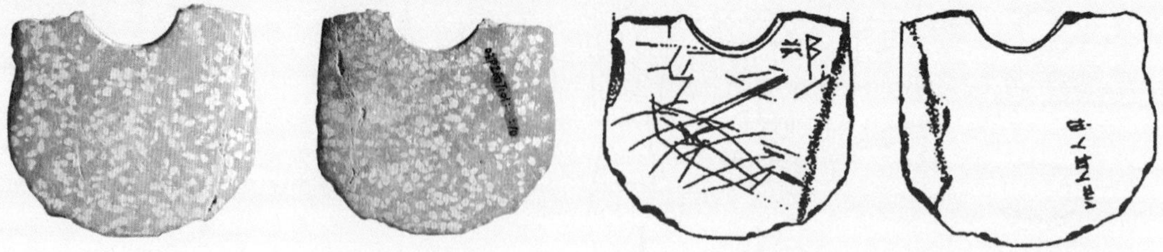

a　　　　b　　　　c　　　　d

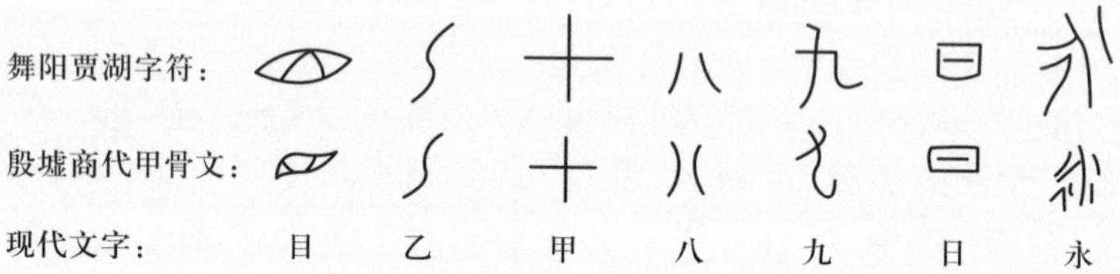

a

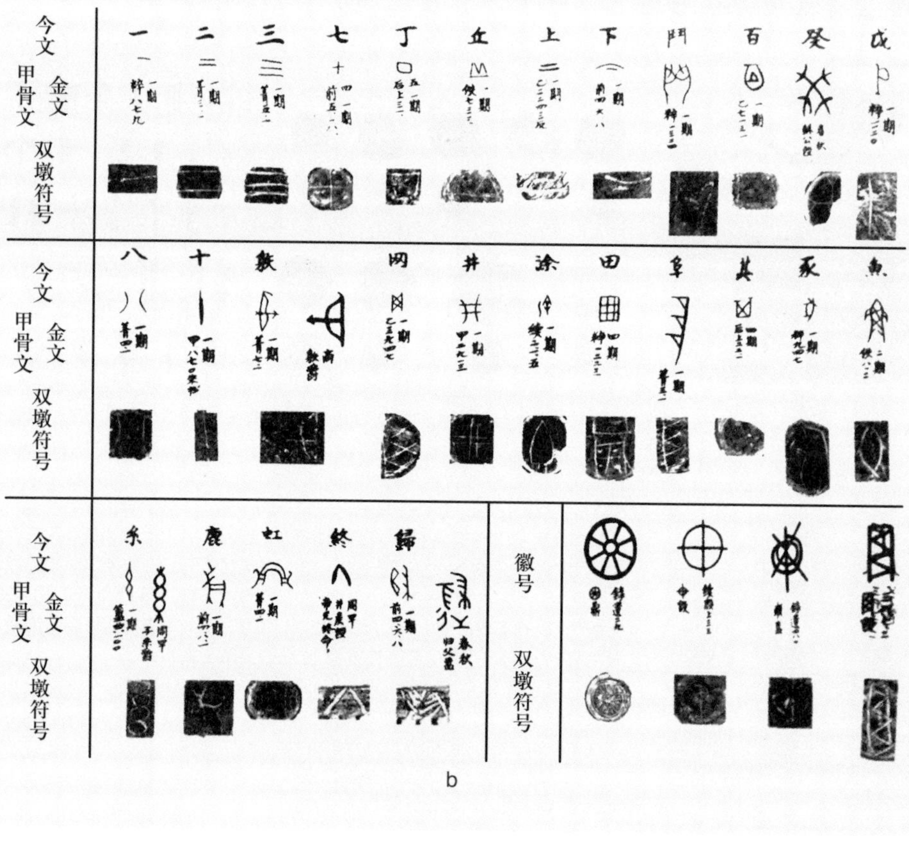

b

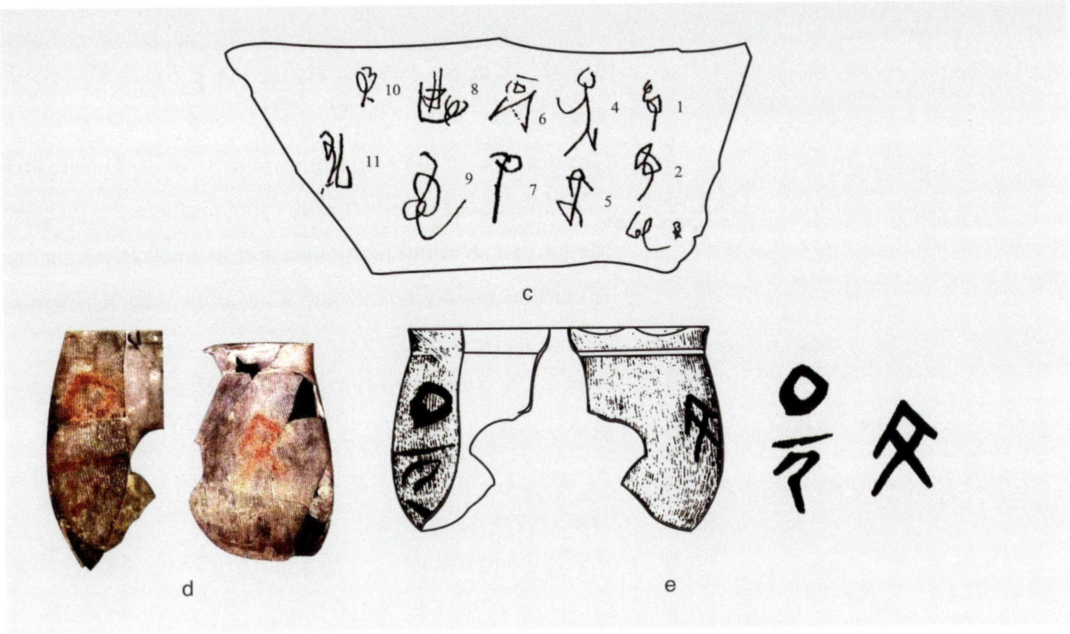

3.73
3.74
3.74

◉ **图 3.73** 约 5 000 年前浙江平湖庄桥坟出土石钺（a、b）及其上刻画文字示意图（c、d）（a、c 为正面，b、d 为背面）

◉ **图 3.74** 新石器时期出现的至今可以解读且演变成今天汉字的字符：a. 约 8 000 年前河南舞阳贾湖字；b. 约 7 300 年前安徽蚌埠双墩遗址陶片字符解读［皖］；c. 约 4 200 年前山东邹平丁公遗址可以尝试解读的陶片字；d、e. 约 4 100 年前山西襄汾陶寺［邑文］释［周］

进一步阅读

- 董恺忱，范楚玉．中国科学技术史：农学卷．北京：科学出版社，2000.
- 傅熹年．中国科学技术史：建筑卷．北京：科学出版社，2008.
- 佟柱臣．中国新石器研究（下册）．成都：巴蜀书社，1998.
- 李珍．贝丘、大石铲、岩洞葬——南宁及其附近地区史前文化的发展与演变．中国国家博物馆馆刊，2011（7）：58–68.
- Borrell F, Štefanisko D. Reconstructing projectile technology during the Pre–Pottery Neolithic B in the Levant: An integrated approach to large tanged points from Halula. Journal of Archaeological Science, 2016, 69: 130–142.

- 艾素珍，宋正海．中国科学技术史：年表卷．北京：科学出版社，2006.
- Kawahata H, Ishizaki Y, Kuroyanagi A, *et al*. Quantitative reconstruction of temperature at a Jōmon site in the Incipient Jōmon Period in northern Japan and its implications for the production of early pottery and stone arrowheads. Quaternary Science Reviews, 2017, 157: 66–79.
- 赵匡华，周嘉华．中国科学技术史：化学卷．北京：科学出版社，1998.
- 焦天龙．更新世末至全新世初岭南地区的史前文化．考古学报，1994（1）：1–24.
- 李家治．中国科学技术史：陶瓷卷．北京：科学出版社，1998.
- Boarettoa E, Wu X, Yuan J, *et al*. Radiocarbon dating of charcoal and bone collagen associated with early pottery at Yuchanyan Cave, Hunan Province, China. PNAS, 2009, 106(24): 9595–9600.
- Blanco–González A, Kreiter A, Badreshany K, *et al*. Matching sherds to vessels through ceramic petrography: An Early Neolithic Iberian case study. Journal of Archaeological Science, 2015, 50: 139–152.
- Faucamberge E D. Neolithic of Cyrenaica (north–east Libya): New enlightenments from recent research. Quaternary International, 2016, 410: 144–159.
- Linstädter J, Kehl M. The Holocene archaeological sequence and sedimentological processes at Ifri Oudadane, NE Morocco. Journal of Archaeological Science, 2012, 39: 3306–3323.
- Mulazzani S, Belhouchet L, Salanova L, *et al*. The emergence of the Neolithic in North Africa: A new model for the Eastern Maghreb. Quaternary International. 2016, 410: 123–143.
- Hrouda B. Der Alte Orient: Geschichte und Kultur des alten Vorderasien. Münschen: C. Bertelsmann Verlag GmbH, 1991.
- Sarreta M, Adam P, Schaeffer P, *et al*. Organic substances

from Egyptian jars of the Early Dynastic period (3100—2700 BCE): Mode of preparation, alteration processes and botanical (re)assessment of "cedrium" . Journal of Archaeological Science, 2017, Reports 14: 420–431.

- Sanjurjo–Sánchez J, Montero Fenollós J L, Prudêncio M I, *et al*. Geochemical study of beveled rim bowls from the Middle Syrian Euphrates sites. Journal of Archaeological Science, 2016, Reports 7: 808–818.
- Teoh M L, McClure S B, Podrug E. Macroscopic, petrographic and XRD analysis of Middle Neolithic figulina pottery from central Dalmatia. Journal of Archaeological Science, 2014, 50: 350–358.
- 吕章申．中国国家博物馆．北京：长征出版社，2011.
- 李婉琪，索秀芬，马晓丽．斜口器初探．北方文物，2017（1）：17–23.
- 中国国家博物馆．中华文明．北京：中国社会科学出版社，2010.
- 中国国家博物馆．文物史前史．北京：中华书局，2009.
- 赵承泽．中国科学技术史：纺织卷．北京：科学出版社，2002.
- 戴自怡．中华原始服饰与石器时期文化源流考．国际服装导报，2011（1）：52，54–56，58.
- 刘国祥．红山文化研究．北京：科学出版社，2015.
- 崔文元，施光海，杨富绪，等．一种新观点——翡翠新的岩浆成因说．宝石与宝石学杂志，2000，2（3）：16–22.
- 王清海，许文良，王冬艳，等．徐州–宿州地区中生代埃达克质岩石岩浆起源深度的限定．地质评论，2004，50（4）：351–359.
- 刘家和，网敦书．世界史：古代史编．北京：高等教育出版社，2011.
- 冯凭，吴长旗．舞阳龟甲刻符初探．中原文物，2009（3）：51–58.
- 王晖．从蚌埠双墩遗址陶符看史前陶器刻划符号的性质．

宝鸡文理学院学报（社会科学版），2013，33（6）：5–15.

- 刘俊男，易桂花. 碳十四测年与石家河文化起讫年代问题. 华夏考古，2014（1）：51–61.
- 石钺上的神秘符号. 温州商报，2013 年 7 月 10 日.
- 栾丰实. 丁公龙山城址和龙山文字的发现及其意义. 文史哲，1995（3）：85–89.
- 冯时. 山东丁公龙山时代文字解读. 考古，1994（1）：37–54.
- 陈治军. 陶寺遗址出土"家有"骨刻辞的意义. 殷都学刊，2017（3）：4–6.
- 王晖. 中国文字起源时代研究. 陕西师范大学学报（哲学社会科学版），2011，40（3）：5–23.
- 韩汝玢，柯俊. 中国科学技术史：矿业卷. 北京：科学出版社，2006.

04

第 4 章

铜器时代与古代文明的兴起

“文明是一个比较复杂的观念。先搁置今天的各种不同观点，人类在历史上进入文明状态所需要具备的条件之一是，人类劳动效率提高的程度使其所创造的物质财富已经足以支撑温饱的生活，并有所多余；而达到这种状态的基础是材料技术及因此所制作的生产工具有了显著的进步，其中的关键之一在于铜器的使用。大量多余的财富及如何确定其分配方式等问题导致了阶级和战争的出现。其中，材料技术进步的步伐对文明的形成产生了重要的影响，由此可以观察到中、西方文明形成过程中文明特征的某些差异，及其对当今世界的影响。”

4.1 文明的观念与世界古代文明的兴衰

我们已经介绍了材料的观念。为了能够促进对材料与文明之间关系的了解，还需要先明确一下文明的观念。在文献资料中经常会看到各种关于文明的说法，如“史前文明”“早期文明”“古代文明”“原始文明”等。在探讨世界各地区文明历史的起源上，也存在不同的看法和争议。一些西方学者或许从西方文化中心论的立场出发，较多地强调西方文明的地位和作用；而一些东方学者或因较多接触到东方的文明发展，而更关注东方文明的历史影响。随着东、西方文化交流的不断加强，各方学者之间也存在观点和立场转换的现象，但不同的观点和立场始终存在。查阅各种谈论世界文明的资料和各种争论观点时经常会发现，一些人在阐述观点和提出疑问时，事先并没有明确而细致地阐述其对“文明”是如何定义的；另一方面，人类学、历史学、社会学、考古学、政治学等方面的专家从各自的角度观察，也会对文明有不同的定义。目前，人们对“文明”一词尚没有完全一致的理解和观念。为便于探讨人类文明的演变历史，我们在这里阐述文明时有必要先界定出关于文明观念及其所涉及的范畴。

从字面上看，文明表达的是人类社会进步的某一特定状态。在文字还没有出现并成为成熟体系之前，人类的言语系统和借助语音交流的能力和水平已经高度发达。在没有文字的阶段，人们完全可以用口语表达和交流日常生存所需要的各种内容。同时，早期的人类也具备一定的抽象思维能力。如果发展出了书面的文字，使之与语音一一对应，则不仅使交流的效率和地域范围大幅度地提高和扩大，而且非常有助于知识的积累，并便于后人简捷地学习与掌握群体所积累的知识。更重要的是，文字的出现可以极大地促进乃至提高人类的抽象思维能力，使人类不再受直接的所见所闻认知方式的明显约束，得以迅速扩大知识范围和认知能力，摆脱蒙昧时代和野蛮时代那种茫茫无际的、缓慢而零散的进展状态。

按照美国人类学家摩尔根的观点，文明时代开始的重要标志之一是文字的发明和广泛使用。因为使用文字，使得人类得以获得有文献记录的历史；借助大量的文字记载，可以描述、阐述、验证真实的历史事件和相关过程。文字的发明和广泛使用是**文明的标志**。文字是语言的可见符号，当文字被广泛使用并对社会发展起到显著促进作用时，即标志着文明时代的开始。人类出现成熟的系统文字的时间至今大约有 5 000 至 6 000 年，与 300 多万年的整个人类历史相比，仅占据不到 0.2% 的时间。但成熟文字出现后，人类社会的发展速度得到了极大的提高，是之前 300 多万年的历史所完全无法比拟的。历史也证明，文明的开始萌生阶段也是智人刚刚完成了向现代人转变的年代，即人类基本完成了从古猿通过能人、直立人、智人向现代人转变的整个过程之后的新石器时代。人类在抽象思维能力大幅提高的情况下完成了向现代人的转变，并随后开始尝试创造文字。而新石器时代之后，在系统性文字已经成熟的有利前提下，人类文明历史的发展得到了广泛的关注和研究。

人类社会综合经济能力和物质基础积累到一定水平后，会出现尝试以图形形式记录事件、表达思想或愿望，这种图形会逐渐转化成系统性文字。由此，人类社会的整体文化状态发生了明显的改善和提高。单从这个角度看，人类因此形成了文明社会，并进入了文明时代。但同时，人类的社会制度也因进入阶级社会而逐渐发生了改变，人与人之间出现了统治者和被统治者的关系形式。从当今观点观察，文明时代的开始也是不文明制度的开始。

除了城市、国家、金属材料技术等因素外，使用文字通常是判定文明发展的关键依据之一。今天当人们观察和考证古代文明是否存在及文明时代的起始点时，在文字方面往往至少需要关注三个基本问题：首先在于当时的文明是否有大量的文字记录留存到今天；其次是今天人们能否解读这些文字记录；最后是这些文字是否记录了大量历史内容且最终被真实历史事件研究或考古挖掘所证实。可见，这里说的文字应该具有大规模使用的成熟体系特征；新石器时代偶然出现的类似文字的初期符号，或仅小范围使用且至今无法解读的文字通常并不能作为文明开始的凭据，也不宜认作相关文明的起点。当然，在实际观察和分析人类文明历史时，也会存在偏离这些判定标准的例外。但一个基本的判定标准还是十分必要的，至少在偏离上述判定标准时，可以看到哪个方面、什么程度上偏离了标准。以此为出发点，可以观察世界多种文明的兴起和衰败过程。

清末至民国初年，中国著名的戊戌变法领袖和思想家梁启超（图 4.1）于 1900 年在诗作《二十世纪太平洋歌》中，提出了中国、印度、埃及和小亚细亚两河流域四个世界文明古国。其中，两河流域指发源于土耳其境内并最终流入波斯湾的底格里斯河和幼发拉底河流域，主要涉及今天的伊拉克、叙利亚及土耳其等国（图 4.2）。

约公元前 3 500 至前 3 200 年期间，中亚的美索不达米亚即两河流域下游地区出现了有大量文字记载的苏美尔文明，或称古两河流域文明。记载所使用的文字就是在其间长期不断演变成熟之后形成的**楔形文字**（图 4.3），是世界上最早的今天可以解读的文字之一。这也使两河流域成为一个世界文明古国。用树枝或芦苇杆插入一个抹平的软泥表面即出现一个楔形痕迹，即楔形文字名称的来源。在泥面上开始书写时，可以划出两侧平行的线条。以这种线条构成的文字即称为**线性文字**。楔形文字最初属于象形文字，后来逐渐改变成非象形的且较为复杂的文字系统。在中亚地区，当时有多种楔形文字并行使用，因此也存在多种楔形文字共存、归并、统一等演化问题。

公元前 2 004 年，苏美尔的乌尔第三王朝灭亡，苏美尔文明开始衰败。后来的统治者仍在沿用楔形文字，但这个文字系统的复杂性使得后来者并不乐于继续使用。当出现了更为实用和便于掌握的文字后，楔形文字自公元前 700 年以后因逐渐被放弃而消失。两河流域文明成了遗失的文明。

约公元前 3 200 至前 3 100 年期间，埃及尼罗河地区出现了有大量文字记载的古埃

◉ 图 4.1 梁启超像

◉ 图 4.2 两河流域（美索不达米亚）的地理位置

◉ 图 4.3 a. 约公元前 2 500 年成熟的楔形文字；b. 刻在泥版上记录人类残疾与缺陷及其如何看待的苏美尔楔形文字

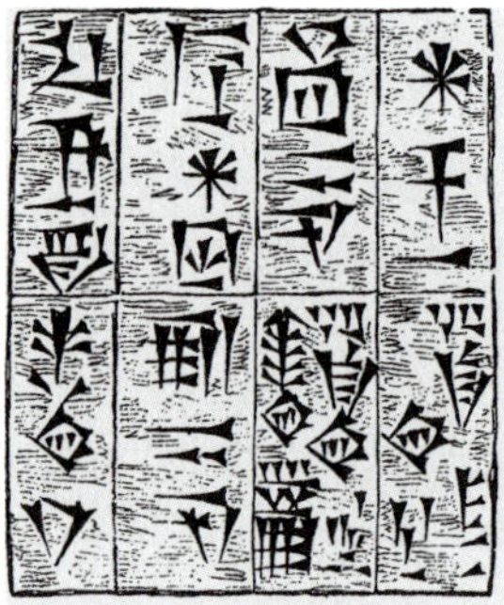

a

b

及文明，记载所使用的成熟文字也是一种象形文字（图 4.4），是世界上最早的今天可以被解读的文字之一。因此，古埃及也是世界文明古国之一。象形文字的体系过于复杂，不易学习和掌握；加上公元初期因古埃及灭亡、基督教的渗入和阿拉伯人的入侵，古埃及的文明及其象形文字在随后数百年内逐渐从历史上消失。因此，古埃及文明亦属于消失的文明。

约公元前 2 500 至前 2 400 年期间，在古印度地区出现了一种有大量印章文字记载的文明，但这个文明维系的时间不太长，在公元前 2 000 至前 1 700 年期间，该文明及其文字逐渐衰落，至今尚不十分清楚衰落的原因。另一方面，目前尚无法完整地翻译和解读所发掘到的古印度的文字记录（图 4.5），无法准确了解古印度文明的历史进程。但人们暂且相信该文字确实记录了某些历史事件或现象，仍把古印度文明列为人类早期文明。可见，古印度文明不仅是消失的文明，而且尚是一种神秘的文明。

中国早期文字正式开始诞生于新石器时期，当时已有很长时期利用图形及相应的象形文字表达信息和记录事件的历史。汉字的形成过程包括以图形符号的形式酝酿汉字，起源并逐渐形成汉字，汉字变为成熟系统并广泛使用三个阶段。研究表明，中国沿用至今的许多汉字的起源年代应该在公元前 3 500 到公元前 3 300 年左右，而汉字成为系统性文字的年代约为公元前 2 500 至公元前 2 000 年。对河南偃师二里头遗址的考古研究确认出该遗址年代为公元前 2 100 至前 1 600 年，这正是文献中记载或传说的中国夏代（图 4.6）。考古挖掘发现，许多陶器上刻画了多种由新石器时期演变来的文字符号，且有许多文字接近早期商代的文字。

一般认为，中国在夏代已经较多使用沿用至今的汉字，在商代后期汉字则发展得非常成熟。在龟甲、兽骨、陶器、玉石器、青铜器上均留下了极为丰富的汉字材料，内容涉及农业、畜牧业、手工业、政治、军事、商业、医学、历法、刑罚、祭祀等社会生活的各个方面。中国最早的系统性官方汉字被称为甲骨文（图 4.7），属于中国古代文字，也是当今汉字早期形式的基础；有时候也被认为是汉字的一种书写体，即现代汉字直接传承了甲骨文。对于公元前 2 100 至前 1 700 年的中国夏代时期，即时的直接系统性文献记录很罕见。关于夏代的记载多为后世的间接阐述，因此国外学者普遍认同古代汉字成熟的最早年代是可由甲骨文证实的公元前 1 600 年的商代，但实际上也无法否认，在此之前汉字就已经成熟为系统文字了。应该指出，历史上文字的存在和使用与否是一种客观的现象，与我们今天是否有证据能证实当时文字确实存在与否无关。虽然古代中国文明的

a b

a b c d

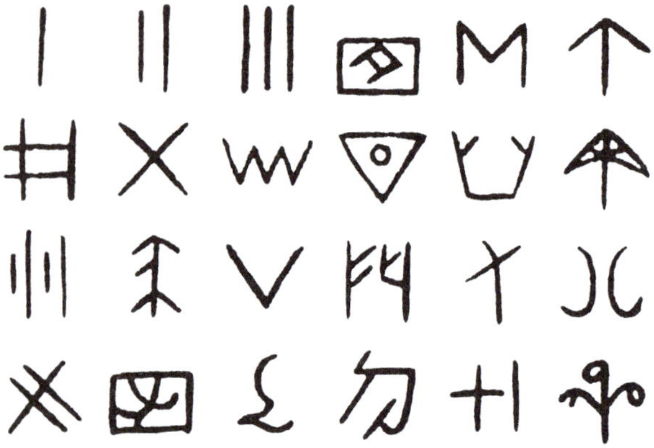

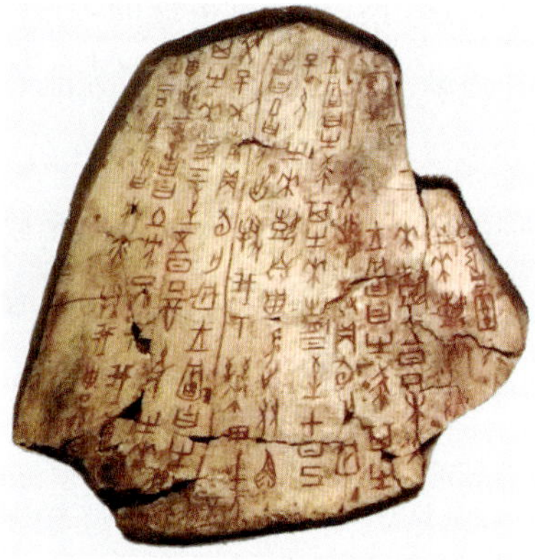

◉ **图 4.4** a. 古埃及的象形文字；b. 用该象形文字书写的碑文

◉ **图 4.5** 古印度文明至今无法解读的印章文字

◉ **图 4.6** 公元前 2 100 至前 1 600 年夏代二里头遗址陶器上刻画的文字符号

◉ **图 4.7** 商代古中国书写于骨板上的甲骨文［国］

4.4	
4.5	
4.6	4.7

形成且经考古所能确认的时间比古埃及、古两河流域、古印度文明略晚，却是一个不但没有消失且不间断延续至现代的文明。古埃及、古两河流域、古印度文明都是失落的文明，这种失落造成后世政权不会刻意破坏这些文明的文化遗迹，因为这些遗迹已经无损于当时的统治。中国历史的延续通常不出现一个外来种族完全灭绝原有种族的现象，而是依靠政权更替或融合和同化外来民族来传承文明，并使文明得以接续而不中断。另一方面，政权的更迭使得历届统治者需继续掌管前一政权涵盖的地理范围和人口，但又要防止甚至灭绝前政权的政治影响。因此，中国早期历史发生政权更替时，时常会出现毁灭前朝文化遗留的行为。如公元前 213 年秦始皇下令焚烧六国史籍及大量私人藏书，项羽火烧秦皇宫等，都会丧失许多可能存在的、记录历史的珍贵文字资料。周武王灭纣攻入商朝都城后也曾屠戮不少殷商上层，并把大批殷商贵族收为奴隶；其间也可能会毁灭一些殷商的文字遗存。即便是现知的甲骨文，也是在其所依附的龟甲作为药材在民间持续损毁和耗费的过程中于 100 多年前偶然被发现的，否则对中国文字的认知还会大幅延后。根据新石器时期中国创造的汉字及后来的演化过程可以推断，公元前 2 000 年以前，中国已经基本形成了以陶文为基础的系统性汉字，并对当时的社会发展起到了积极的推进作用。

以上列数了公元前 2 000 年以前世界上独立形成的四个古代文明，可以看到梁启超提出的四大远古文明确有其道理和依据。

当前还有五大古文明之说，即还要包括欧洲西方文明主要源头之一的爱琴海地区古希腊文明。从地理位置上看，爱琴海地区非常接近西亚的两河流域及北非的埃及，因此希腊的文明难免会受到两河流域文明和古埃及文明的影响。约在公元前 1 700 年，古希腊所在爱琴海地区的克里特王国兴盛起来，并产生和使用了一种文字，称为线性文字 A（图 4.8a）；这些文字至今尚无法解读。公元前 1 450 年，因操希腊语人的入侵而使克里特王国遭受毁灭性破坏，克里特的文字也因此逐渐被人遗忘而消失。此时克里特王国所在地域受古希腊地区迈锡尼王国的影响，因此克里特文字的创造者和日后的希腊人并不是同一种族。约公元前 1 500 年左右，爱琴海地区已出现了古希腊的迈锡尼文明，并形成了至今可以被解读的迈锡尼文字，称为线性文字 B（图 4.8b），但现在发掘到这种文字的记录比较简单，相对来说数量不够多，记录的内容也不够丰富。约公元前 1 300 至前 1 200 年，希腊遭受外部毁灭性入侵，造成人口锐减、社会经济大幅下滑，迈锡尼文明遭受了灭顶之灾。约公元前 1 000 至前 800 年期间，迈锡尼文字逐渐消失，可见当时的社会精英已不具备保持和传续迈锡尼文字、文化的能力和即时需求。

同一时代的腓尼基人也有至今可以解读的独立文字。他们居住在今天的叙利亚地区，靠近两河流域且与犹太人相邻而居，熟悉古两河流域的楔形文字和古埃及的象形文字。他们借助古埃及的象形文字的图形简化了楔形文字，从而精练地编造出了由 22 个字母组成的腓尼基拼音文字。腓尼基人广泛的海上经商行为，使得他们有机会与附近的希腊人频繁交往。大约在公元前 750 年，爱琴海地区的希腊人以腓尼基 22 个字母为基础，又添加了几个自创的字母，编造出了连续沿用至今的希腊字母（图 4.9）；在公元前 750 至

a
b

4.8

4.9

◉ 图 4.8 a. 古代希腊地区至今无法解读的克里特线性文字 A；b. 可以解读的迈锡尼线性文字 B

◉ 图 4.9 希腊人借助腓尼基字母改造出的希腊字母（随着时间延续从左列的腓尼基字母逐渐演化成右列的希腊字母）

前 700 年的陶器上首次出现了用希腊字母写的一行诗。希腊字母随后衍生出拉丁字母和斯拉夫字母，且是后来西方拼音字母文字的起源。因此英国历史学家韦尔斯认为，世界上产生的一切字母都是由楔形文字和古埃及的象形文字混合演变而来，包括英语、法语、西班牙语、俄语等联合国官方语言的文字，以及德语、意大利语等其他欧洲语言的文字。由此可以理解，为什么存在是否需要把古希腊文明列为第五个世界古文明的探讨。但可以确认的是，古希腊的文明并不是独立发生和连续演变而来的文明；虽然两河流域文明和古埃及文明已经衰败、消失，但它们应以潜移默化的形式在古希腊文明中得到了某种传承。

公元前 853 年，在楔形文字书写的泥版里第一次出现“阿拉伯”一词。约在公元前 750 年，也门古代阿拉伯部族建立了自己的国家；他们在腓尼基文字的影响下，创造了自己的文字，属于古代南方阿拉伯文字。这个国家及其语言虽然最后消亡了，但其语言文字对后来的标准阿拉伯语有着显著的影响。对最终阿拉伯文字有影响的还有多种其他的南方阿拉伯文字。目前，发现最古老的古阿拉伯语文字是约公元前 900 年古阿拉伯南方语言的墓碑（图 4.10），在埃及南部还发现过公元前 6 世纪受腓尼基语、字影响的文字文献。但这些都不是现在的阿拉伯文字。阿拉伯语的形成过程非常复杂，受到了多种南方和北方阿拉伯语言的影响。但对其形成过程仍有不少的争论。大体上，阿拉伯语言文字被认为来源于阿拉米文字或来源于希木叶尔文字，而这两种文字均是由腓尼基文字派生出来的；直至公元 5 世纪才形成现今的标准阿拉伯语，距今已有 1 500 多年的历史，是近 2 亿阿拉伯人的母语和 6 亿穆斯林群体所使用的语言。

目前，全世界各地流行着名目繁多的各种文字，其中有些文字所对应的语言是数量非常庞大人口的母语。根据某语言被作为母语使用的人口数量，可以排列出作为母语使用规模最大的六种语言，分别是英语、法语、西班牙语、俄语、阿拉伯语、汉语。因此，这六种语言也是联合国的工作语言。这六种语言对应的文字分别为英文、法文、西班牙文、俄文、阿拉伯文、中文。根据上述描述，可以简略归纳这六种文字的兴衰演变与相互联系。前五种文字不同程度地呈现某种内在联系（图 4.11），且均涉及早期美索不达米亚的楔形文字和古埃及的象形文字以及腓尼基文字；只有中文是独立发展起来的文字。

从人类学角度看，自古猿发生演变以来当今世界所有的民族和人种发展历史进程中所需跨越的各阶段大体都是一样的。其间，所有的远古人类都会在长期的历史演变中尝试通过偶发、零散、局域性的方式刻画线条或图案来表达、传递、记录某种信息。但只

图 4.10 公元前 900 年最古老古阿拉伯南方语言墓碑 [沙]

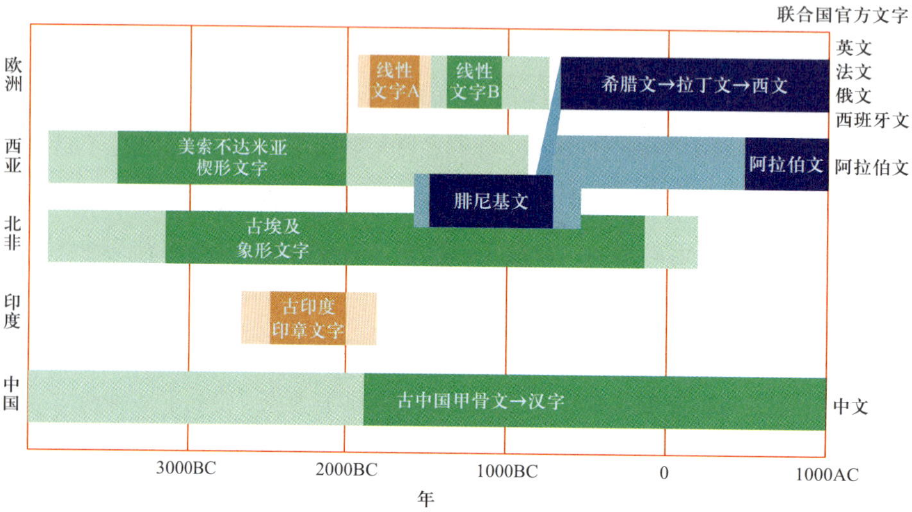

图 4.11 公元前 4 000 年至公元 1 000 年世界各地主要文字体系兴衰演变与相互联系（绿色：象形文字；蓝色：拼音文字；棕色：未能解读文字；浅色：萌生或衰亡中的文字；深色：成熟的文字）

有当这种刻画形成了群体性、系统性、地域性的文字并大量记录历史事件时，才会真正产生文明，并显著促进人类社会的发展。发明文字和产生文明的早晚，会对世界历史进程产生不同的影响；但发明文字之后的经济、科技、政治、军事、艺术、思想等各方面的发展速度，也会对世界历史进程产生不可忽视的影响。以上介绍的古代文明均以发现群体性和系统性的文字形式为起点，并记录了或被认为记录了大量历史事件。除了古印度的文字外，今天各文明的文字记录均可被解读出来。梁启超早年仅简单按照在公元前 2 000 年以前独立形成文明的时间顺序提出的四个世界古代文明是有道理的。在这些文明中三个文明已经失落；中华文明是不间断、不突变地延续至今的唯一世界文明；希腊文明是当今西方文明发展的基础。以西方文明为基础而发展出来的社会政治、经济、科技、艺术、军事、意识形态等体系在多方面表现出其鲜明的特色和优势，数百年来对人类社会的发展发挥了极为重要的引领作用。综上可以看出，在大的城镇和国家范围内系统性使用成熟文字是人类摆脱新石器时代的一个重要特征。

当然，世界上各个地区还出现过多种不同的古代文明，但它们出现的往往比较晚，或只是上述文明的某种变异发展，或不很完整，或其文明内涵尚未被人们足够掌握。这里不再专门追踪这些文明与材料的关系。

一个古代文明的兴起一定是物质经济和科技发展到一定程度和水平的反映。铜器就是支撑人类文明兴起的重要物质基础。

4.2 自然铜与铜石并用时代

纯铜的熔点约为 1 083 ℃。纯铜或比较纯的铜呈偏红的颜色，考古上称为**红铜**；铜内以含较多锌为主的铜合金称为**黄铜**；以含较多镍为主的铜合金称为**白铜**；把以含较多其他元素为主的铜合金称为**青铜**；如以含锡为主的青铜合金称为**锡青铜**。很多情况下中国历史上提及的青铜往往指锡青铜。

人类使用金属的历史可以上溯到公元前 8 000 年或更早的新石器时期，那时人类已经可以把自然界天然存在的铜加工成制品使用。金属的基本性质决定了它们在自然界中通常以化合的状态存在，并不能保持其纯金属的状态。在常见的金属中，铜属于惰性相对较强的金属，有可能在自然界一定程度地保持为纯金属的状态，为古代人类的早期使用提供了条件。

地壳内部蕴藏着氢气、天然气、煤气、水蒸气等多种可以使金属化合物还原成金属的还原性气体，并在地壳中蔓延。当这些气体与铜的化合物相遇时，会发生一定化学反应，如生成铜的氢化物、铜锌复合氢化物、铜锡复合氢化物等。以铜的氢化物为主的矿石会有机会随地下的岩浆、热气而迁移到地壳表层，并在周围气氛的作用下随着压力和温度的降低自然地分解成铜，称为**自然铜**或**天然铜**（图 4.12a）；此时，这些矿石变成了以自然铜为主或自然铜合金为主的富铜矿石。远古时期，地壳表层还蕴藏着许多以硫化铜为主的辉铜矿，在适当的自然环境下与空气中的氧气发生反应也会生成自然铜；如果以氧化铜为主的黑铜矿（图 4.12b）的附近存在煤气并与之接触时，黑铜矿也会逐渐转变成自然铜。以这种方式生成自然铜的重量可以达到几百克、数千克，有时可以达到成吨、数百吨的规模。

目前能考证到人类最早使用的铜器地区为公元前 8 000 至前 7 000 年期间新石器时

期初期的西亚。在伊朗艾利库什地区发现了铜片卷成的铜珠；在伊朗泰佩锡亚勒克发现了公元前 5 000 年自然铜制成的铜针等。

由于自然铜在自然界中的保有量不会很大，自然铜的发现和应用不会达到非常普及的水平，因此对社会生产力的发展也不会造成革命性的影响。此时人类仍以使用石器为主，并少量使用自然铜制品。到了新石器时代晚期，自然铜的使用量有所增多，历史上把使用石器和少量铜器的阶段也称为**铜石并用时代**。那时人类已经学会把自然铜作捶打加工、改变形状，并由此制成制品使用。同时，人类认识到了铜的延展性，发现了捶打可使铜器变得更加坚硬，并了解到如果将变硬的铜器放入火中加热，则铜器会变软。这些对铜加工技能经验的积累，为后来铜器的广泛使用奠定了良好的基础。

下面用一个简单的比较来了解当时人们为什么热衷于使用铜器（图 4.13）。在新石器时期晚期，一个制作精良的磨光石铲通常会有十几毫米厚，如果制作的太薄则不仅加工成本大幅提高，而且因石器较脆，容易在使用时发生脆断，降低使用寿命。而制作出一个铜铲的厚度通常为一毫米左右，约为石铲的十分之一，铜器的密度大约为石器的三倍左右，因此当铲面面积相同的情况下铜铲的重量仅为石铲的约 30%，可见使用铜铲非常轻巧。在挖掘土地时，铜铲仅为石铲十分之一的小截面积会大大降低铲入阻力，因而

4.12
4.13

◉ **图 4.12** a. 自然铜（表面因氧化而变黑）[徽]；b. 黑铜矿石 [蒙]；

◉ **图 4.13** 石铲与铜铲的比较 [国]：a. 约公元前 2 400 至前 1 100 年台湾台北石铲；b. 约公元前 1 400 至前 1 100 年河南安阳殷墟妇好墓铜铲

可明显降低劳动强度、提高工作效率。当铲挖工作反复遇到阻碍、碰到硬物时，脆性的石铲表面易于发生破损、剥落，甚至折断，而一旦折断只能废弃并更换新的石铲；铜铲是韧性的，更能够承受反复的阻碍和硬物的碰撞。当强力碰撞超过其承受能力时，铜铲因其所具备延展性会发生折弯类的塑性变形，经捶打伸直后可继续使用；如果根据已有的经验在捶打后适当烘烤加热，可恢复其原有的韧性。即便经多次使用使铜铲折断，其小断片还可以加工成其他小铜器使用，或直接加热熔化再制成新的铜器；因此，铜器可以反复再利用。从制造成本上看，石铲需先制作坯料，然后需经过非常耗时的磨光加工和钻孔，并经过与木棒的捆绑加工才能制成石铲使用，石料的脆性容易造成因加工过程的失败而废弃；石木复合石铲的捆绑方式也容易造成使用过程中的松脱，需反复捆绑。铜铲制造的关键在于需掌握冶铜技能，在此基础上制作铜铲不仅成本低，且成功率比较高；铜铲上端的柄部是靠铜的塑性折弯成的圆管，将木棒插入圆管即可使用，无需捆绑。综上可以看出，与石器相比，铜器更加精巧、轻便、耐久，且综合性能优良、不易损坏、可反复使用和反复再回收。因此，铜器的综合优点是石器无法比拟的。一旦大规模出现铜器，人类至少在经济和技术层面必然会跨入一个新的时代。然而人们发现，当时在铜器大量出现的年代，人们仍在较多地使用磨光石器。这种现象的主要原因在于当时铜矿资源和人工制造铜器的产量还不能满足社会各个方面的巨大需求，以及当时的社会决策者把有限的铜器大量地用到他们认为更重要的方面了。

4.3 原始冶铜技术与世界文明的开端

在自然界中，人们很容易看到色泽艳丽而非常醒目的绿色孔雀石或蓝色的蓝铜矿石（图4.14），并把它们收集起来、带回居所，至少可以用于装饰生活。这些矿石都是由氧化铜、水和二氧化碳组合而成的复杂化合物，也含有许多其他的夹杂质物。人们在使用自然铜时，会在铜的表面看到与孔雀石颜色类似的绿斑；由此人们难免会把孔雀石与铜联系起来。

把孔雀石或蓝铜矿石丢入炉火或灶坑，这些石料在几百摄氏度时就会分解出氧化铜；在 800 ℃时，就会在木柴或炭火中一氧化碳的作用下还原出铜来。当然，这种还原通常是不充分的。当时陶窑的加热温度能力已经可以到达 1 100 ℃，超过了纯铜的熔点。如果把孔雀石放入陶窑中，并提供充分的炭火加热，就会使孔雀石转变成铜液沉到窑底，铜液冷却凝固后成为与自然铜非常相似的块状物质。基于在自然铜方面积累的加工和使用经验，人们很快就知道了如何加工和使用这些铜块。由此，人类逐渐总结出了人工冶铜并制造铜器的技能。人工冶铜过程需要炭火提供大量一氧化碳气体，当一氧化碳不足够时，会冶炼出铜和氧化铜混在一起的富铜复合物质。在 1 100 ℃的高温条件下，氧化铜也会熔化成液体，此时形成的块状物质称为**冰铜**，即粗制的铜块（图 4.15），属于人工冶铜过程的中间产品。经二次加热充分还原后，可使冰铜转变成较纯净的铜块。在收集孔雀石人工冶铜的过程中，依据孔雀石来源地的自然状况，有时难免会混入绿铜锌矿石，即含锌的孔雀石（图 4.16）。经历同样的人工冶铜流程后，会制出含锌的铜块，即制出黄铜。黄铜的熔点低、强韧性更好，可制成性能优良的铜制品。之后，人们利用已娴熟掌握的制陶技能，制作出了陶质坩埚（图 4.17），将木炭和破碎的孔雀石置入其内燃烧加热，即可制成小铜块或大铜块。

考古证实，在伊朗的苏萨遗址发现了约公元前 4 000 年的铜器；在伊朗泰佩叶海亚遗址发现了约公元前 3 800 年的铜质铲、凿锥等；在叙利亚阿穆克也发现了约公元前 3 500 年的铜工具；另外，在西奈半岛提姆那还发现了公元前 3 000 年以前的冶铜遗址和铜器。这些两河流域发现的铜器均被证实是人工冶炼和制造的。在古埃及地区，发现了约公元前 3 500 年的铜斧，属于人工冶炼制造的铜器；在古印度的恒河刚纳斯山谷遗址，也出土

了公元前 2 000 年以前人工冶炼制造的许多铜器；在中国陕西临潼姜寨出土了约公元前 4 700 年的原始黄铜残片和黄铜管（图 4.18a、b），在甘肃东乡林家和青海同德宗日（图 4.18c、d）都出土了约公元前 3 000 年的铜刀，这些都属于是人工冶炼和制造的铜器。

人类开始掌握冶铜技术的初期，或许只是把少许孔雀石之类的铜矿石和柴禾或木炭放入陶坩埚内点燃熔炼，并制成重量有限的铜块或铜锭；然后捶打铜块作变形加工，使之被分切成适当的尺寸，并分别打制成所期待的形状，即制成各种工具或器具使用。这个过程最初只是在各地零零星星地出现，随着人们对铜器及其制造技术认知的不断深化，铜器的使用量就进入了快速增长阶段。中国历史上铜器技术的快速发展和使用量的大幅提升也有赖于当时遍布各地且比较丰富的铜矿资源（图 4.19a）。当人类能够以人工的方式大量、高效率地生产铜，并广泛使用铜器，铜对社会生产力发展的积极促进作用就会发挥出来，人类才算真正进入了铜器时代。然而，当时欧洲的铜矿资源并不丰富（图 4.19b），明显影响了其铜器时代的发展。

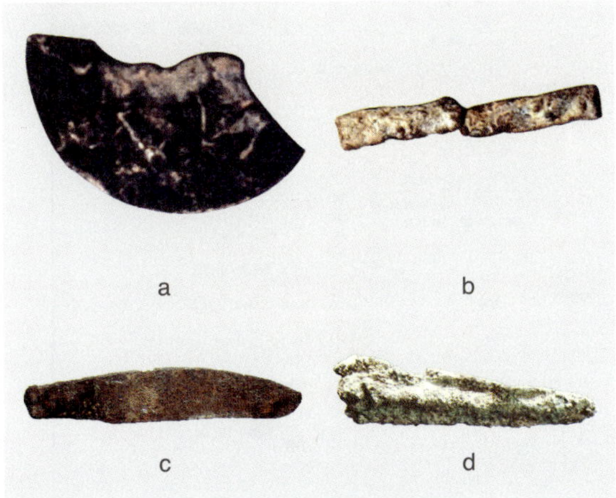

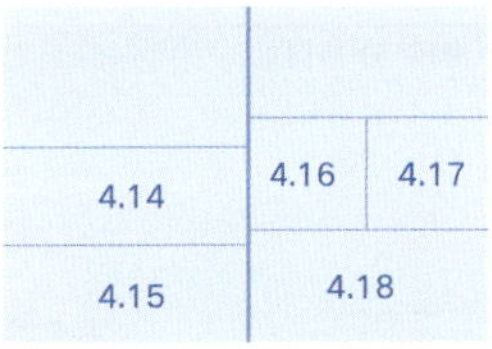

◉ **图 4.14** 铜矿石：a. 大冶铜绿山孔雀石［鄂］；b. 湖北蓝铜矿［皖］

◉ **图 4.15** 粗制铜：a. 约公元前 600 年新疆尼勒克奴拉塞铜矿遗址粗制铜锭［新］；b. 约公元前 800 年安徽南陵绿岭的粗制冰铜［皖］；c. 约公元前 900 年西周粗制铜锭［沪］

◉ **图 4.16** 绿铜锌矿［地］

◉ **图 4.17** 约公元前 1 250 年河南安阳冶铜陶坩埚（铜量可大于 12 千克）［国］

◉ **图 4.18** 中国早期的人工冶铜制品：a. 约公元前 4 700 年陕西临潼姜寨出土的原始黄铜残片；b. 黄铜管；c. 甘肃东乡林家出土的约公元前 3 000 年的铜刀；d. 约公元前 3 000 年青海同德宗日铜刀［青］

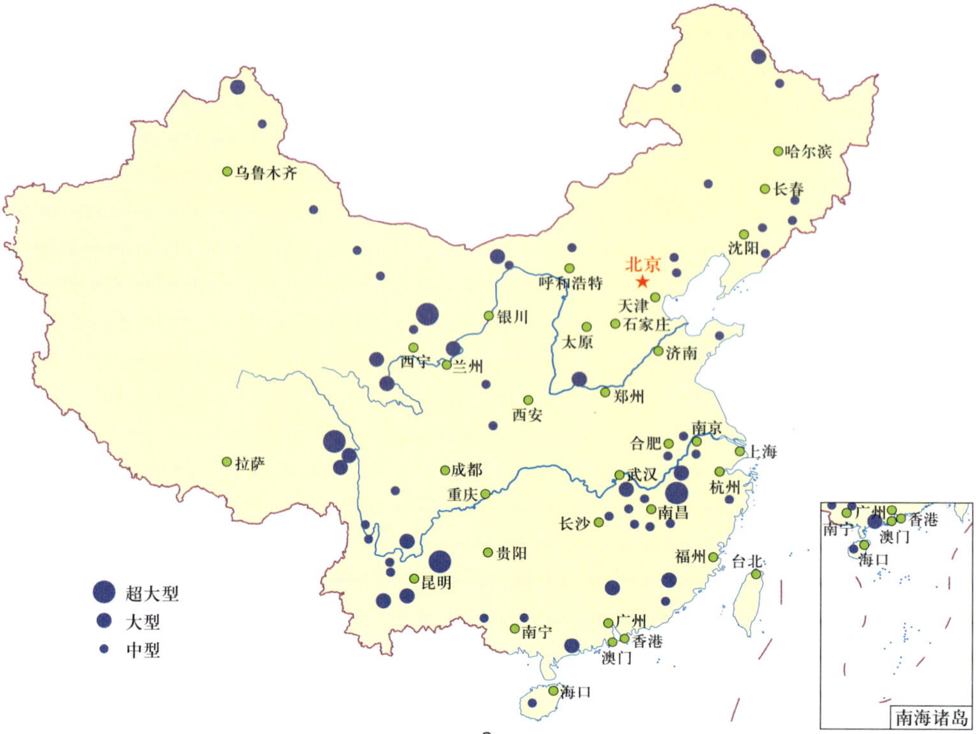

乌鲁木齐
哈尔滨
长春
沈阳
北京
呼和浩特
天津
石家庄
银川
太原
济南
西宁
兰州
郑州
西安
南京
合肥
上海
拉萨
成都
武汉
杭州
重庆
南昌
长沙
贵阳
福州
台北
昆明
广州
南宁
香港
澳门
海口
超大型
大型
中型
南海诸岛

a

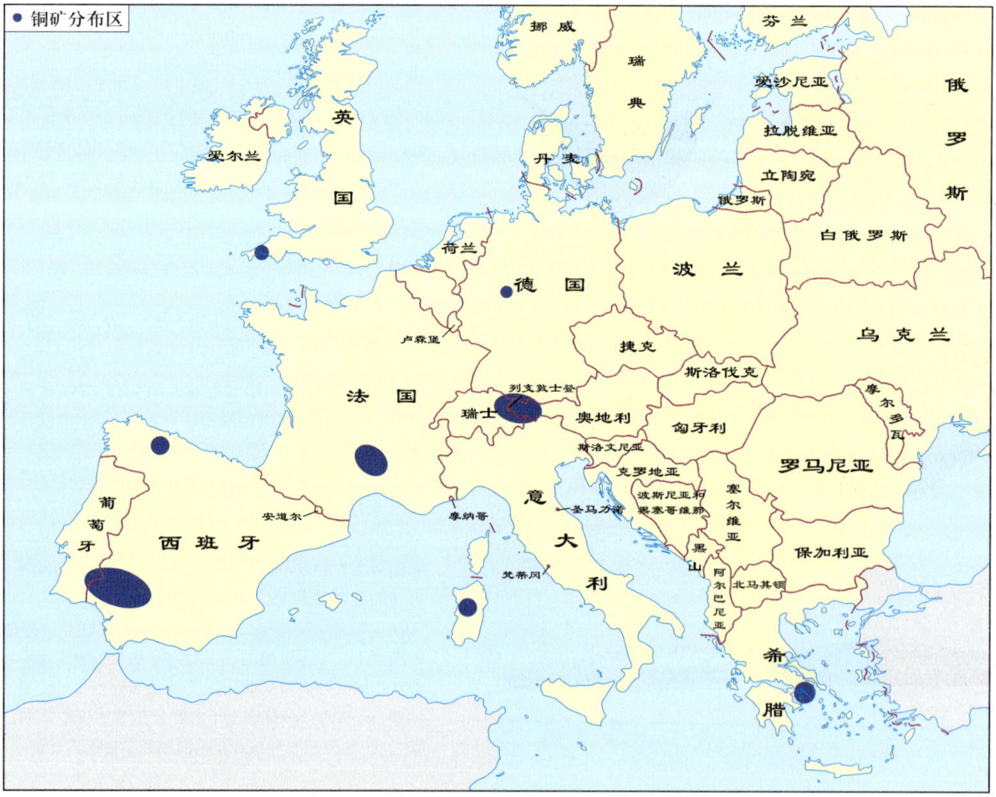

铜矿分布区
挪威
芬兰
瑞典
俄罗斯
爱沙尼亚
拉脱维亚
立陶宛
英国
爱尔兰
丹麦
俄罗斯
白俄罗斯
荷兰
德国
波兰
乌克兰
卢森堡
捷克
斯洛伐克
法国
列支敦士登
瑞士
奥地利
匈牙利
摩尔多瓦
斯洛文尼亚
克罗地亚
罗马尼亚
波斯尼亚和黑塞哥维那
塞尔维亚
圣马力诺
摩纳哥
安道尔
葡萄牙
西班牙
意大利
黑山
保加利亚
梵蒂冈
阿尔巴尼亚
北马其顿
希腊

b

纯铜熔点较高、强度较低，因此不利于生产加工和实际使用。铜中含有或加入锡、铅及其他合金元素后，即可制成青铜，且使熔点明显降低，强度明显提高。除了对铜块或铜锭作捶打变形加工外，还可以把液态的铜直接凝固而制作成所需要形状的铜器，尤其适合制作熔点较低的青铜器；这一加工过程称为**铸造**（图 4.20），即把高温冶炼成的液态金属或合金注入具有所需形状的模腔内，且随温度的降低，液态金属或合金转变成模腔形状固化的凝固过程。铸造时用其内腔具有所需铸器具形状的模子称为**范**，可以用泥土或陶器制成。液态金属在范的内腔冷却凝固后即成铸造器件。例如铸造铜斧或铜箭镞时，可先制成两块带有一定凹陷形状的外范，使二者合起来形成的中空模腔正好是斧或箭镞的形状。外范侧面带有流入铜液的浇口，铸造完成并凝固冷却后将范打开或破碎，即可获得所铸造的青铜器。随铸造铜器的形状越来越复杂、尺寸越来越大，相应的铸造技术也会变得越来越复杂，但其凝固成型的基本原理相似。与纯铜相比，青铜更容易使铸造件充实饱满，实现事先设计的形状。冶铜熔炼完成后，在浇铸前需要清除冶铜陶坩埚内铜液底部沉积的一些铜渣及铜液表面漂浮的一些夹杂或较轻的氧化物。因此，有时

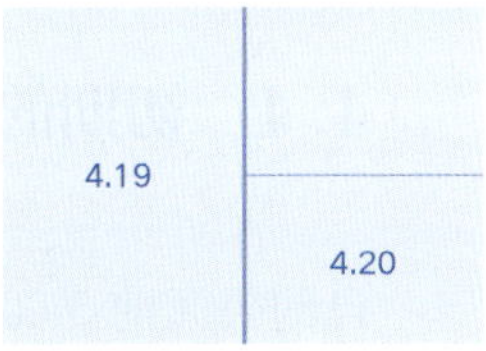

◉ **图 4.19** 中国［鄂］（a）与欧洲（b）的铜矿资源分布

◉ **图 4.20** 铜器的铸造：a. 金属浇铸示意图；b. 约公元前 1 700 年山西夏县东下冯铸斧外范［国］；c. 约公元前 1 500 年河南郑州二里岗陶镞范［国］；d. 浇铸陶坩埚［国］

还需要将较纯净的铜液先倒入比较干净的熔铜浇铸陶坩埚内，适当静置后再浇铸。铸造也属于人类掌握比较早的一种金属热加工工艺技术，距今已有约 6 000 年的历史。

文字、城市、冶铜技术和阶级划分是人类文明的几个要素。新石器时期初期人类的定居生活导致聚落的出现。随着生产发展和人口增多，一个聚落会分化、衍生出多个聚落组成的聚落群，并以氏族关系形成部落；且多个相邻氏族也可以形成较大的部落或聚落群。部落和聚落群的进一步扩张发展，则形成规模庞大的聚落集团，且与其他地区部族共存时有了共同的利益。参照中国的考古研究，到了新石器时期结束的末期，这些聚落群经过向部落或聚落集团的转化逐渐围绕某些特大中心聚落形成了古国，甚至开始或实现了向一个国家形式的过渡。以上可以看出，约公元前 3 000 年，在两河流域、古埃及、古印度和古中国这四个古代文明地区均陆续出现了人工冶铜技术，并开始使用铜器。同时，这些地区已经或正在形成独立系统的文字和城市形态，且人与人之间的关系不再平等，而逐步分化成了不同的阶级，并在一些地区开始出现奴隶制度。因此，公元前 3 000 年前后，世界开始进入了人类社会形态的文明社会；同时从材料制造和应用角度观察，也进入了铜器时代。

4.4 初期的中华文明与铜质用具

自约公元前 3 000 年起，在随后的一千年里中国社会进入了初期的文明社会。可惜至今并没有能找到当时记录这段社会发展真实过程直接的文字资料，或许当时统治阶层并没有随时记录重要事件的习惯和规则。如今人们只能根据一些口口相传及一些后世历史文献的记载和论述来了解当时的社会情况。例如，西汉司马迁于大约公元前 90 年完成的《史记》以及自夏代至秦朝之间许多先秦文献中记载的这一时期的大量事件。在这一千年的时间内出现了太昊、黄帝、炎帝、仓颉、颛顼（zhuānxū）、帝喾（kù）、共工、太皞（hào）、少皞、伏羲、神农、蚩尤、尧、舜、禹、皋陶、伯夷等传说中的重要历史人物以及他们在社会转型期所建立的各种邦国政权。根据这些粗糙而不完整的历史描述，仅能在辅以逻辑推演之后勾勒出这一时代的历史过程。经过各方学者的探索研究，公元前 2 000 年夏代建立以后的文明历史逐渐清晰起来。

掌握了冶铜技能后，人们逐步尝试用铜制作几乎一切旧石器时期的农具、渔具、建房工具、日常生活用具等各个方面的器具，不断推进社会的发展。在农业用具方面，出现了铜质的镢、钁、镐、耙等刨挖类工具(图4.21)以及各种铜铲(图4.22)、铜镰(图4.23)等;这些农具同样可以与木材组合成复合工具;在捕鱼方面,利用铜良好的延展性而制

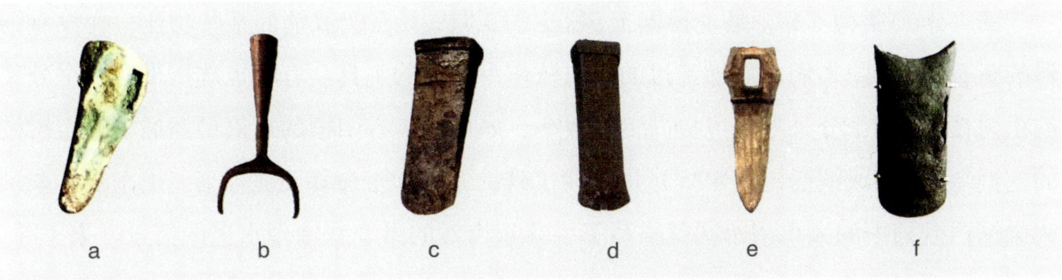

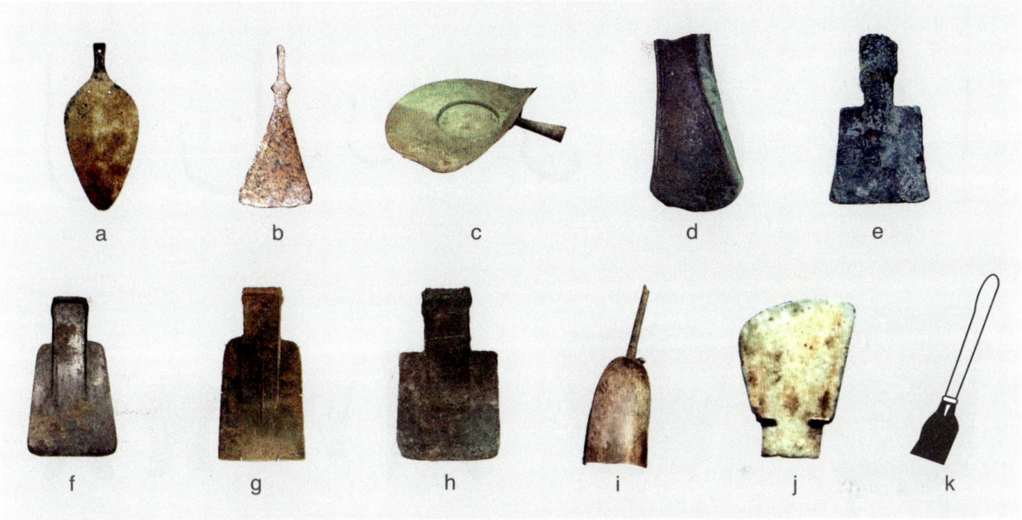

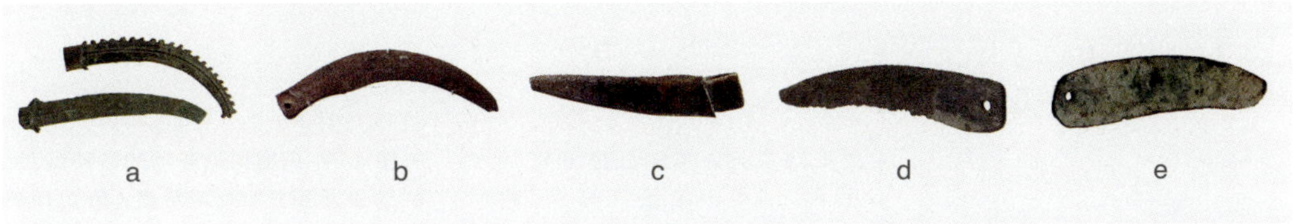

4.21
4.22
4.23

◉ **图 4.21** 铜器时期各地的刨挖类铜工具:a. 约公元前 1 700 年甘肃临洮辛甸黄铜镢头[甘];b. 约公元前 1 500 年希腊么森尼亚铜耙[希];c. 约公元前 1 500 年河南郑州二里岗铜镢[国];d. 约公元前 1 500 年前湖北武汉黄陂盘龙城铜镢[鄂];e. 约公元前 900 年湖南铜镐[湘];f. 约公元前 900 年福建南安城关铜钁[闽]

◉ **图 4.22** 铜器时期各地的铜铲:a. 约公元前 2 500 年印度河流域;b. 约公元前 1 700 年美索不达米亚;c. 约公元前 1 500 年希腊拉康尼亚[希];d. 约公元前 1 500 年德国别灵根[弗];e. 约公元前 1 400 年河北藁城[冀];f. 约公元前 1 300 年河南安阳大司空[国];g. 约公元前 1 000 年上海[沪];h. 约公元前 900 年陕西西安张家坡[国];i. 约公元前 900 年江苏仪征市破山口墓[苏];j. 约公元前 900 年湖南[湘];k. 复合铜铲安装示意图[湘]

◉ **图 4.23** 铜器时期各地的铜镰:a. 约公元前 1 300 年陕西城固县龙头镇[陕];b. 约公元前 1 200 年希腊迈锡尼[希];c. 约公元前 1 000 年云南剑川海门口[云];d. 约公元前 1 000 年新疆塔城[新];e. 约公元前 1 000 年新疆巩留县阿尕尔森[新]

作出钓鱼钩（图 4.24）。人们利用铜的延展性，把农具与木料结合的地方制成弯卷的孔、通透的洞或深凹的槽，以便插入木棒；因此不需再作捆绑。在此基础上，发明了各种改进的农具，如锸、耒等。

锸（chā）类似于锹，是一种掘土、松土的工具，具有铲或镐的某些功能。在没有铜器的新石器时期，人们常用加工过的粗树枝作为挖土的工具。有时也选用带有两个分叉的粗树枝，用两个分叉挖土可提高工作效率。如果把带有凹槽的短镐型锸插牢在粗树枝的挖掘端，即制成铜锸（图 4.25），进而使工具的效率和寿命都明显提高。山东嘉祥东汉武梁祠西壁画中的大禹治水图就描写了手拿双齿锸的禹率众治理水患的情景。**耒**（lěi）

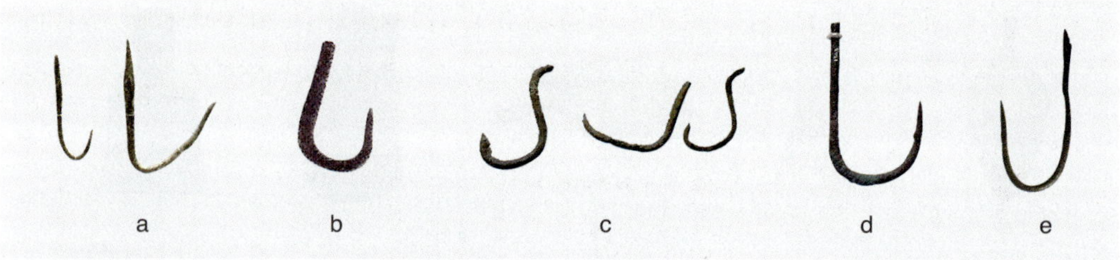

4.24 4.26
4.25 4.27

◉ **图 4.24** 铜器时期各地的铜鱼钩：a. 约公元前 2 400 年希腊艾提卡［希］；b. 约公元前 2 000 年河南洛阳二里头［洛］；c. 约公元前 1 300 年福建晋江庵山［闽］；d. 约公元前 1 200 年希腊迈锡尼［希］；e. 约公元前 1 000 年云南剑川海门口［云］

◉ **图 4.25** 铜器时期各地的铜锸（chā）：a. 约公元前 1 500 年前湖北盘龙城李家嘴墓［鄂］；b. 约公元前 1 300 年江西新干大洋洲；c. 约公元前 900 年湖南［湘］

◉ **图 4.26** 铜器时期的耒（lěi）：a. 约公元前 1 300 年江西新干大洋洲铜耒；b. 分叉的粗树枝；c. 山东嘉祥东汉武梁祠西壁画大禹执锸治水图；d. 神农执耒图

◉ **图 4.27** 铜器时期各地的各种铜刀：a. 约公元前 2 400 年希腊［希］；b. 约公元前 2 000 年河南洛阳二里头［洛］；c. 约公元前 2 000 年甘肃武威皇娘娘台［甘］；d. 约公元前 1 800 年前辽宁北票康家屯城址［辽］；e. 约公元前 1 650 年希腊迈锡尼［希］；f. 约公元前 1 500 年前湖北武汉黄陂盘龙城［鄂］；g. 约公元前 1 450 年希腊丹德拉［希］；h. 约公元前 1 400 年山西石楼县义牒［晋］；i. 约公元前 1 400 年河北藁城台西［冀］；j. 约公元前 1 350 年希腊迈锡尼墓［廊］；k. 约公元前 1 300 年山东济南小屯［鲁］；l. 约公元前 1 300 年湖南宁乡侯家嘴［长］；m. 约公元前 1 200 年上海［沪］；n. 约公元前 1 200 年青海卡约文化［青］；o. 约公元前 900 年福建浦城管九村土墩［闽］

是一种二分叉形的翻土工具（图 4.26），如果把双齿锸的挖掘部位改造成连成一体的铜耒，接上木把即可用于翻土，如山东嘉祥东汉武梁祠西壁画中的神农执耒图即是神农（即炎帝）亲自用耒翻土的情景。

在建筑及其他各种工具方面，还出现了各种铜质的刀（图 4.27）、斧（图 4.28）、锤（图 4.29）、锛（图 4.30）、凿（图 4.31）、锯（图 4.32），以及锥、钻（图 4.33）等制孔工具。斧、锤、锛等往往也需与木材组合制成复合工具。由于石料没有延展性，虽然有一定强度，但属于脆性材料；斧、锤、锛、凿之类的工具在使用过程中，需要不断承受冲击力的作用；冲击力作用到石质的这类工具时，非常容易因冲击力过大或反复使用时间过长而造成工具的断裂。在同样冲击力过大或反复使用时间过长的情况下，兼备延展性和强度的铜质工具会借助发生微小塑性变形，明显缓和冲击力造成的破坏作用，明显提高工具的使用寿命。因此，铜器属于强韧性材料。可见相对于石质工具来说，采用铜质工具是一个巨大

a b c d e f
g h i j k l
m n o p q
r s t u

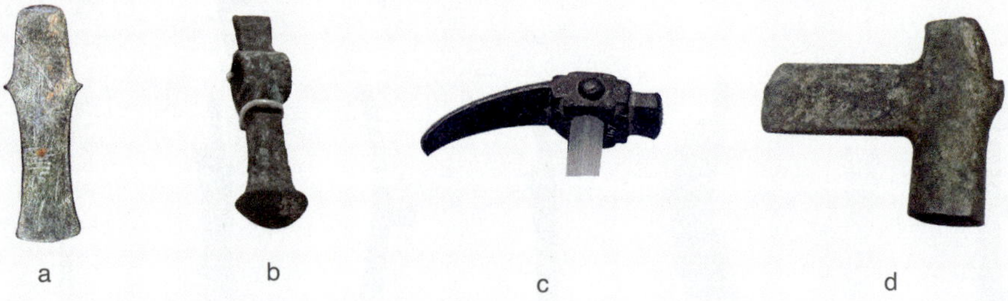
a b c d

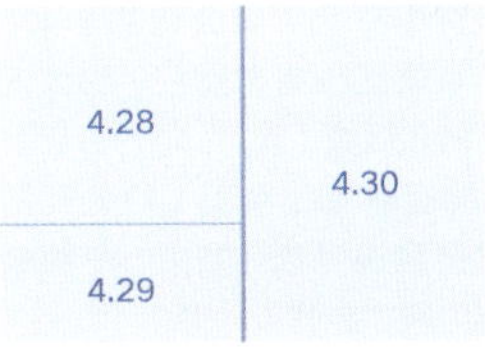

◉ 图 4.28 铜器时期各地的各种铜斧：a. 约公元前 1 900 年黎巴嫩比布鲁斯；b. 约公元前 1 700 年美索不达米亚；c. 约公元前 1 500 年湖北武汉黄陂盘龙城［鄂］；d. 约公元前 1 500 年德国别灵根［弗］；e. 约公元前 1 400 年山西石楼县义牒［晋］；f. 约公元前 1 400 年山东济南长清区小屯［鲁］；g. 约公元前 1 350 年德国禹波奥琛［弗］；h. 约公元前 1 300 年希腊迈锡尼［肯］；i. 约公元前 1 300 年辽宁绥中冯家村［辽］；j. 约公元前1 300年江西瑞昌铜岭遗址［赣］；k. 约公元前 1 300 年湖南宁乡［长］；l. 约公元前 1 300 年河北定州北庄子［冀］；m. 约公元前 1 200 年希腊迈锡尼［希］；n. 约公元前 1 000 年云南剑川海门口［云］；o. 约公元前 1 000 年新疆巩留县阿尕尔森［新］；p. 约公元前 1 000 年德杜塞市博物馆［杜］；q. 约公元前 900 年陕西西安丰镐遗址［西］；r. 约公元前 900 年河南洛阳北窑［洛］；s. 约公元前 900 年广西南宁武鸣元龙坡墓葬［南］；t. 约公元前 700 年内蒙古赤峰市［蒙］；u. 复合铜斧安装示意图［湘］

◉ 图 4.29 铜器时期各地的铜锤：a. 约公元前 1 700 年美索不达米亚；b. 约公元前 1 400 年山东济南长清区小屯［鲁］；c. 约公元前 1 300 年希腊迈锡尼［肯］；d. 约公元前 700 年内蒙古赤峰市［蒙］

◉ 图 4.30 铜器时期各地的各种铜锛：a. 约公元前 2 500 年印度河流域；b. 约公元前 1 700 年美索不达米亚；c. 约公元前 1 500 年前湖北武汉黄陂盘龙城楼子湾 3 号墓［鄂］；d. 约公元前 1 500 年德国别灵根［弗］；e. 约公元前 1 400 年山东济南长清区小屯［鲁］；f. 约公元前 1 400 年河北藁城［冀］；g. 约公元前 1 350 年德国禹波奥琛［弗］；h. 约公元前 1 000 年云南昆明王家墩［云］；i. 约公元前 900 年湖南［湘］；j. 约公元前900年甘肃灵台白草坡［甘］；k. 约公元前 900 年福建宁德霍童［闽］；l. 约公元前 800 年新疆乌鲁木齐［新］；m. 约公元前 800 年内蒙古赤峰市宁城县［蒙］；n. 复合铜锛安装示意图［湘］

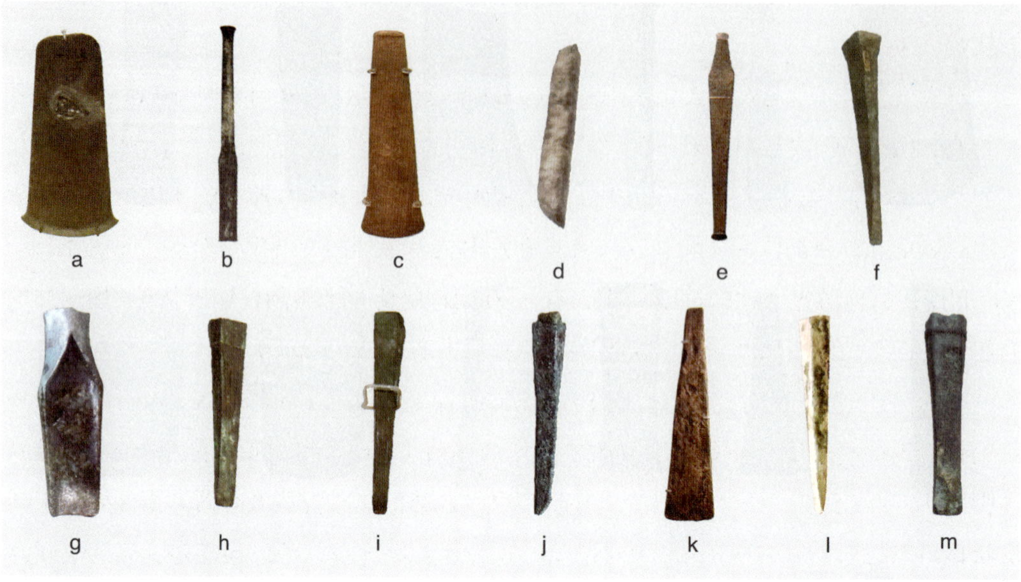

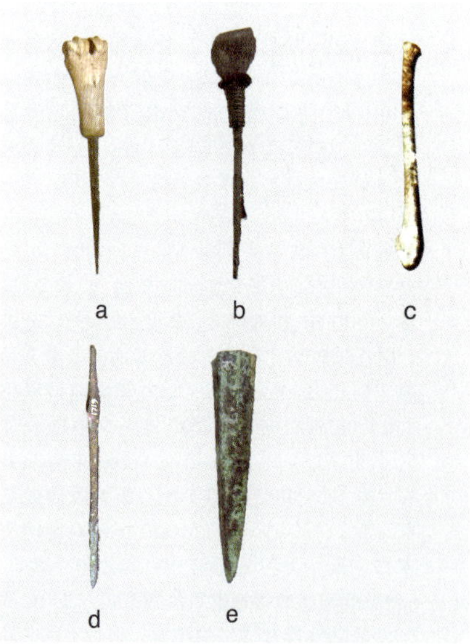

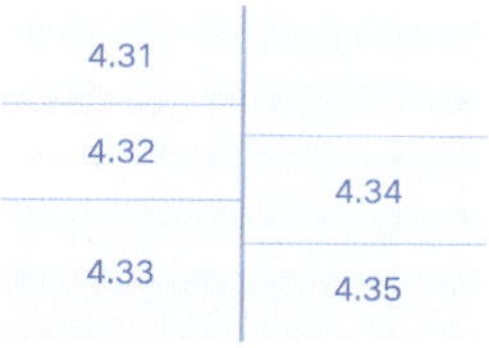

◉ **图 4.31** 铜器时期各地的各种铜凿：a. 公元前 2 550 年希腊迈锡尼［希］；b. 约公元前 2 500 年印度河流域；c. 约公元前 2 300 年希腊雷姆诺斯［希］；d. 约公元前 2 000 年河南洛阳二里头［洛］；e. 约公元前 1 650 年希腊迈锡尼［希］；f. 约公元前 1 500 年湖北武汉黄陂盘龙城［鄂］；g. 约公元前 1 500 年德国别灵根［弗］；h. 约公元前 1 400 年山西石楼县后兰家沟［晋］；i. 约公元前 1 400 年山东济南长清区小屯［鲁］；j. 约公元前 1 400 年河北藁城［冀］；k. 约公元前 1 200 年希腊迈锡尼［希］；l. 约公元前 900 年甘肃灵台白草坡［甘］；m. 约公元前 700 年内蒙古赤峰市［蒙］

◉ **图 4.32** 铜器时期的铜锯：a. 约公元前 1 650 年希腊迈锡尼［希］；b. 约公元前 1 500 年湖北盘龙城李家嘴墓［鄂］

◉ **图 4.33** 铜器时期的各种铜锥、钻：a. 约公元前 2 400 年希腊阿提卡骨柄［希］；b. 约公元前 2 150 年德国辛根［弗］；c. 约公元前 2 000 年甘肃武威皇娘娘台［甘］；d. 约公元前 1 700 年美索不达米亚；e. 约公元前 700 年内蒙古赤峰市［蒙］

的技术进步。

不仅是各种工具，人们也尝试借助铜的各种特性用铜制造新石器时期几乎所有的磨光石器和陶器，包括各种交通用具、容器、乐器、日常用具、祭祀用品、宗教物品、货币。例如利用铜的弹性制作镊子（图 4.34a），利用铜的延展性制作石器无法实现的铜钉（图 4.34b）和形状复杂的构件（图 4.34c、d），利用薄铜件悦耳的撞击声制作铜铃（图 4.35a、b），利用铜的易抛光性制作铜镜（图 4.35c），利用铜的化学惰性制作铜质货币（图 4.36），利用铜的强韧性和耐磨性制作车辆船舶的构件及马具等（图 4.37）。

公元前 21 世纪至前 17 世纪，中国历史上出现了持续 471 年的夏代，这也是冶铜和制铜技术发展的时期。在夏代已经频繁制作的铜**爵**（jué）（图 4.38）是一种带有流槽的高脚饮酒容器；铜**斝**（jiǎ）（图 4.39）是底部可以加热而用于温酒的容器。爵和斝的复杂形状显示当时已经具有了发达的铸铜技术，也显示当时至少统治阶层已经达到了很高的

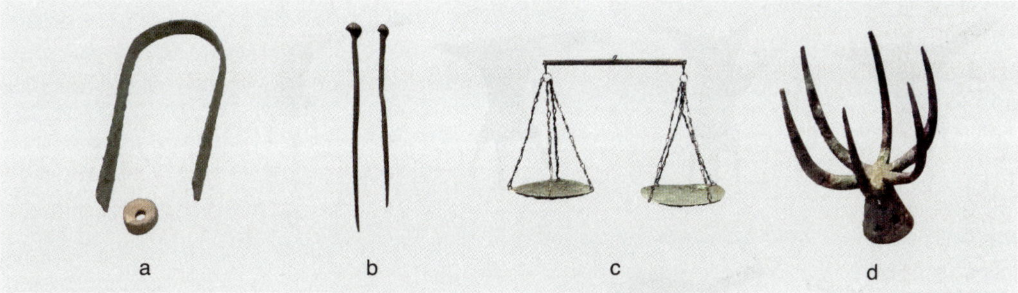

◉ **图 4.34** 古希腊的各种铜质用具［希］：a. 约公元前 2 550 年希腊阿提卡铜镊子；b. 约公元前 2 400 年希腊特洛伊铜钉；c. 约公元前 1 500 年希腊拉哥尼亚铜天平；d. 约公元前 1 450 年迈锡尼铜叉

◉ **图 4.35** 约公元前 2 000 年中国的各种铜质用具：a. 青海民和小旱地铜铃［青］；b. 河南洛阳二里头铜铃［洛］；c. 齐家文化铜镜［津］

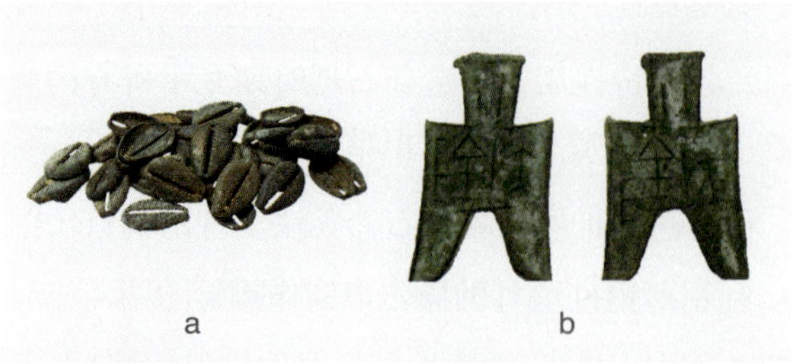

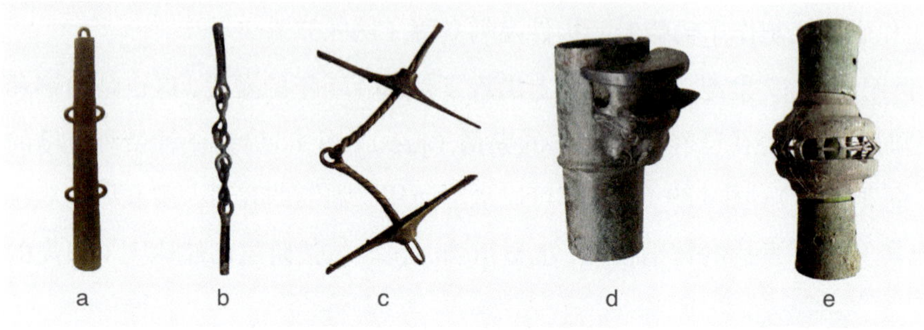

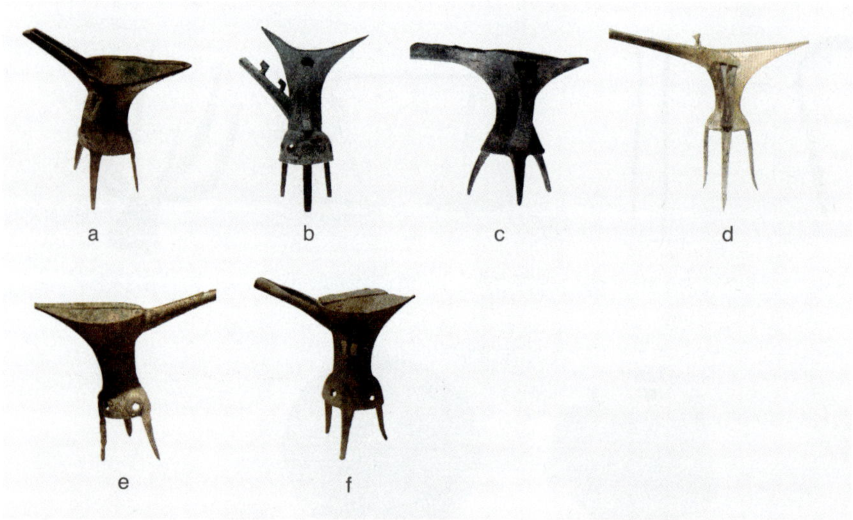

4.36
4.37
4.38
4.39
4.40

◉ **图 4.36** 中国早期铜货币［晋］: a. 约公元前 1 400 年山西保德县林遮峪铜贝；b. 约公元前 400 年山西尖足布

◉ **图 4.37** 铜器时期的各种车船用铜器：a. 约公元前 1 840 年埃及船桅杆的铜尖顶［希］; b. 约公元前 1 400 年山东济南长清区小屯铜马衔［鲁］; c. 约公元前 1 200 年希腊迈锡尼铜马衔［希］; d. 约公元前 900 年陕西西安丰镐遗址铜车軎［西］; e. 约公元前 900 年河南洛阳北窑庞家沟铜车毂［洛］

◉ **图 4.38** 约公元前 1 800 年夏代铜爵(jué):a. 河南偃师二里头［国］;b.［沪］; c.［沪］; d.［洛］; e.［豫］; f. 山西［津］

享受生活的水平。除了铜铃、铜镜等实用铜器外，还出现了非生产实用而专作礼器的铜钺（图 4.40），以显示礼仪、王权、权威、尊贵等非物质作用，显示出当时人与人之间需要借助显示精神力量的铜器来维持关系。

夏王朝建立初期前后，各地洪水泛滥。禹因负责治理水患，需调动大量人力投入水利工程建设。大量人力集中劳作需要有能解决集体吃饭的炊具，因而制作出了尺寸很大、底部可加热烹煮的带腿铜鼎（图 4.41）。相传公元前 3 000 年左右的太昊就曾经铸造过铜鼎，后来黄帝也制作过铜鼎。禹建立夏王朝后，把所管理的区域划分成九州，例如划分为豫州、冀州、兖州、青州、徐州、扬州、荆州、雍州、幽州。当时并没有中央集中的直接统治，而是由各地、各州的地方首领各自治理，并向中央纳贡。禹取得中央统治权后，为从精神和思想上镇服各州、防止反叛，组织了铸九鼎的活动。九鼎即每个州铸一个鼎，九鼎由中央掌管，放置于夏王朝的都城作为国家政权和权威的象征。可见夏王朝各地的冶铜和铸鼎技术已普遍达到较高水平。王朝中央号令，九州贯彻，即为一言九鼎。各地不能私自铸造这样的大型铜鼎，由此鼎逐渐丧失其实用价值，逐渐成为非实用的礼器。

禹在治理水患期间和建立夏王朝之后，走遍所管制的九州，目前在安徽怀远、陕西韩城、山西河津和夏县、河南开封和禹县、湖北武汉、湖南长沙、四川南江等许多地方都

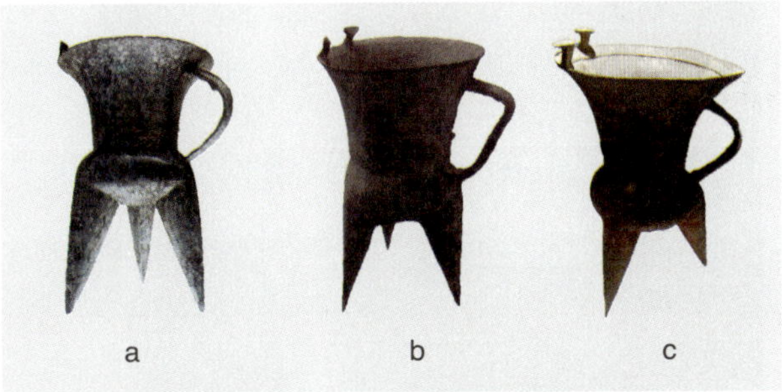

◉ 图 4.39 约公元前 1 800 年夏代铜斝（jiǎ）：a. 河南偃师二里头［沪］；b.［洛］；c.［豫］

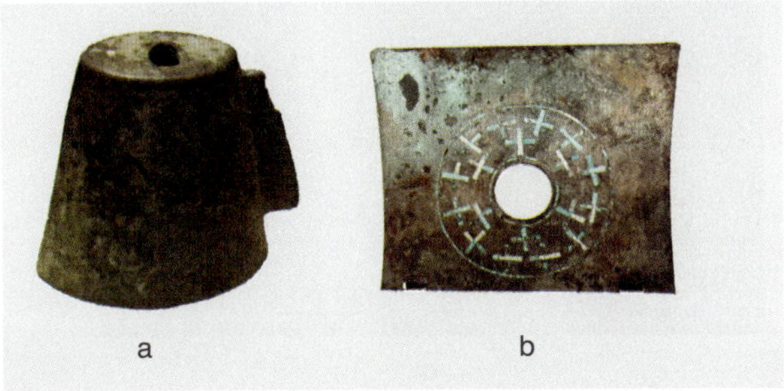

◉ 图 4.40 约公元前 1 800 年夏代其他铜器：a. 安徽庐江大墩孜铜铃［皖］；b. 河南洛阳堰师二里头铜钺［沪］

有禹的遗迹（图 4.42）；禹的陵地位于他最终治理水患的地点：浙江绍兴会稽山。河南偃师二里头遗址的考古发掘和相关研究显示，当时夏王朝统治的人口为 1 300 万，王城的人口超过 3 万，王城遗址面积超过 370 万平方米；最大宫殿形状百米见方，面积超过 1 万平方米。由此可以看出，公元前 2 000 多年前夏王朝建立时，早期的中华民族已经遍布广大的地区，经济发展，人丁兴旺；显示出早期中华文明的恢宏与发达。

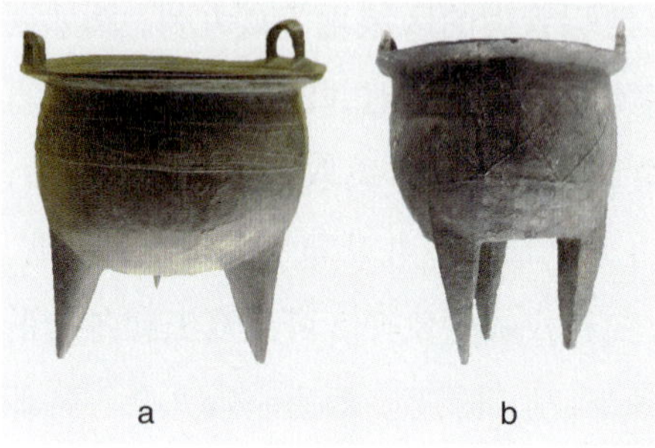

a　　b

4.41

4.42

◉ 图 4.41　约公元前 1 800 年河南偃师二里头夏代大铜鼎：a.［沪］；b.［洛］

◉ 图 4.42　中国夏代遗迹：a. 山西省夏代遗存分布图［晋］；b. 湖南长沙岳麓山禹碑

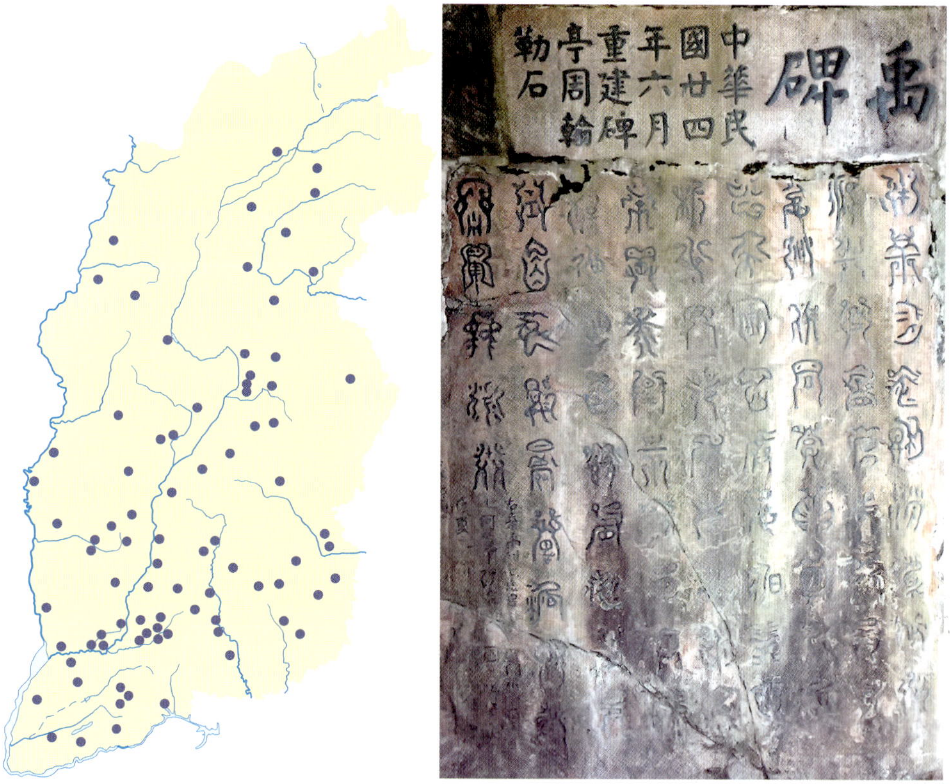

a　　b

4.5 战争与铜质兵器

旧石器时期人类奋斗的首要目标是在严酷的自然界里生存下来。进入新石器时期后，人类则为能够以富足温饱的形式生存和繁衍而奋斗。在形成聚落、聚落群、部落等不断扩大的定居生活后，不同聚落群之间的接触和交往越来越密切，其间难免会出现一些矛盾或争斗。在以富足温饱为主要目标、没有更多贪欲的生存理念下，人类内部各聚落群之间的生活大体是平和的。在获取水源、资源、空间等问题上出现矛盾时，也会出现争斗甚至械斗，结果或是双方达到某种妥协，或是一方将另一方赶走。这种矛盾本质上大多仅限于争取生存权利的被动争斗，获得争斗结果则争斗基本结束。当时并没有专职用于争斗的人员，因此也没有特制的械斗器具。发生激烈争斗时所使用的装备无非是即时可以拿到的农具、工具，乃至狩猎武器等。尤其在新石器时期初期，聚落群的规模比较小，因此争斗的规模和持续时间也会非常有限。

然而，随着材料技术的进步和生产力的提高，人类在基本实现温饱的基础上还能够在生活资料和各种劳动成果方面有所积累。这种积累的非均匀分配以及所造成生活水准的差异会逐渐培养出人类额外的贪欲。争斗之后取得胜利的聚落群或部落不仅可以将敌对方驱赶走，甚至可以直接获得敌对方积累的财富，从而大大改善自己的生活水平。由此，争斗的目标逐渐向获取敌对方财富的方面扩展；甚至在战胜敌对方后，并不将其驱赶，而是令其臣服并定期交付自己的劳动成果，以致战胜方可以不劳而获。臣服族群的增多也会扩大获胜集团的实力，以便组织更大规模的争斗战，且明显提高争斗的胜算。这种随着生产力的提高而出现的新的获利形式，造成了希望不劳而获的人群向职业争斗力量的发展；于是出现了职业士兵和军队，并对争斗的器械和相应材料技术提出了特殊的高要求。由此，衍生出了以获取他人财富为目的的战争，以及专门用于非生产目的的兵器。**兵器**是铜器时代首先出现且专门用于人与人之间争斗的战争器具或装置。

以约公元前 3 000 年至公元前 2 000 年期间中华文明初期为例，这一段千年的历史同时也是一部战争与融合的历史。此时无论是企图获取利益或保护自身既得利益，战争往往是被人们主动挑起的；所有部族都要为战争做好准备，并不得不面对和投入残酷的战争或臣服。公元前 3 000 年前，在中华民族先民生存的土地上到处都是各种氏族或部落组成的较大聚落群，可谓万国并存。通过长年持续不断的兼并和战争，逐渐形成了若干规模巨大的部落联盟集团，这些部落联盟集团的首领包括黄帝、炎帝、古蜀国国君、蚩尤等。大的部落联盟集团通过不断扩大自己的管辖范围，逼迫周围弱小的聚落集团就范。黄帝和炎帝均源自陕西，黄帝集团的领域偏北，炎帝集团的领域偏南。部落集团之间的兼并战争使他们不断向东扩展进入中原地区。黄帝主要在黄河以北发展；炎帝则在黄河以南拓展，并在向山东推进的过程中遭遇了蚩尤集团的阻碍，部落集团之间爆发了战争。蚩尤集团以优势的兵力和先进的武器打败了炎帝集团之后，炎帝退出山东；随后黄帝集团的联合军队与蚩尤集团又发生了持续很多年的争夺战争，胜负参半。蚩尤集团当时掌握了先进的冶铜技术，并大量使用铜质兵器和铜甲，可见当时的战况应非常惨烈。最后，在河北冀中地区爆发了“逐鹿决战”，同样掌握铜质装备和先进技术的黄帝率军取得了决定性的胜利，杀了蚩尤，进而掌控了中原大部分地区。随后黄帝集团和炎帝集团又出现了对峙和“阪泉之战”。黄帝组织其集团内许多不同的依附部落投入了持续的战争，经过三次大的战役，黄帝凭借优势的军事力量最终战胜了炎帝；炎帝势力退到长江流域，而中原地区和北方广大地区基本为黄帝及其所领导的政权所控制，如此也奠定了黄帝作为天下共主和人文始祖的历史地位。黄帝之后还有颛顼与共工二者之间的战争，尧、舜、禹之间统治权的禅让等后世延续。“五帝时代”千年的战争史也是铜器制品持续而缓慢的发展史。由于参战各方均掌握了制造铜质兵器的技术、势均力敌，战争不仅持续时间长而且相当残酷；同时，各方都要迅速发展冶铜技术，制造大量兵器以支持战争。战争的决策者通常需要扩大自身可投入战争的力量规模来提高获胜的机会；因此，发动战争前需要尽可能把更多的部落以合作的方式联合到己方阵营。只有对一些拒不服从的小部落，才会采用武力征服的策略。大部落集团间的战争主要保持了大部落集团的形式。至公元前 2 000 多年，中国的主要中心地区已经大体统一在黄帝所建立的政权体系的统治之下。

在新石器时期，人类手中的石质武器主要用于狩猎。其间，人类的狩猎行为与铜器时代人与人之间的战争行为有本质不同，绝大多数被猎捕的对象与人类对抗的唯一手段是尽快逃逸。在人类手执石质武器集体聚集围捕的情况下，即使有些猛兽存在一定对抗和杀伤的能力，但最终结果往往是被扑杀或侥幸逃之夭夭。根据狩猎的需求，狩猎工具的制作会着重于其进攻性和杀伤能力，以尽力阻止被猎捕对象的逃逸；因此，狩猎工具往往做得锋锐且比较粗重，以期一旦击中即可成功，通常也不太关注防卫自身的功能。战争中的拼杀则是人与人之间的博弈。博弈对象取得成功的首要方式是拼杀获胜，而不是逃逸；双方拼杀的直接目的都是尽快杀伤对方。面对体力、智力相近的拼杀对手，任何参加战斗的士兵不仅要设法杀伤对方，还要设法保护自己。由此，原来用于狩猎的工具就改造成了适合于战争的兵器，此时，铜的种种特性和优点就凸显出来了。

相对于捕猎野兽的粗重工具，与人厮杀时特别需要兵器具备轻便、灵活以及杀伤力大和具备防卫功能等特点。以远身作战的长矛为例（图 4.43），虽然仍需要制成铜木复合的武器，但矛头通常不仅做得锋锐，而且会比较扁薄或细瘦，以使兵器具备更高杀伤力的同时变得轻便、灵活。铜的更高强韧性使兵器在发挥杀伤作用的同时很难折弯、脆断，确保格斗时不失效；同时铜的延展性正适合按照需求加工出具有任何薄、瘦形状且轻便而灵活的兵器。良好的延展性还可以把铜制成形状复杂的铜胄（zhòu，头盔）（图 4.44）等防卫性器具，大幅降低被对方杀伤的概率。

铜矛是由新石器时期用于狩猎的石矛演变而来。从磨光石质工具中的石斧也延伸出了专门用于砍杀作战的铜木复合战斧（图 4.45）。随着战争经验的积累，在早期的中国出现了一种专门用于作战的兵器——戈（图 4.46）。戈也是由铜质戈头和木柄组合而成的复合兵器。戈头双面都是锋刃，与木柄垂直组合，像一把横刀，流行于铜器时期中晚期的战争中。用戈可以作横击、砍杀、啄刺、钩杀等多种拼杀动作，与简单的长矛相比，大大增强加了搏杀的随机灵活性。横向的戈头还可以遮挡和阻止对方的刺杀。

铜剑（图 4.47）是一种用于近身搏杀的兵器。铜的延展性可使打制的铜剑具有很长的双刃和锋利的尖端，以便在近身搏斗时剑的大多部位都可以杀伤对方。从磨光石质工具中的石镞也演变出专门用于远程作战的铜镞（图 4.48）。比石镞更加锋锐的铜镞可以直接穿过皮肉而杀伤入骨，也是铜器时期作战广泛使用的兵器。铜器时期还出现了铜质的匕首、短剑、佩剑等多种兵器。

随着不同部落、氏族集团之间持续的兼并、融合，战争的规模不断扩大，取得战争胜利的成本也急剧升高；持续的战争是一个对人力和所积累财富产生巨大、高速消耗的过程。参加战争的任何一方都希望迅速赢得战争，以防因过多损耗而导致衰败，并随后被强邻所征服。大的部落联盟集团在发动大规模战争之前，需先尽可能多地兼并周围弱小部落，以增强自身的作战兵力。同时也需要大量制造铜质兵器，由此极大地推动了冶铜产业的发展以及铜器产能和产量的提高，进而发展了高杀伤力兵器的制造技术。例如，利用把矛和戈合并在一起制成兼有矛与戈所有作战效能的新兵器：**戟**（图 4.49）。在战争频发的年代，铜质兵器的制造量非常巨大，从战国时期的燕下都就挖掘出了大量铜戈；在秦始皇兵马俑坑中，竟出土了 4 万多件铜质兵器（图 4.50），其中一些铜剑的表面

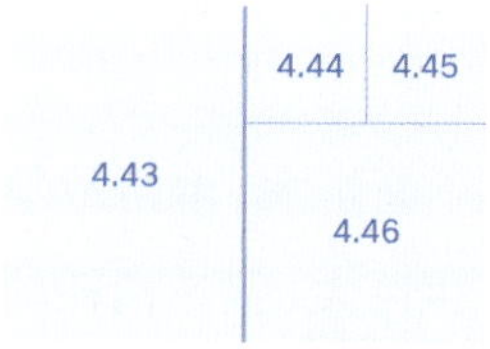

◉ **图 4.43** 铜器时期各地的各种铜矛：a. 约公元前 2 550 年希腊［希］；b. 约公元前 2 500 年印度河流域；c. 约公元前 2 000 年青海西宁市沈娜［青］；d. 约公元前 1 900 年黎巴嫩比布鲁斯；e. 约公元前 1 650 年希腊塞萨利铜矛［希］；f. 约公元前 1 600 年希腊迈锡尼［希］；g. 约公元前 1 500 年希腊拉哥尼亚［希］；h. 约公元前 1 500 年前湖北武汉黄陂盘龙城楼子湾 3 号墓［鄂］；i. 约公元前 1 500 年德国别灵根［弗］；j. 约公元前 1 450 年希腊丹德拉［希］；k. 约公元前 1 300 年山西［晋］；l. 约公元前 1 300 年山东青州苏埠屯［鲁］；m. 约公元前 1 200 年陕西固城县苏村［陕］；n. 约公元前 1 200 年青海湟源县大华中庄［青］；o. 约公元前 1 200 年河北定州北庄子［冀］；p. 约公元前 1 000 年四川成都［金］；q. 约公元前 900 年江苏仪征市破山口［苏］；r. 约公元前 900 年河南洛阳北窑［洛］；s. 约公元前 900 年福建浦城管九村土墩［闽］

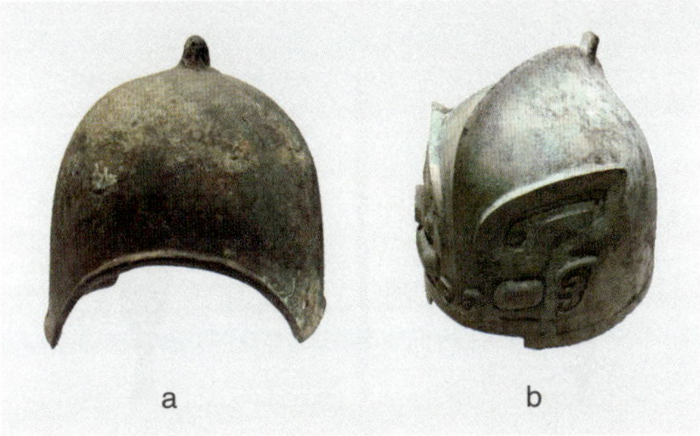

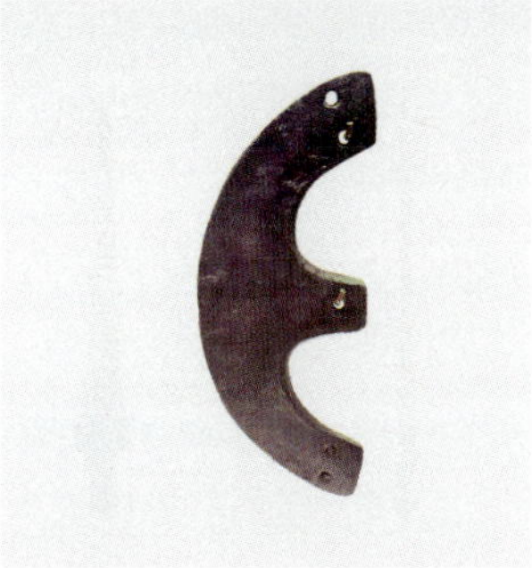

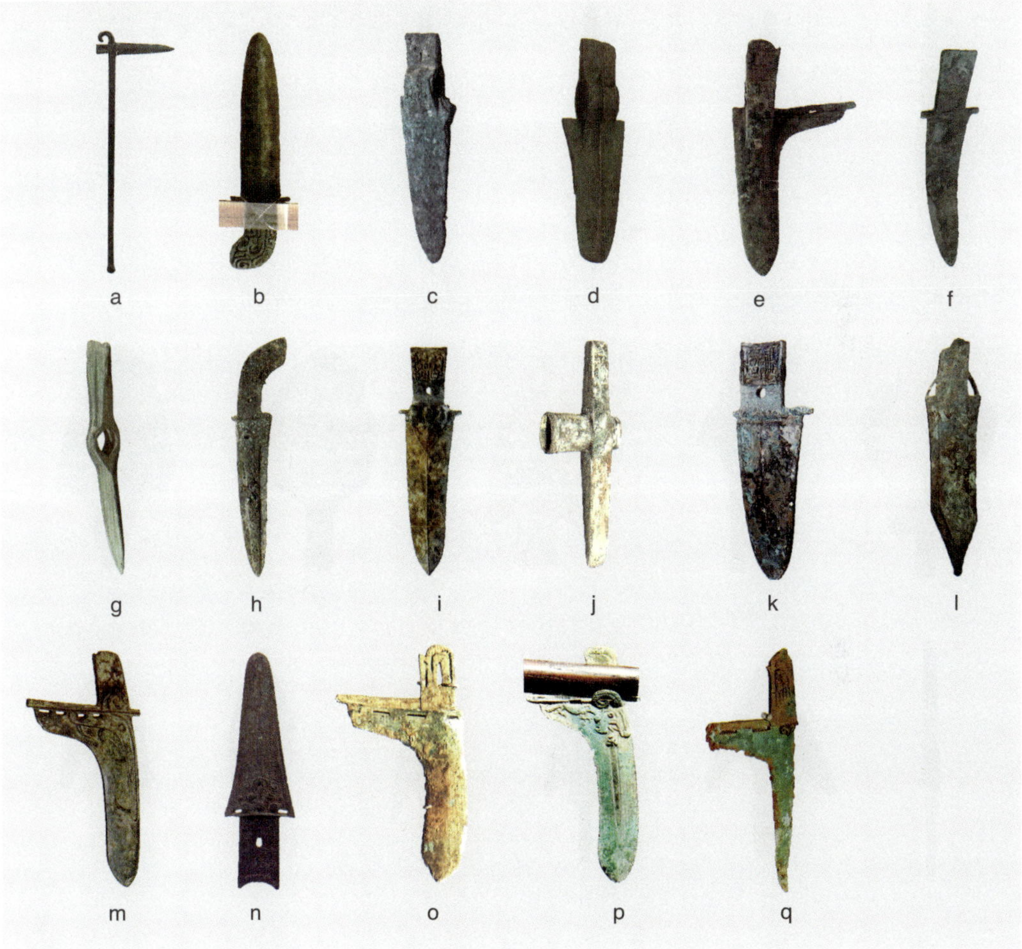

◉ **图 4.44** 铜器时期的铜胄：a. 约公元前 1 300 年山西太原［晋］；b. 约公元前 1 300 年江西新干大洋洲［赣］

◉ **图 4.45** 约公元前 1 840 年埃及铜战斧［希］

◉ **图 4.46** 铜器时期中国各地的各种铜戈：a. 约公元前 1 800 年辽宁北锦州水手营子［辽］；b. 约公元前 1 500 年湖北武汉黄陂盘龙城附近墓地［鄂］；c. 约公元前 1 300 年浙江［浙］；d. 约公元前 1 300 年山西石楼县义碟村［晋］；e. 约公元前 1 300 年山东济南小屯［鲁］；f. 约公元前 1 300 年内蒙古鄂尔多斯伊金霍洛旗［蒙］；g. 约公元前 1 300 年辽宁绥中冯家村［辽］；h. 约公元前 1 300 年河南安阳殷墟［国］；i. 约公元前 1 200 年上海［沪］；j. 约公元前 1 200 年青海化隆县索拉台［青］；k. 约公元前 1 200 年河北藁城［冀］；l. 约公元前 1 100 年云南昆明王家墩［云］；m. 约公元前 1 100 年陕西径阳县高家堡［陕］；n. 约公元前 900 年四川彭州市竹瓦街［川］；o. 约公元前 900 年江苏仪征市破山口［苏］；p. 约公元前 900 年甘肃灵台白草坡［甘］；q. 约公元前 900 年福建浦城管九村土墩［闽］

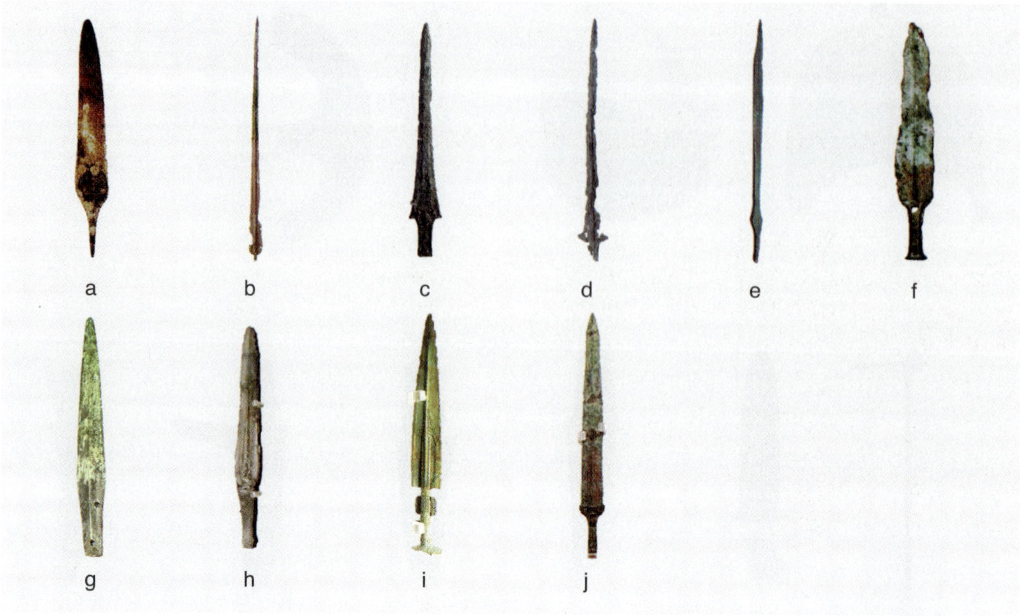

a b c d e f
g h i j

a b c d e
f g h i j k

发现了经过铬盐处理而形成的十几微米厚的保护层。铬盐处理能防止铜器氧化，这使得这些铜剑出土时仍然光亮锋利（图 4.51）。2 000 年之后的 20 世纪，在欧洲和美洲才出现类似的铬盐处理技术。由此可见，大规模战争也极大地推动了制铜技术的推广和提高。

a

b

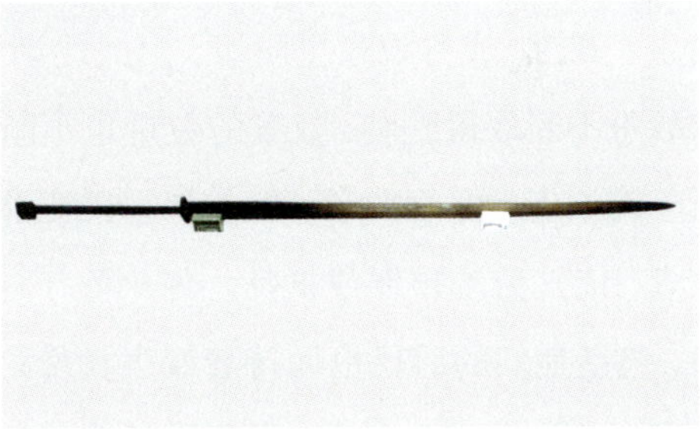

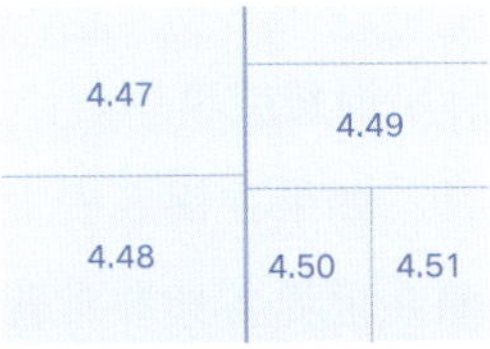

◉ **图 4.47** 铜器时期各地的各种铜剑：a. 约公元前 2 500 年印度河流域；b. 约公元前 1 650 年希腊迈锡尼［希］；c. 约公元前 1 600 年希腊迈锡尼［希］；d. 约公元前 1 350 年希腊［廊］；e. 约公元前 1 150 年希腊迈锡尼［肯］；f. 约公元前 1 000 年新疆特克斯县［新］；g. 约公元前 1 000 年四川成都［金］；h. 约公元前 900 年河南洛阳北窑［洛］；i. 约公元前 900 年福建浦城管九村土墩［闽］；j. 约公元前 600 年山东平度［鲁］

◉ **图 4.48** 铜器时期各地的各种铜镞：a. 约公元前 600 年天津津南巨葛庄（铜镞射人人腿骨）［津］；b. 约公元前 2 500 年印度河流域；c. 约公元前 2 000 年青海乐都县柳湾［青］；d. 约公元前 1 800 年前辽宁北票康家屯城址［辽］；e. 约公元前1 700年山西夏县东下冯［晋］；f. 约公元前 1 500 年前湖北武汉黄陂盘龙城［鄂］；g. 约公元前 1 350 年德国禹波奥琛［弗］；h. 约公元前 1 300 年山西石楼县桃花者［晋］；i. 约公元前 1 300 年山东济南小屯［鲁］；j. 约公元前 900 年广西南宁武鸣元龙坡墓葬［南］；k. 约公元前 900 年福建浦城管九村土墩［闽］

◉ **图 4.49** 中国特有的铜质兵器——戟：a. 矛（左）与戈（中）合成在一起可组成多功能的戟（右）；b. 约公元前 300 年河北易县武阳台大批铜戈［冀］

◉ **图 4.50** 约公元前 210 年秦始皇兵马俑坑内大批铜镞［秦］

◉ **图 4.51** 约公元前 210 年秦始皇兵马俑坑内抗氧化铜剑［秦］

4.6 阶级社会的铜器特征

在新石器时期的聚落中生活的人们，虽然有不同的分工，一些人还承担着首领职责，但人与人之间大体上是平等的。进入铜器时代后，随着频繁爆发的战争，部落首领的职责越来越重要；尤其在决策激烈战斗的时刻，只有首领迅速地“独断专行”才有取得胜利的机会。在劳动成果消费有余的情况下，首领更多、更高水平的付出往往会得到更多的回报；由此，部落联盟的领导层渐渐地获得一定的特权，并成为可享用优厚待遇的贵族。在战争初期，尚有机会把被兼并的周围部族成员归属于自己的部落，并获得与原部族成员类似的待遇；如果战胜方是以极大的优势，或经过激烈厮杀后打败敌对部落并俘获大批战败者，就难以再平等对待俘虏。此时，一个人的劳动成果其自身并不能完全消耗掉，因此获取俘虏涉及了经济利益。此种利益驱动使战胜方不再给俘虏任何权利，而是强迫其作无偿劳动。俘虏变成了奴隶或奴隶阶级；战胜者或战胜者中的首领则变成了奴隶主、贵族，或称奴隶主阶级，由此逐渐形成了不同的阶级。随着部落联盟的持续扩张和战争不断取得胜利，奴隶的数量也不断增长。部落联盟中的多数普通成员通常保持着低于统治者的平民身份；但如果平民犯罪或拖欠债务无法偿还，则他们也可能被迫转为奴隶，依其劳动顶罪或抵债。奴隶除了维持最低生存、劳动和作战所需外，没有任何权力，包括他们的后代也保持着奴隶身份；贵族和奴隶主等统治阶层将奴隶劳动积累的财富完全攫取并据为私有，且享受越来越富庶的生活，由此底层贫困及上层奢华的两极分化越来越明显。随着国家的建立和国家机器的强化，这种等级差别逐渐得到了当时制度和法规的确认和保护，进而使人类第一次进入了阶级社会和私有制社会。阶级社会的这些特征也会不同程度地在当时制造铜器的行为里反映出来。

人类掌握了冶铜和制造铜器的技术后，随即开始尝试用铜制作以前用陶制作的一切器具，且几乎全都成功。从希腊考古发掘的成果看，到了铜器时代的中晚期，人们已经可以制造各种外形合理、结构精巧的大型实用铜器（图 4.52）。在物质生活被绰绰有余地满足的同时，统治阶层也越来越多地发展和追求精神方面的生活。在铜器制作上也出现了非实用目的的人物形象（图 4.53），包括周围的人物、宗教形象、极为精美的王国君主头像等。这些形象显然与奴隶们的精神需求无关，大多只供统治阶层消费或享用。

在铜器时代，锅、釜是人们用以放在灶台上用火煮饭的必要用具。如果在锅底安上支撑腿，即制成铜鼎（图 4.54），可以直接在底部烧火做饭；因此铜鼎在世界各地非常普

4.52

4.53

◉ **图 4.52** 古希腊时期的各种铜质容器［希］: a. 约公元前 1 450 年丹德拉迈锡尼铜盆; b. 约公元前 1 450 年丹德拉迈锡尼铜罐; c. 约公元前 1 350 年迈锡尼铜罐;d. 约公元前 1 350 年迈锡尼大铜碗; e. 约公元前 1 200 年希腊大铜釜

◉ **图 4.53** 铜器时期各种铜像: a. 约公元前 1 700 年巴比伦时期西亚汉谟拉比王朝镀金铜像; b. 约公元前 1 300 年江西新干大洋洲铜神像［赣］; c. 约公元前 1 200 年四川广元三星堆铜神面具［国］; d. 约公元前 700 年西亚两河流域阿卡德王朝萨尔贡铜像

及。对比铜器时代各种铜鼎可以发现，希腊迈锡尼时期的铜鼎虽然也可以做得很精美，但大体上仍以实用为主；中国同时期制作的铜鼎的特征首先在于比较厚重，尤其制作工艺非常精细，附着了丰富的图案，且铜鼎的造型和支撑腿的设计都显示了非常高的艺术价值。当时中国青铜铸造技术确实领先世界，从湖南宁乡月山铺出土的约公元前 1 200 年四羊方尊（图 4.55a）可以看到，当时铸铜技术已能够满足社会上层极为复杂、精美、且超高艺术水准的铸造需求；1939 年在河南安阳武官村还出土了约公元前 1 200 年的后母戊方鼎（图 4.55b），高 113 厘米、口长 112 厘米、口宽 79.2 厘米，重 800 余千克。商王因祭祀母亲而制作的后母戊鼎经历了第二次世界大战的磨难保留下来，是现存最大的中国商代青铜礼器。如此巨大的铜器说明，当时不仅制造铜范的技艺高超，而且已经具有非常大的冶铜设备，而且可以许多冶铜设备同时开动，互相调度协调以便按时间顺序炼成铜液，连续完成浇铸。可见当时的冶铜、制铜技术已经非常了得。中国在公元前 1 700 至前 1 000 年之间进入了青铜铸造的全盛期。

在制造精美铜器的同时，中国对冶铜和制铜技术的认知和相关理论也渐成体系。战国后期（公元前 3 世纪）的《考工记》，记载了铸造各类青铜器所用合金成分，这可能是世界上已知最早的关于合金成分规律的记载。根据《考工记》记载："金有六齐。六分其金而锡居一，谓之锺鼎之齐；五分其金而锡居一，谓之斧斤之齐；四分其金而锡居一，谓之戈戟之齐；参分其金而锡居一，谓之大刃之齐；五分其金而锡居二，谓之削、杀矢之齐；金、锡半，谓之鉴燧之齐。"这里把铜器称为金，文中表达的大致意思为：当控制所制作铜器中铜含量与锡含量比值分别为 6 : 1、5 : 1、4 : 1、3 : 1、5 : 2、1 : 1 时，分别适合用以制作礼器、工具、各种兵器、炊具等不同用途的器具。显然，铜与锡比值的变化会造成铜器性能和适用范围的变化。《吕氏春秋· 别类篇》（约公元前 240 年）记载："金柔锡柔，合两柔则刚"，这是世界上较早的有关铜、锡熔合使合金强化的叙述。《荀子》中指出：铸造青铜时"形范正，金锡美，工冶巧，火齐得"，即要求铸范精确、原料纯洁、工艺细致、温度与成分适当，也是较早的有关铸造工艺的记载。

当时中国铜器制造明显地倾向于追求，且尽力满足恢宏、精美、艺术价值和精神寄托等方面的需求，显示出相关铜器已经逐渐乃至完全脱离了实用与生产、生活的初衷，而在追崇非物质的精神世界。这显然主要也不是为奴隶阶层服务的。在制造实用铜器之外，当时的统治阶层组织制造了大量的各类青铜礼器和奢靡的生活用具，以满足其穷奢极欲的需求；且在死后还要动员大量的冶铜制铜资源，大规模地制作极为奢华的青铜随

4.54

4.55

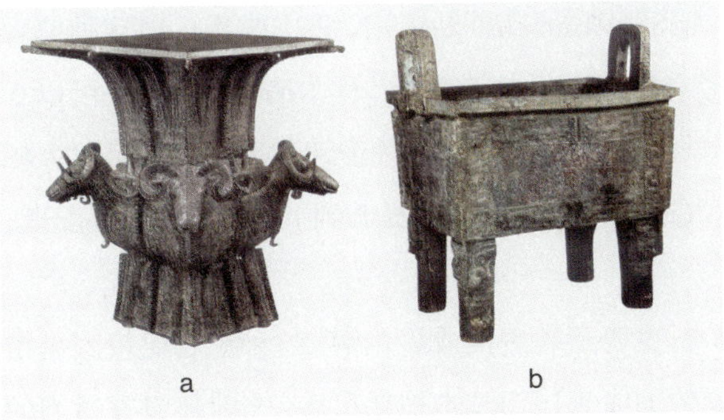

◉ **图 4.54** 铜器时期各地各种铜鼎相比较：a. 约公元前 1 550 年迈锡尼墓；b. 约公元前 1 500 年上海博物馆存［沪］；c. 约公元前 1 500 年湖北盘龙城杨家湾 11 号墓［鄂］；d. 约公元前 1 350 年迈锡尼［希］；e. 约公元前 1 300 年辽宁喀左小波汰沟［辽］；f. 约公元前 1 200 年希腊［希］；g. 约公元前 1 200 年陕西扶风县任家村［陕］；h. 约公元前 1 100 年湖南宁乡黄材［湘］；i. 约公元前 1 000 年陕西扶风县法门寺任村［沪］

◉ **图 4.55** 约公元前 1 200 年中国铜器时期顶峰时期的代表性铜器：a. 湖南宁乡月山铺四羊方尊；b. 约公元前 1 200 年河南安阳武官后母戊方鼎

葬礼器，乃至大量的各种铜质兵器。

贵族和统治阶层在追求精致、细腻生活的过程中设想、设计，并组织制造了许多专门供有限的上层社会使用、形状各异，同时可以满足精神享受或礼仪需求的铜质器具，并给这些器具以专门的名称（图 4.56）。例如：簋［guǐ］是盛放煮熟饭食的器皿；**觚**［gū］是用于饮酒的圈足、敞口容器；**铙**［náo］是一种扁圆形打击乐器；**尊**［zūn］是圈足、带腹、长颈、大敞口的盛酒器；**鬲**［lì］是一种口沿外翻带三个空心支撑腿的煮饭炊具；**觯**［zhì］是饮酒用小尺寸的尊；**彝**［yí］是祭祀用的大型盛酒器具；**甗**［yǎn］是带箅屉的蒸食用具；**罍**［léi］属于小口、宽肩、收腹、圈足、有盖的盛酒器；**觥**［gōng］是带盖的盛酒器；**瓿**［bù］是盛酒或水的小瓮；**卣**［yǒu］是有盖和提梁的装酒器皿，等等，不一而足。这些器具通常并不是给社会大众使用的。随后，这些器具制作得越来越精美，也渐渐变成了用于礼仪的礼器、祭器、随葬品等，失去了原有的实用价值。曾国是战国时期面积不很大且不著名的侯国。公元前约 430 多年，其国君曾侯乙去世，在墓中放置了大量的随葬品（图 4.57）。1978 年，在湖北随州擂鼓墩曾侯乙墓出土的大量文物中包含了由 65 个大小青铜铸造的曾侯乙编钟，总重达 2 567 千克；另外，其放置建鼓的铜座和放置酒尊的铜盘都制作得极为精美，显示了墓主人生前钟鼓馔玉、富贵豪华的生活。统治阶层对奢华生活的追求也极大地推进了中国古代文化艺术、科学技术以及文明的发展，但只有少数人能够享受当时高度的文明生活。

大规模铜器制造业的发展也促进了冶铜技术的不断提升和改进。早期采用的陶坩埚冶铜的产量和效率都很低。如果在坩埚底部开口，使空气顺畅流通，可明显提高升温速度和加热效率；同时还可以引导炼成的铜液从底部孔不断流出，集中收集。以这种原理就可以把可移动的坩埚改造成固定而竖立的冶铜设备或炉子，称为**冶铜竖炉**，并可以在炉顶按一定速度持续加入铜矿石以及木材、木炭等燃料。这种连续式冶铜技术可以大幅度提高铜的产量和生产效率。顺畅的空气通道使冶铜温度可提升到 1 200 ℃或更高温度，明显增强了加热效率。

欧洲早期的冶铜技术所使用的铜矿石主要是碳酸铜或氧化铜，这种矿石比较容易借助加热过程冶炼成铜。在欧洲地表的碳酸铜或氧化铜基本被耗尽后，当时还没有适当的高温技术及把硫化铜矿石冶炼成铜的相关技术；因而约公元前 3 500 年之后，欧洲冶铜活动进入了低迷和停滞状态。随后欧洲冶铜业虽有所复苏，但在古罗马出现之前，欧洲铜的产量始终保持较低的水平。据不完整估算，公元前 2 000 年至公元前 700 年的 1 300

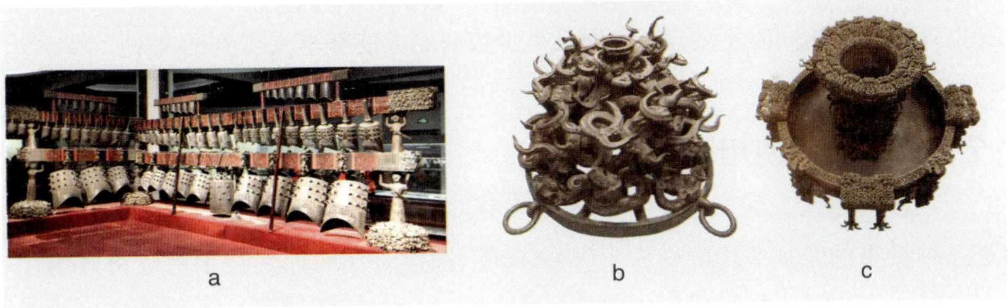

4.56

4.57

◉ **图 4.56** 铜器时期中国贵族和统治阶层使用的铜器：a. 约公元前 1 500 年前湖北盘龙城李家嘴墓铜簋［鄂］；b. 约公元前 1 400 年商代铜觚［沪］；c. 约公元前 1 300 年安徽庐江泥河铜铙［皖］；d. 约公元前 1 300 年安徽阜南朱寨月牙河铜尊［皖］；e. 约公元前 1 300 年安徽阜南朱寨月牙河铜鬲［皖］；f. 约公元前 1 200 年商代铜觯［沪］；g. 约公元前 1 200 年商代铜彝［沪］;h. 铜甗 ;i. 铜罍 ;j. 铜觥 ;k. 铜瓿 ;l. 湖南宁乡黄材铜卣［湘］

◉ **图 4.57** 约公元前 400 年湖北随州擂鼓墩曾侯乙墓铜器［鄂］：a. 总重达 2 567 千克的编钟；b. 建鼓铜座；c. 铜尊盘

年期间，包括西亚和北非的东地中海盆地、小亚细亚（美索不达米亚）以及奥地利、西班牙、爱尔兰等欧洲广大地区在内，铜的年平均总生产量仅约为400吨。

在奴隶制社会，奴隶们在维持最低生活水平的情况下要从事繁重的劳动和危险的战争，甚至被送去殉葬。尽管他们创造了大量的财富，却被上层社会所鄙视。对于统治阶层来说，大量奴隶创造的财富已足够他们享用，因而他们首先考虑的事情包括两个方面，一是如何侵占他国利益或如何不被他国侵害；另一是如何进一步享受奢华生活。对于如何改善劳动者的劳动强度或如何提高其劳动效率，则不是掌握冶铜、制铜决策权的统治阶层首先要关心的内容。在铜器制造上则表现为，大量地制造兵器以及豪华生活所需的铜器。这两种类型的铜器大量地被发现于考古挖掘，但却较少能发现直接推动经济发展而用于劳动的农具、渔具、工具等。可能有多种原因使这些铜器较少留存，包括贵族墓葬多不存放这些非贵族用品；这些劳作工具往往在失效后多被重新熔化再利用或废弃锈蚀殆尽；这些铜器因缺少显示文化底蕴的价值而不被相关学者和收藏家所重视，以致各地博物馆能够展示的往往大多是贵族的奢华铜器等。但考古挖掘已经证实，中国青铜器时代鼎盛时期，仍然还在大量使用磨光甚至磨制的石质农具和工具。统治者在大量耗费铜材创造奢华铜器且制作技术极其精巧、细致的同时，却放任劳动者使用笨重的石器，这不能不归结为阶级社会的制度和理念使然。这种不合理的制度极大地局限了劳动者的积极性，因此也无法长久维持，必然会被更先进的社会制度所取代。当我们探讨商周时期灿烂辉煌青铜文明的同时不要忘记，那只是少数商周人能够享受得到的文明。

4.7　金与银的使用

金是一种贵重的金属，其熔点为1 064.43 ℃，铜器时代的加热技术可以将其熔化。金的密度为每立方厘米19.32克，是铜的两倍多，放在手里沉甸甸的，有很强的质量感。金是一种惰性金属，不容易氧化，在自然界里能以纯金的形式存在，即为**自然金**（图4.58）。金的韧性和延展性好，有良好导电、导热性；纯金具有艳丽的黄色，非常适合用作饰品和礼仪用品。金也往往用来展示权力、权威、富贵、贵族身份、民族图腾等。

人类在新石器时期的初期可能就已经接触到了自然金，并有所应用。到了铜器时代，当人们娴熟地掌握了高温熔化铜的技术及利用延展性把铜捶打加工成特定形状的技术后，对金的熔化、加工就完全不是问题了，金的使用也越来越广泛；因为金的熔点与延展性与铜非常接近，而且对金往往不需要冶炼加工。铜器时期初期，约公元前 4 000 年希腊地区的居民已经能够把金加工成复杂的形状、极薄的金箔、各种饰品等。随后在埃及、欧洲及世界各地都出现了各种形式的纯金制品或含金制品（图 4.59）。

目前，在中国发现的最早金制品是甘肃玉门火烧沟约公元前 2 000 年夏代古墓中出土的金耳环，但铸造得比较粗糙。到了铜器时代晚期，全国各地对金的使用越来越广泛（图 4.60）。出现商品经济后，金因其特殊的物理与化学特性也被广泛地用作货币。在安徽寿县发现了约公元前 300 年中国最早的金货币，即用“卢”地的金子在“郢”（yǐng）这个地方作为称量的标准，成为“卢金郢爯”（图 4.61），爯（chēng）即称量的意思。

银和黄金类似，是一种贵重的金属。银的熔点为 961.78 ℃，具有良好的延展性和可加工性。银的密度为每立方厘米 10.49 克，也比铜的密度高。银有极佳的导电和导热性；

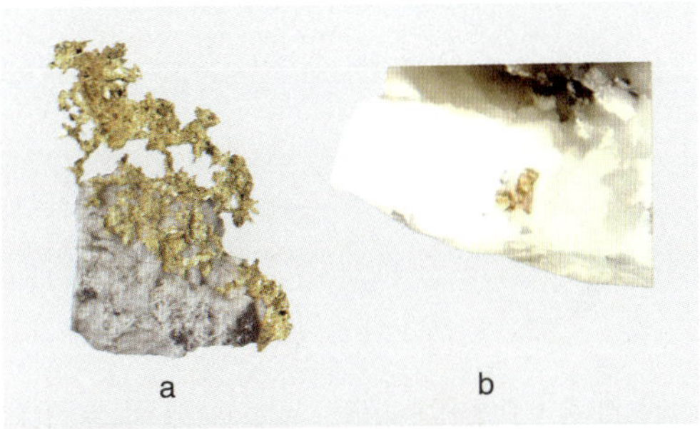

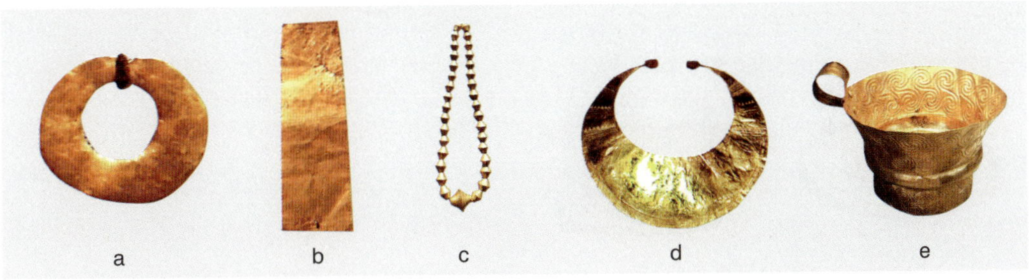

4.58

4.59

◉ **图 4.58** 自然金：a. 美国［地］；b. 云南［云］

◉ **图 4.59** 铜器时期欧洲的金制品：a. 约公元前 4 000 年希腊锻打金吊坠［希］；b. 金箔；c. 约公元前 2 500 年希腊墓葬中的金项链［希］；d. 约公元前 2 200 年爱尔兰凯里郡曼杰顿金饰品［英］；e. 约公元前 1 600 年希腊墓葬中的金杯［希］

纯银具有艳丽的银白色，也适合用作饰品和礼仪用品。银也属于比较惰性的金属，氧化很慢，因此在自然界里可以找到纯银，称为**自然银**（图 4.62）。

进入铜器时代以来，人们开始对银有所认识，并可以把收集到的银熔化成块，打制成银质饰品、容器、用具、餐具等使用（图 4.63）。早年的王宫、贵族、皇室、军官经常会用银制成餐具使用。银在水中会分解出能吸附水中微生物的微量银离子，使微生物无法喘息而死亡；可见银有重要的杀菌作用，在饮食卫生条件较差的环境用银餐具，有利保证健康饮食。但银也会杀死有益的微生物，因而后来不再被制作成餐具而普遍使用。

中国使用银器的历史比较短，自春秋战国以后才逐渐广泛使用。在中国及世界各国的历史上，银都被广泛地制成各种货币用于商品交换。

在自然界中以纯金属的形式存在的金银往往分布比较分散。通常需要经过较复杂的筛选、淘纯过程，以获得较集中的金银颗粒。然后熔化成块，并铸造或打制成各种制品。

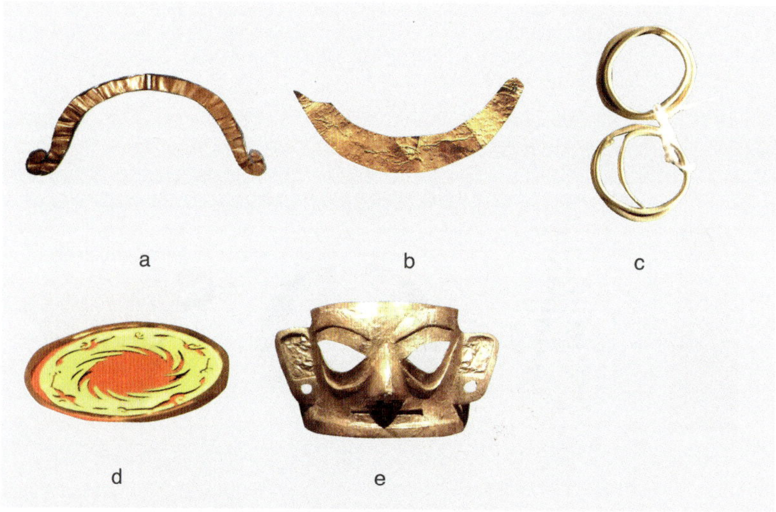

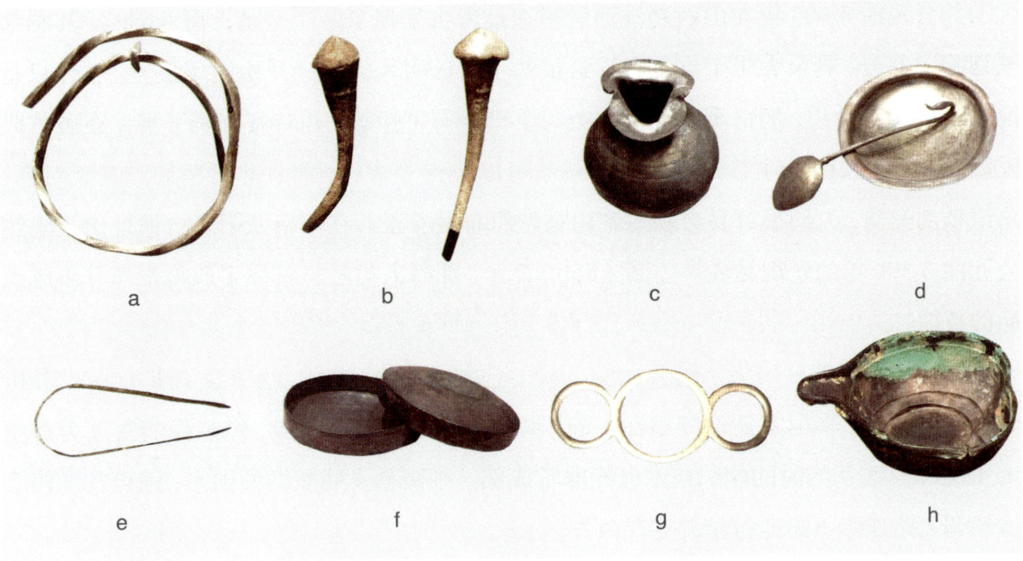

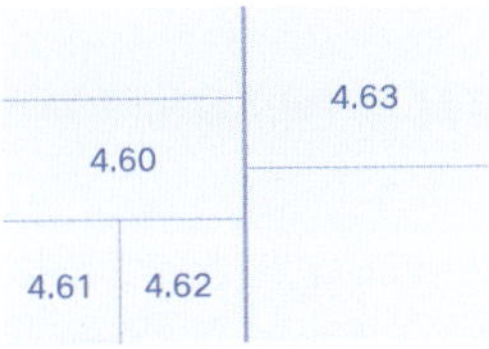

◉ **图 4.60** 铜器时期中国的金制品：a. 约公元前 1 400 年山西保德林遮峪金饰品［晋］；b. 约公元前 1 200 年青海化隆下班主瓦金挂饰［青］；c. 约公元前 1 200 年青海大通上孙家寨金耳饰［青］；d. 约公元前 1 000 年四川成都金饰品［金］；e. 约公元前 1 000 年四川成都金面具［金］

◉ **图 4.61** 约公元前 300 年安徽寿县中国最早金货币卢金郢再［国］

◉ **图 4.62** 云南自然银［云］

◉ **图 4.63** 铜器时期各地的银制品：a. 约公元前 2 500 年希腊墓葬中的银手镯［希］；b. 约公元前 2 500 年希腊墓葬中的银钉［希］；c. 约公元前 500 年希腊墓葬中的银托盘罐［希］；d. 约公元前 500 年希腊墓葬中的银盘勺［希］；e. 约公元前 300 年希腊埃维厄岛银镊子［希］；f. 约公元前 350 年山东临淄勇士区银盒［鲁］；g. 约公元前 310 年河北平山中七汲中山国银环［冀］；h. 约公元前 300 年河南洛阳中国早期银器银匜［国］

4.8 丝绸的发明与纺织业

在新石器时期，人类已经能够大量种植麻、葛类植物获得植物纤维，并捻线制成麻布。到了铜器时代，在原有用植物纤维编织技能的基础上，人们仍普遍地用麻布缝制成衣服遮体，尤其是奴隶和平民（图 4.64）；但人们一直没有停止用新材料缝制遮身服饰的探索。

约公元前 4 000 年在山西夏县西阴村遗址考古发现了一个蚕茧（图 4.65a），其端部被切除一部分，剩余大半个蚕茧壳。这虽然不能证明人类已经开始使用蚕丝，也许只是取出茧中的蚕食用，但这至少说明人类与蚕已经有了接触，并对其有所了解。在破茧取蚕的过程中，人们会注意到构成茧的蚕丝可以拉得非常长，而且非常坚韧。基于对麻、葛织物的经验，人们很容易会联想到用蚕丝织布做衣服。在河南荥阳青台遗址出了土约公元前 3 500 年的丝织品残片（图 4.65b）显示，那时人类已经掌握了取得蚕丝并织成织品的技能。

在浙江吴兴遗址出土了约公元前 2 100 年的蚕丝线、绸片、丝带等（图 4.66）。分析显示，丝线是十多根家蚕丝绞捻在一起；绸片是由丝线纵横织成，经纬线的密度为每厘米 48 根，这表明当时的丝织技术已经非常成熟。中国是发明丝绸的国家，随后在汉代经过丝绸之路连绵不断地将丝绸输往西方。

丝绸纺织业需要养蚕、抽丝、捻线、织布等多个过程。在中国夏代，奴隶就已经开始从事养蚕、采集桑叶的劳动，各州也需要在向中央政权纳贡的物品中包括丝、绸。在商

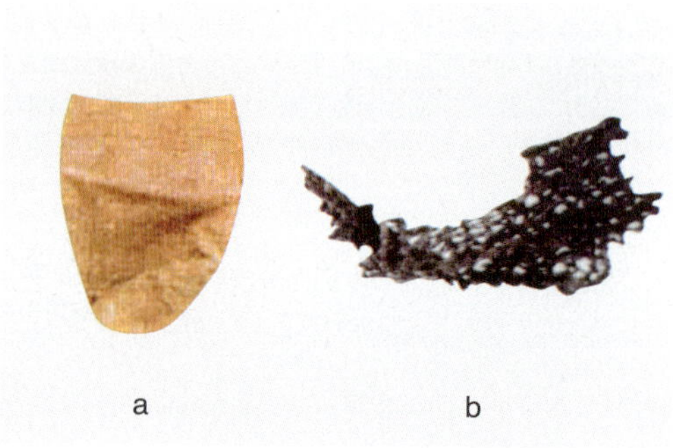

◉ 图 4.64 铜器时期的编制物：a. 约公元前 1 800 年新疆若羌小河墓地草编篓［新］；b. 约公元前 2 100 年浙江湖山钱山漾麻布［浙］

图 4.65 铜器时期的丝织痕迹：a. 台北故宫博物院藏约公元前 4 000 年山西夏县西阴村大半个蚕茧；b. 约公元前 3 500 年河南荥阳青台遗址出土丝织品残片

图 4.66 约公元前 2 100 年浙江湖山钱山漾丝织遗物［浙］：a. 丝线；b. 丝带

代种植桑树被看作与粮食生产同样重要，在织造绸布方面发明了织布机（图 4.67a），丝绸缝制的一件王宫妇女的整身衣服可以轻到只有 49 克（图 4.67b）。铜器时代的丝绸主要供奴隶主和贵族使用。奴隶和平民只能穿着麻布或葛布的衣服。

棉也是铜器时期发展并广泛使用的植物纤维纺织材料。考古研究发现了很早人类使用棉的遗迹。例如在墨西哥公元前 5 000 年一个洞穴的土罐中，发现了含有棉花的布料碎片；约公元前 3 000 年在南美、印度、埃及等地都已经有棉花的人工种植。约公元前 800 年棉花的种植开始传入中国，约公元前 300 年在中国的《尚书》中出现了对棉花的记载。棉花传入中国的地点为新疆、广东、云南等边疆地区。刚传入不久的早期，中国的棉花比较珍贵，只有皇帝才能穿戴棉制品。随后则变得越来越普及。同时发展的还有毛制品，即把野生动物或饲养动物的毛捻成线，再制成织物。毛织物比较厚实，宜用于制作抗寒服饰（图 4.68）。

4.64	4.65	4.67
4.66		4.68

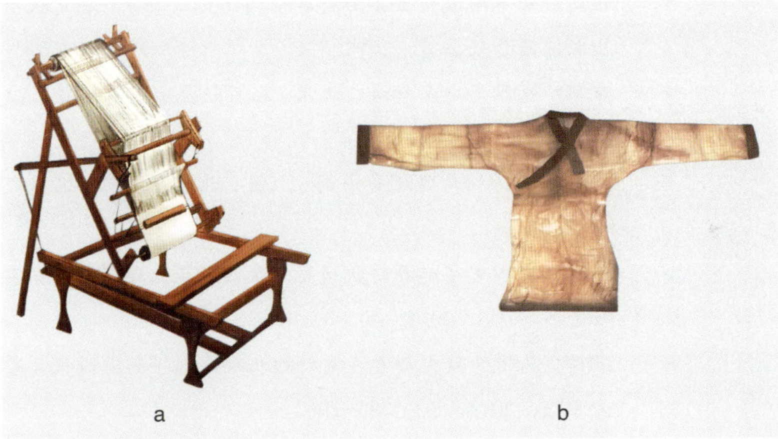

◉ **图 4.67** 铜器时期结束后的纺织技术：a. 约公元前 500 年江西贵溪鱼塘仙水岩崖墓斜织机复原图［赣］；b. 约公元前 180 年湖南长沙马王堆汉墓 49 克素纱单衣［湘］

◉ **图 4.68** 铜器时期毛织的应用：a. 约公元前 1 800 年新疆若羌小河墓地毛线编织帽［新］；b. 约公元前 800 年青海都兰诺木洪遗址毛织物［青］

进一步阅读

- 拱玉书．日出东方——苏美尔文明探秘．昆明：云南人民出版社，2001.
- 拉斯伯恩 D. 古代文明大百科．王晋，侯佳，译．北京：电子工业出版社，2016.
- 房龙．人类的故事．刘梅，译．北京：中国友谊出版公司，2015.
- 周启迪．世界上古史．4 版．北京：北京师范大学出版社，2016.
- 勃里恩．帝国衰亡史．邵志军，译．北京：现代出版社，2013.
- 巴特利 S. 符号中的历史．范明瑛，王敏雯，译．北京：北京联合出版有限责任公司，2016.
- 刘家和，王敦书．世界史古代史篇：上卷．北京：高等教育出版社，2011.
- 文娟．世界考古未解之谜．北京：中国华侨出版社，2014.
- 张琦．一本书读懂世界历史和中国历史．北京：北京联合出版有限责任公司，2016.
- 宛华．世界历史全知道．北京：北京联合出版有限责任公司，2015.
- 丁舟．言必称希腊还是中国：上册．北京：北京日报出版社，2015.
- 王晖．中国文字起源时代研究．陕西师范大学学报（哲学社会科学版），2011，40（3）：5–23.
- 王晖．从甲骨金文与考古资料的比较看汉字起源时代．考古学报，2013,（3）：283–296.
- 郭泳．夏史．上海：上海人民出版社，2015.
- 孙醒．试探武王伐纣的目的与性质．史学月刊，1987（2）：6–11.
- Rathbone D. The grammar of the ancient world. Lewes: The IVY Press, 2009.
- 上海博物馆．博物馆与古希腊文明．北京：北京大学出版社，2016.
- Neils J. The British Museum concise introduction: Ancient

Greece. London: The British Museum Press, 2008.

- Van Loon H W. The story of mankind. Radford: Wilder Publications, 2008.
- Murray O. Early Greece. 2nd ed. Nashville: Harper Collins Publishers, 1993.
- 韦尔斯 H G. 文明的故事 . 高尧，译 . 西安：陕西师范大学出版社，2009.
- 刘开古 . 浅说阿拉伯语的起源 . 阿拉伯世界，1987（4）：9–14.
- 陆培勇 . 古叙利亚语及其与阿拉伯 – 伊斯兰文明的关系 . 阿拉伯世界，1998（2）：148–150.
- 王成龙 . 阿拉伯文字体的起源 . 阿拉伯世界，1986（1）：136–138.
- 刘开古 . 阿拉伯语发展史 . 上海：上海外语教育出版社，1995.
- 韩汝玢，柯俊 . 中国科学技术史：矿业卷 . 北京：科学出版社，2006.
- 赵匡华，周嘉华 . 中国科学技术史：化学卷 . 北京：科学出版社，1998.
- 华觉明 . 中国古代金属技术 . 郑州：大象出版社，1999.
- 中国国家博物馆 . 中华文明 . 北京：中国社会科学出版社，2010.
- 金正耀 . 二里头青铜器的自然科学研究与夏文明探索 . 文物，2000（1）：56–64，69.
- 刘学堂，李文瑛 . 史前“青铜之路”与中原文明 . 新疆师范大学学报（哲学社会科学版），2014，35（2）：79–88.
- Ling J, Stos–Gale Z, Grandin L, *et al*. Moving metals Ⅱ: Provenancing Secandinavian Bronze Age artefacts by lead isotope and elemental analyses. Journal of Archaeological Science, 2014，41（2）：106–132.
- 许顺湛 . 临汾龙山文化陶寺类型聚落群研究 . 中原文物，2010（3）：34–39.
- 裴安平 . 山西临汾盆地史前聚落群聚形态研究 . 南方文物，

2013（4）：42–51.

- 张学海．聚落群再研究——兼说中国有无酋邦时期．华夏考古，2006（2）：102–112.
- 范荣静，李三谋．青铜农具考释．农业考古，2012（4）：96–103.
- Partworks B. Ancient civilization. Danbury: Grolier Educational, 2000.
- Goodrich J T. The ancient art of trepanation——A Greek Bronze Age “hole in the skull”. World Neurosurgery, 2014, 81(2): 296–297.
- 杨晰智．武梁祠汉画像石“神农执耒图”研究．农业考古，2014（3）：146–149.
- Morr Z E L, Permot M. Middle Bronze Age metallurgy in the Levant evidence from the weapons of Byblos. Journal of Archaeological Science, 2011, 38: 2613–2624.
- 马青云．奇迹背后的故事．北京：世界图书出版公司，2015.
- Hrouda B. Der Alte Orient: Geschichte und Kultur des alten Vorderasien. Münschen: C. Bertelsmann Verlag GmbH, 1991.
- Strommenger E. Fünf Jahrtausende Mesopotamien. Münschen: Hirmer Verlag, 1962.
- 吕章申．中国国家博物馆．北京：长征出版社，2011.
- 许伟．从近 20 年考古报告看商周时期青铜农具之使用．唐山师范学院学报，2011，33（1）：81–83.
- Hong S, Candelone J P, Soutif M, *et al.* A reconstruction of changes in copper production and copper emissions to the atmosphere during the past 7000 years. The Science of the Total Environment, 1996, 188: 183–193.
- 陈文华．关于夏商西周春秋时期的青铜农具问题．农业考古，2002（3）：172–178.
- 王冬华．从古代金银器看丝路与中外文化交往．收藏，2016（15）：67–73.
- 宋笑飞，张敏．豫西地区出土的金银器．收藏界，2011(5):

111–114.

◉ 齐东方．中国早期金银器研究．华夏考古，1999（4）：68–85.

◉ 戴自怡．中华原始服饰与石器时期文化源流考．国际纺织导报，2011（7）：52–58.

◉ 李建华．纵横万里探丝源．蚕桑通报，2016, 47（1）：58–60.

◉ 赵翰生．一段飘逸的历史——漫谈桑蚕丝绸史话．生命世界，2005（2）：42–52.

◉ 赵承泽．中国科学技术史：纺织卷．北京：科学出版社，2002.

◉ 王铭，李岸锦，孙立，等．棉花历史漫谈．山东纺织经济，2017（5）：42–43.

第5章

铁器时代与高度发达的文明

“与铜矿资源并非处处丰沛不同，全球各地均有丰富的铁矿资源。冶铁技术的出现使得更加先进的铁器广泛而迅速地进入人类的生产、生活，并改变了战争的形态。同时，多种新的材料被创造出来。在这一阶段，中华文明所积累的材料技术还包括了瓷器、纸张的制造等；相应的技术水平和和生产能力在全球始终处于领先地位。然而，中国广大的地理范围和传统的治理模式使得统治者往往倾向于限制各地方的铁器生产，由此造成领先的冶铁技术和强大的生产能力无法发挥促进生产的作用，也进而使中国错过了世界工业革命的机遇。”

5.1 陨铁及其早期利用

对于人类历史进程来说，铁是一种极为重要的金属。铁是一种化学特性比较活泼的金属，在含氧大气层以下的地壳内很难以纯金属的形式存在，而只能存在于铁的化合物中。但铁可以在没有氧气的环境中存在，如在地球大气层以外的太空之中。从地球以外穿过地球大气层时未被大气层摩擦烧毁的流星，会坠落到地球表面成为陨石，其中很多的陨石中含有非常多的铁元素；铁含量超过 80% 的陨石即为铁陨石，或称为**陨铁**。全世界各地时常都可以在地表找到大小不同的陨铁。在新疆青河县银牛沟发现了中国境内最大的陨铁（图 5.1），重量超过 30 吨，其含铁量达到 88.7%。另外，这块陨铁中还含有 9.3% 的镍以及其他多种金属，几乎是一块纯金属。

铁的密度比铜低，用铁制作同样的工具会比铜质工具减重约 15%；同时铁质工具明显比铜质工具更加坚韧。铁质兵器不仅比铜质兵器坚韧，而且更加锋利。轻便、坚韧、锋利是铁器与铜器对比所具有的突出优势。然而，纯铁的熔点大约是 1 533 至 1 539 ℃，比纯铜高很多；因此人类很难在掌握冶铜技术之前掌握冶铁技术。其难度的要点之一仍在于，高温技术需达到更高的水平，这与之前同样需要高温的烧陶和冶铜的技术水平密切相关。

铁是延展性良好的金属。在未掌握冶铁技术的情况下，人类可以偶尔捡到陨铁。如果将其像制作铜质工具那样做捶打加工、改变形状，即可制成铁质器具，并很快可以发现其实用性能明显优于同类型的铜器。陨铁制成工具后，会因铁的化学活泼特性而逐渐生锈，因此早期的陨铁制品很难在历史的长河中保留下来。但如果得到良好保护或使其处于氧化不充分的环境条件下，一些早期陨铁制品仍然能够保留到今天。目前，在世界各地都发现有铜器时代末期的少量陨铁制品（图 5.2）。

流星穿越大气层时，经过剧烈的空气摩擦往往都已经被烧毁了。若能够最终落到地面形成陨石或陨铁，其尺寸往往都很小。人类认识到铁的性能优势后，往往会很珍视找到的小块陨铁。在山西灵石县旌介村、河北藁城台西村、北京平谷刘家河村都发现了约公元前 1 400 年制作的陨铁刃铜钺。钺是由斧演变而来的兵器，多用其刃部砍伐。陨铁刃铜钺是一种以铜为主体的钺，只是其刃部是用陨铁做的，因而是一种铜与陨铁的复合工具。在初步捶打加工出钺的主体后，在其前沿切出一个缝隙，把已经打制成细长的陨铁条放入缝中夹紧，再与钺体一起捶打成刃，即成陨铁刃铜钺。刻意把铁放在刃部，说明当时的人们已经熟知铁优于铜的强韧、锋利特性。在河南浚县和三门峡西周墓中，还发现有中国商末至西周时期的陨铁刃铜戈、铜柄陨铁削刀、铜銎（qióng）陨铁锛等。这些铜铁复合工具的设计和制作都体现出了要充分利用铁强韧、锋利的特性，以及当时铁资源匮乏的状况。

铁质工具具有更高的工作效率，铁质兵器具有更高的杀伤效能。铁器的广泛使用必然会极大推动社会发展和文明进步。但自然界捡得陨铁不仅是偶然事件，而且总量极为有限。因此陨铁的使用既不可能广泛，也无法明显促进文明进步。只有人类掌握了人工冶铁技术，并大规模生产铁器，才会迎来铁器时代。

a b

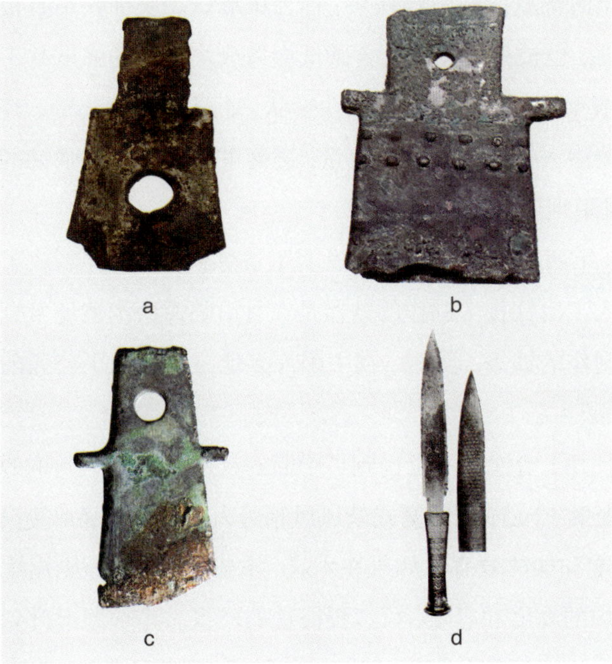

◉ 图 5.1 新疆地区的陨铁［矿］：a. 阿勒泰陨铁；b. 青河银牛沟陨铁（左宏供图）

◉ 图 5.2 世界各地的陨铁铁器：a. 约公元前 1 400 年山西灵石县旌介村陨铁刃铜钺［晋］；b. 约公元前 1 400 年河北藁城台西陨铁刃铜钺［冀］；c. 约公元前 1 400 年北京平谷刘家河陨铁刃铜钺［国］；d. 约公元前 1 340 年埃及图坦哈蒙墓金炳铁匕首

5.2 原始冶铁技术

铁在地壳中无法保持纯金属的形式，往往以氧化物或硫化物的形式存在。除了零散地分布于地壳各处外，铁通常集中蕴藏在赤铁矿、磁铁矿、黄铁矿等铁矿石之中（图 5.3）。赤铁矿和磁铁矿主要是氧化铁矿，黄铁矿主要是硫化铁矿。地壳中所蕴藏的铜量比较少，但却蕴藏着约 5% 的铁，远高于铜，因此人类很难避免接触到铁矿石。

人类在烧火做饭、烧窑制陶、烧矿冶铜的过程中，都会使用大量释放一氧化碳气体的炭火并制造高温环境。如果用铁矿石制作炉灶的砌石、陶坯的支架，或在铜矿石中混入铁矿石，在 800 ℃至 1 000 ℃的高温下，一氧化碳气体就会逐渐把铁矿石中的铁化合物还原成铁。此时，一块坚实的铁矿石的形态会变得类似于疏松的海绵或蜂窝，无法再用作砌石或支架，但也不像铜那样熔化成液态。替换取出后会发现其具备金属延展性，捶打加工后可制成性能优于铜器的工具。于是人类发现了铁及冶铁、制铁的方法。

铜器时代末期，冶铜炉的温度不断提高。约公元前 1 000 年，中国冶铜炉的温度可以升高到 1 300 ℃，但这仍未高到足以冶炼出液态的铁来。在铁器时代的初期，人们只能借助加热烧烤铁矿石，缓慢地制出海绵状或蜂窝状铁块，称为**块炼铁**。块炼铁中有很多杂质，因其中含碳量往往低于 0.1%，也被称为**熟铁**。含碳低会造成块炼铁的强度并不很高。对块炼铁作反复加热和捶打成型加工不仅会改变铁块形状，而且可清除杂质。经反复炭火加热，可使部分燃气中的碳渗入铁块而增加碳含量，进而可制成各种高强韧的铁器。块炼铁技术只能小规模、小批量地制作小件铁器。

历史文献记载，约公元前 1 600 年西亚的赫梯人最先发明了块炼铁技术，并制成了铁质兵器。中国目前发现最早的用人工冶铁技术制作的铁器是在甘肃临潭磨沟遗址发掘到的约公元前 1 400 年经人工冶铁制作的铁条。另外，在中国许多地方都发现了公元前 500 年以前早期的人工冶铁制品（图 5.4）。

随着人工冶铁的出现和铁器的使用，冶铁技术也得到了不断的改进。在竖炉制铜的基础上改造设备，即在炉底侧面用皮橐（tuó）或活塞式鼓风风箱等人工鼓风设备，并设置专门的通道送风以提高炭火的温度和加热效率。如果在木炭、木柴中加入煤，则温度和加热效率会进一步提升。提高竖炉的高度和容量，可以提高铁的产量。当炉温上升到一定上限时，炉中被还原的铁就会熔化成液体从炉底流出，并被收集起来。由此，出现了一种高高的竖炉冶铁设备或称为**冶铁竖炉**。从炉顶加入铁矿石以及木材、木炭或煤等燃料（统称为炉料），底部鼓风促使燃料燃烧产生一氧化碳气体和热量向上输送；铁矿石和燃料从炉顶徐徐下降，上升至顶部的燃气使其先预热升温，一氧化碳气体使铁矿石慢慢还原出铁来；炉料下降到一定高的温度区后，铁矿石被大量快速地还原成铁；下降到更高温度区后，炉料开始熔化成铁水，从炉底流出，并一炉一炉地被转运出来成为制成的液态铁水。这种从炉顶以一定速度持续加料、从炉底不断收集铁水且能连续生产铁的设备，已经构成了现代炼铁高炉的雏形。这种设备是约公元前 500 年前中国古代冶铁技术中的重要发明，比欧洲的同类技术早了至少 1 600 年以上。至公元前 500 年，中国虽然还大量使用铜器，但铁器的使用也变得非常普遍，中国各地都可以发掘出当时使用铁

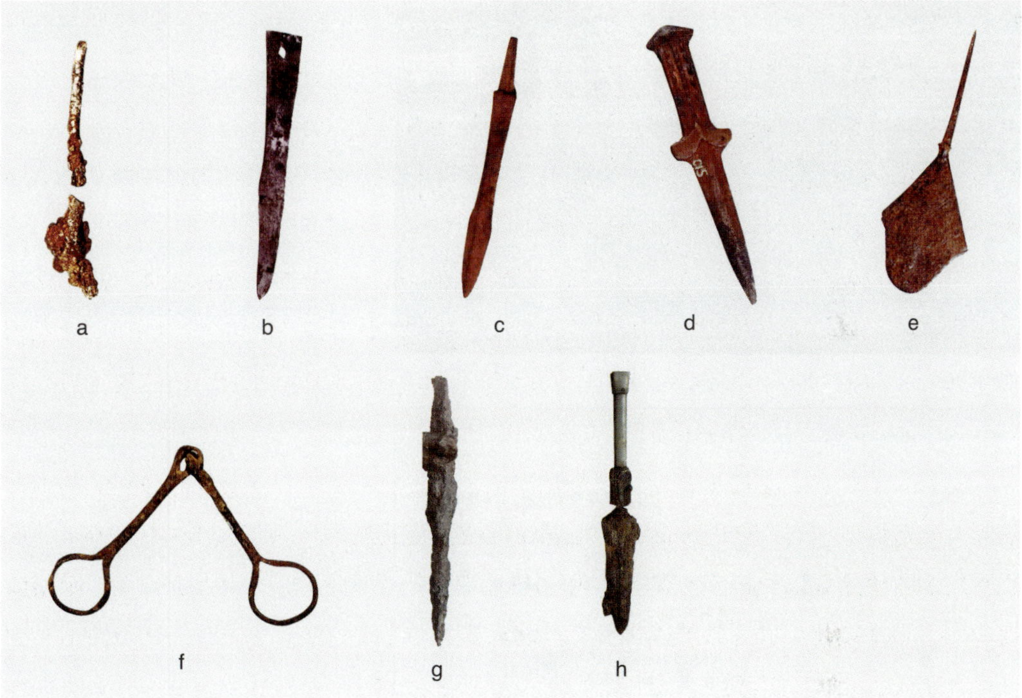

5.3

◉ **图 5.3** 各类铁矿石：a. 赤铁矿［地］；b. 磁铁矿［徽］；c. 黄铁矿［赣］

5.4

◉ **图 5.4** 早期的人工冶铁制品：a. 约公元前 1 400 年甘肃临潭磨沟遗址人工冶铁并制作的铁条；b. 约公元前 1 000 至前 500 年新疆铁器时期早期的铁刀；c. 铁镞；d. 铁匕；e. 铁矛；f. 铁马衔；g. 约公元前 900 年希腊铁凿［卫］；h. 约公元前 900 年河南三门峡虢国墓玉柄铁剑

器的痕迹（图 5.5）。

高炉生产过程中，会产生大量游离的碳和一氧化碳，融入铁水后导致铁水中具有很高的碳含量，往往超过 2%。这种铁水凝固后形成的铁块硬而脆，称为**生铁**。高炉会生产

a

b

5.5

◉ **图 5.5** 中国铁器时期的冶铁遗迹：a. 约公元前 300 年河南西平战国冶铁炉（中间靠下为鼓风入口）；b. 中国境内战国时期部分铁器出土地点分布示意图［国］

出熔化的铁水，把铁水浇入事先制备好的范或模腔内冷却，即可铸造出所需形状的铸造铁器，此种铁器称为**铸铁**。

应该注意到，铁的本质决定了铁器比铜器的耐自然腐蚀的能力差很多，因此如果没有放在密封、干燥等难腐蚀环境中，许多古代铁器，尤其是早期的铁器很难保留到今天。我们只能根据当今可获得的、十分有限而不完整的残留铁器，来探索早期铁器时期人类的文明生活。

5.3 铁器时代初期铁质农具与工具

进入铁器时代，农业生产仍然是社会发展的经济命脉，所冶炼的铁会大量地用于制造农具，以开垦荒地、翻土、耕作、播种、除草、收割、渔猎等。各种农具的形状和分类大体延续了新石器时期磨光石器和铜器时代的主要特征；但也有一些农具体现了铁器轻便、强韧、锋利的特征。随着生产力的发展，铁器时代也出现了一些新型农具。

在以铁䦆、铁镢（图 5.6）为主要开荒、挖土的农具之外，还出现了较宽的铁镢类工具——辟土。辟土利用铁器轻便的特征，制作得比较宽大，可提高挖土效率，适合挖掘黄土高原少碎石的土质。针对碎石较多的土质，发展出了多齿类刨挖工具（图 5.7）；尖齿有利于刨挖时减少阻力、提高刨挖效率。这类农具也可以用于收获所种植根茎类的植物。铁铲（图 5.8）逐渐取代了铜铲，成为挖土、松土的工具，其几何外形没有太大的变化。

铁锸（图 5.9）作为挖土农具取代了铜器时代出现的铜锸。铁器时代初期，人们的冶铁、制铁技能尚没有达到理想的状态。铸造出来的铁铲等农具虽然轻便、耐磨，但尚比较脆、易折断。如果制成锸的形式并套装在木铲的顶部，则可以充分发挥其坚硬耐磨的优势，也可以避免其脆断，延长了使用寿命并节省了铁料。因此，铁锸得到了非常广泛的使用。

进入铁器时代，人类的农业生产技能有了明显提高；同时随着人口的增多，也对生产效率有了更高的要求。在开荒、翻土、耕地方面，发明了犁、铧（图 5.10）等新农具，进而逐渐推广借助畜力耕作。由于牲畜比人的力量大、持续劳作能力强、饲养成本低，犁、铧的广泛使用可显著提高农业生产效率。犁地时受力最大且磨损最严重的部位就是犁头、铧头。铁质犁、铧头具备轻便、坚韧、耐磨的特点，因此在铁器时代初期就得到了广泛应用。当时在冶铁技术尚不成熟的地区也有铜质犁头的制作和使用。

提高农业生产效率的需求，也推动了生产方式从粗放式的播种收割向精耕细作的模

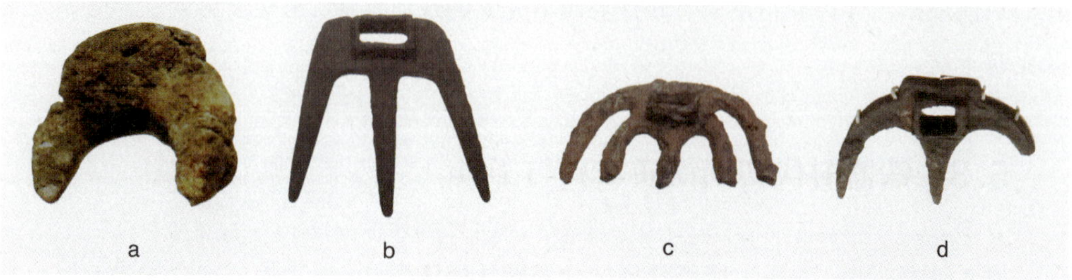

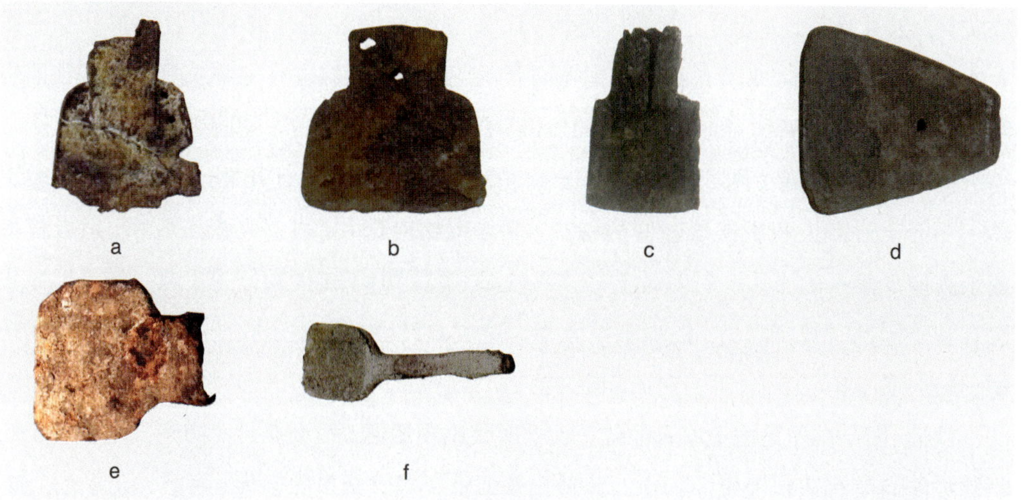

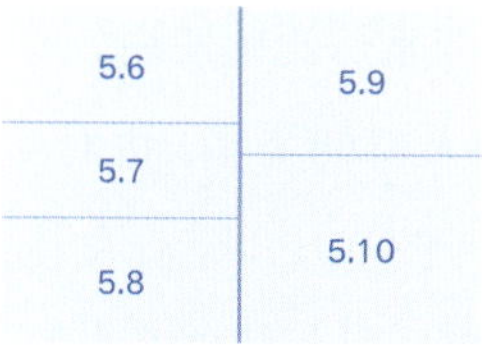

◉ **图 5.6** 中国铁器时期开荒翻地用铁质农具：a. 约公元前 350 年湖南长沙罗汉山铁䦆［湘］；b. 约公元前 300 年河南辉县铁䦆［国］；c. 约公元前 300 年河北易县燕下都遗址铁镢［冀］；d. 约公元前初年山东滕州东小宫铁镢［鲁］；e. 约公元前初年陕西博物馆铁辟土［陕］；f. 约公元前初年陕西富平县龙桥沟村铁镢头［陕］；g. 约公元初年安徽寿县安丰塘古坝铁䦆［皖］

◉ **图 5.7** 中国铁器时期带齿类刨挖类农具：a. 约公元前 300 年天津武清兰城铁二齿镐残片［津］；b. 约公元前 300 年河北易县燕下都遗址铁三齿镐［冀］；c. 约公元前 100 年福建崇安汉城遗址铁五齿耙［国］；d. 约公元前初年山东临朐王家圈三齿铁镢［鲁］

◉ **图 5.8** 中国铁器时期的各种铁铲：a. 约公元前 540 年陕西凤翔县南指挥村［陕］；b. 约公元前 300 年河北易县燕下都遗址［冀］；c. 约公元前 130 年广东广州象岗山［越］；d. 约公元前 100 年辽宁三道壕西汉村落［辽］；e. 约公元前 100 年湖南［湘］；f. 约公元前初年浙江余杭［浙］

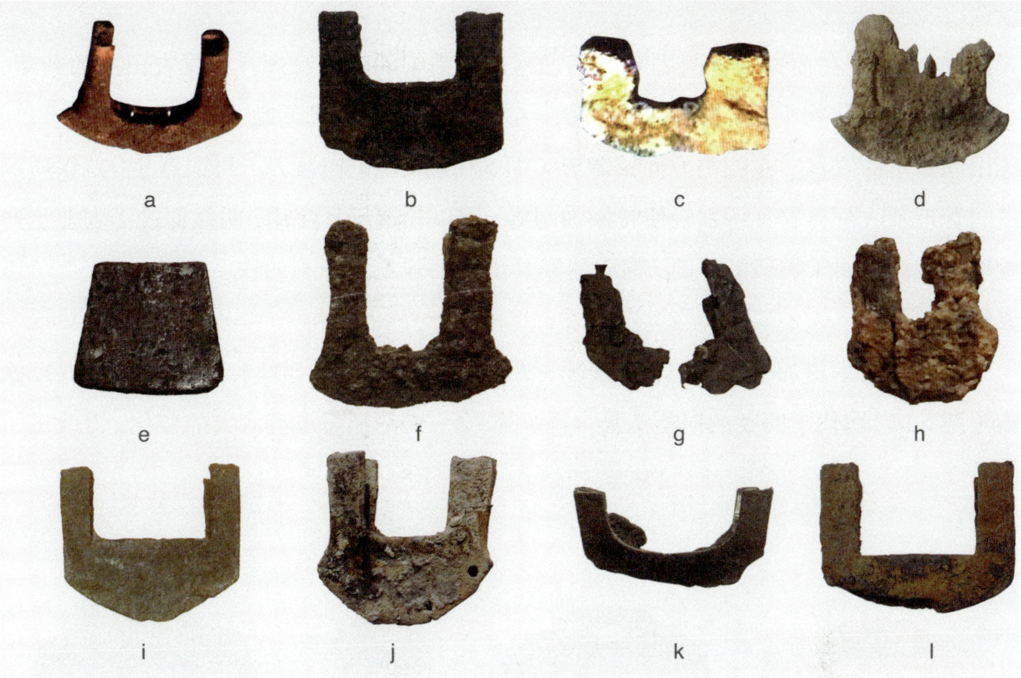

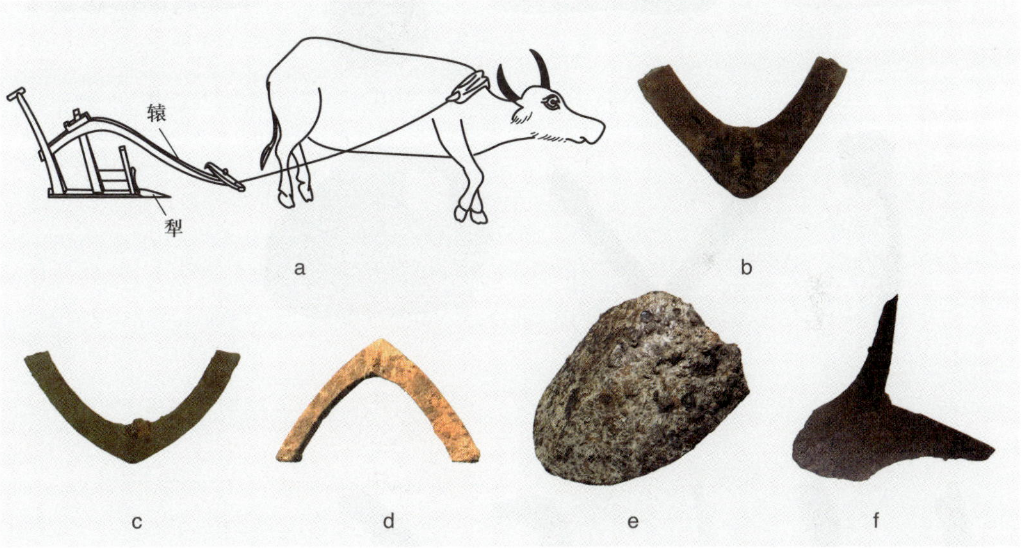

◉ **图 5.9** 中国铁器时期的各种铁镭：a. 约公元前 350 年湖南长沙冬瓜山［湘］；b. 约公元前 300 年河南辉县［国］；c. 约公元前 200 年贵州赫章可乐遗址［贵］；d. 约公元前 130 年广东广州象岗山［越］；e. 约公元前 100 年辽宁铁岭丰西岔沟［辽］；f. 约公元前 100 年广西南宁［南］；g. 约公元前 100 年福建武夷山城村［闽］；h. 约公元前初年山东滕州东小宫［鲁］；i. 约公元前初年陕西博物馆［陕］；j. 约公元前初年浙江余杭［浙］；k. 约公元初年安徽寿县安丰塘古坝［皖］；l. 约公元 100 年江西永修古市［赣］

◉ **图 5.10** 中国铁器时期的各种铁犁、铧：a. 牛拉铁犁安装示意图［湘］；b. 约公元前 300 年河南辉县［国］；c. 约公元前 200 年西安秦始皇陵园［陕］；d. 约公元前 100 年湖南［湘］；e. 约公元前 100 年福建武夷山城村［闽］；f. 约公元前 100 年陕西咸阳窑店［国］

式改进；因此，在播种和收割之间出现了越来越精细的农田管理。去除农田内的杂草，有利于促进农作物生长，提高作物产量。中国战国时期出现了锄、耨（nòu）（图 5.11）等田间除草的农具。在收割方面铁镰刀（图 5.12）取代了铜镰刀。与铜器相比，铁质的田间管理及收割类农具特别轻便且极为耐磨，可以长期反复使用，明显促进了农业生产效率的提高。出于类似的原因，铜质的渔具也逐渐被更为锋利的铁质渔具（图 5.13）所取代。

在建房和木材加工工具方面，铁锤（图 5.14）、铁凿（图 5.15）、铁斧（图 5.16）、铁锛（图 5.17）取代了同类的铜质工具。锤、凿、斧、锛的形态没有太大的变化，但改进了

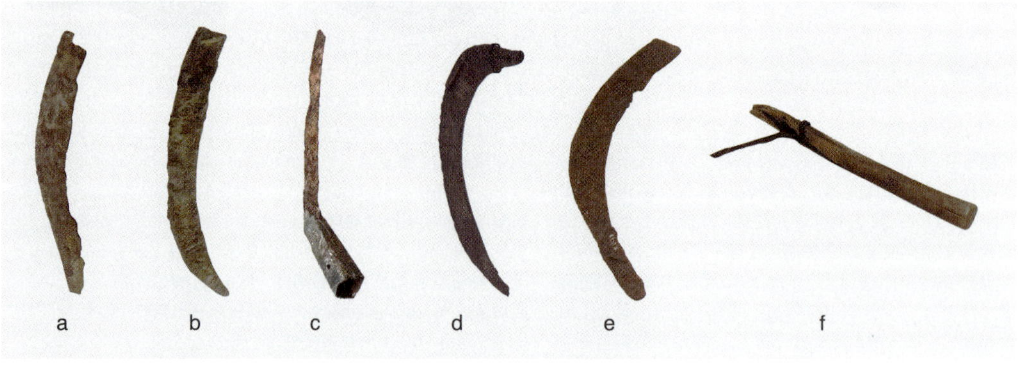

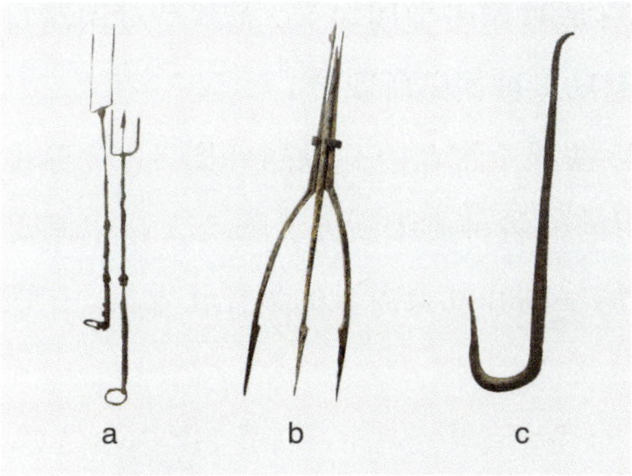

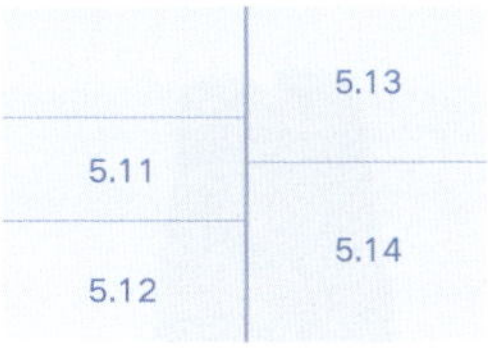

◉ **图 5.11** 铁器时期各地的各种铁锄、耨：a. 约公元前 350 年湖南长沙森林局工地［湘］；b. 约公元前 300 年河北易县燕下都遗址［国］；c. 约公元前 130 年广东广州象岗山［越］；d. 约公元前 100 年辽宁三道壕西汉村落［辽］；e. 约公元前 10 年德国党石泰坦［弗］；f. 约公元前初年浙江余杭（耨）［浙］；g. 约公元 100 年江西永修古市［赣］

◉ **图 5.12** 铁器时期各地的各种铁镰：a. 约公元前 300 年河北易县燕下都遗址［冀］；b. 约公元前 130 年广东广州象岗山［越］；c. 约公元前 100 年云南江川县李家山［云］；d. 约公元前 10 年德国党石泰坦［弗］；e. 约公元前初年山东莱芜市牛泉镇元省庄［鲁］；f. 约公元前初年新疆民丰县尼雅遗址［新］

◉ **图 5.13** 中国铁器时期的各种铁叉渔具：a. 约公元前 130 年广东广州象岗山铁钎［越］；b. 约公元初年安徽寿县安丰塘古坝铁叉［皖］；c. 铁钩

◉ **图 5.14** 铁器时期各地的各种铁锤：a. 约公元前 300 年湖南长沙［国］；b. 约公元前 300 年河北易县燕下都遗址［冀］；c. 约公元前 170 年湖南长沙马王堆汉墓［湘］；d. 约公元前 130 年广东广州象岗山［越］；e. 约公元前 120 年山东平度康王冢［鲁］；f. 约公元前 100 年福建武夷山城村［闽］；g. 约公元前 10 年德国党石泰坦［弗］；h. 约公元前初年陕西岐山县李家村［陕］；i. 约公元初年安徽寿县安丰塘古坝［皖］；j. 约公元前 300 年河北易县燕下都遗址（铁砧）［冀］

工具的强韧性和锋利耐磨的特征。同时，铁锤更多地被用于金属加工，尤其是对铁器自身的延展变形加工。作为捶打加工底座的石砧、铜砧也被铁砧所取代。

作为精细加工木材的工具，铁锯（图 5.18）、铁锉（图 5.19）、铁锥（图 5.20）等也取代了同类铜质工具。人类制作出了更为锋利耐磨的各种类型铁刀（图 5.21），以满足各种复杂的应用需求。随着人类智力、劳动能力的提高和社会需求的多样化发展，在铁

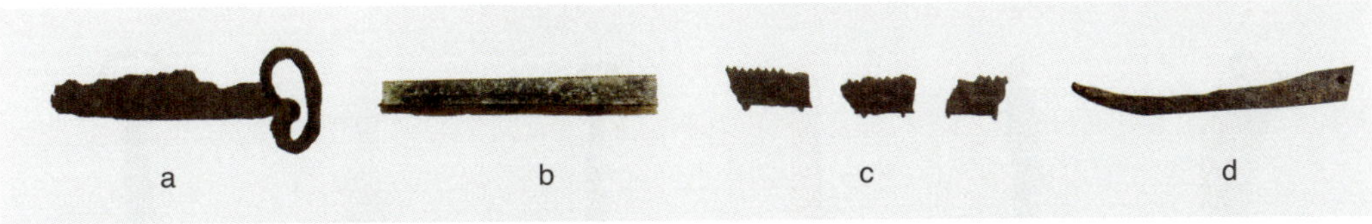

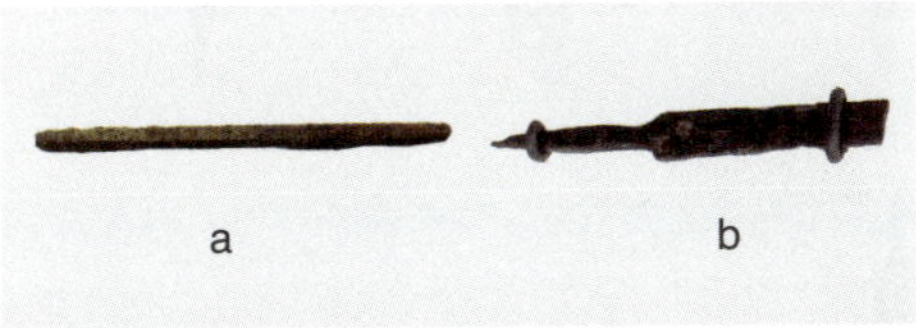

	5.17
5.15	5.18
5.16	5.19

◉ **图 5.15** 铁器时期各地的各种铁凿：a. 约公元前 300 年河北易县燕下都遗址［冀］；b. 约公元前 300 年安徽寿县［国］；c. 约公元前 130 年广东广州象岗山［越］；d. 约公元前 120 年山东平度康王冢［鲁］；e. 约公元前 100 年湖南［湘］；f. 约公元前 100 年福建武夷山城村［闽］；g. 约公元前 100 年德国阿尔藤伯格［弗］；h. 约公元前 10 年德国党石泰坦［弗］；i. 约公元前初年浙江余杭［浙］；j. 约公元初年安徽南陵塌里牧［皖］

◉ **图 5.16** 铁器时期各地的各种铁斧：a. 约公元前 900 年希腊［卫］；b. 约公元前 350 年湖南常德德山［湘］；c. 约公元前 300 年河北易县燕下都遗址［冀］；d. 约公元前 200 年贵州赫章可乐遗址［贵］；e. 约公元前 130 年广东广州象岗山［越］；f. 约公元前 100 年云南晋宁县石寨山［云］；g. 约公元前 100 年辽宁三道壕西汉村落［辽］；h. 约公元前 100 年福建武夷山城村［闽］；i. 约公元前初年浙江余杭［浙］；j. 约公元初年广西南宁［南］

◉ **图 5.17** 中国铁器时期的各种铁锛及铁剁（受锤击力作用可以切割铁料的工具）：a. 约公元前 350 年湖南［湘］；b. 约公元前 300 年河北易县燕下都遗址［冀］；c. 约公元前 130 年广东广州象岗山［越］；d. 约公元前 300 年河北易县燕下都遗址铁剁［冀］

◉ **图 5.18** 铁器时期各地的各种铁锯：a. 约公元前 300 年河北易县燕下都遗址［冀］；b. 约公元前 130 年广东广州象岗山［越］；c. 约公元前 10 年德国党石泰坦［弗］；d. 约公元初年安徽寿县安丰塘古坝［皖］

◉ **图 5.19** 铁器时期各地的铁锉：a. 约公元前 130 年广东广州象岗山［越］；b. 约公元前 10 年德国党石泰坦［弗］

器时代初期还出现了名目繁多的铁叉、铁刮铲、铁剪、铁钳、铁钩等各类铁质工具（图5.22）。

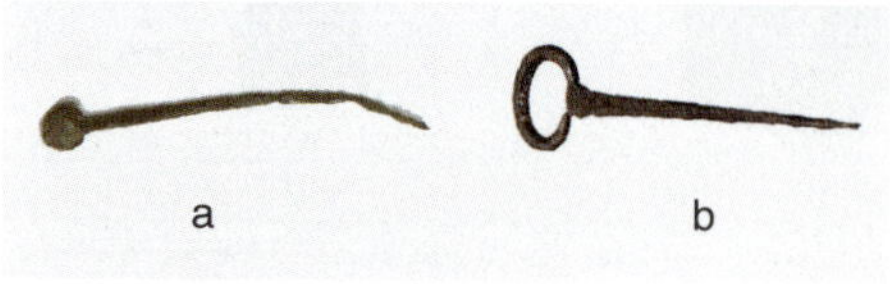

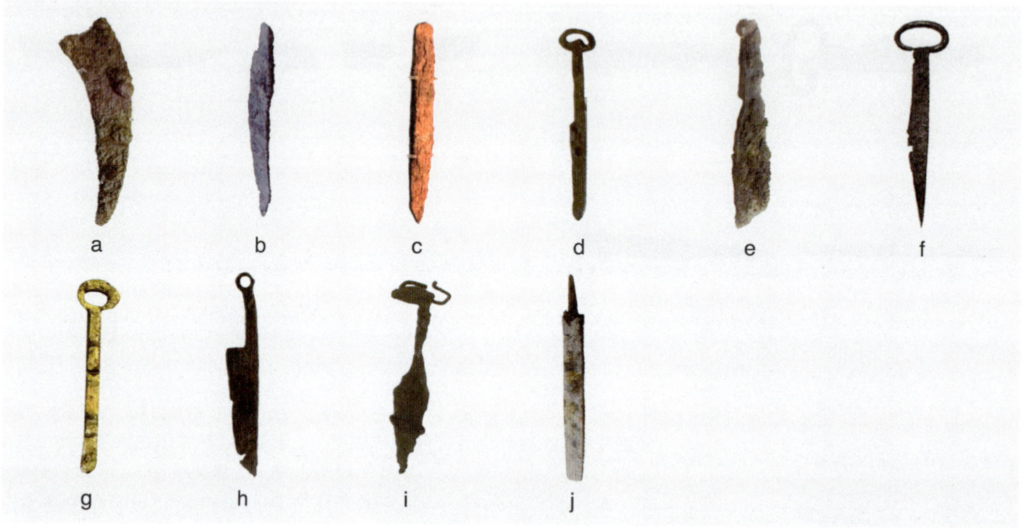

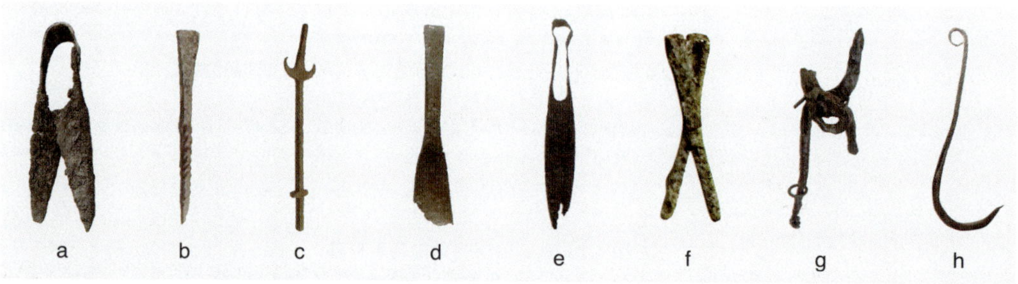

5.20

5.21

5.22

◉ **图 5.20** 铁器时期中国的铁锥：a. 约公元前 300 年河北易县燕下都遗址［冀］；b. 约公元前 100 年辽宁铁岭丰西岔沟［辽］

◉ **图 5.21** 铁器时期各地的各种铁刀：a. 约公元前 1 200 年希腊迈锡尼［希］；b. 约公元前 900 年希腊［卫］；c. 约公元前 600 年湖南长沙龙洞坡［湘］；d. 约公元前 300 年河北易县燕下都遗址［冀］；e. 约公元前 130 年广东广州象岗山［越］；f. 约公元前 100 年辽宁铁岭丰西岔沟［辽］；g. 约公元前 100 年广东广州淘金坑［广］；h. 约公元前 100 年德国阿尔藤伯格［弗］；i. 约公元前 10 年德国党石泰坦［弗］；j. 约公元前初年浙江余杭［浙］

◉ **图 5.22** 铁器时期各地的各种小型铁工具：a. 约公元前 600 年希腊铁剪；b. 铁针；c. 铁叉［希］；d. 约公元前 400 年希腊铁刮铲［希］；e. 约公元前 140 年德国布莱斯阿赫－侯赫石泰坦铁剪［弗］；f. 约公元前 100 年广东广州淘金坑铁剪［广］；g. 约公元前 10 年德国党石泰坦铁锻钳［弗］；h. 约公元初年安徽寿县安丰塘古坝铁钩［皖］

5.4 铁器时代早期的铁兵器及其对社会演变的影响

铁器的大量使用以及生产力的显著提高，使人类积累财富的能力和速度都显著提高。由于利益的驱动，铜器时代导致战争的原因不仅在铁器时代仍然存在，而且发生战争的频率和规模都在上升。中国从开始出现铁器到越来越多地使用铁器的时期，正是从东周春秋到战国时期转换的年代。春秋时期战争结束后的战胜方往往并不灭掉对方，而是借助割地、赔偿、纳贡等方式获得利益；到战国时期，各国之间开始大规模吞并，随着国家实力的增长，战争的规模也不断扩大。

对于以放牧和狩猎方式为主要经济来源的游牧民族，其经济形式决定了他们更多地要依靠大自然提供的环境生存。当出现长时间暴风雪、干旱等自然灾害时，他们的生存就会遭受很大的威胁。游牧的经济形式决定了游牧民族几乎所有的劳动力都具有流动军事作战能力，因此整个民族具有很强的战争动员能力。农耕民族则依靠定居式的辛勤耕作来维持生计，对自然的依赖相对较小，只要不发生大的自然灾害，就可以稳定地积累财富。农耕的经济方式也使得其天然的军事能力和兵员规模相对较弱。基于这种差异，在中国历史上经常出现生活于高原苦寒地区的游牧民族袭扰、劫掠农耕地区的战争；尤其是发生自燃灾害时，这种袭扰会频繁发生。因而在春秋战国乃至秦汉时期，农耕地区在北方经常修筑长城，以防止侵扰。

然而，战争是不可避免的。战争不仅需要大量兵器，而且也需要不断改进兵器，提高兵器搏杀效率。铁器时期早期出现的铁质兵器与铜质兵器相比，从形式上往往没有太大的本质差别。但正是铁器轻便、坚韧、锋利的特点，增加了铁质兵器的战争能力和搏杀效果，长矛（图 5.23、图 5.24）、刀剑（图 5.25）仍是主要的单兵武器，中国特有的戈、戟也被制成铁质（图 5.26）。挥舞铁兵器不仅轻便、速度快，而且锋利的兵器刃部具有更强的杀伤效果；锋利、轻便的铁箭镞（图 5.27）不仅穿透能力强，而且飞行距离远，大幅提高了远程的杀伤能力。

战争搏杀的过程不仅需要注重杀伤敌方，而且还需要注重保护自己。在铁兵器杀伤能力明显增强的情况下，铁器时代明显提高了对作战兵力保护装备的重视。在原有头盔、护甲的基础上，利用铁的强韧特性制作了铁胄、铁护甲、铁锁甲等强力保护装备（图 5.28）。为提高搏杀盾牌的稳定性和可靠性，手持盾牌的把手也会用铁索制作。这些保护装备的出现无疑会增加搏杀的持续性和残酷性。

a b c d e f

a b c d e f

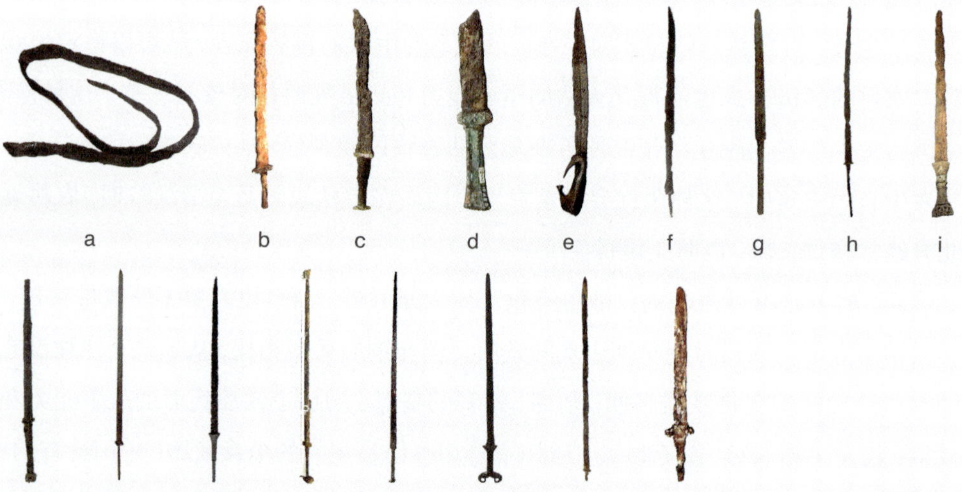

a b c d e f g h i

j k l m n o p q

a b c d e

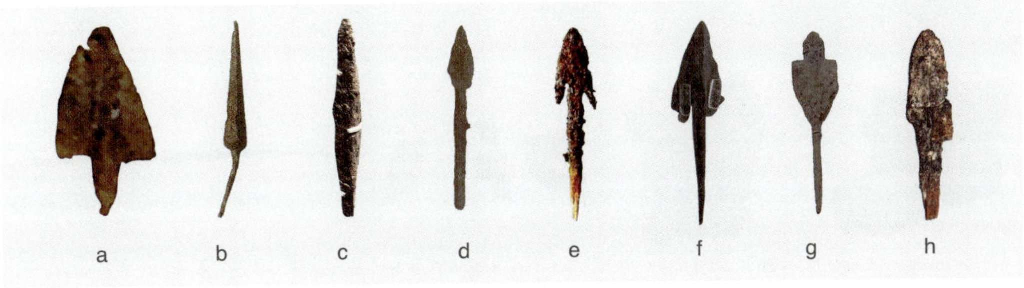

5.23	5.27
5.24	
5.25	
5.26	

◉ **图 5.23** 铁器时期欧洲各地的铁矛：a. 约公元前 900 年希腊［卫］；b. 约公元前 800 年希腊柯匝尼［希］；c. 约公元前 600 年希腊［希］；d. 约公元前 500 年希腊考咯诺山［希］；e. 约公元前 500 年德国依林根［弗］；f. 约公元前 10 年德国党石泰坦［弗］

◉ **图 5.24** 铁器时期中国各地的铁矛：a. 约公元前 300 年河北易县燕下都遗址［冀］；b. 约公元前 130 年广东广州象岗山［越］；c. 约公元前 100 年辽宁铁岭丰西岔沟［辽］；d. 约公元前 100 年湖南岳阳纺织厂工地［长］；e. 约公元初年吉林辽东常兴屯［吉］；f. 约公元 200 年西藏噶尔故如甲木墓地

◉ **图 5.25** 铁器时期世界各地的各种铁剑：a. 约公元前 900 年希腊阿提卡［希］；b. 约公元前 600 年湖南长沙杨家山［湘］；c. 约公元前 600 年河南陕县后川［国］；d. 约公元前 600 年甘肃灵台景家庄［国］；e. 约公元前 400 年希腊［希］；f. 约公元前 400 年德国［弗］；g. 约公元前 350 年陕西蓝田县鹿塬大寨乡［陕］；h. 约公元前 300 年河北易县燕下都遗址［冀］；i. 约公元前 200 年贵州赫章可乐遗址［贵］；j. 约公元前 130 年广东广州象岗山［越］；k. 约公元前 100 年云南江川县李家山［云］；l. 约公元前 100 年辽宁铁岭丰西岔沟［辽］；m. 约公元前 100 年福建武夷山城村［闽］；n. 约公元初期内蒙古呼和浩特和林格尔［蒙］；o. 约公元初年吉林辽东常兴屯［吉］；p. 约公元初年广西南宁［南］；q. 约公元 200 年西藏噶尔故如甲木墓地

◉ **图 5.26** 铁器时期中国各地的铁戈、戟：a. 约公元前 750 年上海博物馆人工冶［沪］；b. 约公元前 130 年广东广州象岗山［越］；c. 约公元前 100 年云南晋宁县石寨山［云］；d. 约公元前 100 年陕西西安汉长安武库遗址［陕］；e. 约公元前 100 年湖南长沙［长］

◉ **图 5.27** 铁器时期世界各地的各种铁镞：a. 约公元前 800 年新疆和静县查吾呼沟墓葬［新］；b. 约公元前 600 年希腊［希］；c. 约公元前 500 年希腊考咯诺山［希］；d. 约公元前 300 年河北易县燕下都遗址［冀］；e. 约公元前 250 年西藏噶尔曲踏墓地铁镞；f. 约公元前 10 年德国党石泰坦［弗］；g. 约公元 150 年吉林榆树老河深［吉］；h. 约公元 200 年西藏噶尔故如甲木墓地铁镞

5.28

◉ **图 5.28** 铁器时期世界各地的各种护卫铁装备：a. 约公元前 10 年德国党石泰坦铁头盔残片；b. 锁甲残片；c. 甲片；d. 盾牌把手［弗］；e. 约公元前 300 年河北易县燕下都遗址铁胄；f. 铁甲片［冀］；g. 约公元前 130 年广东广州象岗山铁甲［越］；h. 约公元 1300 年元代铁甲［蒙］

由于铁器的本质特性，率先使用铁质兵器的民族在战争中会取得明显的优势。西亚的赫梯人最先发明了冶铁技术并最先使用了铁器，同时又严格限制冶铁技术的外传。公元前 1 274 年，埃及法老率领强大的铜兵器军团进攻赫梯王国，爆发了卡叠什战役。而赫梯军队在先进铁质兵器的帮助下，成功阻止了进攻，震撼了埃及军团，最后埃及法老不得不与赫梯人签订了停战合约。约公元前 700 年左右，西亚的亚述强盛起来。亚述军队使用铁剑、长矛、强弓硬镞和金属护具，轻而易举地战胜了手持青铜战斧的埃及法老军队，并征服了周边各国。

从公元前 8 世纪中期的春秋初期至公元初年西汉末年，统一后的中国所管辖的人口发展到接近 6 千万；公元前 8 世纪中期建立的古罗马到公元初年所控制广大区域内的人口大约在 5 千万至 6 千万之间，与中国比较接近。同时，两个地区都早已进入铁器时代，作为社会的基本制度之一的奴隶制度在中国至汉代并未大规模出现，但在罗马帝国却非常盛行。观察两个地区社会制度演变的差异，也可体会或了解到后续不同的历史进程及两地文明不同的特点。

公元前 770 年至前 221 年，中国处于春秋战国时期，各国之间的战事连绵不断。基于发达的冶铜、制铜技术，各国大规模用于战争的基本上是铜质的兵器；虽已开始部分使用铁质兵器，但各国兵器技术应没有太大的差异。当战国时期形成了实力强大的少数国家的长期对峙局面后，战争的胜负往往取决于综合国力、军事策略以及统治阶层的决策水平。经过 200 多年各国社会制度的竞相变革和军事较量，从公元前 230 年至前 221 年的 9 年间，秦国依次灭韩、赵、魏、楚、燕、齐六国，统一了中国。秦摒弃了夏商部落集团联盟或周诸侯分治的治理方式，建立了中国第一个中央集权的大帝国。秦朝统一了度量衡、货币、文字，全面贯彻郡县治理制度，为汉代及后续 2 000 年中国历史的中央集权统一治理制度奠定了基础。

约公元前 1 000 年，欧洲的希腊率先出现冶铁、制铁技术。铁器的使用逐渐扩展到意大利的各地以及欧洲的其他地区。公元前 8 世纪中期，罗马人的祖先在意大利特韦雷河畔建立了古罗马城，当时古罗马城地区的居民已经普遍使用铁器；铁器的这种普及情况应早于中国，古罗马国家依此而发展起来。古罗马建国后至公元前 510 年属于“王政时代”，国家由多个氏族部落联合组成。古罗马当时的统治者或王由各氏族头面人物或代表经民主推举产生，虽终身任职，但不能世袭。王权时代的古罗马会有对外战争、获得俘虏并转为奴隶的情况，但奴隶的数量很少，不构成社会的主流。可以看出，古罗马的王政时代的社会构成和治理权力的形成与中国五帝时代很相似，只是时间比中国晚了约 2 000 年。古罗马王政时代国家内部的氏族制度逐渐衰落，不断强化的私有制加大了贫富差距，国家的实际权力逐渐被富裕阶层即贵族阶层掌握。公元前 510 年王权时代结束，古罗马转变为贵族共和国，执政者由贵族推选产生；随即古罗马开始了对外的征讨战争。至公元前 290 年，古罗马基本控制了意大利全境。多年的征战使古罗马形成了强大的军队，军事装备和战略战术思想也具备了明显的优势。古罗马有当时欧洲最先进的金属加工及兵器制造技术，其军队以使用铁质兵器为主，包括铁剑、铁标枪、铁盾、铁弩箭发射装置、铁链、扒城钩，铁镰头等；军队中还配备铁匠，随时维修和制作铁质兵器。面对欧洲尚未充分发展的冶铜、制铜业及其冶铁、制铁技术尚不够成熟的广大地区，已经积累了较强军事技能的古罗马军团因其完备的铁质兵器系统而具备了更为显著的军事优势。以此为基础，古罗马随后征服了西西里、西班牙、希腊、北非、叙利亚，以及巴勒斯坦等西亚地区，并向今天的法国、卢森堡、比利时、德国、荷兰、瑞士、英国等地区远征作战。诸如公元前 58 至 52 年期间的许多远征作战，均可在较短暂的时间内取得巨大胜利。至公元 117 年，古罗马征服了西亚美索不达米亚，势力蔓延到莱茵河、多瑙河地区，所控制的地理面积到达顶峰。其间，古罗马获得了巨大的经济利益，并大规模地把俘虏转为奴隶。

中国五帝时代末期所形成的国家形态是若干部落联盟集团的集合体，包括一个中心集团和若干从属集团，集团内的氏族特征比较明显。五帝时代也是萌生战争及冶铜、制铜技术发展的时代。中国铜矿资源遍布的状态以及各地已经发达的制陶业，使得多地有类似的发展铜质兵器的机遇。部落联盟集团发展到一定大的规模后，势均力敌的各方通过战争互相征服是一个两败俱伤、不具实际意义的举措，因此多不为集团首领所采纳；小部落面对大集团时，自然也很难以武力相对抗。因此，集合体的形成往往是通过各集团间的协商，而尽量避免类似黄帝集团和蚩尤集团间惨烈的战争；集合体内集团之间通常不表现为征服与被征服的关系。若有少数被战争征服的小部落，则部落人群或许会沦为奴隶；但奴隶的数量规模会相对较低。国家的首领虽然是终身制，但新首领的产生规则是借助禅让制推举出来的。后续夏、商、周的国家形态是五帝时代的延续，其中重要的变化是首领的产生由禅让制变成了世袭制。中心集团和从属集团都有自己的领地、生产资料和经济来源，经济上比较独立；但从属集团需听从国家首领的号令，如统一参与对外战争等。为了明确主从关系，夏初禹发明了“禹贡制度”，即从属集团每年要向国家首领贡献一些地方土产或特产，以表示对国家首领的尊重、臣服和归顺。这一制度在商周时期得以延续，但主要意义在于其象征性，贡献与否不会明显影响国家首领的经济状态。部落联盟集团内部的头领、贵族与平民之间的关系是不平等的，奴隶主与奴隶之间的关系也是不平等的；但不同部落的平民之间或贵族之间的关系则大体是平等的。秦统一中国后，秦国的平民并没有获得优于其他六国平民的权力，秦只是把所有人统一在一个行政体系下。大一统的中央集权专制国家体制全面实行了郡县制管理后，国家的财政收入主要来自各郡县的税收等，中央政府还需承担各郡县的管理费用。到了汉代，汉高祖首先剪除了异姓王的势力，后来汉武帝又消除了同姓宗族王室的势力，完善了郡县管理制度。随着对外交流的扩大以及从国家安全着想，西汉借助张骞通西域等方式使得许多边陲地域的国家或部族也与中央政权建立了从属关系。但汉政府对这些地区都不实行郡县管理，而保持类似五帝时代部落联盟式的关系。边陲地域虽有所贡献，但大都类似于禹贡，仅具备象征意义；各方进行自愿的贸易与交流。

秦统一中国时，全国并没有统一的宗教；儒学、道学等理论并不具备明显的宗教特征，且并未被中央政权认可。后来儒学虽然被统一认作是官方的理论思想，但仍不具备显著的宗教特征。佛教自汉朝传入中国，兴盛于唐朝，迟于中央集权专制制度的形成，也未能对中国的政权更替产生直接的重大影响。因此在中国历史上，皇权始终是高于神权及一切世俗权力的至上权力。皇权至上的专制统治导致皇权传承方式仅能由皇族中的一名男性继承，且其统治的素质和水平更明显地因人而异。同时，朝代的更迭基本依靠暴力或暴力相威胁实现，包括反叛暴乱、权臣军事政变、外族武力入侵等。新的皇权与原皇权通常没有血缘关系，朝代更替后还会努力彻底地清除前朝的遗留。历史上中国的经济和科技虽然很发达，但军事能力并不总是很强。政权的统一使中华民族具备了巨大的融合能力，历史上多次的外族入主的结果都导致了新的民族融合。从秦以后 2 000 多年的整个历史看，中国大体上不是一个不断向外扩张的国家，而是不断融合多个民族的国家。明朝的郑和下西洋也是中国对外贸易、交流、融合但不对外扩张的壮举。

铜器时代欧洲的冶铜、制铜业未能得到充分的发展，而古罗马却率先掌握了冶铁、制铁技术，并具备了当时欧洲最先进的金属加工及兵器制造能力。经历多次征战、积累了大量军事技能的古罗马显示出相对于欧洲其他地区更明显的军事优势；因此，古罗马更乐于对外征服。许多战争都未能持续很长时间，但却使古罗马获得了巨大的经济利益。战胜之后，古罗马则表现为是征服者，会极不平等对待被征服地区。例如古罗马初期征服意大利其他地区后，并不给予被征服地区人民平等的权力；在征服欧洲其他地区时，也采用多种方式获取财富。首先，在战败地区掠夺大量财富和土地，并向战败方索取大量的战争赔款，导致欧洲的财富源源不断地流向古罗马；其次，取得战争胜利后，不仅经常屠杀当地居民和战俘，而且会把大量的居民和战俘驱赶到罗马编为，卖为奴隶。例如古罗马在征服意大利的战争中，于公元前 341 年把 7.5 万俘虏卖为奴隶；公元前 209 年攻占南意大利他林敦后，有 3 万居民沦为奴隶；攻占卡普亚后，全城居民被卖为奴隶；公元前 177 年占领萨丁尼亚时，8 万人被卖为奴隶；公元前 167 年攻占希腊的伊庇鲁斯时，有 15 万战俘和居民被卖为奴隶；公元前 146 年攻占北非迦太基时，6 万居民沦为奴隶，等等。奴隶的增加也改变了人口结构，据统计公元前 225 年意大利自由民与奴隶的人口比例为 440 万: 60 万；而到公元前 43 年则变为 450 万 : 300 万。大规模的奴隶制度和奴隶们所遭受的深重苦难使得大规模的奴隶抗争、反叛、暴乱、起义接连不断，比较著名的是公元前 73 年的斯巴达克起义，规模高达十几万人。再有，古罗马在被征服地区建立了最多达 50 多个行省，派遣总督、管理官员和驻军，主要负责征收税赋和制止反叛。驻地官员和驻军的费用也需由行省支付，由此古罗马获得了长期源源不断而稳定的财政收入，这与中国的“禹贡”完全不同。各行省并未被完全统一起来，仍保持自己的原有特征和一定自治权，因此没有融合成统一的民族。公元 476 年古罗马帝国灭亡时，欧洲的奴隶制也就消亡了。

在公元初年奴隶遭受深重苦难的年代，古罗马出现了跨民族、跨阶层的基督教。基督教为底层劳苦而反抗无望的无助民众提供了精神寄托，因而迅速蔓延。起初基督教受到古罗马当局的打压，随后教义逐渐发生变化，也服务于统治阶层，并被当局所接受。古罗马广大的统治疆域使得基督教在欧洲得以跨民族地迅速蔓延，贵族、富人、官吏、皇族也都加入基督教，教会势力增强并参与了罗马帝国的利益分配。甚至在公元 312 年，古罗马帝国还出现了信奉基督教的皇帝。古罗马灭亡后，欧洲原本相对独立的行省分裂成各地多种形式的国家。欧洲虽然未能在古罗马范围形成统一的国家，但基督教却保留为跨国家、跨民族的第一大宗教。基督教的全民特征使得之后欧洲各国王权、皇权的更替或任命都要得到教皇的认可。虽然随着历史演变，教皇的制约力时大时小，但神权对王权和皇权有了明显的制约作用；这也使王权无法形成绝对专制，教会也得以借助神权而分享到经济利益。早期古罗马共和国时期，贵族推选最高权力继承人的制度以不同形式在各国延续下来，因此王权及其传承也会受到世俗贵族权力的制约。同时，王权的继承可以经由王族兄弟多人分享国土和权力的形式实现，乃至女性也可以继承王权。欧洲历史上的许多王朝更迭往往也不是古代中国那种整体改朝换代的模式。欧洲各国王室之间流行通婚，以保持王室高贵的血统。王朝更替，但血统会继续传承。英国王室的血统就传承了上千年，这在中国历史上并未出现。

早期古罗马及后期欧洲各国由贵族阶层推举国家最高统治者并决定国家重大政治事务，出现了兄弟同权继承王位乃至女性继承王位的现象，这表明欧洲文明中存在某些民主、平等的因素，这些因素应该起源于阶级划分出现之前的原始氏族社会。基督教成为欧洲主体宗教后，其平等的理念也使民主、平等的因素在王权更替时得以一定程度地延续。这些民主、平等的因素虽然仅局限于贵族阶层很小的范围，但在古代中国中央集权、皇权至上的政治制度里却从未出现过。另一方面，历史上的基督教世界对于其他文明，即异教徒的态度却是非常严厉的。欧洲历史上多次残暴的十字军东征、对美洲大陆印第安人的杀戮、对亚非等其他大陆的殖民开发过程以及历史上罕见平等对待基督教文明以外其他文明的行为等，都可以一定程度地反映出古罗马时期对外强权征服的痕迹。由此，可以粗略发现古代中华文明对内集权领导、对外睦邻交流，以及西方基督教文明对内民主平等、对外扩张征服的历史痕迹。

铁器的使用不仅会影响战争的结果，也会对社会制度的演变产生影响。中国历史上在进入铜器时代之后或许形成了有限程度的奴隶制社会形态，人口中有一部分人群以奴隶的身份为社会提供经济支撑和财富。奴隶没有基本的人身自由和权利，只能无偿地劳作。劳动效率高低及成果丰硕与否与他们没有太大关系，因此奴隶不可能有很高的劳动积极性。在劳动效率比较低下且铜质工具并未广泛地制成工具、农具使用的铜器时代，奴隶的低劳动积极性对生产力提高的阻碍作用并不特别明显，也未得到统治阶层的重视。秦汉期间，中国形成了大而统一的中央集权国家。有限于当时的统治能力，对外的进一步扩张和征服不是统治者优先的需求，因此没有了获取新奴隶资源的可能，奴隶制度难以维持。连年的战争造成了社会财富的极大消耗，国家需要发展生产，休养生息。对于农耕民族，铁器的出现可以极大地提高农业生产效率，但铁器不会导致奴隶的生产效率明显提高。因此，平民阶层的农业生产力要明显高于奴隶阶层。对于统治阶层来说，让劳动者获得生产积极性并对其收取租税可比限制劳动者自由令其消极劳作的方式获得更大的利益。由此，奴隶制失去了存在的价值而逐渐消失，铁器的出现和使用促进了这一过程。原则上说，在中国作为支撑经济发展的一个有限部分的奴隶制，在秦汉铁器逐渐成熟时期就基本消亡了。另一方面，古罗马不断发动征服战争，形成了超大的版图，并俘获了数量极为庞大的奴隶。但频繁的奴隶起义和剧烈的反抗说明，古罗马的奴隶制度已无法容忍，要镇压十几万手执铁质兵器奴隶的反抗是非常困难的。因此，铁器的出现及由此所造成的更有威慑力的奴隶反抗，也是终止欧洲奴隶制的强大内因。综上或可以推断，材料的发展和使用与人类文明进程的演变有着某种深层的内在关联。

5.5 铸铁技术与古代制钢技术的发展

从出土文物可以发现，在铁器时代的日常生活和衣、食、住、行方面，铁被广泛地制成镜、针、锥、剪、扣，勺、刀、锅、釜、罐、缸、桶、臼、杵，钩、瓦、灯、锁，以及船钉、车轴、马镫、马掌、索链等(图 5.29)；在军事方面，人工冶炼的铁除了制成上述矛、刀剑、戟、镞、胄、甲外，还制成、铳、炮、炸弹等；在宗教、文化、经济等方面，还制成铁佛、铁塔、铁碑、铁经幢、铁香炉、铁钟、铁人、铁狮、铁牛、铁貔貅、铁旗杆、铁索桥、铁闸、铁画、铁钱、铁权、铁刑具，等等。

采用块炼铁的技术制出较软熟铁后，可以借助捶打成型的方式制成铁器使用；采用竖炉冶铁的方式可以得到很硬的生铁，并直接浇铸成型。在中国湖南、湖北、江苏、山西、河南、甘肃等地，均发现了公元前 500 年以前这种很硬的生铁铸件。生铁的含碳量非常高，碳与铁形成的化合物使得生铁也比较脆，在服役过程中容易断裂。中国历史上出现了多种改善生铁脆性的技术措施，例如将生铁铸件再次加热，生铁中的碳会在高温下从铸件表面扩散出而在空气中烧损，降低了铸件的碳含量和脆性，这种**铸铁脱碳技术**很快得到了广泛应用。如果将铸件在较高温度下长时间加热，还可以促使铸件内碳与铁的化合物分解，碳的形态转变成石墨，使脆性明显降低，称为**铸铁韧化**。这一技术在战国、秦汉时期得到了推广应用，明显提高了铸件的性能。

中国铁器时代中期最大的铸造铁器为公元 953 年后周时期的沧州铁狮（图 5.30），身长 6.5 米、宽 3 米、高 5.5 米，重约 40 吨。在其制造过程中，先用泥塑成狮子雏形；在雏形表面上再附着一层泥，印出外范；将外范分解成 500 多块几十厘米见方的外范块并取下，均匀去除雏形表层一定的厚度后，重新把外范块在雏形外组装起来。这样雏形和外范之间就形成了一层均匀的缝隙，将熔化流动的铁水浇入缝隙中并冷却凝固，即为铁狮的铸造环节。由此铸造出了体型巨大的沧州铁狮，俗称“镇海吼”。

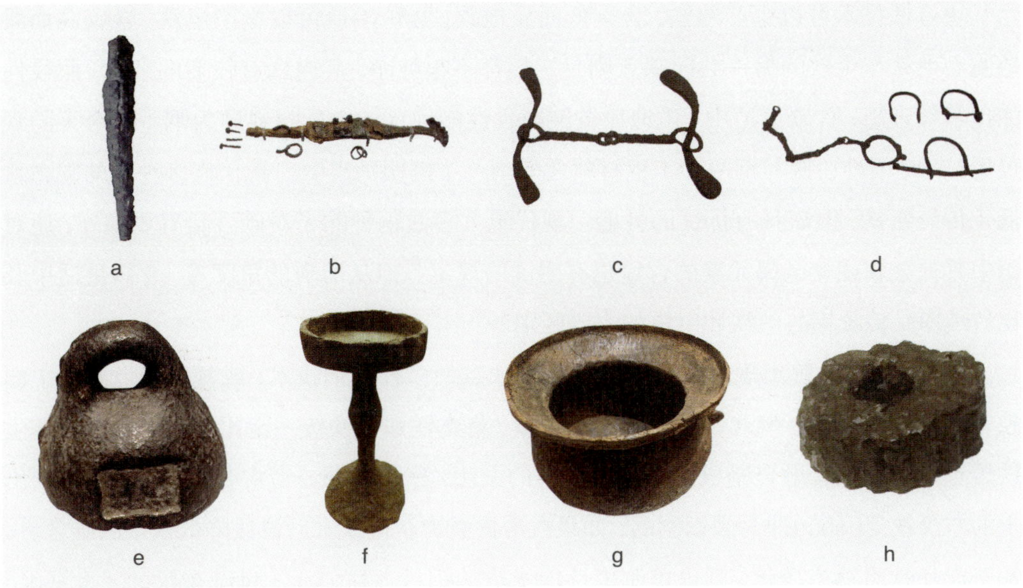

5.29

5.30

◉ **图 5.29** 铁器时期世界各地的各种实用铁器具：a. 约公元前 900 年希腊铁钉［卫］；b. 约公元前 620 年德国莱茵卡珀尔铁零件和马车构件［弗］；c. 约公元前 300 年河北易县燕下都遗址铁马衔［冀］；d. 约公元前 300 年河北易县燕下都遗址铁脚镣和颈枷［冀］；e. 约公元前 200 年内蒙古鄂尔多斯准格尔旗铁权［蒙］；f. 约公元前 100 年陕西博物馆铁灯［陕］；g. 约公元前 100 年广西南宁铁釜［南］；h. 约公元前 100 年福建武夷山城村铁齿轮［闽］

◉ **图 5.30** 铸于公元 953 年重约 40 吨的沧州铁狮

块炼铁技术可以生产熟铁，含碳低而质地软；竖炉冶铁可以生产生铁，含碳高而质地脆。熟铁与生铁的另一共同缺点则是它们都不很纯净，其内含有较多的杂质，服役性能也不够理想；含碳量适中、质地比较纯净且性能优良的铁质材料即为**钢**。从今天的观点看，有时很难在铁与钢两种工程材料之间画一个鲜明的界限。现代许多种钢的碳含量低于传统熟铁，但却具有优良的性能。现代绝大多数钢种除了对碳含量有要求外，还对钢中其他金属或非金属元素的含量也有明确的规定。但从历史的角度看，含碳量适中及比较纯净是传统钢与熟铁和生铁的主要区别。

在古代中国，曾出现过克服熟铁和生铁缺点的多种制钢技术，或领先于世界或中国独有。约公元 500 年南北朝时期的文献记载，将熟铁和生铁按一定比例混合后加热到生铁熔点以上使二者融合制成含碳适中钢材的方法，称为**灌钢**。考古分析显示，在北京出土的东汉铁殳(shū)即为灌钢制品。如果在冶铁竖炉获得铁水后设法降低铁水的碳含量，甚至能使铁水适当净化，则也可制成性能优良的钢材。约公元 1 世纪东汉的《太平经》中，就曾经记载过采取对生铁水鼓风搅拌促使铁水中的碳烧损氧化的措施，即促使生铁变成熟铁或钢的制钢技术，被称为**炒钢**。考古研究确认，徐州狮子山公元前 2 世纪中叶，楚王陵中五件铁矛与铁凿均为炒钢制品。明朝的《天工开物》中描述了类似于炒钢的过程（图 5.31）：用风箱鼓风冶炼出生铁水后，可以直接浇铸成铸件；也可以将高碳铁水继续导入一个方池，用长杆搅拌铁水与空气混合，促使铁水中的碳烧损，即为炒钢；其间会向方池中抛洒泥灰，尚不能确认泥灰的化学组成。现代的炼钢过程包括了两个重要过程：一是向铁水中吹入空气或氧气，以使钢中杂质元素氧化，并烧损多余的碳；二是随后向铁水中加入造渣剂，促使氧化的杂质变成钢渣而漂浮于铁水表面，并最终被清除以确保钢材纯净。如果《天工开物》所描述抛洒的灰泥多少具备造渣剂的功能，则炒钢已经具备了现代炼钢的基本要素。方池即为炼钢炉，长杆搅拌具备向铁水中输氧的功能，而抛洒灰泥即为造渣。

据宋《太平御览》记载，东汉时曹操命负责制造兵器的官员制作“百辟”宝刀，其子曹植的《宝刀赋》述称“乃炽火炎炉，融铁挺英，乌获奋椎，欧冶是营”。所简述的炼制宝刀的过程大意为：在炽火旺盛的炉中熔铁取钢，强壮的工匠奋力捶打以制成宝刀。其时，孙权即持有名为“百炼”的宝刀。考古研究证实，这些宝刀的制作方法为：以适当含碳较高的冶炼铁条为原料，将若干这种铁条叠放在一起，经过加热、铁锤锻打、再加热、铁锤再锻打的反复加工并以适当冷却速度制成钢条的过程；其中，会把很长的钢条折叠起来再反复如此加工。这种加工的次数可以反复 30 次、50 次、甚至百次，称为三十炼钢、五十炼钢、百炼钢等。由此衍生出“千锤百炼”“百炼成钢”等成语。这种加工制成的钢可称为**百炼钢**（图 5.32）。百炼钢刀坚韧、锋利、经久耐用；但百炼钢的制作过程复杂、耗时，唐宋之后炒钢及其他制钢技术日渐成熟，百炼钢才逐渐减少。

到 11 世纪初北宋时期，中国冶铁、制钢技术领先当时世界水平的程度达到了顶峰，钢铁的年产量已达到十几万吨的水平。而直到 18 世纪初，整个欧洲钢的年总产量才达到或超过这一水平。

5.31

5.32

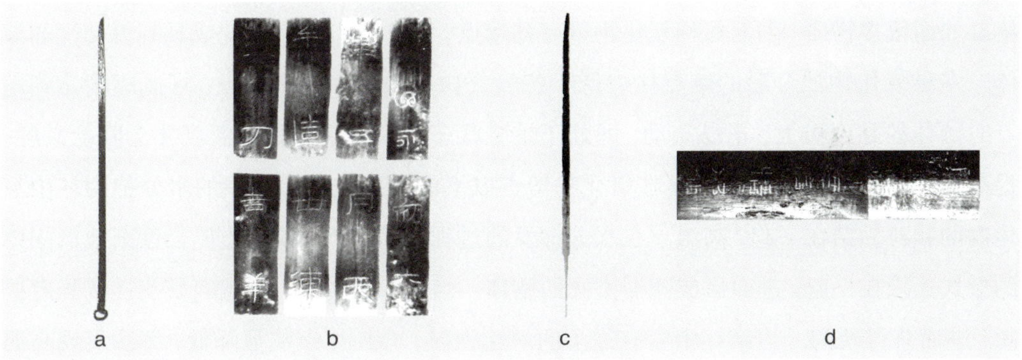

◉ 图 5.31《天工开物》描述的生熟炼铁炉

◉ 图 5.32 中国铁器时期用百炼钢技术制造的铁器：a. 山东临沂苍山县出土的公元 112 年制东汉环首三十炼钢刀（长 111.5 厘米，宽 3 厘米，背厚 1 厘米）；b. 背上铭文为永初六年五月丙午造三十湅大刀吉羊宜子孙（李延祥、潜伟协助供图）；c. 江苏徐州铜山县出土的公元 77 年制东汉五十炼钢剑（通长 109 厘米，剑长 88.5 厘米，宽 1.1 厘米至 1.3 厘米，背厚 0.3 厘米至 0.8 厘米）；d. 背上铭文为建初二年蜀郡西工官王愔造五十湅□□□孙剑□

5.6 瓷器的发明与发展

全世界基本公认，瓷器是中国发明的。瓷器的一个英文词被译为“china”，由此延伸出中国的英文名称也被译为“China”。我们今天知道，瓷器的基本化学组成与陶器相差不大，二者都属于无机非金属材料。然而，瓷器的发明和发展经历了一个漫长的过程。

在新石器时代人们熟练掌握了烧陶技能后，烧制前经常在柔软的陶坯表面刻画或印制上一些规则的痕迹或条纹，再烧制成的陶器称为**印纹陶器**（图 5.33）。印纹即可防止手持陶器时打滑，也可以保持陶器的美观。但人们会发现，经过一段时间使用后，这些印纹很容易因磨损而消失。

长期的烧陶实践和陶器使用经验使人们总结出，适当的选择制陶所用的黏土原料和提高烧陶温度后，可明显提高所烧制陶器印纹的强度，印纹较难因磨损而消失。因此，中国人相应地改进了制陶技术，在约公元前 1 300 年前的商代制出了**印纹硬陶**（图 5.34）。今天的科技知识表明，当时所选择适当的黏土是指黏土中含有氧化铁的量应该尽可能少，提高烧陶温度的技术指标是使烧陶温度尽可能达到 1 200 ℃，即当时已可实现的技术水平。

陶器和瓷器中主要的化学组成是氧化硅、氧化铝以及其他各种氧化物组成的混合体。如同很多物质一样，每种氧化物都有其熔点，高于熔点就会转变成具有流动性的液体。多种氧化物混合后的熔点往往低于各氧化物单独存在时的熔点，且造成刚达到熔点时液体的黏度极大，不易流动，即处于熔融状态。只有继续提高温度才会降低黏度、提高流动性。烧陶过程通常是在氧化物熔点以下的固态进行。泥中的水分把陶坯中氧化物的颗粒黏结在一起，高温下在水分挥发的过程中，各个颗粒的边界会逐渐地以固体的形式连接在一起，进而形成陶器坚固的整体。烧陶温度越高，则越容易使连接强度提高，进而获得硬陶。当陶坯中含有过多的氧化铁时，会使熔点明显降低，无法实现高温烧陶。

在烧制陶器所用的木草或木柴等燃料烧尽时，所剩余的灰烬称为草木灰。如果飞扬的草木灰落在陶坯上并滞留，则陶器烧成后人们常发现在遗落草木灰的地方会形成一层透明、光滑、明亮、不吸水的物质，称为**釉**。釉可以起到保护陶器表面并装饰美化陶器的作用，因此一经发现就引起了人们的重视，并尝试人为地在陶器表面制造完整的釉层。开始是陶坯烧制前先在表层涂覆含草木灰的涂料，烧成后即可获得釉层；进而自商代就

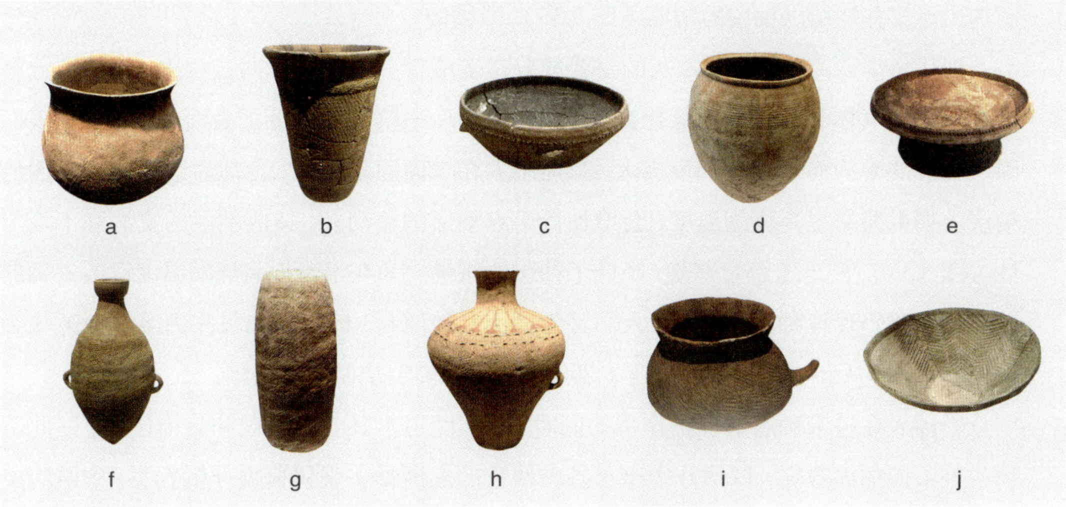

5.33

5.34

◉ 图 5.33 新石器时期中国的印纹陶器：a. 约公元前 6 500 年湖北宜都城背溪［鄂］; b. 约公元前 6 000 年辽宁阜新查海遗址［辽］; c. 约公元前 5 300 年安徽蚌埠双墩遗址［皖］; d. 约公元前 5 000 年山西垣曲古城东关［晋］; e. 约公元前 4 750 年湖南安乡汤家岗遗址［湘］; f. 约公元前 4 500 年陕西西安半坡遗址［半］; g. 约公元前 4 000 年陕西西安临潼姜寨［陕］; h. 约公元前 3 000 年青海同德宗日遗址［青］; i. 约公元前 2 750 年福建闽侯昙石山遗址［闽］; j. 约公元前 2 600 年河南郑州西郊［豫］

◉ 图 5.34 新石器时期中国的印纹硬陶：a. 约公元前 1 300 年浙江长兴印［浙］; b. 约公元前 1 300 年浙江印［浙］; c. 约公元前 1 300 年上海马桥［沪］; d. 约公元前 1 300 年福建闽侯黄土仑遗址［闽］; e. 约公元前 1 000 年新疆奇台［新］; f. 约公元前 900 年浙江［浙］; g. 约公元前 900 年上海青浦骆驼墩［沪］

制造出涂覆并烧结出釉层的陶器（图 5.35），即**釉陶**。

现代科学研究表明，草木灰的主要成分是碳酸钾。在高温烧陶过程中，碳酸钾分解成二氧化碳气体和氧化钾。氧化钾渗入陶坯表面，不仅明显降低了表面的熔点，且表面因氧化钾的混入而熔化后黏度极大，只能附着在表面而不流动；冷却后即形成了表面的釉层。如果简单提高烧陶温度，会增加低熔点釉层的流动性，造成釉层的流淌和不均匀性（图 5.36），甚至随后会剥落，降低了釉层的质量。为在不断提高烧陶温度以改进陶器性能的同时仍保证釉层的质量，人们又尝试用其他原料，即用诸如氧化钙等其他氧化物取代氧化钾，从而不断摸索出适合 1 200 ℃及以上高温烧制的高温釉。

中国人在追求釉层的保护作用的同时，还不断追求其各种美观和装饰作用，因此选用各种不同的涂覆料，探索开发出了各种颜色的表面釉。现代科技分析表明，中国历史上最早的青釉主要使用的是氧化铁。如果把氧化铁与氧化锰等氧化物混合使用，即可得到黑釉；氧化铜与铅等原料混合使用，可获得绿釉；尽可能去除釉料中的氧化铁和氧化钛，则可以获得白釉；使用氧化铜和铜的化合物为主的釉料，可获得红釉；以含氧化亚铁的釉料可获得黄釉；含氧化钴的釉料可获得蓝釉，等等。烧制的气氛及釉料中的辅助料以及烧制工艺等都会影响最终釉的色彩，在这方面中国古代各个时期都积累了大量的经验和技术。如唐代所烧制的唐三彩就是典型彩釉陶器的代表（图 5.37）。

釉陶的烧结温度通常低于陶坯主体的熔点而略高于表面釉料的熔点，但不能高出太多，以使釉料保持良好的黏稠附着状态。打断烧成的釉陶后，可以在断面上观察到很多疏松的细小空洞，侵入水中后会吸附一定的水量。长期选择原料的经验可以使人们找到促使烧成的陶器越来越白的原料。同时也注意到烧制的陶器越白，所需的烧制温度越高，因而越需要使用熔点相应提高的釉料。今天的科技已经可以证实，原料中氧化铝的含量越高及氧化铁的含量越低，则烧成的陶器越白，且要求的烧制温度越高。烧制原料中氧化铝含量的提高和氧化铁含量的降低造成烧成器的断口基本呈现白色，当烧成温度超过 1 200 ℃致使烧成器断面致密度提高至其吸水率低于 1%，且其表面釉料适合于 1 200 ℃以上高温烧制并形成与烧成器主体结合紧密而均匀分布的釉层时，这样的烧成器即为**瓷器**。瓷器内部的气孔率非常低，敲击时会发出清脆的声音。瓷器的强度和密度都明显高于陶器，且厚度较低时可以沿着厚度方向透过一定可见光。

在不断改进陶器质量和探索烧釉技术的过程中，中国的制陶水平不断提高。到了商代，中国许多釉陶的性能和质量已经远远超出了传统陶器。这种高水平的釉陶虽然仍属于陶器，但如今被认作是中国瓷器的萌芽，称为**原始瓷**（图 5.38）。当然，这还不是瓷，且与最终雪白、透光、优雅、完美的精细瓷器（图 5.39）尚有本质的区别，还要经历漫长的摸索和不断的改进过程。

目前的研究认为，到了公元 25 至 220 年的东汉时期，中国逐渐掌握了成熟的瓷器制造工艺。当时主要借助增加氧化铁的含量，形成瓷器表面低熔点、高黏度的釉。根据表面釉料的颜色，这种瓷器被称为**青瓷**（图 5.40），青瓷基本具备了瓷器所应有的主要特征。自此以后，经历了三国、西晋、东晋、南北朝、隋、唐、五代、北宋、南宋、元、明、清等多个朝代持续的努力，中国的瓷器制造出现了多个发展高峰（图 5.41），赢得了巨大的国际声誉。

5.35

5.36

5.37

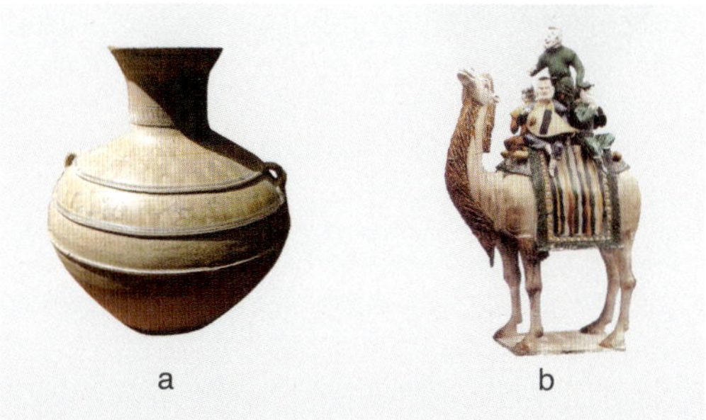

◉ 图 5.35 中国早期表面覆盖釉层的陶器：a. 约公元前 900 年浙江覆盖有釉层的陶鼎［浙］；b. 约公元前 1 300 年青釉陶尊［沪］

◉ 图 5.36 中国早期表面覆盖低熔点釉导致流淌釉层的陶器：a. 约公元 100 年湖北当阳双龙青家冢青瓷钵上流淌的低熔点釉［鄂］；b. 约公元 100 年江西南昌褐釉脱落的陶罐［昌］

◉ 图 5.37 中国历史上代表性釉陶：a. 约公元 100 年湖南长沙白泥塘釉陶锺［鄂］；b. 公元 723 年陕西西安鲜于廉墓唐三彩骆驼俑［国］

a
b
c
d
e
f
g
h

a
b
c
d
e
f

5.38	5.41
5.39	
5.40	

◉ **图 5.38** 中国早期的原始瓷：a. 约公元前 1 400 年河北藁城台西［冀］；b. 约公元前 1 300 年江西清江吴城［国］；c. 约公元前 1 300 年河南郑州二里岗［国］；d. 约公元前 900 年浙江衢县［浙］；e. 约公元前 900 年山东济阳刘台子［鲁］；f. 约公元前 900 年湖北黄梅焦墩遗址［鄂］；g. 约公元前 900 年福建浦城管九村土墩墓［闽］；h. 约公元前 800 年安徽屯溪弈棋机场［皖］

◉ **图 5.39** 约公元 1430 年明宣德透光青花碗［贵］

◉ **图 5.40** 中国早期的青瓷（成熟瓷）：a. 约公元 100 年江苏江都黄毛墩青釉瓷壶［沪］；b. 约公元 100 年湖南长沙文艺路白釉瓷碗［长］；c. 约公元 100 年湖北当阳双龙青家家青瓷罐［鄂］；d. 约公元 100 年河南洛阳中州路青瓷罐［国］；e. 约公元 100 年广西全州永岁松山里青釉瓷壶［桂］；f. 公元 175 年浙江奉化青瓷井［浙］

◉ **图 5.41** 中国瓷器的发展和演变历史：a. 约公元 250 年江苏南京北京路吴墓三国青釉羊烛台［国］；b. 公元 302 年江苏南京雨花台西晋青瓷壶［浙］；c. 公元 351 年浙江温州雨伞寺东晋青瓷褐色壶［浙］；d. 约公元 500 年南北朝青釉罐［贵］；e. 公元 599 年浙江衢州江山旱泥坑隋青瓷碗［浙］；f. 约公元 760 年唐褐斑瓶［浙］；g. 约公元 930 年江苏苏州七子山五代青瓷碗［浙］；h. 公元 961 年江苏苏州云岩寺塔北宋秘色瓷碗［浙］；i. 约公元 1 200 年甘肃漳县汪世显墓南宋青瓷瓶［浙］；j. 约公元 1 320 年湖北钟祥郢靖王墓元青花梅瓶［鄂］；k. 约公元 1 430 年明宣德青花盘［晋］；l. 约公元 1 760 年清乾隆多彩镂空瓷瓶［国］

5.7　纸张的发明

自人类尝试创造文字的一开始，就利用某种介质或载体把所想象出的“文字”图形以眼睛可见的形式表达出来。这些文字图形可能首先被刻划或描绘在树干、木头片、植物叶片、树皮等随手可得的植物性载体上，可惜这些随意刻划的载体很难保留至今。新石器时期，在熟练掌握了制陶技术和磨光石器制作技术的基础上，人们又会把那些文字的雏形刻画在泥坯上烧成陶器、涂写在陶器上、凿刻在石头上等。这些远古的文字痕迹有可能被偶然地保留至今。

约公元前 3 500 至前 3 200 年期间，两河流域美索不达米亚地区所出现的大量楔形文字往往首先被刻写在湿泥板上，泥板干涸后即形成可以长期保存并被后世发掘的泥板文字。这些泥板还会被烧制成陶砖的形式，因而更加便于流传阅读和保存。约公元前 3 200 至前 3 100 年期间埃及尼罗河地区出现最早的象形文字是凿刻在石板或骨板上的文字。约公元前 2 500 至前 2 400 年期间在古印度地区的至今无法解读的文字大多刻在石头或陶土制成的印章上，形成了印章文字。约公元前 1 300 年古代中国使用的甲骨文多刻录在龟甲或兽骨上（图 5.42）。

制作记录有文字的泥板或陶板需要一定的加工过程，无法随写遂成；在石板、木板上刻录也需要较长的加工过程；在树皮、植物叶上书写会比较方便，但树皮和植物叶容易腐烂、损坏，难以保存；使用龟甲或兽骨记录文字也受制于甲、骨来源的有限性。可以看出，自古代人类发明文字后，若想把文字记录下来并不是一件很容易的事。人类迫切需要并一直在努力寻找非常方便书写并记录文字资料的材料。

中国商代使用甲骨刻录文字的同时，也开始了在简牍上书写文字的历史。简牍以长条状竹片制作的竹简为主，也有以长条状木片制作的木简（图 5.43a）。如果竹片或木片的宽度较大，则称为竹牍或木牍。每个简片上可以书写一行字，用大量同样长度的简片可以把文章或书籍的内容书写完毕。随后按照书写的顺序，用上、下两道绳索把所书写的简片捆接成长串，再卷起来，即制成了古代的书籍。

约公元前 2 000 年，中国已经出现丝织技术和丝织物，为帛书（图 5.43b）的出现奠定了基础。帛书是中国古代略晚于简书的一种在丝织物上记录文字的形式。丝织物轻便、可折叠、易于书写，是非常好的书写材料，只是价格过于昂贵，只适合贵族使用。

约公元前 1 000 年，古埃及人把尼罗河边的莎草茎秆的皮剖成许多长条状薄片，且相互紧密相连地并排铺开成适当宽度的莎草片；然后，两个这样的莎草片叠放成两层叠加的叠片，且使上下两层莎草片中的长条状茎秆薄片的长度方向互相垂直；然后边浇水边用工具击打叠片直至渗流出茎秆黏液，使长条薄片之间以及莎草片之间就都彼此粘连起来；随后用平整的重物长时间压住叠片至其风干；最后，取出风干叠片并对其表面作磨光处理后即制成了古埃及曾大量用于书写的莎草纸（图 5.44）。莎草纸出现后，曾在埃及以及欧洲许多地区广泛使用。

a　b　c　d

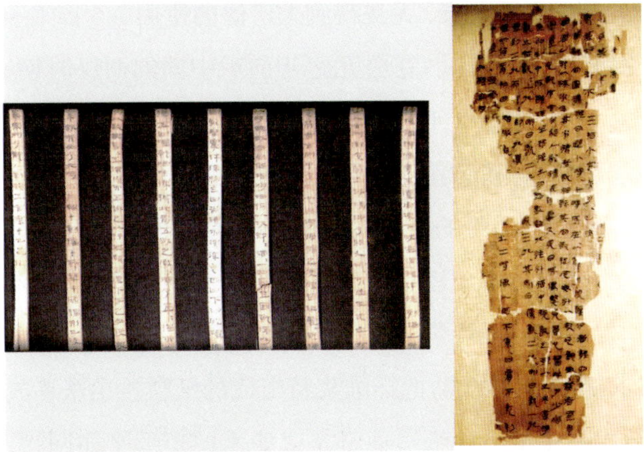

a　b

a　b

5.42

5.43

5.44

◉ **图 5.42** 世界各地古文明早期在泥板、陶板、龟甲上记录的文字：a. 苏美尔楔形文字；b. 古埃及象形文字；c. 古印度印章文字；d. 古中国甲骨文

◉ **图 5.43** 约公元前 170 年西汉简书（a）与帛书（b）[湘]

◉ **图 5.44** 古代埃及的莎草纸：a. 莎草；b. 莎草纸上的古埃及文字

纸是植物纤维经适当加工制作后以化学氢键键合及物理连接方式相互交联结合而成的薄片状材料，可用于书写、绘画、印刷、包装等诸多方面。由此可见，莎草纸并不是现代意义的纸。莎草的茎秆是植物纤维的天然集合体，以天然的方式聚合在一起以支撑莎草。莎草纸的制作过程是把莎草的茎秆排列在一起，利用茎秆内渗流出的黏液把排列好的茎秆黏合在一起后风干。用植物茎秆为原料制作的编织物是利用植物纤维天然集合体枝条之间复杂的缠结约束力编制成片；而莎草纸则是以物理黏合的方式把植物纤维天然集合体连成片。莎草纸内在更微观细小的植物纤维层面上并没有借助化学键合的方式相互更牢固地连接在一起，因此在使用性能上往往会呈现一定的局限性。例如，莎草纸虽然可以折弯，但无法像纸那样作硬性的反复折叠；长时间使用后黏合物会老化、脱黏、散乱，需要更仔细地保存。莎草纸只能以莎草为原料，古埃及大量使用莎草纸后，莎草资源迅速枯竭，也促使莎草纸的发展走向衰落，甚至莎草纸的制作工艺曾经失传。公元初期，埃及一度禁止向欧洲输运莎草纸。约公元 2 世纪，欧洲为克服在纸张需求上的困境，把羊皮经适当加工处理后制成可以两面书写的羊皮纸，但这种非植物纤维的制品也不是真正意义上的纸；而且羊皮价格昂贵，来源有限，无法得到太广泛的使用。

人们熟知，造纸术是中国古代的四大发明之一。在公元纪年前后中国的西汉时期，就已经有了不同类型纸的制作和使用。约公元 100 年，东汉的蔡伦在总结前人经验基础上，用树皮、破渔网、破布、麻头以及其他多种植物作为原料，制造成了适合书写的较优质植物纤维纸（图 5.45a），改进了造纸术。其造纸的流程大体可以描述如下：

将所获得的各种植物纤维原料浸水润湿后切成短小的碎料后洗涤干净，然后借助碾压舂捣等加工方式打开碎料的缠结团促使短纤维均匀分布，再在浆料槽中与适量水混合搅拌配置成分布均匀的短纤维浆料；随后需用抄纸器把纤维浆料组成的纸膜抄出来形成湿纸（图 5.45b），经日晒干燥后即制成一张纸。抄纸器通常是过滤水的矩形平面网筛，可以平行地浸入浆料槽液面以下。抄纸器上面分布着纤维浆料，轻微水平晃动抄纸器可促使其上端浆料尽量分布均匀。然后，沿垂直于浆料液面的方向缓慢地平行提出抄纸器，其上即会留存一层纤维浆料构成的湿纸。抄出的湿纸在随后的烘晒过程中会脱除亲水性植物纤维之间的水分，烘晒过程提供的能量使得植物纤维之间原来依靠亲水性的结合转变成非常强韧牢固的化学氢键结合，由此使烘干后的纸张具备了多方面优异的使用性能。随后，经过历朝历代的技术更新和改进，纸的生产效率和质量不断提高，生产量和应用范围也不断扩展。

蔡伦改进造纸技术所用的原料大多是一些废弃物，而且原料来源还可以扩展到任何廉价的含有植物纤维的资源、废弃物、天然植物等。因此，其取材范围非常广泛，且整个制造过程并不复杂。由此可以看出，中国发明的造纸术还具备质地柔韧、成本低廉、可取代帛简、便于携带、应用广泛等诸多特点，满足了书写、绘画、印刷、包装等方面的巨大社会需求。

秦汉时期，中国与越南已经有了人员往来。蔡伦造纸技术形成之后的东汉末年，许多汉人因躲避战乱而来到越南，导致约公元 2 世纪中国的造纸技术传到越南。两汉时期有大批汉人迁移到朝鲜，汉朝所制造的纸张也流传到朝鲜境内，约公元 4 至 5 世纪中国的造纸技术传到了朝鲜。大约在同一时期，日本持续网罗居住在朝鲜半岛的汉人人才，并因此引进了造纸技术。自公元 2 世纪起中国与印度就存在通商的联系，其间中国制造的纸也流传到印度，约公元 6 世纪印度开始以传入的技术自行造纸。同一时期或稍晚，巴基斯坦和孟加拉也相继自行造纸。约公元 6 至 7 世纪，中国制造的纸张传入印度尼西亚，公元 12 至 13 世纪的南宋末年，大量汉人移居到印度尼西亚、菲律宾等地，并带去了

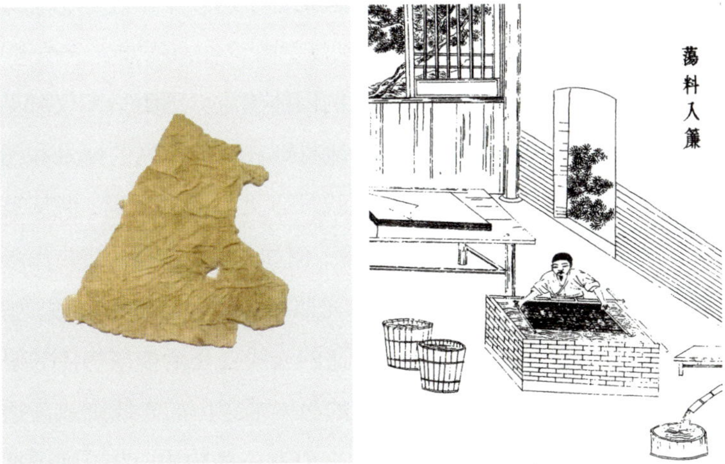

a　　b

◉ 图 5.45　中国古代的造纸术：a. 约公元前 100 年甘肃居延肩水金关纸［国］；b.《天工开物》描述造纸过程中用抄纸器抄出湿纸

5.45

造纸技术。随后，造纸技术也陆续传播到泰国、缅甸等地。公元 751 年唐朝大将高仙芝率军与征服了波斯并向东扩张的古阿拉伯帝国于哈萨克斯坦境内爆发怛罗斯战役，激战中唐军因联军内部发生叛乱而失败，唐军中造纸工匠被阿拉伯军队俘虏；随后发生安史之乱，唐军因无法再战而撤离。公元 753 年经被俘造纸工匠传授造纸技术后，古阿拉伯帝国建立了第一个生产麻纸的造纸场，阿拉伯人深知造纸技术的重要性，并采取了严格的保密措施，防止造纸技术外泄。公元 8 世纪到 12 世纪初的约 400 年期间，阿拉伯人曾努力封锁造纸技术；但随着阿拉伯势力向西不断扩展，中国的造纸技术也不断西进。公元 793 年传到伊拉克巴格达；公元 795 年传到叙利亚大马士革；公元 900 年传到埃及开罗；公元 1 100 年传到摩洛哥；公元 1 150 年传到西班牙并在沙提伐城建立了欧洲的第一个造纸工场；公元 1 271 年传到罗马。其间，埃及的莎草纸因被具有全面优势的中国纸所取代而迅速消亡。可以看出，中国造纸技术西传的路径基本上是沿着古丝绸之路向西推进。中国的造纸术成熟后，逐渐传播到世界各地，为人类文明的发展发挥了巨大的推动作用。

5.8 玻璃

人们日常把**玻璃**看成能够让可见光穿越的透明或透光的固体物质。**透明**指不仅可见光线几乎可以完全穿过玻璃，而且从玻璃的一侧可以清楚地看到玻璃另一侧的情景和图像；例如，日常的窗玻璃就属于透明玻璃。**透光**指可见光线可以大量穿过玻璃，但从玻璃的一侧不能或很难清楚地看到玻璃另一侧的情景和图像；例如，磨砂玻璃、某些深颜色的彩色玻璃、玻璃工艺品等就属于透光玻璃。一束可见光照射到任何固态物体后，一部分光线可能被反射回来，其他进入该物体并继续向前传递的光线会逐渐被该物体的原子或分子所吸收；那些没有被完全吸收掉而最终从该物体的另一端穿出的光线则成为透射光。可见光照射多数物质时都会被吸收殆尽，无法穿过。但有一些物质，当受到可见光照射时对其反射较弱，且光线进入该物质体内并继续向前传递时几乎完全不被该物质的原子或分子吸收，致使进入该物质的光线几乎全部穿透该物质而从另一端射出。这样的物质就可以成为制造传统玻璃的基础材料，氧化硅就属于具备这种光学特性的基础材料。然而，具备这种光学特性并不一定能制成玻璃，例如陶器、玉器、瓷器等的主要成分都是氧化硅，但它们通常并不具备显著的透光性。

一般来说，固体物质都是由大量的某些原子或分子组成，或者说由大量的原子或分子堆砌而成。如果我们把构成物质的原子或分子看成一个一个的圆球，则原子或分子堆砌方式大致可以分为规则堆砌或无规则堆砌两种方式。原子或分子以规则方式堆砌起来形成的物质体称为**晶体**（图 5.46）；若以非规则方式堆砌起来形成的物质体则称为**非晶体**。例如，大量氧化硅分子以规则方式堆砌成的大块物质即构成了氧化硅晶体，也就是通常所说的**水晶**，这里一块单一的水晶被称为水晶的**单晶体**（图 5.47a）。氧化硅分子的透光特性决定了，不仅氧化硅分子规则堆砌而成的一块单一的水晶是透明的，即使氧化硅分子以不规则方式堆砌而成的非晶体也是透明的。

在自然界中，经常会找到由许多水晶的单晶体堆垛在一起而成的水晶晶簇（图 5.47b），即大量长度为几厘米至十几厘米的、大大小小的水晶单晶体堆砌成的集合体，这种集合体

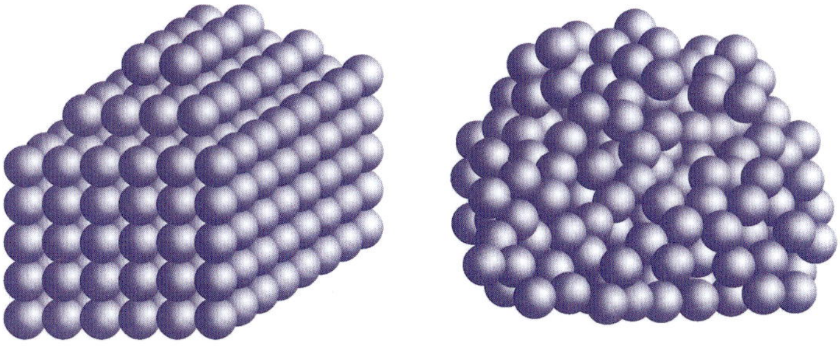

a　　　　b

a　　　　b

◉ 图 5.46 原子或分子的规则堆砌成晶体（a）或无规则堆砌成非晶体（b）

◉ 图 5.47 透明的氧化硅晶体（水晶）：a. 单晶体（杨平协助供图）；b. 水晶单晶体的集合体构成的水晶晶簇［矿］

称为**多晶体**。可以看到，许多透光性良好的水晶单晶体堆垛成多晶体后，其透光性就变差了。至少由透明变得只是透光。实际上，水晶单晶体对可见光来说是极其透明的，但如果晶体表面受到磨损或吸附了一些其他杂质，则磨损部位的表面起伏及所吸附的杂质都会吸收可见光，从而降低了单晶体的透光性能。许多长条状的水晶单晶体以其长轴方向杂乱无章分布的方式紧密而无缝隙地堆垛在一起时，每两个相邻单晶体之间都会形成一个单晶体之间的分界面，简称**晶界**。晶界上难免会不同程度地吸附杂质或有少量磨损，并对穿越的可见光造成一定的吸收，使透光性降低。在体积不变的情况下，多晶体内单个晶体的尺寸越小，则可见光透射通过该多晶体时需要穿越的晶界数目越多，且因被吸收而衰减的程度也越高。陶器、瓷器通常含有大量杂质，且是由大量尺寸多为几微米至几十微米的小晶体堆垛而成的多晶体，这些小晶体的尺寸比自然界中水晶晶簇中单晶体的尺寸小上万倍，由此所产生的强烈晶界吸收使陶器和瓷器完全不透明。只有某些非常纯净的精细瓷器，当其厚度尺寸小到一定程度后，才会表现出有限的透光性。

实际上当可见光穿越晶界时，除了部分被吸收外，还会因发生折射等光学行为而改变传播方向；大量的晶界使得可见光改变的方向也是杂乱无章的。可见光即使是照射到极为纯净的水晶多晶体而不被吸收，也无法不改变方向地直接穿越。此时高纯净的水晶多晶体尽管透光性非常好，但已经无法达到透明，即多晶体一侧的情景和图像经过大量晶界的多重折射而无法完好无损地被传递到另一侧。由此可见，高纯净的水晶多晶体只能形成高透光但都不透明，其中晶界是最主要的伤害透明度乃至透光度的元凶。

多数物质被加热到其熔点以上时，会转化成可流动的液态，且构成物质的原子和分子会杂乱无章地聚集在一起；把熔化的液体冷却到熔点以下，就会发生凝固现象，且物质的原子或分子倾向于以规则排列的形式转变成固态晶体。当在凝固过程中许多小晶体同时形成时，凝固之后的固体就是一个多晶体，含有大量的晶界。有一些类型的液态物质，当将其冷却到接近熔点温度时，其黏度很高而流动性差，其间的原子或分子需要较长时间调整位置，以便在熔点以下凝固成晶体。如果冷却速度过快以至下降到很低的温度时，原子或分子来不及调整成规则排列的状态，且低温下它们也不再有能力借助延长时间来调整位置，则熔点以上液态原子或分子杂乱无章的排列方式就会被保留到低温固体状态的物质中，此时该物质为非晶体。氧化硅、氧化硼、氧化磷、氧化锗等氧化物都属于这类物质。将液态氧化硅缓慢冷却，它可以凝固成晶体；但在快速冷却时，它就会成为非晶体。原子或分子整体上杂乱分布的非晶体内，并不存在晶界。氧化硅分子从本质上具备不吸收可见光的特性，一大块不存在内部晶界的氧化硅非晶体则会表现出优良的透明特性。非晶体氧化硅的这一特性被广泛地用来制作人们日常的玻璃或玻璃器皿。

在物理上也存在与玻璃相关的概念，当物质的原子或分子杂乱地堆砌分布时，称为非晶体状态，也称为**玻璃态**。这里提到的玻璃强调的是物质原子或分子排列的非规则特性，并不直接涉及物质的透光性。因此在物理上谈论的许多玻璃态物质并没有透光性；而日常生活中谈论的一些玻璃往往只关心其透光性，并不在乎其内部的原子或分子是否规则排列，如水晶玻璃制品就属于其内部分子规则排列的透明氧化硅制品。玻璃一词及其理念在物理领域和日常生活中的差异会给人们带来一定困扰，需要注意区别。

根据物理的光学原理可知，可见光是波长在 400 纳米至 760 纳米之间的电磁波。所有波长的可见光一起照射时，看不到光有颜色，或称是白亮的光；但较窄波长范围的可见光实际上是有颜色的。如波长在 400 纳米至 430 纳米范围时是紫色；在 430 纳米至 450 纳米范围时是蓝色；在 450 纳米至 500 纳米范围时是青色；在 500 纳米至 570 纳米范围时是绿色；在 570 纳米至 600 纳米范围时是黄色；在 600 纳米至 630 纳米范围时是橙色；在 630 纳米至 760 纳米范围时是红色。非晶状态的氧化硅玻璃可以透过所有波长的可见光。当氧化硅玻璃中含有适量只对特定窄范围波长可见光不吸收的物质时，玻璃会呈现出一定的颜色。如氧化硅中加入少量硫化镉、氧化铈可使玻璃呈黄色；加入少量氧化铬可使玻璃呈翠绿色；加入少量氧化铁可使玻璃呈蓝绿色，等等。借助这一原理，可以制作出五颜六色的彩色玻璃或玻璃制品。鉴于相关的光学原理，当陶瓷表面的釉料中含有适量只反射特定窄范围波长可见光的物质时，釉料也会呈现出相应的颜色，此亦为制作彩釉的原理。

在人类发明了用釉烧制陶器的技术后，就注意到釉的熔点比所烧制陶器本身的熔点低很多。根据其化学组成以氧化物为主的特征，仍可把釉与陶器归属于同一类材料。刚刚熔化的釉料黏度很大，类似于湿黏土，便于改变和塑造外形；较低的熔点也便于人们在刚熔化的状态下实施改变其外在几何形状并塑造成型的操作。因此，在人类发现了釉的同一时代，就尝试使用在较高的温度下以釉料的化学组成为主的物质制造自己所设想的几何形状的器具。釉料刚熔化时较高的黏度也表明，在后续冷却过程中，其内氧化物分子的堆砌状态很容易保持无规则的非晶体状态；也就是说，这一类的制品属于玻璃态的物质。目前很难精确认定，人类最早何时制造出了纯玻璃态物质的制品。公元前 2 000 年之后的铜器时期，在古两河流域和古埃及地区均出现了这类由玻璃态物质制作的制品。这些早期制品通常不具备透光性，与我们今天日常理解的玻璃不同。

玻璃态物质与日常的玻璃制品在理念上确实存在一定差异。在杭州半山镇石塘村1号墓发现的约公元前350年战国时期完全透明的水晶杯说明，当时人类已经了解到一些自然物质的透光特性，并制成了器具使用。进入铁器时期后，随着人类对玻璃态物质制作加工技术的发展与提高，包括提高制品的纯净度、去除其中不具备透光性的组分等，相应制品逐渐呈现出透光性，并逐渐向透明化演变（图5.48）。

5.9 铁器时代与工业革命

中国传统铁器时代的冶铁技术在许多方面都明显领先于世界。然而，在传统的中央集权和皇权专制的统治下，中国在冶铁技术和铁器产能的领先优势并未能促使中国在世界范围持续领跑社会经济。长期以来，中央皇权惧怕铁器生产可能造成的地方势力增强和民间反抗能力提升，因而不断出台各种限制或禁止民间开发铁矿和冶铁生产的措施（表5.1），例如北宋至清代的种种禁铁措施。这些禁铁行为极大地打击了中国铁器技术和生产的发展，使中国随后的铁器产量经常保持在年产1万吨至2万吨的水平。如明永乐时期的1403—1410年，年产约1万吨；明嘉靖时期的1531年，年产约2万吨；乃至清道光鸦片战争时期的1840年，仍只有约2万吨的年产量。

表5.1 传统铁器时代后期中国中央执政者的部分禁铁行为

年份	朝代	主政者	禁铁行为	禁铁理由
1100—1125	北宋	赵佶	禁止民间买非农用铁	控制铁器流通
1162	南宋	赵构	罢废40%冶铁	已有铁器够用
1385	明	朱元璋	停止采铁矿冶铁	劳民
1395	明	朱元璋	停止官营冶铁	已有库存1.9万吨
1397	明	朱元璋	废除九处冶铁所	害民
1436	明	朱祁镇	封闭坑冶	稳固统治
1557	明	朱厚熜	封闭北方采矿	冬天寒冷
1563	明	朱厚熜	严申矿禁	防止盗采
1652	清	爱新觉罗·福临	禁止民间开铁矿	无益国计、滋扰地方
1703	清	爱新觉罗·玄烨	禁止民间开铁矿	矿徒聚众、危害统治
1704	清	爱新觉罗·玄烨	禁止民间开铁矿	无益于地方安定
1734	清	爱新觉罗·胤禛	否决民间开铁矿申请	聚众难管

18世纪中期英国爆发工业革命，随着飞梭、纺织机、蒸汽机等机器的发明以及工业

化机器生产逐步取代手工劳动，英国的铁器需求量持续攀升。工业革命之初的 1740 年，英国的铁器年产量不到 2 万吨，1788 年也只有 6.8 万吨，远低于中国北宋时期。其时，中国的统治当局尚纠结于禁铁措施以防范地方的反叛，而工业革命对铁器的巨大需求却促使英国铁器生产得到急剧发展。简单对比英国工业革命时期前后中国与英国铁产量（图 5.49）可以看出，至 1839 年钢铁时代前夕，英国的铁器产量已经达到年产 134.7 万吨，仅用几十年就把中国远远甩在后面。相比之下，中国在鸦片战争中战败就不足为奇了。

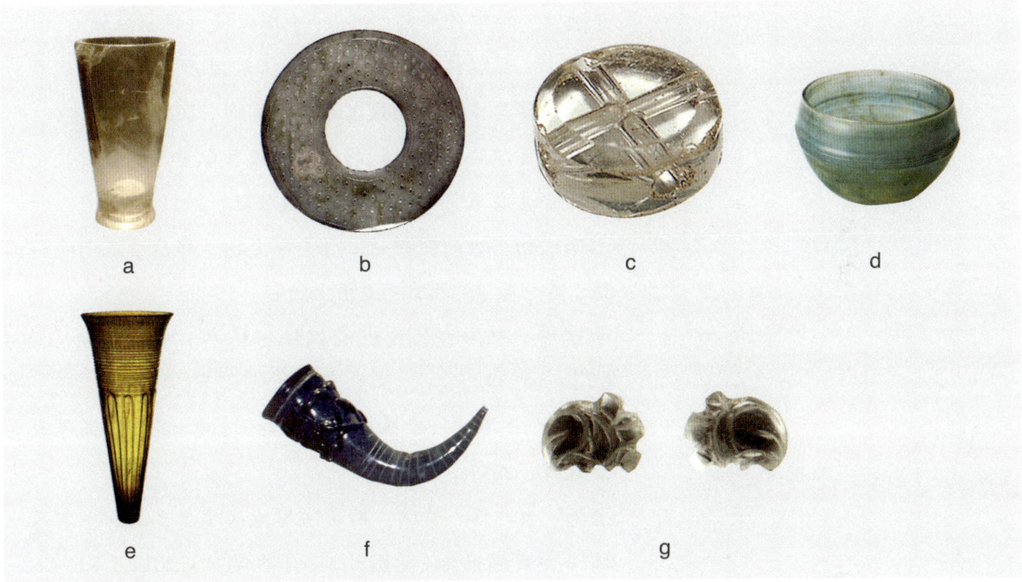

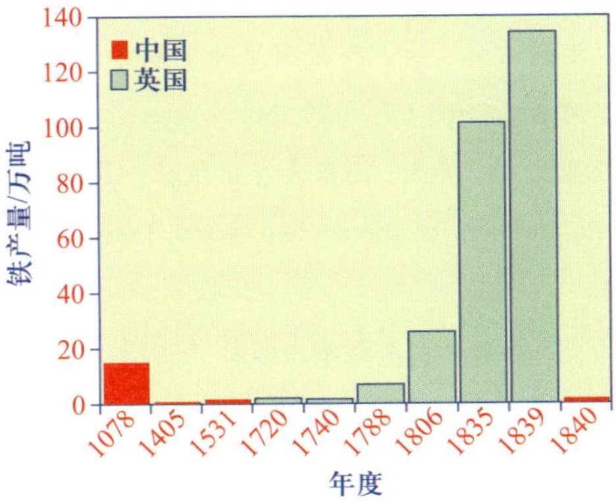

5.48

5.49

◉ **图 5.48** 世界各地各种带有一定透光特性的玻璃制品：a. 约公元前 350 年战国杭州半山镇石塘村 1 号墓水晶杯［杭］；b. 约公元前 350 年战国湖南长沙杨家山谷纹玻璃璧［湘］；c. 约公元前 350 年战国湖北江陵九店楚墓水晶饰品［鄂］；d. 约公元前 100 年西汉广西合浦文昌塔 70 号墓弦纹玻璃杯［桂］；e. 约公元 550 年德国法拉克开普敦酒杯［英］；f. 约公元 650 年意大利牛角酒杯［英］；g. 约公元 1040 年北宋安徽青阳新河光荣村北宋墓水晶兔［皖］

◉ **图 5.49** 工业革命时期前后中国与英国铁产量对比

进一步阅读

- Pritchard J B. The ancient Near East in picture. Princeton : Princeton University Press, 1969.
- 陈建立，杨军昌，孙秉君等．梁带村遗址 M27 出土铜铁复合器的制作技术．中国科学 E，2009, 39（9）：1574–1581.
- 张国硕，汤洁娟．中原地区早期冶铁问题分析．中原文物，2017（2）：64–69.
- 刘云彩．中国古代高炉的起源和演变．文物，1978（2）：18–27.
- 王鸿生．科学技术史．北京：中国人民大学出版社，2011.
- 陈建立，毛瑞林，王辉，等．甘肃临潭磨沟寺洼文化墓葬出土铁器与中国冶铁技术起源．文物，2012（8）：45–54.
- 新疆维吾尔自治区文物局．新疆维吾尔自治区第三次全国文物普查成果集．北京：科学出版社，2011.
- 河南文物考古研究所，三门峡市文物工作队．三门峡虢国墓：第一卷下．北京：文物出版社，1999.
- 李建辉．中国古代先进的钢铁冶炼术．中国民族，2004（2）：34–39.
- 刘家和，王敦书．世界史古代史篇：上卷．北京：高等教育出版社，2011.
- 仝涛，李林辉，黄珊．西藏阿里地区噶尔县故如甲木墓地2012 年发掘报告（附图片）．考古学报，2014,（4）：563–587.
- 仝涛，李林辉，赤列次仁，等．西藏阿里地区故如甲木墓地和曲踏墓地．考古，2015（7）：29–50.
- 亓佩成．古代西亚文明．济南：山东大学出版社，2016.
- Rathbone D. The grammar of the ancient world. Lewes: The IVY Press, 2009.
- 孟钟捷．德国简史．北京：北京大学出版社，2012.
- 北京科技大学冶金与材料研究所．铸铁中国——古代钢铁技术发明创造巡礼．北京：冶金工业出版社，2011.
- 沧州市文物局．沧州文物古迹．北京：科学出版社，2007.
- 宋应星．天工开物．北京：人民出版社，2015.
- 葛金芳．两宋工艺革命述论．中国社会经济研究，1991

(3): 14–24.

◉ 李家治. 中国科学技术史: 陶瓷卷. 北京: 科学出版社, 1998.

◉ 毛晓沪. 论中国陶瓷史上的三次技术革命(一). 东方收藏, 2010 (5): 76–77.

◉ 赵匡华, 周嘉华. 中国科学技术史: 化学卷. 北京: 科学出版社, 1998.

◉ 丁舟. 言必称希腊还是中国: 上卷. 北京: 北京日报出版社, 2015.

◉ 潘吉星. 中国造纸史. 上海: 上海人民出版社, 2009.

◉ 刘仁庆, 刘军钛. 欧洲早期造纸技术发展史略. 纸和造纸, 2014, 33 (9): 72–75.

◉ 刘仁庆. 由“莎草纸”引起的联想. 天津造纸, 2011 (2): 44–48.

◉ 刘仁庆. 论“丝绸之路”与“纸张之路”. 纸和造纸, 2015, 34 (7) 72–75.

◉ 干福熹等. 中国古代玻璃技术发展史. 上海: 上海科学技术出版社, 2016.

◉ 周启迪. 世界上古史, 4 版. 北京: 北京师范大学出版社, 2016.

◉ 孙玲. 论手工时代中西方冷兵器的工艺差异. 东方技术, 2017 (S1): 50–51.

◉ 何立波. 大国崛起视野下的古罗马兵器文化初探. 学理论, 2014 (12): 125–126.

◉ 朱文涛. 古罗马与中国汉代武器构造设计的比较分析. 装饰, 2010 (5): 69–71.

◉ 郭泳. 夏史. 上海: 上海人民出版社, 2015.

06

第 6 章

钢铁时代与近代文明

“18 世纪中期英国发生第一次工业革命，用机器取代了人的简单体力劳动，由此大幅度提高了铁器生产规模。19 世纪中期欧洲爆发第二次工业革命，其间机器广泛而高效地取代了人的复杂体力劳动，工业生产向电气化、燃料动力化、自动化方向发展。基于第二次工业革命的需求，以大批量、高效率、优品质、低成本方式生产的钢铁材料技术得到迅猛发展；同时，出现了水泥、钢筋混凝土、塑料、化学纤维、橡胶等新型工程材料，极大地推进了人类近代文明的发展。在此期间，中国的钢铁时代也艰难起步，新中国成立之后有进一步发展，直到改革开放以后才逐渐进入世界先进行列。”

自从人类能够以人工的方式冶炼出铁并使用，冶铁技术也伴随着历史的进程得到不断改进。精心冶炼的铁制品的纯净度越来越高，使用性能也不断得到改善。当人们在保持铁器较高纯净度的同时能较好地控制其内碳的含量，则相应的铁制品就变成了钢制品。例如，借助中国历史上出现的灌钢技术、炒钢技术、百炼钢技术等，都可以制作出性能优于普通铁器的钢制品；相应的生产技术整体上可以称为古代钢铁技术。在相当长的历史阶段，中国的钢铁技术一直领先于世界；到了北宋时期，中国古代钢铁技术的领先程度达到了顶峰，钢铁的生产量也达到了年产十几万吨的峰值。然而，在漫长的人类铁器时代进程中，冶铁、制钢技术的改进是非常缓慢的。若使钢铁技术得到爆发式发展，则需要某种技术突破和社会变革；而欧洲的工业革命为此提供了契机。工业革命使传统的小作坊式的钢铁生产转变为工业化的钢铁生产，由此人类社会进入了**后铁器时代**，也可把这种工业化的铁器时代称为**钢铁时代**。

6.1 欧洲工业革命与近代钢铁工业

经过进一步对生铁产品的冶炼加工，使其碳含量降低到适当的范围时，才能制成性能优良的钢制品。传统的炼钢技术过程复杂、效率低下，因此优质钢的产量很低。自 17 世纪初，欧洲开始在高炉中用煤和焦炭取代木炭，18 世纪末以来发展成大规模、普遍地使用煤和焦炭。18 世纪下半叶，英国的瓦特在不断改造旧式蒸汽机的基础上发明了现代意义上的蒸汽机，引发了第一次工业革命。蒸汽机不断地被应用到各个工业部门。19 世纪初期蒸汽机被用于高炉的鼓风技术，取代了低效率的手工鼓风。高炉生产在燃料和鼓风技术方面的改造奠定了现代冶铁技术的基础，使得炼铁所需的时间大幅度下降，单炉炼铁的产量不断升高，极大地提高了生铁的生产效率；炼钢技术也取得了不断的改进。

进入 19 世纪后，1856 年德国人西门子构想了一种具有熔池的高效炼钢炉，并以当时已有的类似工业设备尝试了炼钢。与中国的炒钢熔池相比，这种炼钢炉是一个比较封闭的炉子。炉子结构中设计了燃料通道和热空气通道，可以通入煤气、燃油等燃料和热空气进行快速燃烧加热，进而熔化炼钢原料并保持或控制钢水的温度，实现较长时间的炼钢过程。还可以把少量铁矿石加入钢水，与钢水内多余的碳反应生成气体溢出以降低碳量。同时，钢水内的杂质也会氧化并与炼钢时加入的造渣剂反应生成上浮到钢水表面的钢渣，随后被清除出熔池以确保钢水的高纯净度。基于这种炼钢炉的构想，1864 年法国人马丁建造了第一个带有很大熔池的专用炼钢设备，称为**平炉**（图 6.1），也称为**西门子－马丁炉**。该平炉以煤气或重油为燃料，在直接加热的状态下把废钢和生铁熔化成钢水，并成功地炼成了钢，同时也发展出了平炉炼钢技术。1879 年，英国开始用平炉钢建造钢结构桥梁，1889 年法国政府用约 7 000 吨平炉钢建成了高 324 米的埃菲尔铁塔，是工业革命推进炼钢技术改进的标志性成果，举世闻名。平炉炼钢技术可以直接使用高炉生铁，对原料要求不严，生产过程简单，不仅炼钢过程能在数小时内完成，而且可以极大地提高生产效率并降低能耗，迅速成为世界上主要的炼钢手段；自此直至 20 世纪 50 年代，世界上绝大多数的钢都是借助平炉炼成。

1856 年英国人贝斯麦公布了一种转炉炼钢法，即在一个可以翻转的熔池内把空气吹入熔融的生铁内，通过氧与碳的燃烧反应降低铁中的碳含量，相应的设备称为**转炉**（图

6.2)。这种炼钢方法可以直接使用高炉铁水，不存在固态原料的熔化过程，不需要输入大量的热能，可充分利用空气与钢中的碳反应时所释放的热量，生产周期可以按分钟计算，因此使生产成本进一步大幅度降低。但这种方式不能大量使用废钢及其他固体原料，当时所生产钢的杂质含量较高，因而难以大范围推广。20世纪中期，奥地利的钢铁公司实施了一种吹入纯氧的转炉生产技术，大幅降低了钢中杂质含量和炼钢能耗，并可以使用一定量的废钢。鉴于转炉炼钢在生产效率、生产成本和能耗方面的明显优势，转炉成为当代炼钢的主流，平炉技术已逐渐被淘汰。

在欧洲进入工业革命时期的后铁器时代，工业企业以极高的效率生产出大量的各种钢，产量急剧升高并被迅速应用到各个工业和日常生活领域，钢取代了传统的铁成为推

◉ 图 6.1 1864 年出现的平炉炼钢技术：a. 天津第一炼钢厂曾经的平炉（人民画报 1974 年第 2 期）；b.1889 年法国建成的高 324 米的埃菲尔铁塔；c. 埃菲尔铁塔底部的钢架结构

◉ 图 6.2 1860 年前后英国早期的可倾转式转炉（右侧加料和铁水，左侧出钢）

6.1 6.2

动社会经济发展的主体材料，因此这一阶段被称为钢铁时代。欧洲在钢铁冶炼技术所取得的革命性突破和高速发展，使其迅速成为世界钢铁技术遥遥领先的地区。在这个阶段，一个国家的钢铁产量通常会标志着其经济实力的整体水平和国家强盛的程度。在两次世界大战期间，钢铁产量对参战各方的军事实力发挥了重要的影响。1914 年德国的年钢产量接近 2 000 万吨，高于周围国家，因此敢于发动第一次世界大战。德国发动第二次世界大战时的年钢产量超过 2 000 万吨；而当时苏联的钢产量也接近 2 000 万吨，但在战争初期，德国军队大规模的空袭破坏了苏联的钢铁生产企业，使其年产量迅速降低到 1 000 万吨以下，大大削弱了苏联的战争能力。1941 年，日本凭借年产约 700 万吨的钢产量发动了偷袭美国珍珠港的太平洋战争，当时日军的炮弹甚至比中国的子弹都多；而美国当时的年钢产量为数千万吨，远高于日本。海上的作战更多地依赖于钢铁的比拼。战争进行的过程中，交战各方都设法破坏敌方的钢铁生产，以削弱其作战能力。钢铁产量上的差异以及美国对日本钢铁生产的破坏是日本败下阵来的重要因素。

铁是比铜更活泼的元素，钢铁制品在使用过程中经常会发生锈蚀现象（图 6.3），影响了其长期服役的能力；因此，如何防止钢铁制品的锈蚀问题受到了广泛的关注。20 世纪初期欧美许多科学家的实验探索发现，当钢中所含有铬元素的质量分数超过 12.5% 时，会突然变得非常耐腐蚀。研究表明，钢中足够多的铬元素可促使钢的表面形成一层致密的氧化膜，阻止钢的进一步氧化，从而发明了**不锈钢**；随后又开发出了在不同腐蚀介质和载荷条件下耐腐蚀的各类不锈钢。不锈钢的出现极大地促进了钢铁服役寿命的延长。

6.2 中国近代钢铁工业的坎坷历程

自宋朝以后至清初，中国传统中央集权制度的腐朽特性逐渐凸显出来，思想意识也愈发陈旧保守；中国的经济总量虽然仍领先于世界，但领先程度明显下滑。在这一时期，中国钢铁冶炼技术和规模的发展极为缓慢（图 6.4），甚至停滞不前；尤其是公元 18 至 19 世纪，欧洲经济因爆发工业革命而迅猛发展并超越了中国，而中国的统治阶层仍然盲目自大、不思进取，给国家和人民带来了灾难性的后果。

1840 年 6 月英国政府向中国清政府发动了鸦片战争。面对英国利用新型钢铁技术建造的坚船利炮，清政府战败。1842 年 8 月英国政府强迫清政府签订了南京条约，即中国历史上第一个不平等条约；清政府被迫把香港岛割让给英国，并赔款 2 100 万银元。

1858 年 5 月，英法联军侵占大沽炮台，并威胁进攻北京，清政府在压力下与列强签订了天津条约，规定外国军舰可以在长江各口岸通航，清政府赔偿英法两国各 200 万两白银，赔偿英商 200 万两白银。1860 年英法联军占领北京，抢劫焚毁圆明园后，强迫清政府签订了北京条约，把九龙司部分地方割让给英国，对英法两国的赔款各增至 800 万两白银。1894 年中日之间爆发甲午战争，清军在陆地、海上全面战败，被迫于 1895 年 4 月与日本签订了马关条约，割辽东半岛、台湾及其附属岛屿、澎湖列岛等给日本，赔偿日本 20 000 万两白银；最后实际更多支付的赔偿款相当于当时日本政府或清政府几年的财政收入，远远高于以往对列强的赔偿，可见清政府的昏聩腐朽及日本的贪婪。清政府腐败无能、丧权辱国、割地赔款，外国军队所到之处生灵涂炭，赔偿的负担全部压在中国的广大百姓身上，使中国人民陷入了深重的苦难。

1372 年明朝初期的政府曾派使臣赴琉球，琉球王随后派王族成员随明使返回中国称臣。自此，琉球王国成为中国的属国，双方频繁往来，历代琉球王都向中国皇帝请求册封；历史上日本多次强迫琉球王断绝与中国的联系，均遭拒绝。自 1609 年起，日本开始

6.3
6.4

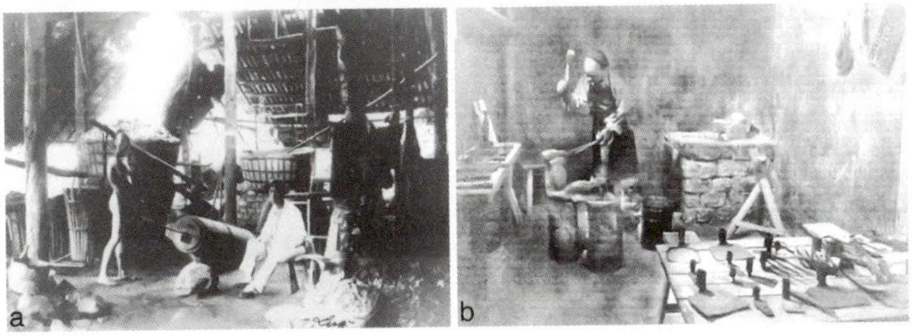

◉ 图 6.3 建筑工地上锈蚀的钢筋（钢筋表面红棕色的附着物为氧化铁）

◉ 图 6.4 中国传统的冶炼（a）和制铁（b）作坊［汉］

逐步侵吞琉球诸岛，并于 1879 年占领琉球国，改为冲绳县。琉球国一面抵抗，一面派人请求清政府出兵支援。清政府在列强的多次打压下，完全无财力和军力帮助琉球王国，致其与中国建立密切关系 500 年后，遭到日本的完全吞并。1895 年日本在甲午战争中获胜后，得到了中国台湾诸岛的管辖权，随即把钓鱼岛命名为尖阁群岛并划归冲绳管辖。第二次世界大战的开罗宣言和波茨坦公告都表明；冲绳并不属于日本；但美国把冲绳的行政管辖权转交日本时把钓鱼岛的管辖权也一起转交，随后产生了至今的钓鱼岛争端。

列强坚船利炮的连续打击及清政府不断的屈辱战败，使得统治阶层逐渐从盲目的狂妄自大中苏醒过来。清政府各层级的一些官员意识到，中国必须引进和建立发达的工业体系并使用先进的技术，否则难免会被动挨打、任人宰割。清朝晚期的“洋务运动”即是清政府在 19 世纪末期发动引进西方武器和装备乃至机械化生产装备和科学技术的一场运动。

1886 年，贵州巡抚潘蔚根据贵州传统生铁生产的基础和贵州的资源状况，萌生在贵州兴办现代化铁厂的设想，并获得清政府的允诺。随后潘蔚举荐熟悉西方技术的胞弟潘露负责安排留学回国和熟悉西方技术的人员去欧洲考察，并在贵州青溪县小江口组织建设中国第一个现代化钢铁企业，即青溪铁厂（图 6.5）。青溪铁厂主要从英国引进生产设备，包括炼铁、炼钢、轧钢等生产装备。铁厂于 1890 年 6 月建成投产，从欧洲聘请了 5 位工程师，并从江浙等地招来技师和工匠，全厂员工超过千人。铁厂刚建成，主要负责

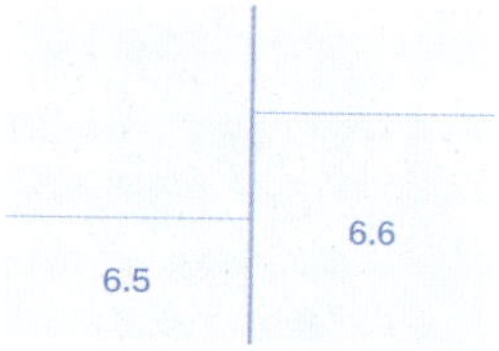

◉ 图 6.5 中国尝试的第一个现代钢铁企业——青溪铁厂：a. 建设中的青溪铁厂；b. 引进的设备；c. 铁厂的天子一号熟铁

◉ 图 6.6 中国成功建设的第一个现代钢铁企业——汉阳铁厂［汉］：a. 建设中的汉阳铁厂；b. 汉阳铁厂牌；c. 1911 年的汉阳铁厂；d. 平炉厂；e. 轧钢厂；f. 钢轨厂；g.1894 年汉阳铁厂投产时的外国专家；h. 援建时的比利时专家；i. 化验室的卢森堡工程师

人潘露就因操劳过度于 1890 年 7 月去世，对铁厂造成了消极影响。铁厂建设过程中完全由不懂钢铁冶炼技术的中国人自己决策，因此难免存在一定的失误和盲目性。对于中国第一个现代化铁厂，青溪铁厂在资源考察、经营管理、安全生产、技术运用等方面都还不具备足够的经验，生产过程非常不顺利。潘露去世后，铁厂曾继续努力引进资金，改进技术，意图发展。但毕竟当时的贵州还不具备充分的发展现代钢铁工业的基础条件，虽然建成的铁厂现代装备完整，但无法维持正常生产，并多次发生爆炸事故；虽惨淡经营，仍无法维持生存，终于 1893 年停产关闭。为此，潘蔚吞金自杀。清朝末年的潘氏兄弟勇于在技术基础如此落后的贵州地区兴建现代化铁厂，并为此付出了生命的代价，令人唏嘘。青溪铁厂关闭后，其保留的设备陆续被运往后来的汉阳铁厂。

1889 年在当时湖广总督张之洞主持下，湖北成立了汉阳铁厂（图 6.6）。该厂于

1890 年动工建设，引进了成套设备并聘请了英国、比利时、卢森堡等许多欧洲国家的专家，于 1894 建成投产（图 6.7）。这是中国以变革开放的心态学习西方先进技术，全面引进的第一个较大规模的现代化钢铁企业。但由于在专制官办体制下经营，投产伊始便亏损，恰逢甲午战败赔款，清政府无力单独支撑，改为官督商办。

1899 年起，汉阳铁厂及其所属汉冶萍公司因财政困难开始向日本借贷。20 世纪初，日本政府利用汉冶萍公司的财政困境，强力染指汉阳铁厂的经营。在日本政府的参与及指使下，日资金融机构排除汉阳铁厂向西方国家借贷的机会，利用日本在中国的势力，设法让汉阳铁厂于 1904 年签订长达 30 年的高利息借贷协议，并规定长期用明显低于市场价格的铁矿石来偿还高额的贷款利息，由此实现了日本以长期控制汉阳铁厂铁矿石并同时获取巨大超额利益的目的。在汉冶萍公司很长的经营期，尤其是钢铁及铁矿石市场行情极好的第一次世界大战时期，汉阳铁厂及其相关铁矿石企业本应获得的巨大利润，但相应利润均以廉价生铁和铁矿石的形式输往没有铁矿石资源的日本（图 6.8），更加增强了日本的工业实力。可以看出，自 1924 年汉阳铁厂停产后，其所属汉冶萍公司所残留运营至 1934 年的大冶铁矿对国内工业发展没有任何贡献，只是为日本提供廉价的铁矿

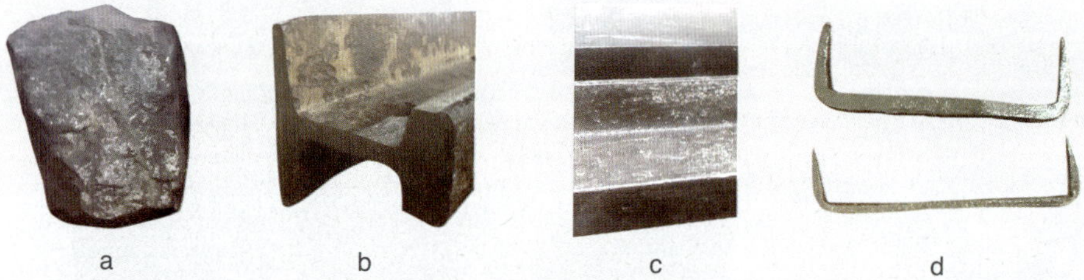

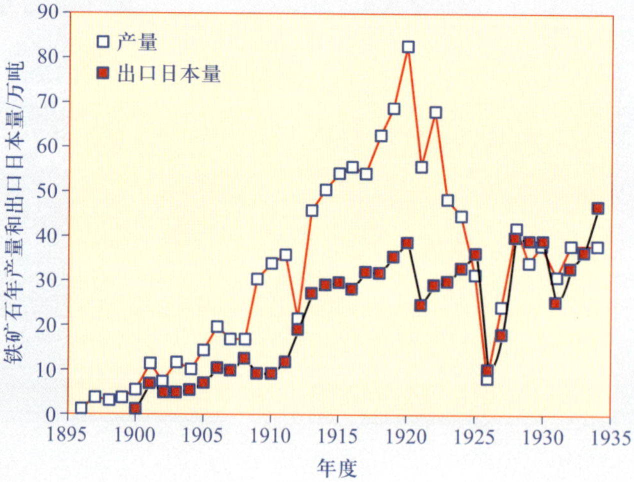

石，因而也为日本自 1931 年起发动的侵华战争提供了有力的支撑。

汉阳铁厂历尽磨难，坎坷生存，最高年产生铁量超过 16 万吨，最高年产钢量超过 5 万吨（图 6.9），为推动中国的现代化进程和国防建设发挥过积极的作用。除了因辛亥革命时期生产受到明显影响外，汉阳铁厂大体呈向上发展态势；但因不当的借贷经营产生的沉重财政负担，导致汉阳铁厂后期主要大量向日本出口廉价生铁以维持经营，最终于 1924 年因所遇到的困境和经营不善而停产。在日方的干预下，只剩下汉冶萍公司还维持将铁矿石输往日本生产。抗日战争全面爆发后，汉阳铁厂的设备于 1938 年被迁往四川，后发展为重庆钢厂。无法迁走的设备均被炸毁，自此汉阳铁厂退出了历史舞台。

建立汉阳铁厂的同时还建立了汉阳兵工厂（图 6.10），也于 1894 年投产，生产枪、炮、弹药，对中国的国防作出过积极的贡献。

与当时的世界列强相比，中国的钢铁工业虽然起起伏伏，但始终处于非常低迷的状态。在全面抗日战争爆发后，除了在日本本土以外，日本占领者在中国沦陷区大肆建立和发展钢铁生产，以满足其战争需求。但国统区的钢铁生产却遭到了毁灭性的打击（图 6.11），直至抗战胜利的 1945 年，全国的年钢产量才超过 1 万吨；原沦陷区的钢铁产能也遭到严重破坏。

抗日战争胜利之后，不当的经济政策和国共内战阻碍了中国经济的发展，也影响到

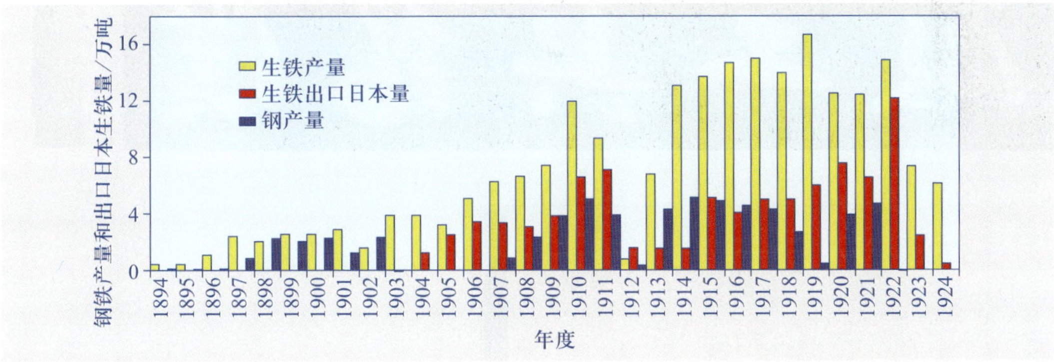

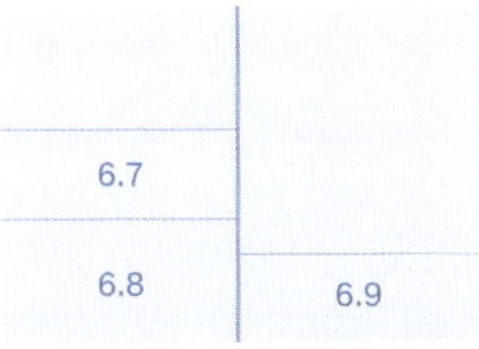

◉ **图 6.7** 汉阳铁厂部分物品［汉］：a. 铁矿石；b. 生产的钢轨；c. 槽钢；d. 制作的铁钉

◉ **图 6.8** 汉冶萍公司铁矿石年产量和出口日本量

◉ **图 6.9** 汉阳铁厂钢铁年产量和出口日本的生铁量［汉］

钢铁生产的快速提升。到新中国成立的 1949 年，全国钢的年产量也仅仅是十几万吨，加上中国台湾地区依靠日本占领时期设备生产的几万吨钢，整体产量不到世界钢产量的千分之一，与北宋时期的钢铁产量处于同一水平；经济凋敝，百废待兴。

6.3　新中国成立后中国钢铁工业的现代化发展

新中国成立之后，废除了列强强加给中国的不平等条约，使得中国的钢铁工业得以在政府的强力支持以及没有外国金融资本控制的前提下与国民经济同步、迅速得到恢复和发展。为满足经济建设和朝鲜战争的需要，新中国成立之初的钢铁产量快速上升，所冶炼的生铁大部分都炼成了钢。经炼铁、炼钢过程获得的钢坯在后续加工之前称为**粗钢**。1952 年中国的粗钢产量突破 100 万吨，达到中国历史上从未有过的最高水平。1954 年中

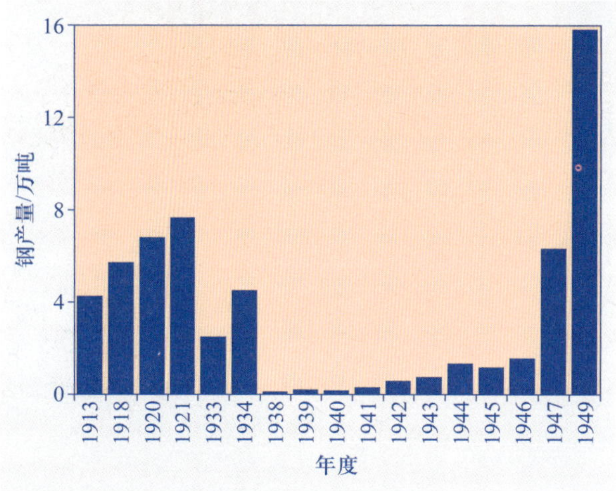

国的钢产量在全世界的份额超过百分之一。朝鲜战争之后的和平建设时期，中国大陆在苏联的帮助下，粗钢产量稳步提升。20世纪50年代末期，中国大陆推动了工业生产的“大跃进”群众运动，粗钢产量一度突破1 000万吨；但群众性炼钢包含了许多非技术因素，影响了钢材整体的质量。随后在顾及钢材质量的前提下，钢产量加以调整并下降到合理的水平。20世纪60年代中期，全国钢产量再次突破1 000万吨，1966年上升到1 500万吨以上。随后发生的“文化大革命”运动阻碍了钢铁生产的正常发展，钢产量发生了一定波动，至“文化大革命”运动结束时达到年产2 000万吨的水平。其间中国台湾地区成立了中钢公司，率先引进技术建设了生产线并于1978年投产，使当年钢产量由上一年的170万吨倍增至340万吨。改革开放之后，我国经济持续稳步增长，同时引进了国外先进技术，首先投资建设了宝山钢铁公司，并于1985年建成投产（图6.12）。1991年全国的钢产量超过8 000万吨，占到全世界钢产量份额的20%以上。“文化大革命”结束20年后的1996年，钢产量突破了1亿吨，其间香港地区也曾一度发展到年十几万吨的钢产量。1997年中共第十五大召开，会议确认非公有经济是社会主义市场经济的重要组成部分，使得民营经济迅速发展。进入21世纪以后，中国加入了世界贸易组织，良好的经济形势和市场前景促使民营资本大规模涌入钢铁行业。在以市场化的模式全面引进国外先进技术的基础上，出现了许多大型的民营钢铁企业。全世界最先进的钢铁生产设备流入中国，钢铁产量出现爆发式增长。2013年全国钢铁产量超过8亿吨，约占全世界钢产

6.10 | 6.11 | 6.12

◉ 图 6.10 中国成功建设的第一个现代军工企业——汉阳兵工厂［汉］：a. 1894年建成投产的汉阳兵工厂；b. 汉阳兵工厂牌；c. 生产的炮台；d. 后膛火炮；e. 炮弹

◉ 图 6.11 民国时期（全面抗战时的国统区）每年的钢产量

◉ 图 6.12 1985年一期建成投产的现代化宝山钢铁公司（宝山钢铁公司提供）

量的一半，产能在10亿吨以上。2016年中央政府提出调结构、去产能的调控政策，控制企业盲目发展，化解过剩产能。随后中国的钢产量整体稳定在年产8亿多吨的水平。目前，全球的粗钢产量约15亿吨，近几年中国大陆的粗钢年产量稳定在7亿多吨，中国台湾地区的粗钢年产量维持在2 000多万吨，合计仍保持了全球产量一半的水平（图6.13）。

6.4 水泥与钢筋混凝土

水泥是新石器时代另一个重要的发明，并得到了广泛的使用。将水泥与水掺和、搅拌并经静置后很容易变硬，称为水硬性。能从浆体转变成具有一定强度固体的物质称为**凝胶材料**，因此**水泥**是一种以氧化钙和氧化硅为主要成分的水硬性凝胶材料。

在7 000至5 000年前新石器时代的仰韶文化时期，人类已采用“白灰面”涂抹洞穴居所的地面和四壁。这里的白灰面是由含较高氧化硅的碳酸钙石灰石与黄土混合而成，是中国古代最早的建筑用近似于水泥的水硬性凝胶材料（图6.14）。公元前3 000年至公元前2 000年古埃及人用煅烧的石膏作建筑凝胶材料，建筑了金字塔。公元前7世纪在中国的周朝，人们把以碳酸钙为主要成分的蛤类外壳烧制成石灰质水硬性凝胶材料，广泛用于垒砌砖石结构的建筑，例如将石灰与水混合成石灰浆体，用于涂覆在建筑砖、石间起密封和连接作用，或涂覆于墙面。从公元前7世纪至公元17世纪，中国在建筑长城的漫长岁月中就大量使用了这种古代水泥。中国历史上还曾把石灰与糯米、桐油等有机物混合使用，如长城、赵州桥、古代水利工程等。公元前8世纪至前2世纪，古希腊人曾将石灰石煅烧后获得石灰，进而制成凝胶材料使用。

1756年英国土木工程师史密顿企图建造不易燃、耐海水冲刷的航海用灯塔时，发现含有黏土的石灰石经煅烧和细磨处理后，加水所制成的砂浆能慢慢硬化，且强度明显增高，由此发展出了现代水泥的雏形。水泥的成分主要是氧化钙、氧化硅及适量氧化铝。这些都是地壳中蕴藏的常规氧化物，在许多工业废料中都有这类氧化物。在煤矿夹层含煤较少的脉石中，常把煤矸石分离出来作为废弃料；发电厂烧煤时，会产生大量的灰烬；开采铁矿时，产生大量低含铁量的铁矿石粉；高炉炼铁和钢厂炼钢会产生矿渣和钢渣等。这些将被丢弃的废料都可以用来做水泥的辅料，提高相关工业的废物回收利用率。

制作水泥的主要原料是自然界存在的石灰石，其化学组成是碳酸钙。碳酸钙在高温下会分解出氧化钙并释放出二氧化碳气体。制作水泥时，以煤粉作燃料，将石灰石捻成粉与黏土粉或其他水泥辅料掺水混合后放入炉子中，经过一系列的加热过程后，分解氧化钙并与氧化硅等其他氧化物结合后，即可制成水泥。

在使用水泥的施工过程中，将水泥与水混合搅拌后会发生水化反应。反应初期水泥表现出具有流动性和可塑性的浆体。随着水化反应的不断进行，浆体会逐渐失去流动性并仍保持可塑性，然后浆体的可塑性也会丧失，即水泥完成了其凝结过程，形成高强度的水泥制品。随着烧制水泥加热温度的提高和精确控制以及不同氧化物组分配比的优化调整，使得水泥的性能和应用范围不断扩大，对推动社会经济的发展发挥了重要的作用。

将水泥与砂、碎石按照一定比例经搅拌混合后构成的水硬性混合凝胶材料称为**混凝土**，这是一种复合处理。混凝土耐压性能优良、价格低廉，被广泛应用于土木建筑工程；但混凝土抵抗拉伸和承受冲击的能力比较弱，使其在大型建筑和军事设施方面的应用受到限制。为了克服混凝土的缺陷，1879 年法国人艾纳比克以在混凝土内添加钢筋的形式制造楼板，使其抗拉和抗冲击的能力大为提高。用钢筋增强（图 6.15）的这种复合混

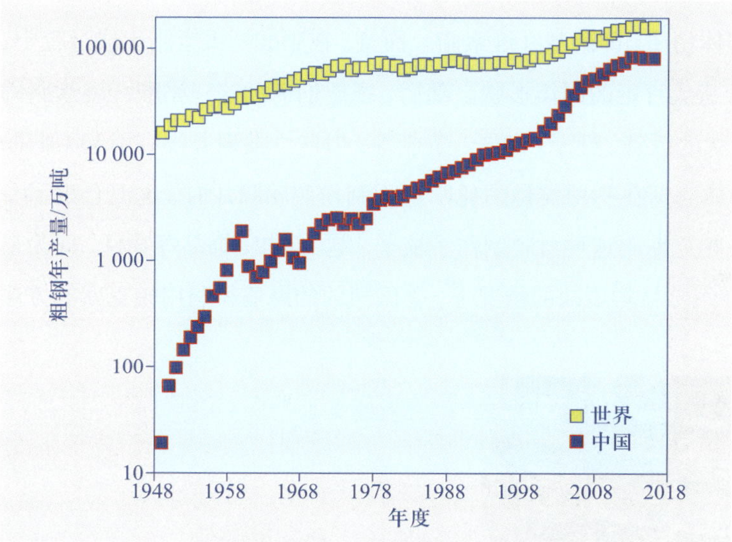

◉ **图 6.13** 1949 年以来中国粗钢年产量的演变（世界钢铁协会数据，含中国台湾和香港地区）

◉ **图 6.14** 1323 年建于内蒙古达茂旗的元朝敖伦苏木古城墙，垒砌城砖时使用了类似于水泥的泥浆

凝土材料称为**钢筋混凝土**，已被广泛用于土木建筑工程。建筑用钢筋则是目前钢材生产中产量最大的品种。

第二次世界大战之前，法国为了防止德国的入侵，斥巨资于1928年至1936年期间沿德法边界修筑了大量的永久防御性军事设施，包括工事、要塞、堡垒、通道等，史称马其诺防线。防线蜿蜒数百公里、纵深10千米左右，主要采用坚固的钢筋混凝土修建，设施的顶部和墙壁厚度可高达数米，能抵挡口径400毫米以上炮弹的直接攻击。最终德军不得不避开马其诺防线，绕道法国与比利时边界的阿登地区，突袭并击败英法联军，造成其敦刻尔克大撤退。

6.5 塑料与化学纤维

1838年法国科学家佩恩从植物中提取出了一种称为纤维素的物质。1845年瑞士化学家塞恩伯在做实验时，偶然让浓硫酸和浓硝酸与含有植物纤维素的织物混合接触，结果形成了一种不透水的固体物质，即硝酸纤维素脂。而且，在硝酸纤维素脂生成过程中，还可以按照自己的意愿塑造成特定的固体形状。随后，塞恩伯借助这一硝酸纤维素脂的形成过程，制作了各种形状的饭碗、杯子、瓶子、茶壶等；但这一发现并没有引起人们的重视。几年以后，摄影师帕克斯在利用类似的化学过程制作照相胶片时，也混合出了一种可弯曲而较硬的材料。帕克斯用这种材料制作了梳子、笔、纽扣、饰品等物件，即为最早的塑料制品。1868年在天然材料短缺的情况下，美国纽约的海亚特利用帕克斯的方法

6.15

◉ 图 6.15 混凝土中增强其承载能力的钢筋

成功制作了塑料台球并投放市场。此后，各种类型的塑料制品不断涌现。1909 年美国的贝克兰合成了可以耐受较高温度、不易着火的酚醛塑料。随后各种新型塑料不断问世。第二次世界大战爆发后，石油化学工业迅速发展，为塑料的工业化生产提供了充足的有机原料，塑料工业也得到快速的推进。

塑料是一种主要用作结构材料的有机高分子材料、或聚合物材料、通常借助化学聚合过程人工合成塑料的主体成分。作为工程材料，塑料内还会含有填料、稳定剂、着色剂等多种添加成分，在有机材料中属于刚性较好的材料。与金属及无机非金属等材料比较，塑料的刚性要低得多。塑料在常温下的化学特性比较稳定，具有耐大气、水和一般浓度酸、碱、盐以及多种油类和溶剂腐蚀的能力，且具有良好的绝缘、绝热能力，可在需要绝缘或隔热的场合使用；塑料及与之化学构成相似的高分子材料的缺点包括强度较低、易老化、不耐高温、易燃、承受剪切载荷的能力较低等。

1878 年法国的夏尔多内用硝酸纤维素生产出了人造纤维，随后发现这种纤维可以纺成人造丝，并于 1889 年用硝酸纤维素人造丝织出了人造丝织物。这是一种由有机高分子聚合物纤维制作的纺织品。1890 年夏尔多内开始工业化生产人造丝。1926 年法国的莱昂发明了高强度人造丝的制作技术。1935 年之后世界各地出现了不同类型的尼龙纤维。1940 年用尼龙纤维制作的尼龙袜在美国进入市场。

化学纤维是以天然高分子化合物或人工合成高分子化合物为原料，将经过特定制备的化学原液喷压成丝、凝固成纤维并作后续工序处理制成的具有可纺织成织物特性的纤维。其中，用人工合成的高分子化合物制成的化学纤维称为**合成纤维**。市场上常见的合成纤维有涤纶、锦纶、腈纶、维纶、氨纶等。化学纤维具有强度高、耐光、耐磨、易洗易干、不霉烂、不被虫蛀等优点，广泛用于制造衣着织物、工业织物、绳索网带等生活和工业用品中。1940 年全球的化学纤维产量超过 100 万吨，1972 年则超过 1 000 万吨。

从力学性能上看，化学纤维的强度虽然较高，但整体松散，无固定几何形状，只能承受拉力。塑料虽然有固定的几何形状和一定的刚性，但强度较低，不能承受较大的剪切应力。如果借助复合材料的理念，把塑料与化学纤维按照设定的方式混合在一起，就组成了化学纤维增强的塑料基复合材料，俗称为**玻璃钢**；其中，塑料是基体材料，化学纤维是增强塑料基体的纤维状增强材料。这就相当于在塑料基体内安放了许多层由化学纤维织成的网，类似于钢筋混凝土中的钢筋网。化学纤维增强塑料基复合材料出现在 20 世纪 40 年代，并于第二次世界大战迅速得到广泛应用。玻璃钢密度与塑料和化学纤维相似，约为每立方厘米 1.5 克至 2 克，只有钢的约四分之一；但强度甚至可达到较高强度钢的水平，因此具备很高的比强度，在航空、航天、高压容器等多方面都有广泛应用。化学纤维和玻璃钢也都具有塑料的易老化、不耐高温、易燃等缺点。

6.6　橡胶

1493 年哥伦布踏上南美大陆，随后看到印第安人玩一种有黏性且落地后能反弹得很高的小球。另外还看到，印第安人把某种白色的浓稠液体涂在衣服上之后，衣服就不透水、不变湿，用以遮雨。1693 年法国科学家拉康达在南美经过追根寻底的调查才了解到，白色液体是从一种原产于南美亚马孙河流域称为橡胶树的植物中流出的，弹性小球也是用这种浓稠液体制成的。由此欧洲人在印第安人之后认识了**天然橡胶**，即主要取自橡胶树的胶乳，并经后续加工而制成的具有极高弹性、绝缘性、不透水和空气的材料。现代科技证实，天然橡胶是一种以碳和氢为主要化学成分的天然高分子化合物（图 6.16）。

1770 年英国化学家普里斯特利发现，小块天然橡胶可用来擦去纸上铅笔的字迹。温度提高时，天然橡胶会变软发黏；温度低时则变硬发脆。1839 年美国人古德伊尔偶然把盛橡胶和硫磺的罐子丢在炉火上，天然橡胶和硫磺受热后流淌在一起，构成了块状胶

◉ 图 6.16　a. 中国云南河口的橡胶树林（毛解民供图）; b. 从树干上割取橡胶乳液

皮。天然橡胶和硫磺混在一起加热的过程造成了天然橡胶的硫化，使其仍保持了优良的弹性、防水密封性、耐磨性、柔软性、绝缘性等天然橡胶的优点和特性，又提高了耐腐蚀性、耐热性，且不易发黏。古德伊尔随后用硫化的天然橡胶制成了世界上第一双橡胶防水鞋；欧洲人还用硫化橡胶制成密封垫圈用于欧洲工业革命中的各种机器和设备中。1877 年，人工栽培橡胶树取得成功并不断扩大了橡胶园的种植规模，人们不再只依靠野生橡胶树获取天然橡胶。1888 年英国人邓洛普发明充气轮胎，从此车辆轮胎成了天然橡胶的最大的应用领域，因而需求量大增。20 世纪初期，中国开始引进并种植橡胶树。到第一次世界大战前夕，橡胶园天然橡胶的产量销量已超过野生天然橡胶。第一次世界大战之后，橡胶园成为天然橡胶的主要供应源。

有机高分子材料在固体形态下与金属或无机非金属等无机材料的一个很大不同点在于，当在熔点以下形成固体后，有机高分子材料还有一个较低的特征温度；称为玻璃转变温度；在玻璃转变温度以下，有机高分子材料表现为弹性较低的刚性状态，在玻璃转变温度与熔点之间的温度范围则表现为刚性很低的高弹性状态。在熔点以上，有机高分子材料就会呈现出可黏滞流动的特性。当某有机高分子材料或聚合物材料的玻璃转变温度高于室温或服役温度时，这个材料在服役条件下处于刚性状态；塑料就属于这种材料。当某有机高分子材料或聚合物材料的玻璃转变温度低于室温或服役温度时，这个材料在服役条件下就处于高弹性状态；天然橡胶就属于这种材料。**橡胶**是指在室温或服役温度下具有大幅度可逆形变的高弹性聚合物材料或有机高分子材料。

不断扩大的工业化进程对橡胶的需求量越来越大。相比之下，借助橡胶园种植橡胶树获得的橡胶量很有限，而且生产周期漫长，难以满足工业需求。在人们逐渐掌握了天然橡胶的化学组成后，就开始尝试制作**合成橡胶**，即以化学方法人工合成且具有天然橡胶基本特性的橡胶。橡胶实际上是天然橡胶与合成橡胶的总称。

1826 年英国物理学家、化学家法拉第首先确定了天然橡胶聚合物的碳氢化学结构。1860 年威廉斯从天然橡胶中分离出聚合物的单体，并定名为异戊二烯。1879 年法国化学家布查德用热裂解法制得了与天然橡胶中分离出的异戊二烯类似的异戊二烯，且具备一定的弹性。虽然这种异戊二烯并不是天然橡胶中的异戊二烯，但能够确认的是，从单体合成橡胶是完全可能的。1900 年俄国的孔达科夫首先合成了具有弹性的橡胶类物质。1917 年德国人生产出了名为甲基橡胶的合成橡胶。但这些早期合成橡胶的性能很差。1927 年至 1928 年美国的忙特里克合成了聚硫稼胶；卡罗瑟斯合成了氯丁橡胶；随后，苏联的列别捷夫合成了丁钠橡胶，并于 1931 年建成了很大的生产装置。1935 年德国法本公司生产出丁腈橡胶。1943 年美国开始试生产适合制作轮胎的丁基橡胶。1944 年美国和加拿大丁基橡胶年产量分别为 1 320 吨和 2 480 吨。1944 年美国通用电气公司开始生产硅橡胶，德国和英国分别于 20 世纪 40 年代初生产丁聚氨酯橡胶。1944 年第二次世界大战结束前，全球合成橡胶的产量超过 88 万吨，到 1979 年年产量则突破 900 万吨。此时，合成橡胶已经成为橡胶中的主体。

进一步阅读

- 毛卫民．材料与人类社会．北京：高等教育出版社，2014.
- 申纪．西门子和平炉炼钢法．金属世界，1997（2）：27.
- Tylecote R F. A History of metallurgy. The Institute of Materials, 1992.
- 刘兴明．中国首个钢铁重工业——青溪铁厂．文史天地，2016（5）12−16.
- 夏皓．外国金融资本对汉冶萍公司的发展影响研究．现代营销，2017（1）：44.
- 许华利．汉冶萍公司百年记忆．湖北文史，2009（1）：1−14.
- 张国辉．论汉冶萍公司的创建、发展和历史结局．中国经济史研究，1991（2）：1−28.
- 黄逸平．旧中国的钢铁工业．学术月刊，1981（4）：9−14.
- 王子祐．抗战八年来之我国之钢铁工业．资源委员会季刊，1946，6（1−2）：468.
- 程博文．化学纤维发展简史．合成纤维工业，2014（1）：39；（2）：49；（3）：31；（4）：41；2015（1）：39；（2）：49；（3）：31；（4）：41.
- 塑料制品的历史．上海包装，2010（12）：59.
- 张箭．世界橡胶（树）发展传播史初论．中国农史，2015（3）：3−16.
- 张箭．试论中国橡胶（树）史和橡胶文化．古今农史，2015（4）：72−81.
- 毛卫民．工程材料学原理．北京：高等教育出版社，2008.
- 龚克诚，武冠英．合成橡胶工业发展史．合成橡胶工业，1987，10（2）：154−155.

第 7 章

现代信息时代赖以生存的材料基础

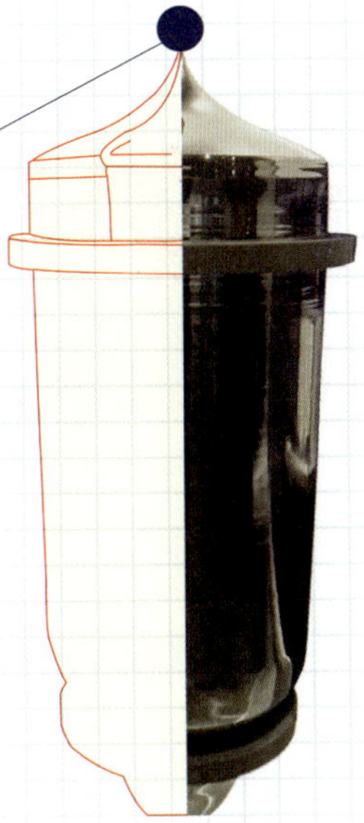

“自20世纪70年代以来，人类逐渐进入信息时代，这也是第三次工业革命时代。在这个时代中的每一个重要的技术进步都是相关材料技术进步的结果，或以之为基础。以大规模集成电路技术，即通常所说的芯片技术为例，计算机技术的飞速发展都是基于大规模集成电路技术的突飞猛进。网络技术的迅速普及也与光导纤维技术的发展密不可分。因此，信息时代也是材料技术大发展的时代。”

自古以来，动物之间可以借助发送和接收声音、动作、气味、表情等信号，甚至以接触的方式互相传递信息。自从人类社会出现语言和文字以来，不仅人与人之间信息的传递量和效率大大提高，而且互相传递的信息能以文字的形式储存起来，在特定工具和介质的帮助下极大地扩大了信息传递的空间范围和时间范围，也对人类社会的发展发挥了重要的推动作用。同时，与信息传递相关的技术措施由结绳记事开始，不断演变出文字形成、烽火通信、信鸽传书、风筝测距、鸣镝射马、造纸术、印刷术、活字印刷、书籍、驿站、邮局、报纸、期刊、电报、电话、无线广播、有线电视等形式。在信息的传递和交流过程中，人类社会也会不断地获取或总结出新的见解和知识。由此可见，信息及其储存、传递和更新是人类文明非常重要的组成部分，与之相关的信息技术和设施也伴随人类社会的发展而不断改进。

7.1 信息的数字化

在自然界和人类社会中，存在着各种各样的可以用数字表达的信息。例如人数、居住的楼层数、剧场的座位号、一个年级内的班数等。这些信息可以简单地用数字表示，如 40 人、5 层楼、5 排 15 号、6 个班等。人类使用的各种文字、字母、符号等也可以转化成数字表达的形式，如可以把文字转换成数字表达的电报码。另外，还有些信息如温度、颜色、气压、重量、距离、面积、体积等，则用数字表达时会存在准确性的问题。例如，我们可以估计从学校的大门到教室门之间的距离为若干米，如 106 米至 107 米之间；但准确的数值通常会是一个无理数，如 106.543 876…，即小数部分是一个无限不循环小数。如果我们希望对其作有限的描述，则根据所需要的精确度，可以近似地以有理数的形式描述成 107、106.5、106.54、106.544、106.543 9、106.543 88 等。再如，一个圆的周长与其直径的比值为圆周率，其值是 3.141 592 65…，也是一个无理数。对其作粗略估算时可采用古代的“直一圆三”，或现在常用的近似值 3.14。可见，日常遇到的很多数值准确表达起来都是一个无限长的数字，同时也可以根据所需要的精确度作有限的描述。

物理的光学原理已证实，可见光是波长在 400 纳米至 760 纳米之间的电磁波。在这个波长范围内，不同的波段会显示出不同的颜色。因此，任一物体所反射的可见光的波长，即描述其真实而准确颜色的数值应该是一个无理数。同时，反映该物体所反射的可见光的强度，或描述该物体亮度的数值也是一个无理数。采用传统的胶片式照相机拍照时，照相胶片的片基上涂覆了一层含有卤化银的感光乳剂。当被拍摄物体通过照相机镜头在胶片上成像时，乳剂因被光照而发生化学反应。彩色胶片上乳剂发生化学反应的程度和类型与被拍摄物体的颜色和明暗亮度有关，因此会记录下关于颜色和亮度的信息。这种信息经过后续的化学过程冲洗成照片后，会在照片上反映出相应的颜色和亮度信息；而如果用数值描述这些信息，它们也都是无理数。但采用现在流行的数码照相机拍照时，相机内并没有底片，而是由很多数值存储单元组成的记录系统。当被照射物理的颜色和亮度信息传输到存储单元时，需将信息变成数字存储起来。任一无理数都因需要无限大的空间而无法存储，因此不得不采取以上描述的方法，把相关信息转化成近似有理数的方式存储；小数点后面取的位数越多，描述得越准确，其所需的存储空间也越大。另一方面，用传统胶片式照相机拍成照片后，在照片所涉及的平面内任意画一条线，沿着这个线移动时，相应的距离、颜色和亮度都是连续变化的。但是数码照相机必须把所拍照片沿纵、横两个方向划分成若干个独立而整齐排列的小方格，每一个小方格的颜色和亮度由一个存储单元记录；把所有小方格的颜色和亮度按照原来的顺序排列并打印出来，就形成了数码照相机的照片。在数码照相机的照片上任意画一条线并沿线移动时，随着移动距离的延长，会不断地从一个小方格进入另一个小方格，相邻小方格内的颜色和亮度数值都是不一样的，此时移动时相应的距离、颜色和亮度都是不断跳跃而不连续的。在同样照片尺寸的范围内，纵、横两个方向的小方格划分得越细小，所获得照片与真实的场景越接近，但所需的存储空间也越大。

在现代科技中，无理数值准确、真实、连续地表达了那些在自然界和人类社会中存在的相关数值信息，可称为**模拟信息**；而那些以有限的有理数表达的信息则可称为**数字信息**。无理数值有无限的长度，无法以电子信息的形式存储；有限长度的有理数则很容易以电子信息的形式存储、复制、快速输送和广泛传播，因此成为现代社会越来越主要的信息保存和传播形式。把模拟信息转变成数字信息的过程称为信息的**数字化过程**，例如用扫描仪把一张胶片照相机拍摄的照片扫描成电子文本，就是一个数字化过程；或者说是使有理数保持有理数值，同时使无理数值变成有理数值的有理化过程。数字信息是对模拟信息的人为简化和抽象，但提高数字信息的精度可以使其非常接近，或近似等同于模拟信息。由此可以理解，为什么新闻摄影师喜欢用数码照相机；而艺术摄影师仍倾向于使用胶片照相机。模拟技术可以记录最真实的场景；而数码技术则只能以一定程度接近真实的方式记录场景，尽管后者在存储、复制、传播、商业化方面具有巨大的优势。

在电子通信设备内简捷地直接记录数值，只能通过电路的畅通或阻断来实现，即在数学上用表达 1、0 两个数值的二进制数字表示。因此，需要把常规的十进制数字转换成二进制数字，如表 7.1 所示。

表 7.1 十进制与二进制数值转换

十进制数值	0	1	2	3	4	5	6	7	8	9	10	…	100	…
二进制数值	0	1	10	11	100	101	110	111	1000	1001	1010	…	1100100	…
二进制位数	1		2		3				4			…	7	…

表 7.1 中，二进制的每一个位数称为一个**比特**（bit）；1 个比特可以表达 0、1 两个数，2 个比特可以表达 0 至 3 的四个数，3 个比特可以表达 0 至 7 的八个数，4 个比特可以表达 0 至 15 的 16 个数，依此类推；n 个比特可以表达 2^n 个数。不仅数字，所有的字母、

符号、文字也都可以借助若干个比特表达出来。如果把所有的信息包括图像信息数字化后，就都可以借助二进制的数字系统在电子系统内表达和存储。

7.2 电子计算机与信息处理

世界上最早以电子方式记录二进制数码的电子器件应属真空**电子二极管**（图 7.1）。传统的电子二极管外有阴极和阳极两个电子管脚。阴极连接电子管内真空状态下的灯丝，可以如同白炽灯那样加热灯丝；阳极连接电子管内与灯丝保持一定距离的金属板。灯丝被加热后，会产生很多活跃的自由电子。当阳极的电位高于阴极时，在正电场的作用下自由电子会流向阳极，使二极管导通；当阳极的电位低于阴极时，反向电场的作用无法使自由电子流向阳极，因此二极管处于不导通状态。二极管这种随电场正、反方向变化而分别呈通、断状态的特性称为**单向导电性**。如果将导通定义为 1，不导通定义为 0，则一个二极管的两种状态刚好可以反映出一个比特可能的两种数值状态。四个电子二极管所组成的四个比特组合就可以表达一位十进制的数。早期的电子二极管大约 10 厘米高，内部被抽成真空以便保持其一定的使用寿命。后来经过不断的改进，一个电子管内可容纳两个或多个二极管，尺寸也减小到约 5 厘米。

早期的**电子计算机**简称**计算机**，是一种简单电驱动的数据输入、存储、计算、增殖和输出系统，计算机需在特定软件系统的管理下运行。当今的计算机还包括大型复杂运算的超级计算机，互联网络使用的各种服务器、工作站、集线器、交换器、路由器，自动而精确控制各种工业生产过程的工业控制机，以及各种类型的个人计算机乃至机器人等。可见，计算机是重要的信息处理设备。

要求计算机执行的一系列按照特定顺序编排的数据和指令的集合体称为计算机**软件**；而计算机系统本身可以看见的物质部分则通常称为计算机**硬件**。计算机软件由人按照其数学逻辑和思维逻辑事先编排并输入到计算机内，计算机将逐一执行编排好的软件指令。因此，计算机软件以计算机语言的形式表达，是人类思维的体现。计算机可以快速、准确、大规模、连续地执行任何数据运算和逻辑运算，进而得出所需要的结果；并可以按照指令操纵其他的机器设备按要求运行。

第二次世界大战之后，1946 年美国制造出了世界上第一台电子计算机，1 秒钟可做 5 000 次加法，这在当时是相当快的速度。该计算机安装了 17 468 个真空电子管，占地

167 平方米，重 30 吨，电功率为 160 千瓦；该计算机开动后，每个小时都会有若干个电子管损坏，并需停机检修。对今天来说，这是一个无法接受的庞然大物、吃电的老虎，娇气低效的老爷车。但它的出现毕竟使人类进入了一个新的纪元。

在当今实用的计算机中，通常用八个比特组成一个**字节**，或称 **B**，以表达任何可能的字母、数码、符号等。2^{10} 个字节称为 1 KB，即 1 024 B。如果把上述 17 468 个真空电子管全部认作是表达比特的电子二极管，则可换算出约 2 KB 字节数。在 167 平方米的面积和重 30 吨的范围仅有如此有限的存储和运算空间，不仅工作效率低下，而且很难作稍微复杂的运算。可见，计算机硬件的高效率化是计算机发展过程中需要解决的重要课题之一。

7.3　硅半导体支撑信息数字化的硬件原理

计算机中用以表达比特的二极管，其体积的大小对计算机的容量和工作效率有重要影响。而解决这一问题的方法就在于用半导体二极管（图 7.2）取代电子二极管。1947 年年底，美国贝尔实验室物理学家巴丁和实验专家布拉顿制造出世界上第一个**半导体二**

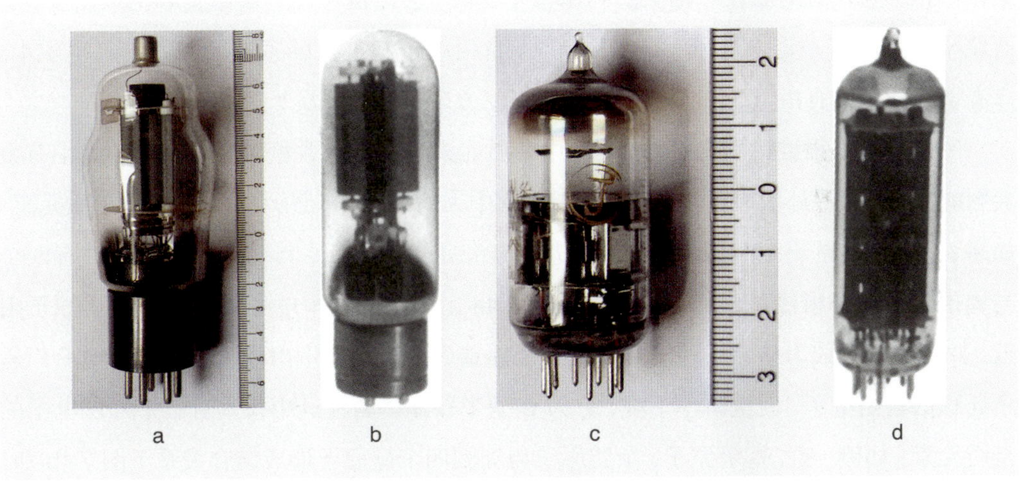

7.1

◉ **图 7.1**　真空电子管：a. 传统电子管；b. 传统电子二极管；c. 小型电子管；d. 小型电子双二极管

极管，也称**晶体管**。在这个二极管装置中有两个金属丝同锗半导体片相接触，整体呈单向导电性。第一个半导体二极管虽然体积很大，但在随后的工业化生产过程中，其体积迅速减小到米粒大小。

半导体的电阻率介于金属导体和绝缘体之间。半导体材料的种类有很多，按化学成分可把半导体划分为单质半导体和化合物半导体两大类。锗和硅是最常见的单质半导体；化合物半导体包括砷化镓、磷化镓、硫化镉、硫化锌，或锰、铬、铁、铜等的氧化物，以及镓铝砷、镓砷磷等合金体系。目前，硅基的半导体是电子工业上用量最大的半导体材料。

不含杂质的半导体称为**本征半导体**。在摄氏零下 273 ℃的绝对低温条件下，硅基半导体的硅原子的外层电子会把硅原子非常紧密地结合在一起（图 7.3）。当温度升高时，部分外层电子会因受到温度上升的激发而摆脱硅原子的束缚而成为可自由迁移的电子，并因此降低了硅的电阻率。带负电的自由电子离开原来位置后，会留下一个带正电的空位，称为**空穴**，自由电子和空穴合称为**电子－空穴对**；自由电子和空穴可以在外电场作用下定向运动。提高温度产生的热，不仅会因激发出自由电子而造成电子－空穴对，而且自由运动的电子也可能会落入附近的空穴使自由电子和空穴成对消失。在某一温度下，电子－空穴对的激发和消失达到动态平衡时，会保留一定自由电子和空穴密度，从而使半导体保持一定电导率；温度升高时，自由电子和空穴的密度增大而电阻率减小。室温下本征硅的自由电子和空穴浓度约为每立方毫米 1 400 万个。

一片硅材料很难达到绝对纯净，其中杂质元素的类型和含量对其电阻率的大小有很大影响。硅原子最外层有四个电子，如果在其中人为地掺入有五个外层电子的杂质元素，如磷、砷、锑等原子，杂质原子取代硅进入硅的原子阵列后，其五个外层电子中有四个与周围的硅原子形成正常的结合关系（图 7.4a），多余的一个电子被束缚于杂质原子附近，并且很容易成为易于迁移的自由电子。掺杂后的半导体中出现了许多带负电荷而易于迁移的自由电子，使电阻率下降，称为 **n 型半导体**。若在硅中掺入有三个外层电子的杂质元素，如硼、铝、镓等原子，杂质原子与周围四个硅原子形成结合关系（图 7.4b）时尚缺少一个电子，因此会保留一个闲置的空穴，且周围电子很容易被激发跃迁到这个空穴处填补空穴，并造成空穴的迁移。掺杂后的半导体中出现了许多易于借助吸收自由电子而迁移的空穴，使电阻率下降，称为 **p 型半导体**。需要注意的是，这两种半导体中虽然有多余的电子或闲置的空穴，但每个原子内正、负电荷平衡的本性决定了两种半导体

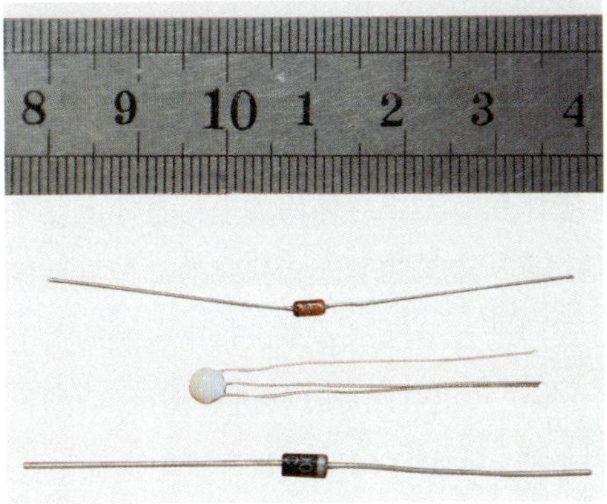

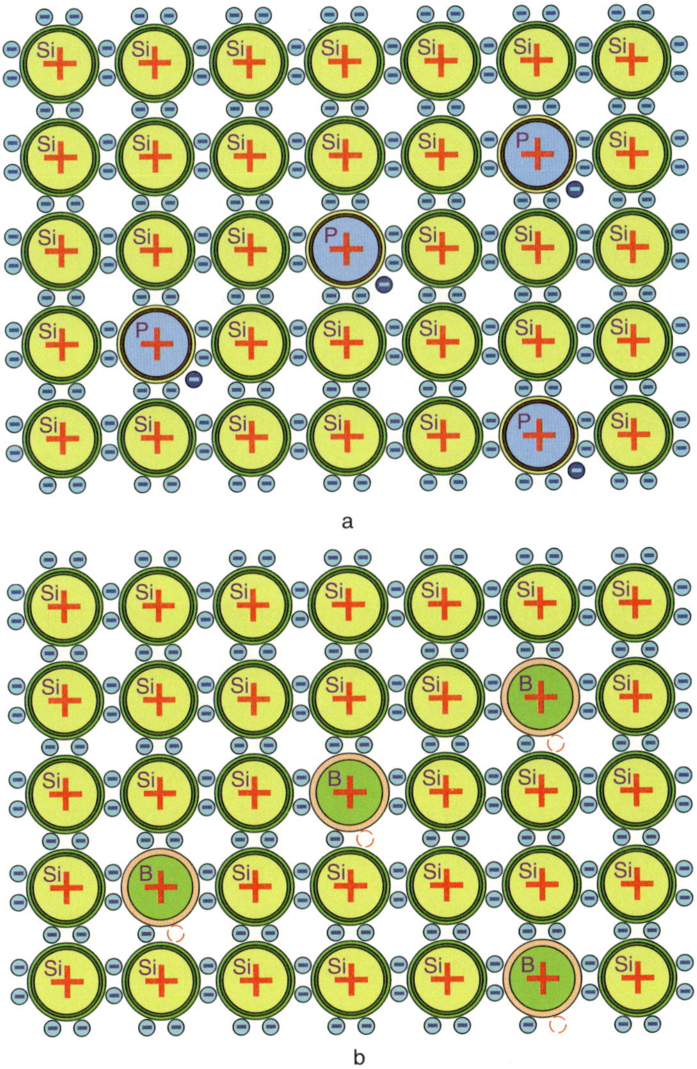

7.2 7.3
7.4

◉ 图 7.2 半导体二极管

◉ 图 7.3 硅（Si）的原子排列及其外层电子使原子间互相结合示意图

◉ 图 7.4 外层四个电子的硅中掺入外层五个电子的磷（P）或三个电子的硼（B）后原子间互相结合方式示意图：a. n 型半导体（磷原子附近带负号的黑圈为多余的电子）；b. p 型半导体（硼原子附近的虚线圈为空穴）

内的正、负电荷仍是平衡的，并不能显示出正、负电性。

n 型半导体和 p 型半导体内分别存在着许多可迁移的多余电子和闲置的空穴，可分别用深蓝圈和红虚线圈简化表示。此时，n 型半导体和 p 型半导体内的电荷整体上是平衡的。n 型半导体和 p 型半导体互相接触时，其接触界面区域附近 n 型区的部分靠近接触面多余的电子会受 p 型区内闲置空穴的吸引，迁移进 p 型区给 p 型区带来多余的负电荷，并给 n 型区留下多余的正电荷；p 型区内的一些空穴也会因此迁移进 n 型区。此时，n 型区和 p 型区接触部位附近的电荷分布均失去平衡，n 型区内呈现过多正电荷而 p 型区内则呈现过多负电荷，正负电荷在接触面两侧的积累形成了阴影区的电子与空穴交换层。n 型和 p 型区内电荷分布的失衡会阻碍 n 型区内多余电子向 p 型区的继续迁移，使得多余电子发生少量迁移后，终止迁移行为。此时，n 型半导体和 p 型半导体构成的接触体系重新达到平衡；两半导体接触面中间阴影区所示电偶极层内形成的多余电子和空穴迁移区域称为 **p–n 结**（图 7.5）。p–n 结以阻挡层的形式阻止了正、负电荷的后续移动，其电阻率明显高于 n 型半导体和 p 型半导体内部的电阻率。

如上所述，p 型和 n 型半导体互相接触时，p 型区的部分多余自由电子越过接触界面迁移进 n 型区，造成 p–n 结区域内电荷分布的失衡并形成反向电场，即 p–n 结内存在由 n 区指向 p 区的电场，阻止了多余自由电子的继续迁移。如果在 p–n 结上加一个与 p–n 结电场反向的外加电场，即 p 型半导体为电场正极、n 型半导体为电场负极，称为正向电压。此时，外加正向电压作用在 p–n 结上，并削弱了 p–n 结的内电场和对多余自由电子迁移的阻碍；p–n 结电阻率降低而电流增大，呈导通状态。如果在 p–n 结上加一个与 p–n 结电场同向的外加电场，即 p 型半导体为电场负极、n 型半导体为电场正极，称为反向电压。此时，外加反向电压作用在 p–n 结上，使 p–n 结的内电场和对多余自由电子迁移的阻碍增强；p–n 结电阻率升高而电流大幅度降低，接近阻断状态。由此可见，p–n 结具有单向导电性（图 7.6）。

巴丁和布拉顿就是借助 p–n 结的这种单向导电特性制成半导体二极管，广泛用于制作各种电子元件；为以二进制数学为基础的信息技术及其快速发展奠定了材料研发基础。在硅中渗入 5 价元素后，可以制成 n 型半导体，随后再附着上 p 型半导体以构成 p–n 结；经过氧化硅（SiO_2）绝缘处理和引出铝（Al）导线后，即可形成硅半导体二极管的基本结构（图 7.7）。显然，这里介绍的半导体二极管属于经过复杂加工的硅材料。

7.4 计算机发展所需大规模集成电路材料

对于高容量和高工作效率的计算机来说，米粒大小的二极管仍显得太大，需要进一步改进制作二极管的相关材料。如果不是一个一个地制成二极管并组合使用，而是直接把大批二极管紧密排列在一起制成器件，则可以大幅度节省空间、提高效率。实现这一目的的技术措施就是制作集成电路。在微电子学领域，把以半导体材料为基片，经加工使各种电子元器件互相连接并集成在基片内部、表层和表面，以产生所设定的电路功能的微型化电路称为**集成电路**。1958 年美国工程师基尔比发明了世界上第一个以半导体锗为基础的集成电路，自此开始了半导体科学与技术高速发展的全新历史。

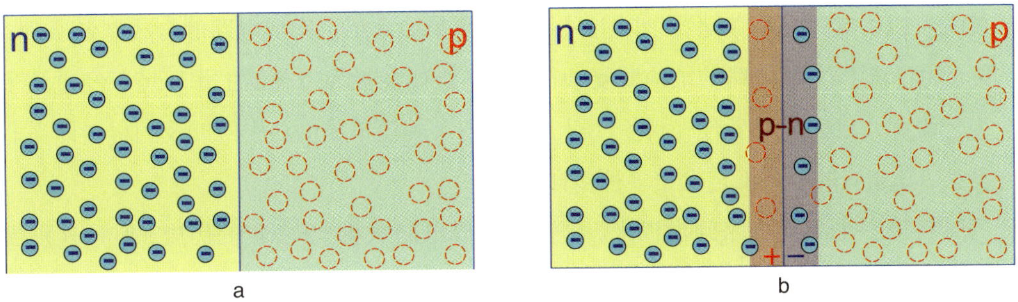

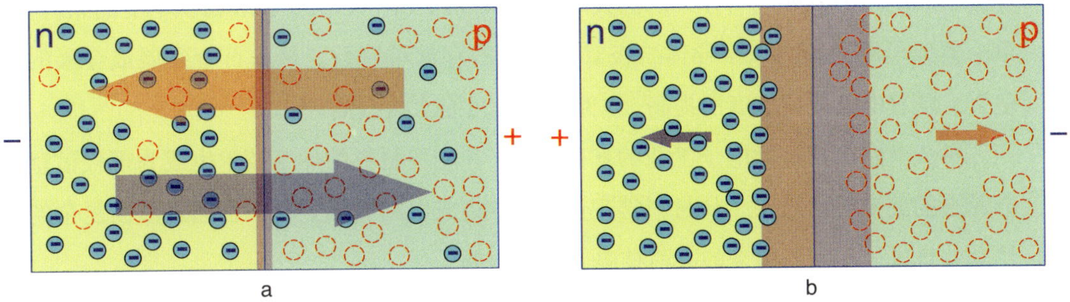

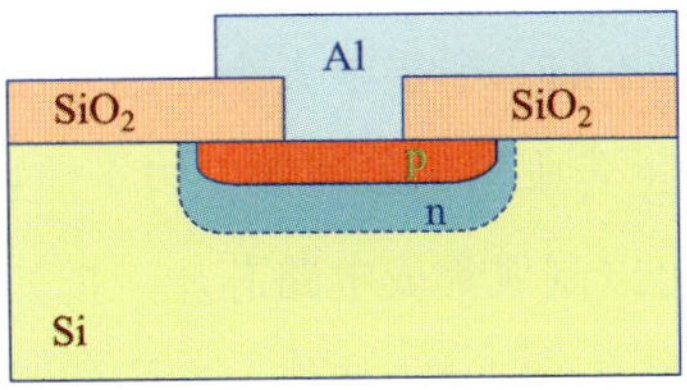

7.5
7.6
7.7

◉ 图 7.5 n 型半导体与 p 型半导体结合而成的 p–n 结：a. n 型半导体与 p 型半导体；b. p–n 结的形成

◉ 图 7.6 p–n 结的单向导电特性（红色箭头指示电流方向，蓝色箭头指示自由电子流动方向）：a. 加正向电压时的电流；b. 加反向电压时的电流

◉ 图 7.7 半导体二极管的基本构造

这里通过举例简单介绍一下硅（Si）基二极管集成电路合成制备的原理（图 7.8）。首先选择一个尺寸较大的硅片，在其一侧表面渗入少许磷（P），形成一薄层 n 型半导体。将以硅为基体的 n 型半导体外侧氧化，表层生成氧化硅（SiO_2）绝缘层。利用选择腐刻技术，以一定间距选择性去除氧化硅绝缘层并暴露下面的 n 型半导体硅层，采用特殊注入技术注入硼（B）元素，使硼注入区附近的原 n 型半导体改型为 p 型半导体，因而形成了一系列 p–n 结，即一系列半导体二极管。随后重新生成氧化硅保护膜封闭 p–n 结，并用选择腐刻技术打开每个 p–n 结的导通路径。在导通路径上沉积导电优良的金属铝或铜（Cu），并按照事先设计的规则引出二极管的导线电路。最后对引出的导线作适当的逻辑连接、引导、接出引线和封装，即可制成由集成电路制成的电子芯片（图 7.9）。

如上制成的集成电路中每个 p–n 结是一个比特记录单元，进行适当设计、排布、连接就可以构成大容量存储器。以上只是极为简单地介绍了集成电路的合成制备原理；实际的超大规模集成电路的结构要复杂得多，通常要在极为苛刻的工作环境下经过几千个工艺流程才成完成整个合成制备过程。制造超大规模集成电路中所涉及的材料体系非常复杂，其相应的制备工艺也是多种多样的。

自第一个集成电路问世以来，尽管硅集成电路只有 50 多年的历史，但是其发展速度是非常惊人的。从早期的小规模集成电路、中规模集成电路、大规模集成电路、超大规模集成电路等发展成为今天的甚大规模集成电路（图 7.10）。在表面积不变的条件下，单个集成电路芯片内以半导体二极管为基础的存储单元数目从数百个发展成今天的上亿个。随着电路集成程度的提高，电路运转速度也大大提高。

集成电路芯片是微电子工业的基础元件，其相关材料的加工技术也成为现代信息社会发展的关键技术之一。从材料学观点观察，集成电路实际上是一种通过极为复杂的现代高效合成技术制备出来的高科技电子功能材料。

随着集成电路的超大规模化发展，电路内各结构单元的尺寸越来越小并密集化。假如其中每一个比特占据 1 平方微米的面积，则 1 平方厘米，即一个指甲大小的芯片面积可有 1 亿个比特；如果芯片具有多层结构，则存储容量还会成倍增长（图 7.11）。这些比特单元需要按照一定的逻辑关系互相连接在一起，才可以制成集成电路芯片。把如此微小结构的单元在芯片内部互相连接起来是十分困难而复杂的技术，传统上选用铝膜作为内连接导线。随着存储单元的增加，铝膜导线的宽度不断减小（图 7.12），从 20 世纪 70 年代的 10 微米已迅速下降到 0.1 微米的水平，这种情况下的传导要求已经超过铝导

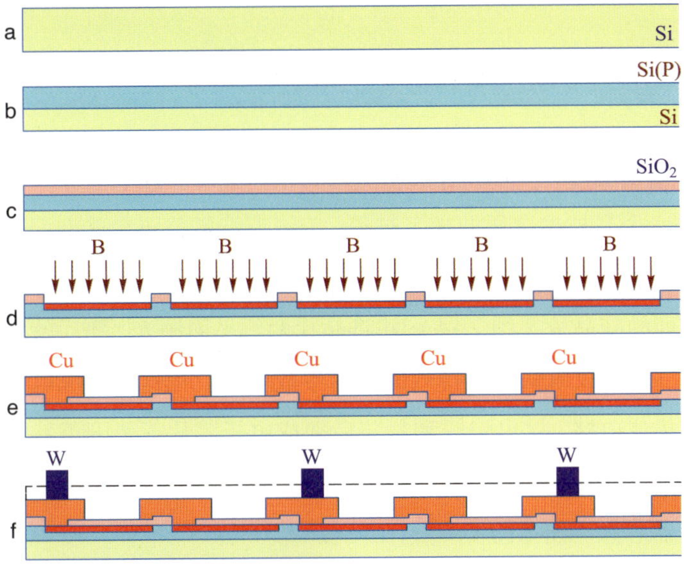

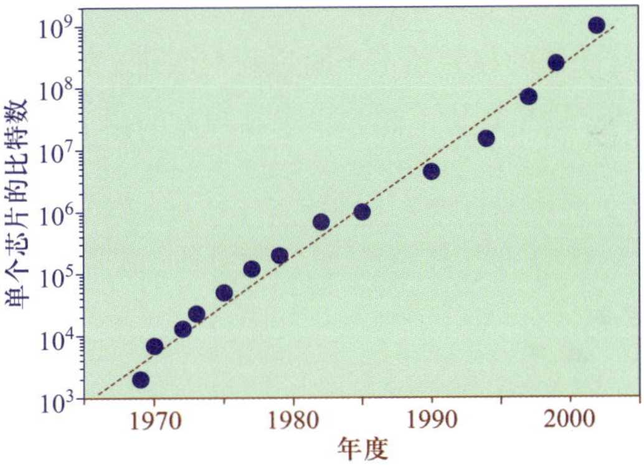

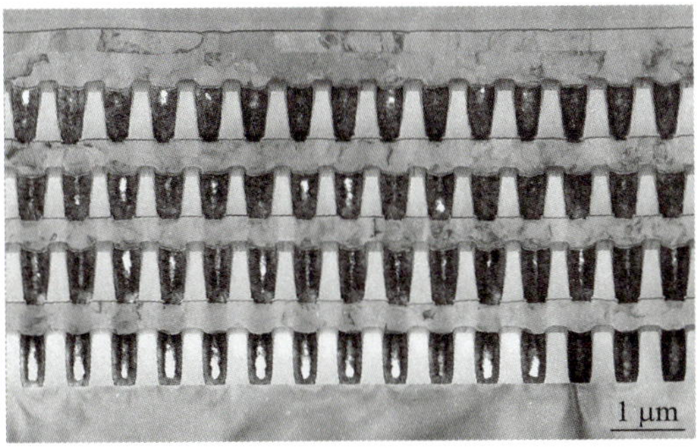

◉ 图 7.8 硅基二极管集成电路合成制备原理示意图：a. 硅片；b. 渗入磷（P）原子以形成 n 型半导体；c. 硅片表面氧化生成氧化硅层；d. 作选择腐刻后注入硼（B）原子生成 p 型半导体并形成 p-n 结；e. 氧化封闭并选择腐刻出导通路径后沉积金属铜（Cu），为每个 p-n 结引出导线；f. 用金属钨（W）对导线作适当引出、内连接并封装

◉ 图 7.9 计算机使用的集成电路芯片

◉ 图 7.10 集成电路芯片的大规模集成化发展

◉ 图 7.11 多层结构集成电路内深色内连接金属导线的分布（导线间距不超过 1 微米）（1 μm）

7.8	
7.9	7.10
7.11	

线性能的极限。铜的导电性好、熔点高且温度稳定性好，所以铜已经普遍取代铝用作内连导线。

制作集成电路的基础材料是**单晶硅**，即需要使硅原子完全按照特定规则堆砌成一个大块的单晶体。制造单晶硅是一个高技术含量的加工过程；美国英特尔公司在这方面长期领先于世界（图 7.13）。制造成大尺寸的圆柱形单晶硅锭后，需沿垂直于圆柱中心轴的方向，把单晶硅锭切成一系列的硅晶片（图 7.14），并将晶片两侧平面抛光，随后就可以在硅晶片表面作集成电路加工，形成纵横密集排列的许多集成电路。把这些集成电路分切下来，成为一个个单独的集成电路，接出引线和封装后即成电子芯片。美国英特尔公司 1969 年制造出用以生产集成电路的 50 毫米直径的单晶硅锭，1971 年制成了第一个集成电路制作的计算机处理器芯片（图 7.15）。

信息技术的进步迫切要求信息技术所依赖的硬件设备技术不断产生突破性进展，进而推动用以制造硬件的材料技术不断更新与改进；其中，大规模集成电路的发展是一个典型的代表。为了满足集成电路越来越高程度的集成化需求，制作的单晶硅锭的直径也

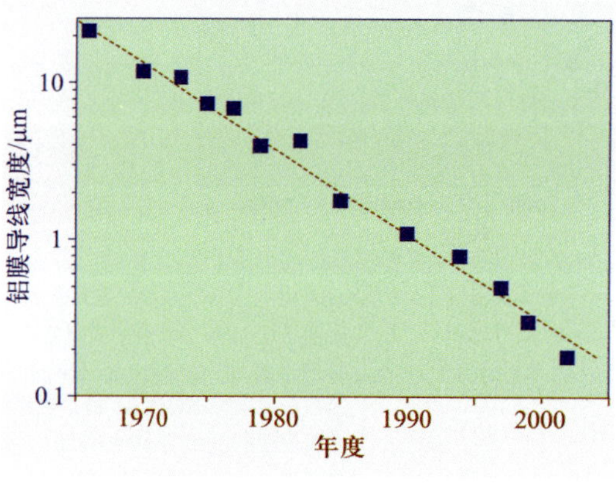

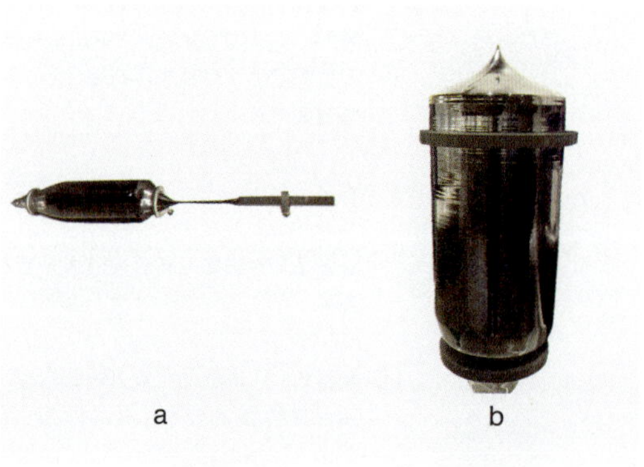

越来越大（图 7.16a）。在 2011 年英特尔公司生产的一片第二代直径 300 毫米硅单晶片上已经可制作出 5 亿亿个半导体二极管（图 7.16b），如果全世界所有人不分男女老幼都来分这些半导体二极管，则每个人可分得 700 万个。随着单晶硅尺寸的增大以及集成

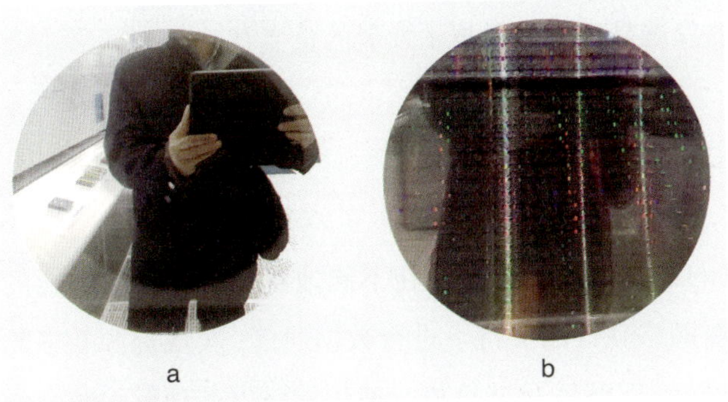

a　　b

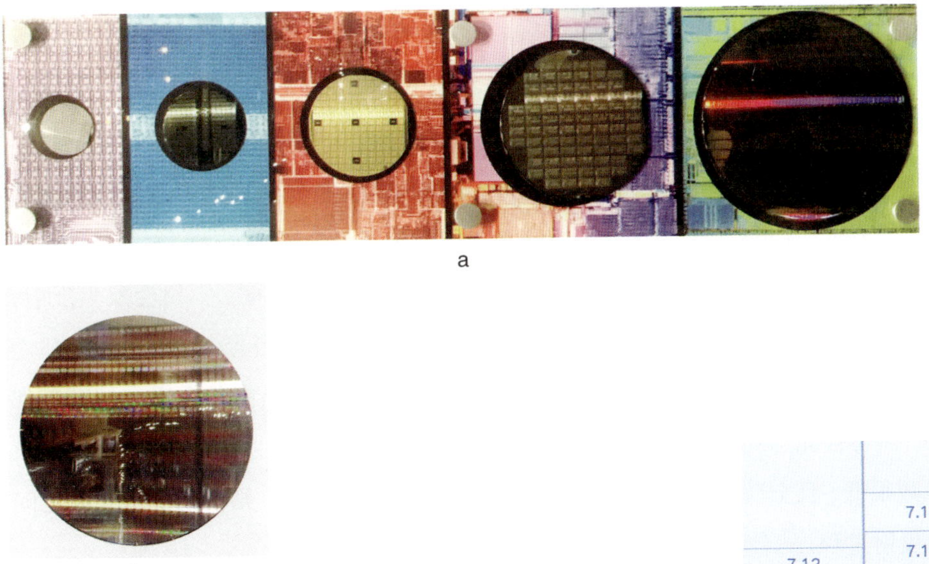

a

b

◉图 7.12 集成电路芯片内连接铝膜导线宽度随年代的变化

◉图 7.13 英特尔公司 50 毫米（a）和 300 毫米（b）直径单晶硅锭 [特]

◉图 7.14 英特尔公司硅晶片 [特]：a. 切割并抛光；b. 完成集成电路加工

◉图 7.15 英特尔公司 1971 年第一个集成电路制作的计算机处理器芯片 [特]

◉图 7.16 美国英特尔公司用硅晶片制作集成电路时晶片直径尺寸的发展 [特]：a.（从左至右）1969 年 50 毫米，1972 年 75 毫米，1976 年 100 毫米，1983 年 150 毫米，1993 年 200 毫米；b.2011 年第二代 300 毫米

7.12　7.13　7.14　7.15　7.16

电路制作技术的精细化发展，使所制造集成电路的集成度实现了从早期的小规模集成电路，经过中规模集成电路、大规模集成电路、超大规模集成电路，直至高度集成的甚大规模集成电路的发展。以各类计算机或移动电话的发展为代表，集成电路技术的发展也使得借助集成电路制作的各类电子信息设备功能越来越强大，体积越来越缩小。由此可见，大规模集成电路材料制作技术的发展是现代信息技术发展的重要基础。

7.5 网络高速传输所需的光导纤维

利用通信线路和设备并以一定的连接方式可把分布在不同地点且具有独立功能的计算机系统相互连接在一起，这种在网络软件的支持下进行数据通信、实现资源共享的系统称为**互联网络**，简称**互联网**。可见，互联网是计算机与通信网络以某种形式结合的产物。20 世纪 50 年代，将电传打字机与计算机远程连接起来，人们可以在远地的电传打字机上输入指令，让计算机运算；然后再把运算结果传送到远地的电传打字机上打印出来；由此开始了计算机与通信的结合。1969 年美国国防部高级计划开发署支持的分组交换网投入运行，把加利福尼亚大学洛杉矶分校、加利福尼亚大学圣巴巴拉分校、斯坦福大学、犹他大学四个站点的计算机连接成网，由此开始了计算机网络的正规发展时期。自 1974 年开始，美国 IBM 及一些不同的公司分别公布了各自的系统网络体系。1977 年国际标准化组织提出了使不同体系结构的计算机网络都能互联的标准框架。20 世纪 80 年代中期以后，开始了互联网高速发展的历史阶段。

要在全球范围的互联网络上达到资源共享的目标，就需要存在一种大容量、高速度的通信网及相应的通信线路。而通信电缆等传统的通信线路完全无法满足互联网大容量、高速度的要求。1966 年美国学者高锟和霍克姆提出了光导纤维通信的概念。根据物理中的光学原理，光束从一种介质中传播并照射到另外一种介质时，不仅会发生反射，也会发生折射。如果两种邻接介质对光的折射特性差异足够大，当光束在这两种介质之间穿越时，就会发生全反射现象（图 7.17）。此时光束不会从其所在的介质穿越到相邻的介质中，而是被完全地反射回来，仍在原来的介质里传播。如果光束所在介质对光束的吸收系数很低，且全反射介质包围了其内光束正在传播的介质，则借助在两介质之间的反复全反射过程，可使光束在该介质中作长距离的传播。

现代**光通信技术**是以激光为载体、以光导纤维为传输介质的通信方式。使光可以在其内部以波的方式传输的纤维状介质材料称为**光导纤维**，简称**光纤**。只有当光信号在长距离传输过程中很少衰减的光纤才具备工程应用的价值。

最早的光纤由氧化硅玻璃制成。相应的光纤通信系统可以把激光器发生的电信号编排成光信号，通过光纤对光信号作长距离传递；然后借助光纤另一端的光敏二极管，把光信号重新转换成电信号。但这种硅酸盐类的玻璃纤维对在其内传播的光有很强的吸收，光束在其内传播 1 千米后，残留的光束能量密度不足原来的万亿亿分之一，因此没有实用价值。20 世纪 70 年代美国研制成了光束在其内传播 1 千米后残留的能量密度能达到原来密度 1% 的光纤制造技术；后经过改进于 1976 年提高到了原来密度的 89%。2002 年日本住友公司制作光纤的技术可使光束传播 1 千米后残留的能量密度达到原来的 95% 以上，而传送 40 千米后仍保有密度的 16%，且可以被光敏二极管检测到。因此，光纤可以连续传送光信号 40 千米而不需要中间重新增强信号。激光的传播速度极快，是发展互联网可以倚重的重要技术资源。

在一种结构简单的单信号型光纤中，纤芯是直径为 8 微米的高折射率氧化硅玻璃或多组分光学玻璃，外面包覆外径为 0.125 毫米的低折射率硅酸盐玻璃，属于折射率**阶跃型光纤**（图 7.17a）。这种光纤可使入射光束在光纤芯层与包层之间借助全反射呈锯齿曲线传播，因而光损耗系数低、信号传输距离远、制造成本低，是目前使用最为广泛的光纤。另外还有多信号型光纤，称为折射率**梯度型光纤**（图 7.17b）。梯度型光纤芯部由多层介质组成，其折射率从中心轴线开始沿径向向外逐渐减小；因此入射光束进入纤芯后，偏离中心轴线的光将呈曲线路径向中心集束传输，光束传播时会形成周期性的会聚和发散，呈波浪式曲线前进。光束在梯度型光纤的纤芯内传播时，不断发生折射，只在纤芯和包层间发生全反射，因此光纤的光损耗系数高、信号传输距离短、制造成本比较

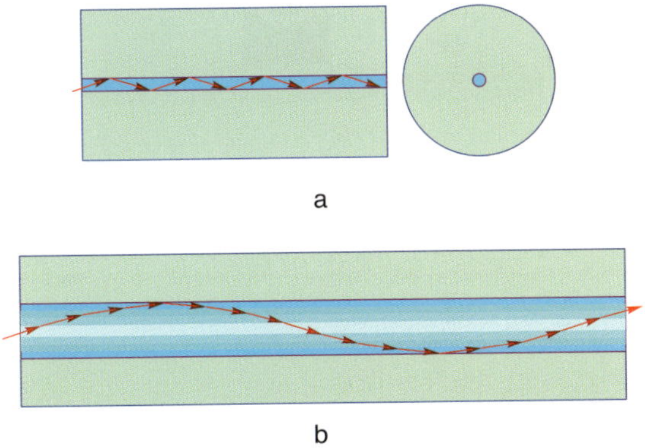

◉ 图 7.17 高折射率物体中光束照射低折射率物体时的全反射现象：a. 在两个介质之间反复全反射的折射率阶跃型光纤；b. 在多种折射率介质内连续折射传播但在最外围介质间全反射的梯度型光纤

高；但梯度型光纤可以在光束分滤器的帮助下，同时传输多个不同频率或波长的光束信号，适合在信息传输量大而不需要长距离传输的仪器设备中用作光纤通信系统。

光纤的制作过程大致如下。先制成较低折射率的氧化硅玻璃管；在加热条件下，玻璃管内壁上会沉积出单层或多层不同折射率的物质，并在高温下使外层氧化硅玻璃管与沉积层均匀地融合在一起，冷却后形成固态长条状的长棒，称为**预制棒**（图 7.18）。将竖直放置于高温加热炉内的预制棒再次加热至 1 900 ℃至 2 000 ℃熔化，在重力作用下直径约为 0.125 毫米，且内部包含高折射率介质的光纤丝就会从高温加热炉下端出口连续地漏流出来，将几十微米厚的聚合物同轴包覆在光纤丝的外表面，以保护光纤表面不受损害。虽然通常的氧化硅玻璃很脆，但是细纤维态的光纤却很柔韧，直径越细，柔韧性就越好。因此，最后可通过绞盘把制作完的光纤产品缠绕在转轮上，制成光纤线轴。一根非常纯净的预制棒可以获得 250 千米长的光纤。

从通信容量看，1976 年美国的光纤每秒可传送 4 400 万比特信息。2002 年美国和 2005 年中国研制的光纤每秒已可传送 400 亿比特信息。最早的光纤同时只能传送一个

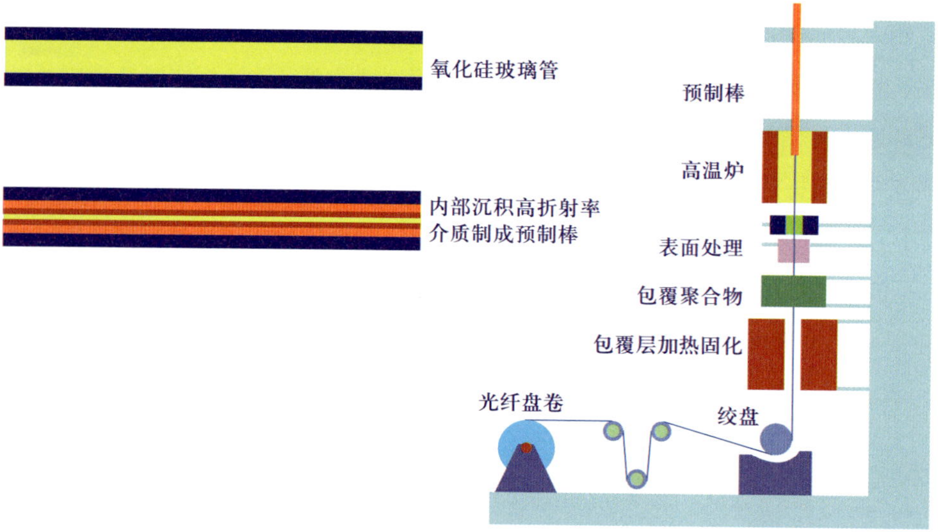

◉ 图 7.18 预制棒及光纤的制作

7.18

信号，而1999年加拿大就研究出同时传送160个不同信号的多波道光纤，2004年中国也实现了这一技术目标。据分析，一根光纤实际可以同时流通上千个波道。由此可见，光纤技术的发展为大容量、高速度的网络通信奠定了良好的物质和材料基础。目前，中国的光缆敷设已可以联通到千家万户。光纤通信可以极大地推动快速互联网的发展，如宽带网络或视频互动传输等。

7.6 信息时代及其材料基础

综上所述，当人类文明进入信息技术发展阶段，大量的信息被数字化，并且在计算机及网络系统内海量存储、高速传输、广泛共享，经计算机处理和运算后转换或衍生出大量的新信息，极大地促进了知识的快速更新和实体经济的发展，人类社会就此进入了**信息时代**。与传统社会的信息技术相比，信息时代的信息被大规模地数字化，信息的加工、处理、更新以及新信息的产生方式已被计算机化，信息的存储和快速传递方式已被网络化。在信息时代，财富可以仅靠信息的创造、使用、传播、整合和操控而快速创造出来，并形成相应的产业。

信息时代有两个关键性要素：一是信息的数字化及其加工、计算以及新数据的衍生；二是信息的海量存储和广泛传播的高效率系统工具。需要注意的是，信息的数字化有时会意味着信息的简约化和适量的失真化。信息的数字化处理及其加工、计算是一种理念和数学方法；而信息海量存储及广泛传播工具则是非常物质性的设备和材料，后者的发展水平制约着信息时代的前进步伐。而上述大规模集成电路技术和光导纤维技术的发展为信息的加工处理、海量存储及广泛传播提供了部分关键性的物质和材料支持，确保了信息的广泛而高效的运算和传播。

打开任何计算机或网络设备，除了上述大规模集成电路外，还密密麻麻排列着各种各样的电子元器件，它们由各种材料按照一定加工流程制成，并对计算机的正常运转发挥着重要的功能。它们的性能水平和可靠性会从不同角度决定着计算机软件的运行是否准确、安全、可靠。由此可见，包括大规模集成电路和光纤在内，只有电子设备中每一个元器件同时向小尺寸化和高性能化不断发展，才能使电子信息设备外观越来越小巧、性能越来越优异。可以体会到，每种元器件的小尺寸、高性能发展都要基于相关材料及材料加工技术的不断进步。

前面曾经介绍过人类社会所经历过的石器时代、铜器时代、铁器时代等，石器、铜器、铁器是由当时使用的主要材料制成。尽管各个时期的人类在当时仍使用很多种其他材料，如玉石、金、银及其他金属等，但石器、铜器、铁器是当时所使用材料的主体，并对社会经济的发展发挥了主导性或突破性的推动作用。石器、铜器、铁器是当时社会存在和使用的实实在在的物质性产品，是当时的硬实力；按照信息社会的概念，这些物品属于当时的硬件。

如上所述，当代信息技术包括了软技术和硬技术两个方面。信息科技较多地关注软技术的发展；而信息技术相关硬技术的发展很大程度上依赖于材料及材料技术的发展，因而较多涉及材料科学与工程。信息技术的大规模集成电路主要基于硅材料，光导纤维主要基于氧化硅等硅酸盐材料；这两种材料以硅基材料为主要特点，并占据了信息技术硬件发展的主要部分。如果按照石器时代、铜器时代、铁器时代等主要侧重硬技术所涉及的材料类型来划分时代的思想，信息时代也可称为**硅时代**；而硅正是地壳中除了氧以外蕴藏量最多的元素。

计算机和网络技术的成熟和发展，催生了信息时代的开端。1946 年第一台计算机的出现只是一个比较孤立的事件，对整个人类社会的影响微乎其微，因此它只能是信息时代的一个萌芽。自 20 世纪 70 年代中期起，大规模集成电路的发展日趋成熟；先是光纤技术进入工程化阶段，随之光纤传输容量有了大幅度提高；进而开始出现了网络技术，并随后形成了国际标准。这些技术的成熟和规模化发展极大地推动了人类社会的信息化进程，因此可以认为，人类的信息时代应起始于 20 世纪 70 年代中期。

可以把物质世界的基本单元“原子”与信息世界的基本单元“比特”作个比较。比特具备传输快、损耗低、花费少、回报多、可分享等特点，未来世界以比特为基础的信息经济将大幅取代以原子为基础的物质经济。应该注意到，人类是一种物质性存在的集体，其生存所依赖的核心基础也是物质性的。没有原子就没有宇宙，也就没有人类；而没有比特，宇宙和人类照常存在。信息经济不可能完全取代物质经济，信息经济的发展除了使人类获得更优质、多样、便捷的精神消费外，还会促使物质经济更高效、更可持续的发展，以更好地满足人类最根本性且无可取代的物质需求。

进一步阅读

- 毛卫民．材料与人类社会．北京：高等教育出版社，2014.
- 最新常用电子管速查手册编写组．最新常用电子管速查手册．2 版．北京：机械工业出版社，2013.
- 黄俊民，顾浩．计算机史话．北京：机械工业出版社，2009.
- 毛卫民．工程材料学原理．北京：高等教育出版社，2009.
- 杨之廉，许军．集成电路导论.2 版．北京：清华大学出版社，2012.
- 邵峰晶，张进，孔令波，等．计算机网络基础．北京：人民邮电出版社，2000.
- 胡先志．光纤与光缆技术．北京：电子工业出版社，2007.
- 尼葛洛庞帝．数字化生存．胡泳，范海燕，译．海口：海南出版社，1997.

第 8 章

现代文明中广泛使用的材料

“我们所赖以生存而丰富多彩的物质环境是一个由多种材料构成的世界，并为我们提供了舒适、方便、高质量的生活。实际上，材料的重要性不仅体现于对人类生活环境的支撑，更重要的是对人类社会的工业发展和经济建设发挥着关键性的作用。新中国成立 70 年来，尤其是改革开放 40 多年来，中国的材料工业已经完全摆脱了清朝末年及民国时期极为低迷的状态，多数主要的工程材料产量稳居世界第一，大量材料技术达到世界先进水平，使得整个工业体系与发达国家并驾齐驱，为中华文明的复兴奠定了物质基础。可以看出，材料对现代文明具有不可或缺的重要作用。”

8.1 钢铁材料的广泛使用

钢铁材料是以铁为基础和主要成分的材料，通常也称为**黑色金属材料**；多数钢铁材料的密度为每立方厘米 7.7 克至 7.9 克，纯铁的熔点为 1 538 ℃。20 世纪以来，随着现代钢铁技术的迅速发展，钢铁材料日益成为社会发展的关键性材料之一，也成为工业发展中占主导地位的工程结构材料。钢铁材料的生产规模大、价格低廉、工艺成熟、性能可靠、易于加工、使用方便、便于回收、应用广泛，在21世纪仍是城市建设、汽车、石油、机械、电子、化工等工业部门主要使用的工程结构材料。2017 年中国大陆生产粗钢超过 8.3 亿吨，约占全世界年产量的一半，是世界第一钢铁生产大国。但中国目前在增加钢铁高技术产品、降低能耗、钢铁生产设备制造等许多方面还需要进一步努力提高和改进。中国的许多材料工业生产仍处于生产能力全球第一，而技术质量和科技创新能力还需努力改进的状态。

以 2016 年为例，中国大陆年产将近 2 亿吨钢筋（图 8.1a），另外年产约 1.4 亿吨不同直径尺寸的钢丝或线材（图 8.1b），以及 6 600 多万吨加工成不同几何外形、截面形状和尺寸且长条状的型钢（图 8.1c）。

2000 年 5 月，丹麦和瑞典建成了连接丹麦哥本哈根和瑞典第三大城市马尔默的厄勒海峡跨海大桥（图 8.2）。大桥全程跨度 16 千米，使用了大量的钢材，大大便捷了两国的人员往来与经济联系。早在 1937 年，美国就用 4 年时间建成了著名的连接北加利福尼亚和旧金山半岛的钢结构金门大桥（图 8.3）；桥长 2 737 米，耗费钢材 10 万多吨。金门大桥的桥身和桥塔均由不同规格和尺寸的型钢构成；桥塔及支撑的悬索承担了整个大桥的重量；悬索上垂直向下的吊索由许多细钢丝绞合而成，每根粗大的悬索长 2 331.7 米、直径 0.924 米。悬索外表其实只是一个管子，管内有平行排列的 27 572 根直径约 5 毫米至 10 毫米的钢丝来共同承担大桥的载荷，悬索及其附件重 2.45 万吨。用于造桥的钢材不仅要能承受桥梁自重和过桥的载重，还要能够经受地震的侵袭以及水雾、空气常年的腐蚀作用。另一方面，对于超高型的现代化城市建筑物，传统的砖石结构已经不能胜任，而需要大量型钢作为主体承重结构（图 8.4a、b），来支撑巨大的楼房载荷，并抵御地震、台风的侵扰。如国家体育场（鸟巢）（图 8.4c）建设中，就使用了 4 万多吨各种类型的高强度钢材。一般来说，钢的强度越高，就可以用越少的钢材支撑同样的载荷，建筑物就可以变得轻巧；但过高强度的钢抵抗冲击载荷的能力有时反而会变弱，不利于防止诸如地震等灾害的袭扰。因此在钢材选择上，也需要综合考虑。

铁路交通是支撑当今社会经济发展的重要命脉。目前，中国年产约 300 万吨至 400 万吨重型铁路钢轨，包括用于高速铁路的钢轨（图 8.5）。铁路钢轨常年在自然条件下服役，不仅承受往返火车的载荷，而且还要经受风吹日晒、暑往寒来。这些力学承载、气候侵蚀、暑寒胀缩等复杂条件还要求钢轨具有良好的抗疲劳性能。

2016 年中国大陆生产了 1.6 亿多吨不同尺寸的厚钢板，可以支持庞大的造船业和石油、天然气管线的建设（图 8.6）。船板钢要能够经受海水的侵蚀；大量石油、天然气管线的铺设需要穿过高原寒冷地区以及沙漠干旱地区，钢板以螺旋盘卷的方

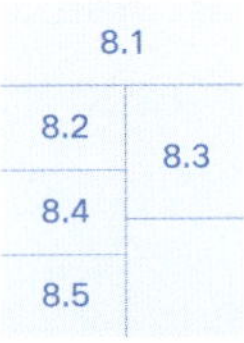

◉ 图 8.1 各种钢材产品：a. 建筑工地上的钢筋；b. 高速生产线上盘卷的线材；c. 待出厂的型钢（蔡庆伍供图）

◉ 图 8.2 连接丹麦和瑞典的厄勒海峡跨海大桥

◉ 图 8.3 美国金门大桥（毛昌民供图）：a. 全貌；b. 桥身；c. 桥塔；d. 吊索；e. 悬索

◉ 图 8.4 a. 上海浦东以钢结构为主要支撑的建筑；b. 建设中的钢结构；c. 国家体育场的钢结构

◉ 图 8.5 a. 铁路钢轨的生产；b. 钢轨的使用（人民画报 2011 年 1 月）

式形成管线，服役时管线内还要承受很大的输送油气的压力。船板钢和管线钢都需要经过大量焊接加工，因此这些钢都需要具备良好的焊接性能以及在特定条件下长期服役的能力。

同年中国大陆还生产了1.7亿多吨不同尺寸的薄钢板，以满足中国2017年生产2 900多万辆各种类型汽车、8 500多万台电冰箱、1.78亿台空调机，以及大量洗衣机、火车车厢、轻轨车厢、拖拉机和工厂厂房等对薄钢板的需求（图8.7）。对粗钢作穿孔加工而制成的钢管具有良好的密封性和承受更大压强的能力，在工业上有很广泛的用途；这种钢管不是通过焊接的方法制成，因此称为**无缝钢管**。2016年中国大陆约产出2 700万吨不同尺寸的无缝钢管，大量用作石油以及化工类企业的液体、气体输送管道（图8.8）。

机械、电工等是大量使用钢铁材料的行业。相关钢质制品形状各异，而且往往需要具备多种特殊的性能，以满足其在不同服役环境和承载条件下的特定要求。由此发展出了种类繁多的钢材品种，包括各种铸铁，各种强度的结构钢、弹簧钢、工具钢、不锈钢、耐热钢、超高强度钢，以及制作发电机、电动机、变压器的铁心所需的磁性电工钢等。例如，1961年上海造船厂所制造的万吨水压机（图8.9a）就是中国自主生产的第一台大型机械设备，使用了大量的具有较高强度的结构钢材；2012年中国使用的蛟龙号深海潜水器（图8.9b）可进入万米深度的海区进行科考探索，潜水器需具备每平方米表面持续承受万吨以上压力的能力，因此对所使用钢材的性能也提出了挑战；再如，三峡工程中安装并使用了大容量的水力发电机组（图8.9c），不仅需要使用大量结构钢材，而且需要大量具备软磁性能的电工钢，以借助电磁感应原理把机械能转变成电能。铸铁用于制作主要承受压力的机械构件，如各种机械设备的基座等。**弹簧钢**主要用于制作发挥减振作用的构件；**工具钢**（图8.10）则用作硬度很高的工具，以便加工其他金属构件。**不锈钢**主要用于在各种腐蚀环境下能够承受载荷的构件，不仅在化工、建筑等领域得到广泛应用，而且也大量制作成各种日常生活用具（图8.11）。**耐热钢**在较高温度下具有一定抗氧化能力，并可保持较好的力学性能，主要用作各种高温设备的构件。**超高强度钢**则可用作强度高、质量轻的构件。另外，钢铁材料在军事工业领域也是极为重要的基础材料（图8.12），可用于制造坦克、火炮、导弹、军舰、潜艇等各种类型的军事装备。

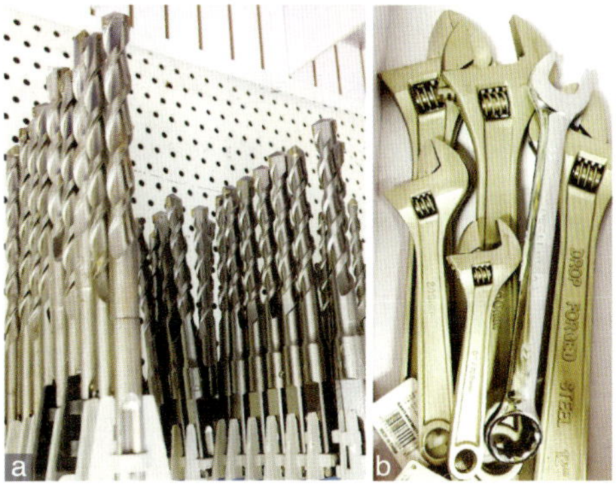

8.6	8.7
8.8	8.10
8.9	

◉ **图 8.6** 厚钢板的应用举例：a. 巡航救助船下水；b. 铺设油气线路（康永林供图）

◉ **图 8.7** 薄钢板的应用举例：a. 汽车（人民画报 2011 年 3 月）；b. 轻轨车厢；c. 饮料罐；d. 啤酒桶

◉ **图 8.8** 大量使用无缝钢管的煤制油化工企业（人民画报 2011 年 3 月）

◉ **图 8.9** 重要机电设备举例：a.1961 年中国自主生产的第一台大型机械设备——万吨水压机；b. 蛟龙号深海潜水器（人民画报 2012 年 10 月）；c. 三峡水力发电机组

◉ **图 8.10** 工具钢制品举例：a. 机动工具——钻头；b. 手动工具——扳手

8.2 铝及铝合金

钢铁以外的金属材料为**非铁金属材料**，通常也称为**有色金属材料**。2017 年中国大陆有色金属的年产总量约 5 500 万吨，其中铝及铝合金的产销量在有色金属材料中居第一位。

目前全世界原铝产量接近 6 000 万吨，中国大陆 2017 年原铝的产量为 3 329 万吨（图 8.13），居世界第一。以铝为主要成分的金属材料称为**铝合金**，纯铝的熔点为 660 ℃。铝是一种轻金属，密度为每立方厘米 2.699 克，大概仅为铜的三分之一，所以被大量用作轻质材料。铝的导电性能非常好，仅次于银、铜和金，列第四，因此可用作电力工业的导电材料。铝的热导率高，在金属中仅次于银、金和铜，也列第四，因此也可用作热交换材料或散热材料。铝的抛光表面对白光的反射率可达 80% 以上，因而也可用作反光材料。铝是不受到磁场影响的金属，因而还可用作罗盘、天线、计算机存储器、仪表材料、屏蔽材料等。

铝有极好的塑性，变形抗力低，很容易作各种类型的变形加工，并制成板、箔、管、棒、线、丝、复杂断面型材等。纯铝的强度比较低，但借助加入其他元素及适当的加工过程，可以使铝合金的强度达到普通结构钢的强度水平。铝的低密度使得其**比强度**高，即强度与密度的比值非常高。铝及铝合金的表面容易生成一层致密而牢固的氧化铝保护膜，且不易遭到破坏；因此，铝往往有很好的耐腐蚀性。通过氧化处理可在铝表面形成

一层透明的人工氧化膜，并可着上各种各样的颜色。

铝在航空航天、机械、车辆、电子、包装、建筑、石化、船舶、兵器、文体、核能、农业等方面均有广泛的应用。中国的铝产品约有一半用作结构铝材，另外接近四分之一用作导体材料。

铝合金的高比强度使其在航空航天工业中的飞机及各种航天器上被大量用于制作表面蒙皮及各种发动机零件或构件（图 8.14a、b）。飞机上的铝合金约占总重量的 50% 至 80%。在机械行业的各种仪器仪表零件、机床零部件、集装箱板等方面也大量使用铝制构件。火车、大型客车构架、地铁车厢等也均会使用许多铝型材构件。德国奥迪汽车公司于 20 世纪 80 年代末期推出了全铝制作的轿车（图 8.14c），大大地减轻了汽车重量，成为汽车节能的前提。

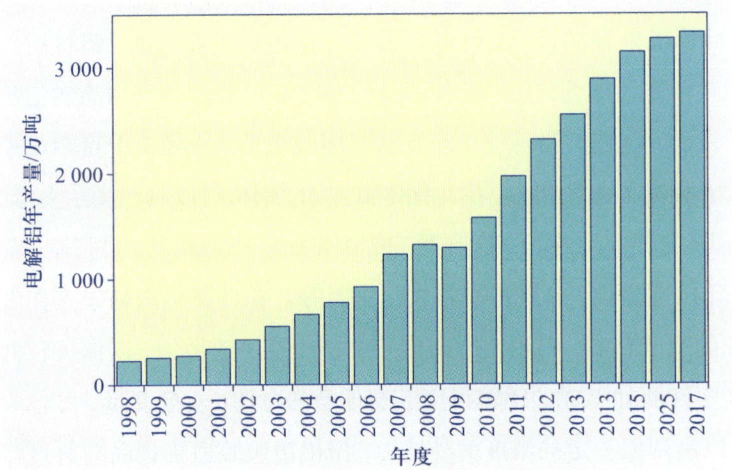

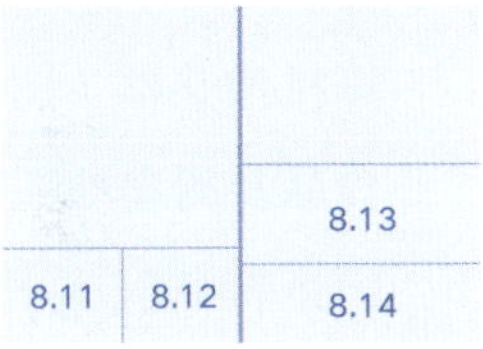

◉ **图 8.11** 日用不锈钢制品举例：a. 厨用盥洗池；b. 炊具

◉ **图 8.12** 使用钢铁制造的军事装备举例（解放军画报）：a. 坦克（2008 年 12 月）；b. 火炮（2009 年 10 月）；c. 导弹（2009 年 10 月）；d. 军舰（2012 年 1 月）；e. 潜艇（2012 年 8 月）

◉ **图 8.13** 中国大陆电解铝（原铝）年产量（国家统计局）

◉ **图 8.14** a. 铝质螺旋桨飞机；b.20 世纪 60 年代 J6 歼击机的铝蒙皮（中国军事博物馆）；c. 全铝结构汽车奥迪 A8L

铝材可在建筑行业中用作门窗构架、彩色外装饰、幕墙构件等（图 8.15a）；在石油化学工业中用作油罐、压力容器、化学容器、换热器、冷凝器、石油管、天然气管等；在船舶工业中用作水翼船、气垫船、潜水艇、轻型船体等船用构件；在兵器工业中用作火箭燃料箱、军用飞行器、轻型装甲坦克、鱼雷快艇、高机动性装甲运兵车等；在核能工业中用作反应堆构件、燃料元件包壳、各种耐辐照和耐腐蚀管线等；在农业中用作轻型耐潮湿粮仓、喷灌设备、牛奶加工等农产品加工管线、农机具、温室结构件等。另外，利用铝的高塑性，可以把铝材挤压加工成复杂截面的型材（图 8.15b），用作现代建筑物外部幕墙的轻质高强框架，框架内可镶嵌幕墙玻璃；为防止幕墙内、外的热传导，以实现夏天隔热、冬天节能保温的目的，可使内、外层铝型材间夹入绝热的塑料型材；甚至可以在铝型材中空部位输入冷空气或热水，以同时兼顾调节室内空气温度的作用。

在电子工业部门，铝材不仅可以用作导线，而且可用作家用电器部件、空调机及计算机散热器（图 8.16a）、计算机外存储器、电解电容器等。在包装工业方面，铝材用作食品及厨房加工处理用包装铝箔（图 8.16b）、各种商品的装饰性包装及特殊功能的包装（如啤酒桶、易拉罐等）。目前，包装铝箔可加工至 5 微米厚或更薄，这样 1 千克铝可加工出 74 平方米的铝箔，大大提高了包装能力。在文化体育方面，铝材可以制作高尔夫球、各种球拍、滑雪用品、田径比赛器具（标枪、起跑器、接力棒等）、登山用具、自行车、赛艇等；还可以用铝制作复印机感光鼓、高分辨率感光印刷版等。在计算机内易于工作发热的部位可安装大表面积的铝散热器，利用铝的高热导率使热量迅速散失，以保持较低的工作温度。利用铝的高塑性而加工成的铝箔可以实现任意的弯曲、折叠变形，可包装各种食品和物品；甚至可以利用铝一定的温度耐受能力，用铝箔包装适当食品并直接作烧烤烹饪。利用铝的高比强度可制成轻质自行车（图 8.16c），使旅行（图 8.16d）或竞赛更加高效、省力。

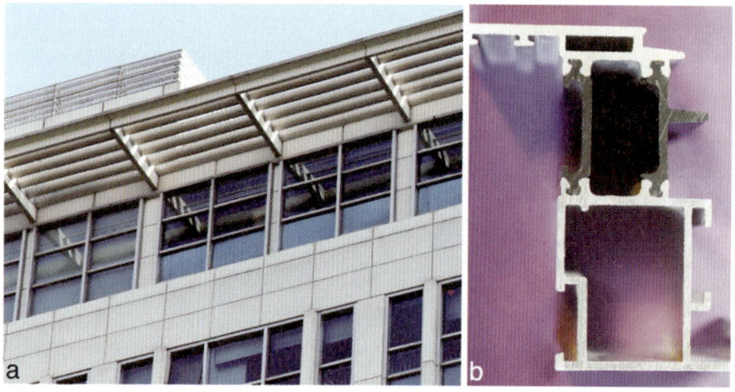

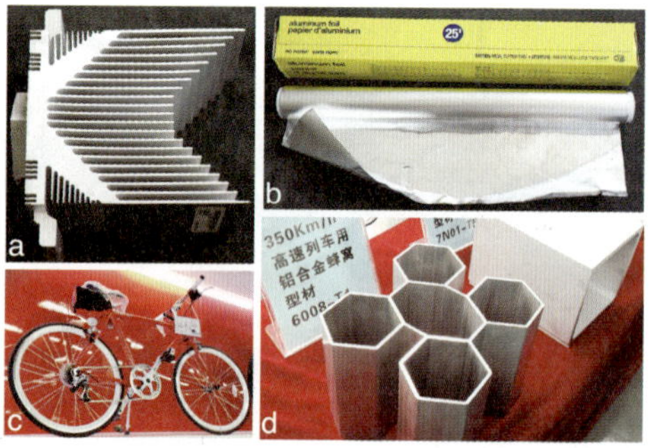

8.3 铜及铜合金

2017 年全世界生产精炼铜约 2 300 多万吨，中国大陆生产 897 万吨（图 8.17），属于世界产铜第一大国。在有色金属工程材料中，铜的用量仅次于铝，占第二位。以铜为主要成分的金属材料称为**铜合金**，纯铜的熔点为 1 084 ℃。

铜的密度为每立方厘米 8.96 克，比钢重约 15%，可用作高密度材料。铜有极为优良的导电性能，在所有金属中仅次于银，列第二，但价格比银低很多，是电力工业主导的导电材料（图 8.18）。铜的热导率非常高，在所有金属中也仅次于银，列第二；可用作热交换材料或散热材料。铜基本不受外来磁场的干扰，可用作磁学仪器、定向仪器、防磁器械等。

铜有良好的塑性，可以承受各种形式的冷、热塑性变形加工。铜又是比较稳定的惰性金属，纯铜在大气、水、水蒸气、热水中基本不被腐蚀，在很多场合可用作管道、阀门等材料（图 8.19）。纯铜具有玫瑰红色，其色泽可用于装饰目的。铜的表面可以被抛光、纹理、电镀，也可用有机物涂层或化学着色，以供制备各种功能表面或装饰表面。

铜的塑性、导电、导热、耐腐蚀、高密度、耐磨损等特性使其在电子、机械、石油、化工、兵器、建筑、汽车、造船等工业部门有广泛的应用，同时普遍用在日用五金、工艺

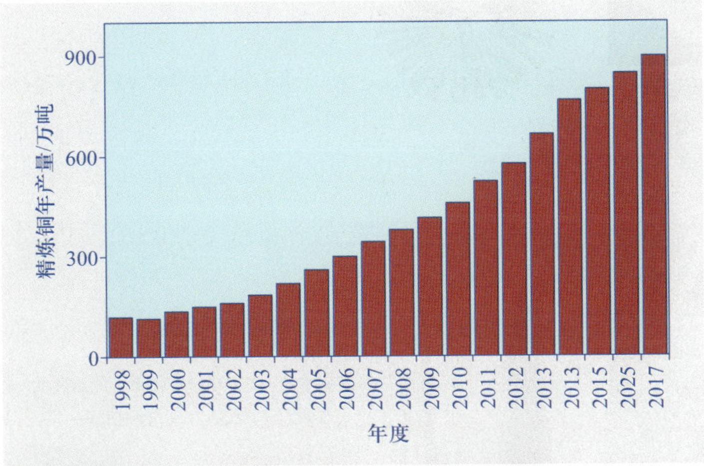

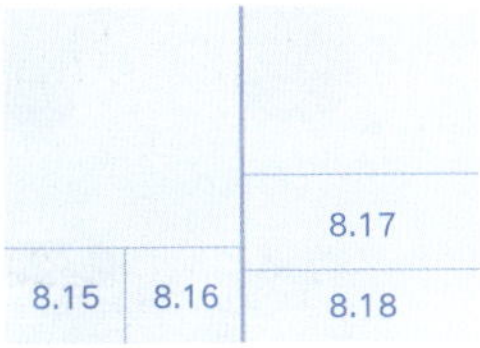

◉ 图 8.15 a. 铝框架幕墙；b. 由塑料型材连接的两种复杂截面挤压铝型材

◉ 图 8.16 常见铝制品举例：a. 台式计算机中心处理器的铝散热器；b. 日用包装铝箔；c. 铝质自行车；d. 高速列车用铝型材

◉ 图 8.17 中国大陆精炼铜年产量（国家统计局）

◉ 图 8.18 不同直径的铜质漆包导线

美术装潢以及硬币制造等方面（图 8.20）。

例如，黄铜主要用来制作各种铭牌装饰，建筑构件，水、油管阀容器构件，机械簧片，热交换构件，硬币，乐器等。铸造黄铜可用于耐磨的齿轮、轴承、连杆、装饰、洁具等构件。青铜适合用作耐蚀、耐磨的构件，如建筑构件、重载构件、装饰构件、电气开关、插接结构件等。一些青铜的颜色与黄金非常接近，经常用作伪黄金，以制作日用装饰品。铜质伪黄金的色泽与黄金相同，但密度是真黄金的 50% 以下。铸造青铜可用作耐水汽和海水腐蚀的构件及各种磨具。再如，白铜在船用仪表、化工机械、医疗器械等方面有广泛的应用；由于白铜热导率低，可用作蒸发、冷凝等方面的隔热耐水汽腐蚀构件。

在各种枪械和火炮的弹壳、弹头部位，也大量使用在空气中不易生锈、易于保存的铜质构件（图 8.21）。以普通子弹为例，它由弹壳、底火、发射火药、弹头四部分组成；弹头可由铜外壳、钢芯及二者间的铅层组成；弹壳及弹头的铜外壳都是由铜板变形加工而成。发射子弹时，枪械撞针撞击底火后引起发射火药燃烧膨胀，并把弹头以一定初速

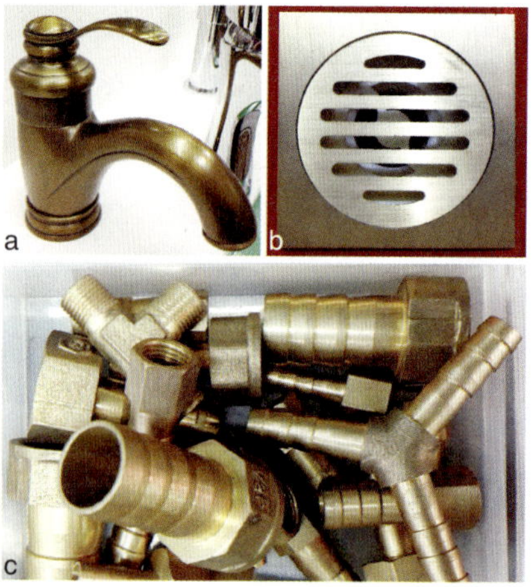

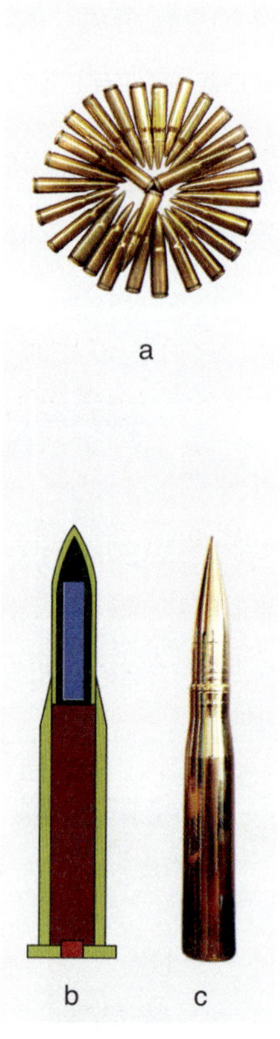

8.19 | 8.20 | 8.21

◉ 图 8.19 常见铜质管道构件举例：a. 水龙头；b. 下水道口；c. 各种接头

◉ 图 8.20 常见铜制品举例：a. 笔记本计算机散热片；b. 钱币；c. 管乐器

◉ 图 8.21 a. 军用子弹；b. 子弹内部结构示意图（黄色为铜，红色为底火，棕色为发射火药，蓝色为钢芯，黑色为铅）；c. 炮弹的铜质外壳

度推射出枪膛。在初速度不变的情况下，弹头的质量越高则动能越大，杀伤力也越大。因此，高密度的铜弹头有利于保持其杀伤力。为了节约昂贵的铜，也用钢芯部分取代铜。另一方面，铅的密度为每立方厘米 11.36 克，高于铜，有利于提高弹头的质量。以超音速飞行的弹头铜壳会与空气摩擦生热，铜的高导热特性使热量即时传入弹头内部并使熔点只有 327 ℃的铅瞬时熔化成液体。几百度高温的铜弹头外壳在击中只有几十摄氏度的人体后会急剧冷却收缩，不可压缩的铅液会使收缩的铜外壳炸裂，高密度、高动能的铅液四处喷射，因而会明显加大杀伤力。如果把弹头内部全部换成铅芯，则会对生命产生巨大的毁灭作用；因此，国际公约禁止对人类使用全铅芯的子弹。

8.4　钛合金与镁合金

钛的工业化生产至今已有 60 多年的历史。与炼铁过程类似，工业生产钛时需要先把钛矿石还原成含钛超过 99% 的金属钛，再去熔铸成钛锭或加工成各种钛材使用。刚还原出来的金属钛呈海绵状，因此也被称为**海绵钛**。2016 年中国大陆海绵钛的产量约为 6.5 万吨（图 8.22），居世界第一，超过全球产量的三分之一。以钛为主要成分的金属材料称为**钛合金**。地壳所蕴藏的元素中，钛的总量占据第九或十位，约占地壳质量的 0.44% 至 0.61%。中国钛的蕴藏量比较丰富，分布于四川、云南、广东、广西、海南等地，在四川攀西地区已经探明的储藏量有数亿吨。钛具有许多优良的性能，近些年得到迅速的发展。钛的熔点很高，为 1 668 ℃至 1 672 ℃。钛的密度为每立方厘米 4.507 克，大约是铜的一半，因此可作轻质材料。钛的热导率比较低。金属钛属于非磁性材料。纯钛可以有很高的强度，工业纯钛的抗拉强度就可以达到高强度钢的水平，经过强化处理后钛合金的强度甚至可接近超高强度钢的水平，因此钛也有非常高的比强度。低温下钛的化学活性很低，具有优良的低温耐腐蚀性。

工业纯钛被广泛地在蒸气、海水、各种化工腐蚀介质中用作各种机械、容器、管线、舰船及飞机的构件。高的比强度使钛合金多用于轻型结构的高强度构件、大尺寸构件、承高压构件，也可用于部分高温构件或超低温构件等航天工业以及压力容器系统。如用作飞机上可焊接的高强度锻件、板管件、600 ℃以下的耐氧化构件，现代大型建筑构件，以及零下 250 ℃至零下 270 ℃下使用的磁悬浮列车和超导发电机上的构件。人体在接触钛时有良好的耐受性，不会引起皮肤发炎；因此，钛合金在医用移植器官方面有较多应用，如钛质人工骨、人工齿、钛合金眼镜框、轻巧家具构件等（图 8.23）。

当飞机的飞行速度为音速的几倍时，飞机外表和空气的摩擦极为剧烈，并造成明显的温升。此时，低熔点铝合金的强度会明显降低而不能满足载荷要求，因而超音速军事飞机、航天飞行器等大量地使用钛合金。极高的比强度也使钛合金经常用于制作空降兵所需轻型常规兵器的构件（图 8.24）。

自 1886 年德国建立了第一个电解镁厂至今，镁的工业化生产已有 100 多年的历史。中国大陆 2016 年的原镁产量约 90 多万吨（图 8.25），占全世界产量的 80% 以上。以镁为主要成分的金属材料称为**镁合金**，纯镁的熔点为 650 ℃。

镁在 20 ℃时的密度为每立方厘米 1.738 克，是常用结构材料中最轻的金属，因而是重要的轻质材料。镁的这一轻质特征与其优良的力学性能相结合，可成为大多数镁基结构材料应用的基础。单位体积的不同金属温度每升高一度会吸收一定的热量，称为**体积热容**。每种金属体积热容由高向低排列的顺序为：镍、铁、铜、锌、铝、钛、镁等。可见，镁的体积热容比其他金属都低。此外，镁合金中的合金元素对热容的影响也不大，因此镁及其合金加热升温与散热降温的速度比其他金属快。金属镁为非磁性材料，具有良好电磁波屏蔽特性，可抗电磁干扰。镁的化学性质比铁活泼，因此可以像锌那样附着在铁质构件上；在腐蚀环境中，可借助镁自身优先被腐蚀的特点，而发挥保护铁构件不被腐蚀的作用。

劲度系数是描述物质弹性的一个参数。在同样实验条件下，每种金属劲度系数由高向低排列的顺序为：铁、铜、钛、铝、镁等。对比可见，镁在常见金属中是劲度系数最低的，即在外力作用下镁最容易发生弹性变形。当结构材料在服役过程中承受的载荷出现波动时，会使构件发生弹性变形，同时载荷会因对构件做功而损耗能量；劲度系数低的材料因易于发生弹性变形并吸收能量，因此具有更明显的弱化载荷波动的传递、降低构件振动的能力。这种减振现象称为**阻尼**，即振动物体因内在或外界原因引起振动幅度逐渐下降的现象。因此，镁是良好的减振材料。

与其他材料相比，镁表现出了轻质、减振、无磁、高导热性、高化学活性等特点。另外，废弃的镁构件也易于回收再利用，因此镁合金在交通工具、微电子和电子信息产品领域受到越来越多的应用。镁合金广泛用于手提工具、体育器材、交通工具（图 8.26、图 8.27、图 8.28）。用镁合金制作的自行车比铝合金自行车还可再减重 15% 至 20%。许多新车型采用镁合金轮毂减振，新型摩托车采用大量镁合金后全车净重大幅度降低。借

8.22
8.23 8.26
8.24
8.25

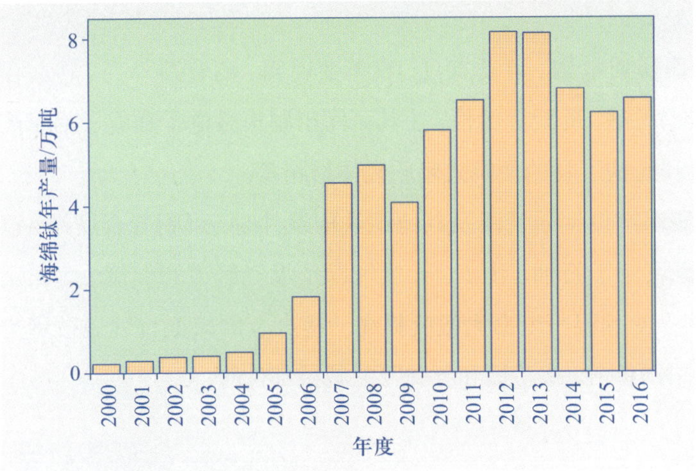

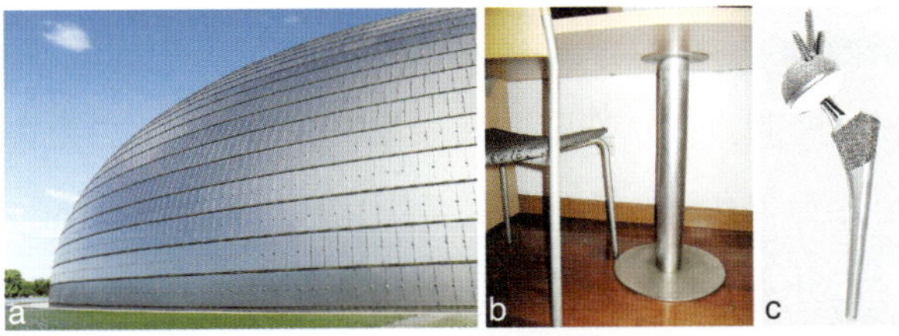

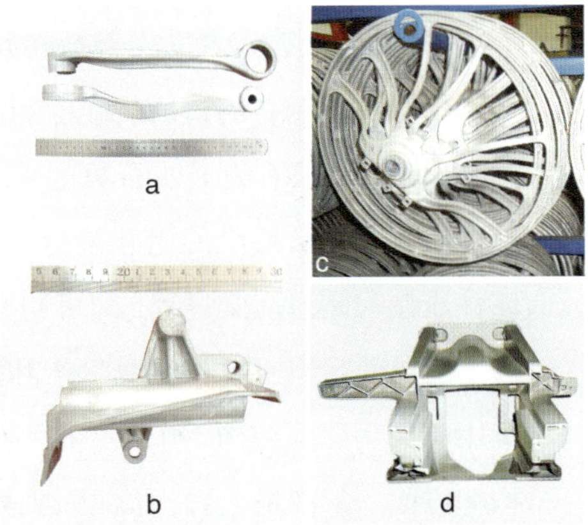

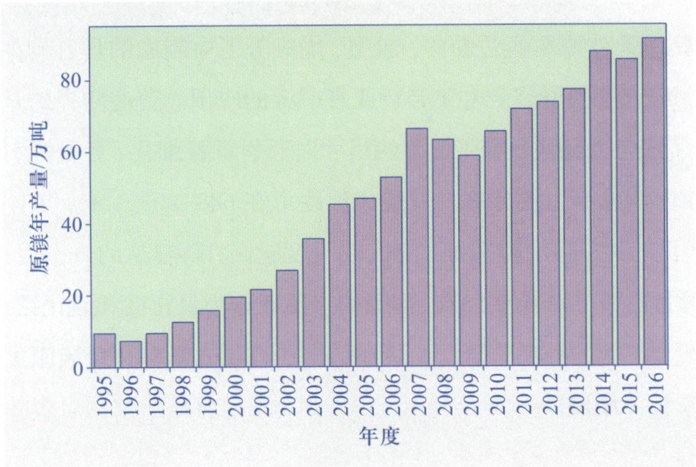

◉ **图 8.22** 中国大陆海绵钛年产量

◉ **图 8.23** 钛合金应用举例：a. 国家大剧院外侧采用了 2 万多块共 3 万平方米的隔热、耐腐蚀钛板；b. 家具中的轻质钛结构件；c. 钛合金人工髋关节

◉ **图 8.24** 较多使用钛合金的航空航天飞行器（解放军画报）：a. J15 超音速舰载飞机（2012 年 12 月）；b. 航天空间站与飞船对接示意图（2011 年 10 月）；c. 神 8 载人航天器返回舱（2011 年 11 月）

◉ **图 8.25** 中国大陆原镁年产量

◉ **图 8.26** 镁合金在汽车中的应用举例（康永林、任学平协助供图）：a. 连杆；b. 皮带轮支架；c. 方向盘；d. 转向支架

助镁合金的减振特性还可制作镁质电锯、风动工具、汽车变速箱、离合器外壳、转向盘骨架等。镁合金的轻质、导热、无磁、屏蔽等特性，使其可用于制作微电子和电子信息产品构件，如电子设备、计算机和通信工具的便携式轻质壳体材料等。

在电阻率较高的土壤或淡水铺设钢质管线及其他钢铁构筑件时，可附着金属镁，以作防腐保护；这种防腐措施也可用于石油、化工、天然气以及煤气管道和储罐、海洋钻井平台、热水器等方面的构件，使其服役寿命大幅度提高。镁合金的减振特性也被用于航空、航天、国防等领域，如制作鱼雷、战斗机和导弹等的减振部件等。

8.5 普通陶瓷与特种陶瓷

中国古代制备陶瓷的传统原料是根据经验直接从选定的地表位置取得土壤，主要由黏土、石英和长石组成。**石英**的主要组分为氧化硅，**长石**主要是氧化硅、氧化铝及多种碱性氧化物混合组成的铝硅酸盐。将这三种主要原料以适当比例与辅料和水混合，经过坯件压制和高温烧成过程，即可制成传统的无机非金属陶瓷构件。

无机非金属材料在工业生产和民用设施上发挥着重要作用，其中工业陶瓷材料主要应用于民用建筑结构、电子工业、通信行业、家庭装修装饰、食品卫生用具、高温耐火结构等方面。从产量上看，水泥、普通陶瓷、耐火材料、玻璃等传统材料是无机非金属结构材料的主体，其产品构成中，氧化物占据着统治地位。近些年来，随着工业科技的进步，新型无机非金属材料得到了迅速的发展，这种发展主要着眼于克服传统无机非金属材料的种种缺点，使力学性能得到明显提高。同时，无机非金属功能材料的发展也日新月异，并得到了广泛的应用。

普通陶瓷是以黏土类及其他天然原料经过粉碎、成型、烧成等工序制成的具有较高强度的固体制品；在日用、建筑、卫生、化工、电工等行业有广泛的应用。普遍陶瓷的基本制备过程可概括为原料的筛选与去杂质、按照要求的尺寸对原料颗粒细化、各种配料的混合加工、成型加工与干燥、烧成等主要工序。其烧成温度可在 680 ℃至 1 450 ℃的很大范围变化。原料的成分和粒度控制得越精细、烧成的温度越高，则制品的致密度、性能和价格就越高。从所选用的原料可以看出，普通陶瓷的主要成分为氧化硅和氧化铝，原料精细、高温烧成的多为瓷器；原料粗糙、偏低温烧成的多为陶器；原料和烧成温度介于陶器和瓷器之间的烧成器称为**炻器**。

瓷器坯体坚硬、致密，基本不吸水，可划分为日用瓷器、电工瓷器、化工瓷器和卫生瓷器。日用瓷器致密度、热稳定性、色泽均较好，有一定的强度，能够满足日用瓷制品对性能的要求。瓷器的颜色通常为白色，涂覆了含有各种不同颜色的氧化物釉料后，可使瓷器具备不同的花色；色泽鲜艳的日用瓷器表面有时会含有少量铅、镉等离子的化合物。酸性介质的作用会使铅溢出表面；光与氧化作用也会使镉溢出表面。因此，通常对日用瓷器有铅、镉溢出的限制，以保证无毒应用。日用瓷器通常用作民用家庭器具等。电工瓷器利用了其绝缘性能好、强度高、化学稳定性好、不易老化、不变形等特点，主要用作电绝缘材料（图 8.29a）。瓷器材料可在大多数酸介质中不受腐蚀，因此可用作化工瓷器。若遇到碱性腐蚀介质时，则需要在瓷器材料中适当添加氧化镁，以增强其耐碱性

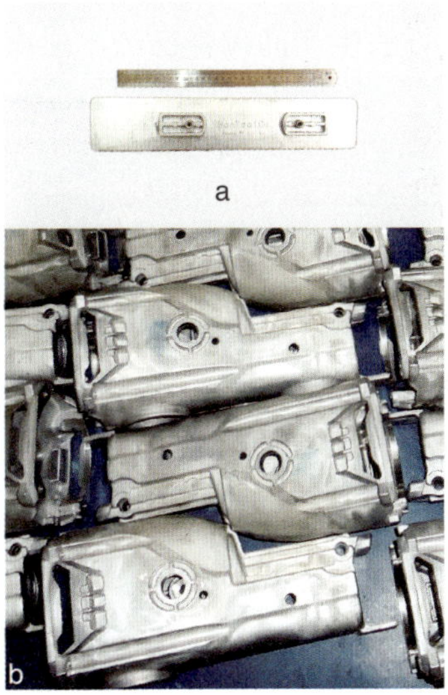

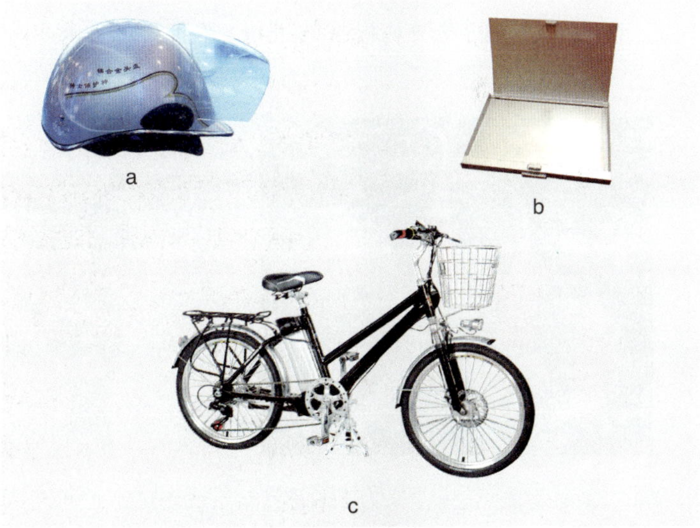

8.27 | 8.28

◉ 图 8.27 镁合金便携工具举例（康永林、任学平协助供图）：a. 徒手建筑工具；b. 便携工具外壳

◉ 图 8.28 日用镁合金应用举例（蔡庆伍、康永林协助供图）：a. 头盔；b. 名片盒；c. 自行车

能。卫生瓷器通常会与水介质接触，所以除了一般力学性能要求外，许多卫生瓷器对吸水性有要求，通常要求低于 3%；同时卫生瓷器的气孔率应该比较低；特定的水环境也要求卫生瓷器在 0 ℃至 110 ℃的温度范围内能够承受温度急剧的变化而不发生开裂。卫生瓷器通常用作卫生间及相关的水容器材料（图 8.29b）；另外，瓷器还可以制成餐具、饮具、工艺品、艺术品（图 8.29c—f）。

炻器主要用于建筑、日用、化工等行业领域，如可用作马赛克、污水管道、地板砖、墙面装饰等构件，以及形状复杂的耐酸腐蚀容器、耐酸砖等，也可制成餐具及日用工艺品等（图 8.30a—e）。其中，**马赛克**是不同颜色的小陶瓷块，可拼接成各种镶嵌图案。陶器的致密性差、气孔率高、强度水平低、热稳定性和化学稳定性差，但制作能耗低、便于大量生产，同时价格低廉，因此在对性能要求不高的领域有广泛的应用，如制作砖、瓦、陶土管、建筑琉璃制品，乃至简单的日用陶器、装饰陶器等（图 8.30f）。

随着社会的发展和科技的进步，以传统的原料和制作方法生产的陶瓷已经不能满

足现代工业对性能的要求。因而出现了一类新型的陶瓷材料，称为**特种陶瓷**。它采用高度精选的原料和严谨设计的成分，在生产过程中采用现代加工设备，并精确控制化学组成和制造工艺参数，因而具有优良的性能。特种陶瓷大多采用成分准确的人工原料，制备技术以真空烧结、保护气氛烧结、热等静压等先进技术为主，从而保证了其优异的性能。特种陶瓷通常具有高的熔点，优良的抗氧化和抗腐蚀的能力，高的刚性、硬度和耐磨性能，良好的耐热性能和优良的高温力学性能。许多特种陶瓷具有优良的介电性能、隔热性能、压电性能和光学性能等。因此，特种陶瓷作为结构材料和功能材料得到了广泛的应用。

高纯粉末原料的人工制备是特种陶瓷生产的一个非常重要的环节。不同的化学方法可以直接制成多种高纯的氧化物、碳化物、硅化物、氮化物及硼化物等。陶瓷的最大缺点是塑性和韧性很差，且因存在少量孔洞而不致密，致使塑性和韧性进一步恶化；因此，发展特种陶瓷的重点之一是设法提高其致密度并改善其塑性和韧性。例如，至少由一种金属和一种陶瓷质非金属烧结而成的材料称为**金属陶瓷**，属于复合材料。塑性和韧性良好的金属可以明显地增加材料的韧性。特种结构陶瓷材料可制成刀具、量具、模具、钻

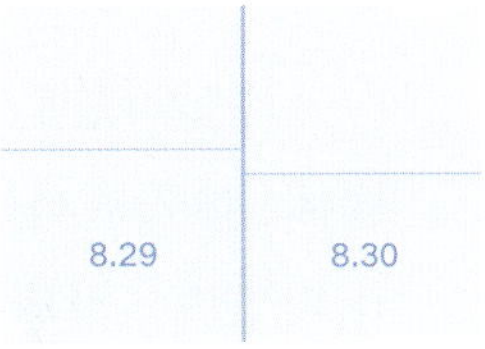

◉ **图 8.29** 普通陶瓷应用实例：a. 电绝缘柱；b. 盥洗盆；c. 酒坛；d. 餐具；e. 工艺美术品；f. 陶制炊具

◉ **图 8.30** 建筑用普通炻器、陶器举例：a. 建筑墙砖；b. 待铺设地砖；c. 马赛克；d. 盥洗墙面；e. 排污口；f. 普通方砖

头、砂轮、磨料、高温轴承、发动机部件、燃气机叶片、高温真空熔炼容器、高温机械构件等不同的特殊结构件（图 8.31），用于不同工业部门。

燃料发动机通常是依靠燃料在高温燃烧所产生的能量作为动力，来驱动相关的机械装置做功。提高燃烧温度，不仅可以提高发动机的工作效率，而且也可以大幅度提高发动机的输出功率。传统发动机上所使用金属材料允许的工作温度通常较低；若采用特种陶瓷制作发动机部件、燃气机叶片等，则可使发动机的工作温度达到 1 300 ℃或更高，使燃料发动机的性能水平获得飞跃。陶瓷较高的化学稳定性可以抵抗燃油的腐蚀，高的工作温度可以使输出功率大幅度提高；陶瓷材料的低密度可以明显降低发动机构件的重量，其耐高温性能可以省去发动机复杂的冷却系统，从而大大提高发动机的工作效率，在高温工作下可使燃料燃烧充分，从而减少汽车尾气对环境的污染。因此，用于制作陶瓷发动机的结构陶瓷是特种陶瓷发展的重要方向。

许多氧化物陶瓷经过精细制作后，可获得优良的光学性能，如可以透过红外线、可见光等光线。这类氧化物陶瓷可以用作红外检测窗口、夜视镜、高温观察与测视孔等高温光学构件。例如，氧化铍具备很好的防核辐照性能、良好的电绝缘性和导热性，可用作原子反应堆的减速剂或防辐照材料，也可用于制作航空电子和卫星通信系统中的导热且电绝缘的构件。

许多陶瓷是导电能力介于导体与绝缘体之间的半导体陶瓷。一些陶瓷在常温下是绝缘体，掺入适当外加组分后，会具备半导体的特性。绝大部分半导体陶瓷由各种金属氧化物组成。半导体陶瓷的电阻会受到温度、湿度、不同光照、各种气氛等外部条件的影响，并将这些外部变化的物理量转换成可供测量的电信号，因此在各种传感器及防灾报警设备中得到广泛的应用。**磁性陶瓷**又泛称为**铁氧体**，它是以氧化铁为基础与其他金属氧化物复合成的磁性材料。与金属磁性材料相比，铁氧体且有很高的高频导磁率，因此可用作高频磁心材料。

许多复合氧化物内的正、负电荷呈不均匀分布。如果其内电荷分布状态会随外加载荷的改变而发生变化，则称其为**压电陶瓷**；如果其内电荷分布状态会随外加磁场的改变而发生变化，则称其为**铁电陶瓷**。铁电陶瓷可以用于制作小尺寸、高容量的陶瓷电容器等电器元件；压电陶瓷可用来制作各种换能器、传感器及频率控制器的相关元件。

生物陶瓷是具有特殊生理学特性的陶瓷，可以用来构成人体骨骼或牙齿的某些部位。生物陶瓷无毒、无刺激、无致病倾向，与人的生理环境有很好的相容性，且在生物环境下具有能够满足需要的综合力学性能。

人类发现超导现象之后，一直在不断寻求高超导临界温度的超导物质，即**高温超导**。1987 年人们在各种复合氧化物中发现了可以在高于零下 183 ℃的外太空温度，即高于液氮温度保持超导状态的**超导陶瓷**，使高温超导材料具备了明显的工程应用价值。高温超导可用于具有高发电效率的超导发电机；可制作超导电缆或电线，用于极低损耗的超导变压器和超导输电线路。高速磁悬浮列车（图 8.32）可使悬浮列车无摩擦阻力，在低能耗、无噪声、无污染、无振动的环境下高速运行。如果采用超导磁悬浮技术，则可以进一步提高运行效率。有关长距离超导磁悬浮运输技术，尚在开发研究和不断成熟的过程中。超导材料可以用于实施可控核聚变，以推动人类核聚变发电和新能源技术的发展；还可以在大型粒子加速器、医学核磁共振设备、定向聚能武器、潜艇电磁推进系统，以及测辐射热计、陀螺仪、磁悬浮支架、磁场计、重力仪、开关、信号处理器等方面获得应用。

当太阳光照射到硅材料表面时，光子会把硅原子的部分电子激发成自由电子；光子照射产生的自由电子会在 p 型硅半导体和 n 型硅半导体之间的定向迁移，造成二者之间的电位差，并在接通二者后产生电流。太阳光持续照射硅半导体，就可以把太阳能不断转换成电能，即为太阳能电池板（图 8.33）发电的基本原理。该技术可以大规模利用太阳能这一无污染的能源。

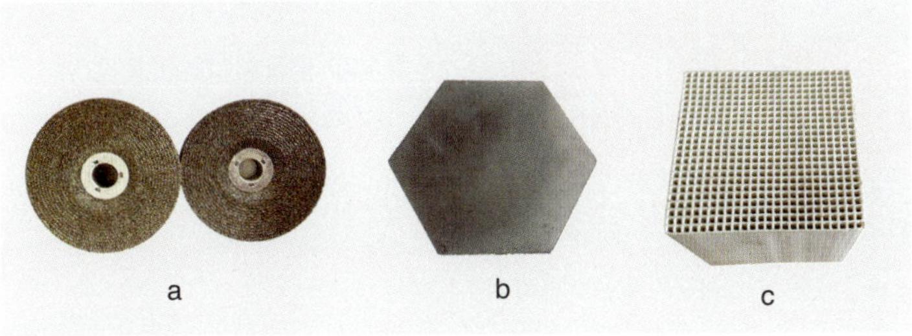

8.31
8.32

◉ **图 8.31** 特种陶瓷举例（孙加林协助供图）：a. 硬质砂轮；b. 氮化硅硬质工具试片；c. 蜂窝状氧化铝高温耐腐蚀换气构件

◉ **图 8.32** 连接上海市区与浦东机场的常规导体磁悬浮列车

集成电路是微电子工业和计算设备的基础元件。硅是制作集成电路的基础材料，也是现代信息社会发展的基础材料之一。2016 年中国大陆生产了 1 300 多亿块集成电路(图 8.34)，支撑了包括人工智能、机器人等现代信息产业的快速发展。

光导纤维主要基于氧化硅等硅酸盐材料，通信光纤是光纤最主要的应用领域。2016 年中国大陆铺设了 3 000 多万千米光缆线路（图 8.35)，极大地推动了互联网的发展。在医学上，把一个发光的小探头和细小的光纤制成内窥镜系统并插入病人的器官，就可以不必经过外科手术，直接、准确、快速地观察和诊断疾病，如医院的胃镜检查设备；相应的技术也可以制成内窥系统，在航天航空、机械制造等工业部门用于设备和仪器复杂内部部位的监视、检测和维修工作。

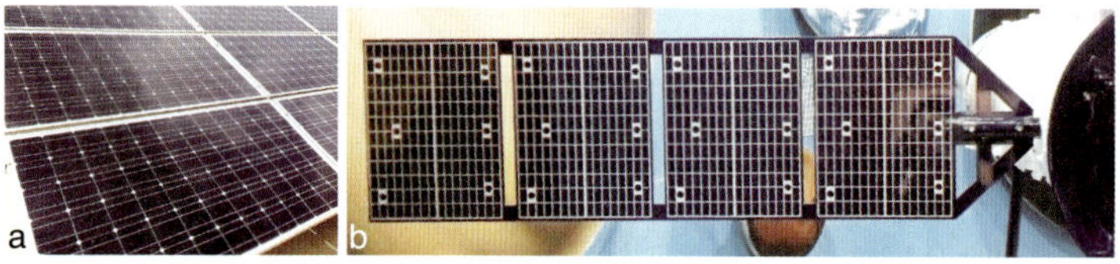

8.33
8.34
8.35

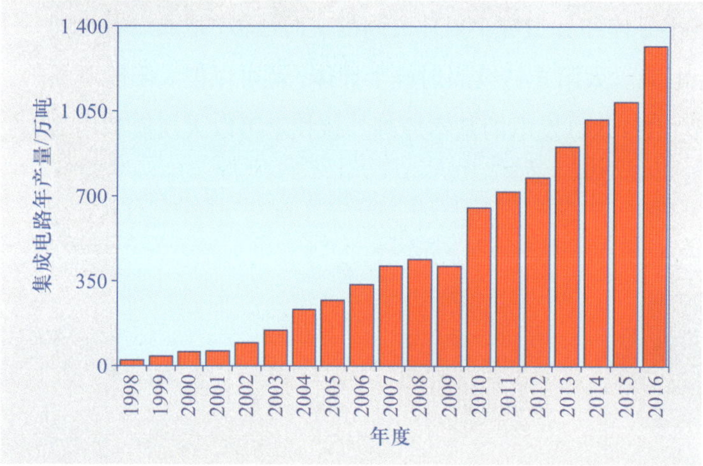

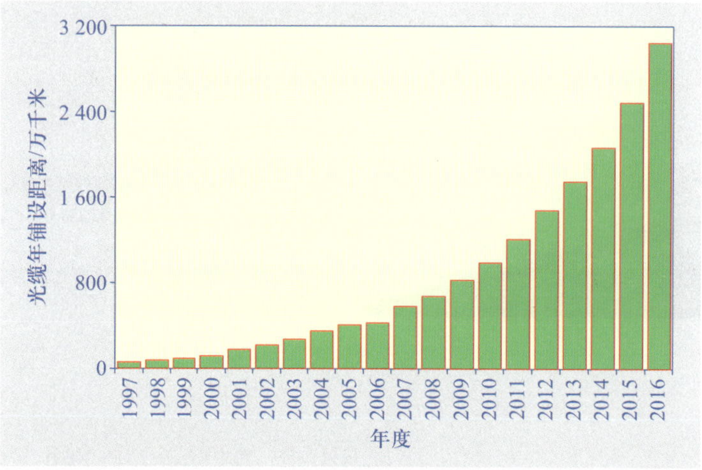

◉ 图 8.33 a. 太阳能电池板；b. 中国太空航天器的太阳能电池板［蒙］

◉ 图 8.34 中国大陆集成电路年产量（国家统计局）

◉ 图 8.35 中国大陆光缆年铺设长度（国家统计局）

8.6 耐火材料与水泥

在 1 580 ℃以上使用的无机非金属材料称为**耐火材料**。耐火材料在冶金、建筑、化工、能源、机械等工业部门有广泛的应用，主要用以制造高温结构件，如构筑各种焙烧炉、加热炉、烧结炉、锅炉等高温作业设备的耐高温内衬、炉体等。作为在高温下使用的耐火材料，应具有高的熔点、良好的高温化学稳定性及力学稳定性，包括在高温下不软化、不收缩和保持高的体积稳定性，同时具有良好的高温强度、高温稳定性、高温耐磨性、耐受温度骤升和骤降的能力以及良好的抗高温腐蚀的能力等。

耐火材料的主要成分通常是一些熔点很高或分解温度很高的化合物，其中主要是氧化物，也可以是碳化物、氮化物、硅化物或硼化物等。这种化合物中的原子已经处于稳定的化合状态，在高温下很难再有氧化或其他化学反应行为，因此具有良好的高温化学稳定性及力学稳定性。大量氧化物的熔点均在 1 800 ℃以上，许多碳化物和氮化物的熔点在 2 000 ℃以上，甚至高于 3 000 ℃，可以用作耐火材料。为确保良好的高温性能，制造耐火材料时，会采用高纯度的原料，或对原料预先作高温加热以去除低熔点的杂质；其后续制备过程仍是各种配料的混合加工、成型加工与干燥、烧成等。另外也可以将耐火原料高温熔化，在模型中浇铸成型。

以无烟煤、煤焦、煤沥青焦和石油沥青焦作原料，通过控制原料颗粒尺寸并经各种配料的混合加工、成型，在隔绝空气的条件下煅烧或干燥除水，可制成**炭素耐火材料**（图 8.36a）。纯碳的熔融温度约为 3 500 ℃，在 3 000 ℃以上才开始升华，因而导热、导电性好，热膨胀系数低，从而能耐受温度骤变，同时在高温下呈现强度高而密度低的特性。但炭素材料的抗氧化性能差、易燃，所以常用在不接触空气的高温环境下，如各种高温炉或高温熔池底部等。

为了节约热能，制造高温加热设备时通常需要使用**隔热材料**（图 8.36b）。空气的热传导能力很低，因此隔热材料通常具有较高的气孔率（65% 至 78%）和很低的密度，因此隔热材料属于轻质材料。在隔热材料的原料内加入煤粉、木削等易燃物，在烧成过程中因易燃物冒出的各种燃烧气体可生成大量气孔。

水泥是各种建筑工程中大量使用的基础材料，包括各种楼宇建筑物（图 8.37a、b）、厂房、各种发电站、水库大坝（图 8.37c）、公路（图 8.38a）、桥梁（图 8.38b）、铁路枕木（图 8.38c）、码头、油气井、军事工程等。因此，水泥对经济建设，尤其是高速发展国家的经济建设具有重大的意义。水泥在服役过程中，主要承受压应力，因此抗压强度是衡量水泥质量最重要的技术指标。

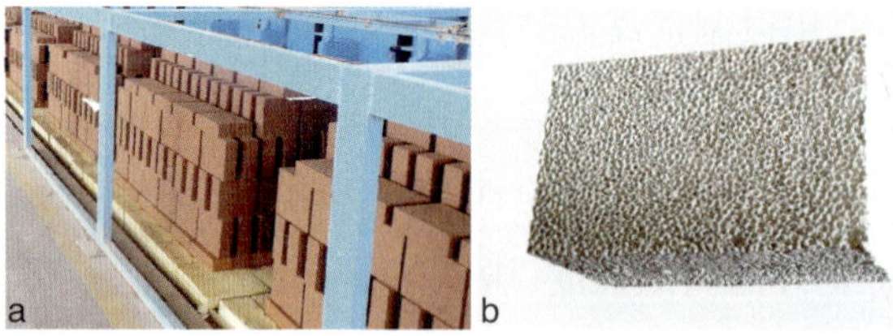

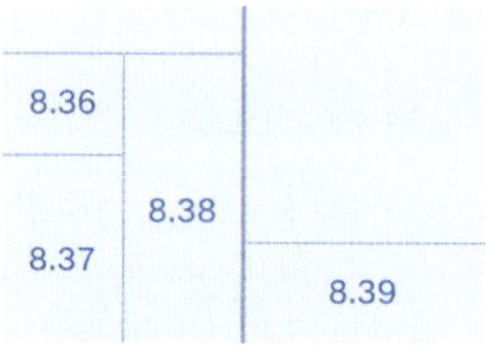

◉ 图 8.36 耐火材料构件及其应用（陈俊红供图）：a. 耐火砖；b. 多孔隔热保温砖

◉ 图 8.37 大量使用水泥的建筑工程实例：a、b. 在建楼房；c. 三峡大坝船闸

◉ 图 8.38 大量使用水泥的交通工程实例：a. 新疆赛里木湖－果子沟口山区高速公路（人民画报 2012 年 10 月）；b. 城市桥梁引桥；c. 铁路枕木

2017 年中国大陆生产了 23.4 亿吨水泥（图 8.39），无疑是世界上水泥第一生产大国。水泥的生产对中国的城市化、高铁、高速公路、大型水利工程等多方面的建设提供了重要的支撑。水泥的主要成分是氧化钙，主要经过对地壳内蕴藏的石灰石作加工处理后获得。石灰石的主要成分是碳酸钙；经过加热后，一个碳酸钙分子会分解出一个氧化钙分子和一个二氧化碳分子。从工程角度估算，生产一吨氧化钙会同时生成约一吨的二氧化碳，加上生产水泥过程中其他的二氧化碳，一年生产二十几亿吨水泥可能会排放出十几亿吨的二氧化碳。二氧化碳属于温室气体，会促进全球变暖，因此水泥产业是一个可能严重污染环境的产业。目前，中国在水泥行业加快了淘汰落后和高污染产能的步伐，并已经开始限制总的产能和产量，使该行业的整体能效水平的提高和氮氧化物排放量的下降达到国际先进指标。同时，也需要研究能够取代水泥的、更加环保的新型建筑材料。

8.7 玻璃的广泛应用

工业玻璃的制造技术应能在原料熔化后的冷却凝固过程中确保形成具有各种特性的非晶体结构；同时，需保证玻璃质地干净、均匀，无气泡和条痕，并在尚未完全凝固的状态下加工成最终的形状。玻璃材料大量用于制作透光的窗玻璃、装饰玻璃、日常的玻璃器皿（图 8.40）、光学仪器（图 8.41）、眼镜等。

在许多现代建筑中，用作能够承受载荷的建筑结构材料有时也需要具备玻璃的透明特性和着色特性。玻璃虽然硬而脆，但有很高的强度。作为结构材料，如果适当提高其厚度并改善其性能，也可以克服其脆性带来的不利影响。目前，玻璃也越来越多地用于

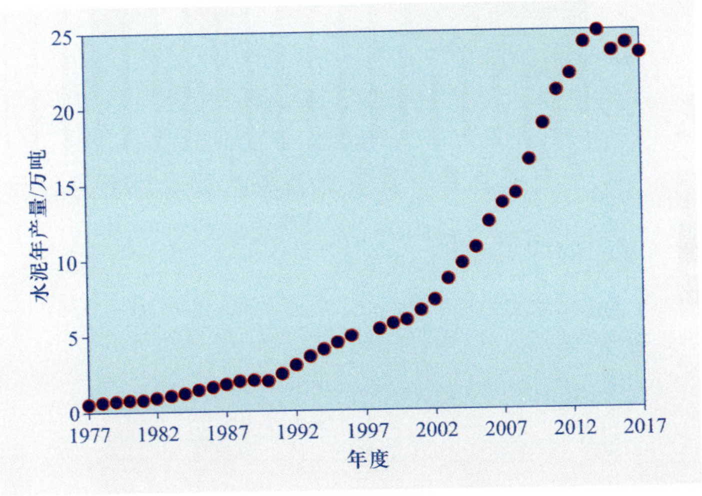

◉ 图 8.39 中国大陆水泥年产量（国家统计局）

各种现代建筑工程或幕墙类的建筑装饰工程（图 8.42）。

以平板玻璃为例，2016 年中国大陆生产了 8 亿多箱（图 8.43）。从近几年的产量变化看，中国的玻璃工业已经跨过了高速增长时期，自 2011 年以来进入平稳发展阶段。

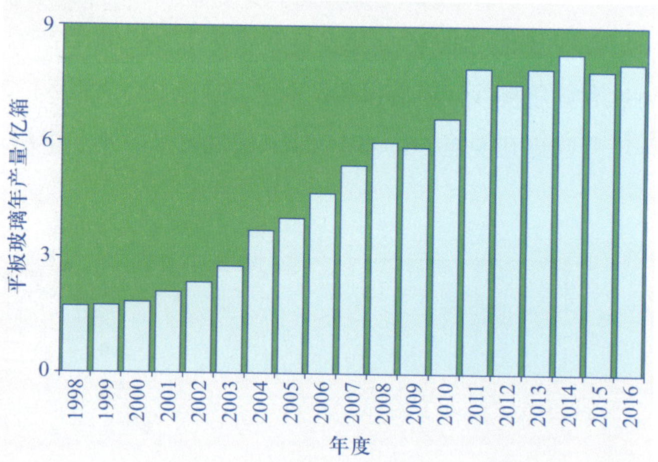

8.8 塑料与橡胶

塑料与橡胶都属于有机高分子材料或聚合物材料；此类材料不仅品种繁多、应用广泛，而且具备许多其他类型材料不可比拟、不可取代的优异性能。塑料与橡胶不仅广泛用于科学技术、国防建设、国民经济各个领域，而且已成为现代社会日常生活中衣、食、住、行、用各个方面不可缺少的材料。高分子材料一般具有质量轻、韧性高、比强度高、结构和性能可设计性高、易改性、易加工等特点，其性能可以在较大范围变化和调控。2016 年中国大陆初级形态塑料的产量超过 8 300 万吨（图 8.44）。

塑料按用途可分为通用塑料、工程塑料等。**通用塑料**一般是指产量大、用途广、成型性好、价格便宜的塑料。聚乙烯是目前世界塑料品种中产量最大、应用最广的塑料，一般通过石油产品的裂解和后续合成获得，其来源丰富、价格便宜、易成型加工、性能优良。聚乙烯具有优越的电绝缘性和耐低温性，化学稳定性好，耐酸碱侵蚀；但聚乙烯耐热、耐老化性差，易在光、热、臭氧、紫外线作用下发生分解。聚氯乙烯是世界上产量第二大的塑料产品。不同用途的聚氯乙烯加入不同的添加剂后，可呈现不同的物理性能和力学性能。软质聚氯乙烯可加工成软管、电缆、电线等；或制成塑料凉鞋、拖鞋、玩具、

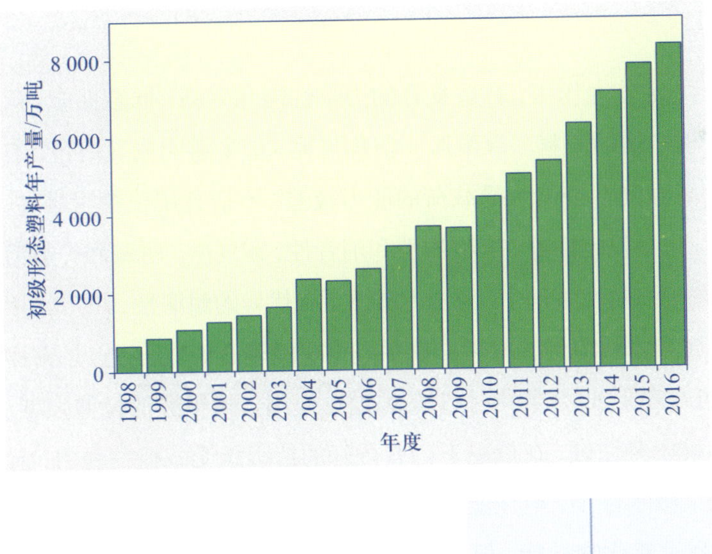

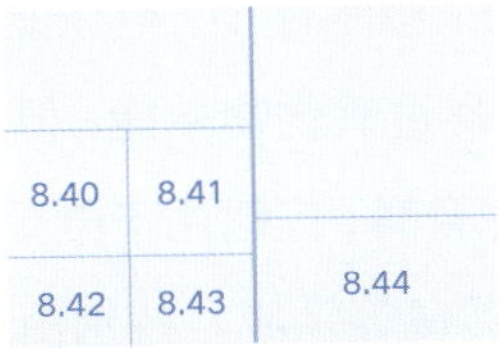

◉ 图 8.40 日用玻璃举例：a. 玻璃器皿；b. 北京西什库教堂拼接成图案的各色花玻璃；c. 佛罗伦萨圣母百花教堂的窗玻璃（王学东供图）

◉ 图 8.41 光学玻璃举例：a. 照相机镜头；b. 望远镜镜头

◉ 图 8.42 建筑用玻璃举例：a. 国家大剧院；b. 德国柏林议会大厦顶部；c. 商场内的楼梯

◉ 图 8.43 中国大陆平板玻璃年产量（国家统计局）

◉ 图 8.44 中国大陆初级形态塑料的年产量（国家统计局）

汽车配件等；还可将聚氯乙烯制成薄膜、人造革、泡沫制品，用作泡沫拖鞋、凉鞋、鞋垫、包装材料、防震缓冲建材以及透明片材、板材与管材等（图 8.45、图 8.46）。聚丙烯的产量列聚乙烯和聚氯乙烯之后位居第三。聚丙烯无毒、无味、密度低，熔点高于聚乙烯。聚丙烯具有良好的高频绝缘性以及优良的抗吸湿性、抗酸碱腐蚀性、抗溶解性；但耐氧化和耐气候老化性较差。聚丙烯主要用作薄膜、管材、片材、编织袋、电器配件、汽车配件、一般机械零件、耐腐蚀零件和绝缘零件等。聚苯乙烯的产量在通用塑料中居第四位，在室温下为坚硬透明的玻璃状，可透过约 90% 的光，具有良好光泽。在正常使用的温度范围，聚苯乙烯是典型的硬而脆的塑料，强度高于聚乙烯和聚丙烯；而韧性较差。聚苯乙烯化学性质比聚乙烯和聚丙烯活泼，易溶于有机溶剂；电绝缘性优良而导热率较低，是良好的绝热保温材料。

通过化学的方法把多种有机物单体共同聚合在一起形成的有机高分子材料称为**共聚物**。普通聚苯乙烯有脆性大、冲击强度低、易开裂、耐热性差等缺点；如果借助共聚物的方式，把丙烯腈、丁二烯、苯乙烯共聚制成 ABS 塑料，则可以克服聚苯乙烯的缺点。ABS 塑料不透明，具有良好尺寸稳定性，强度高而韧性好，且有耐冲击性、耐热性、介电性、耐磨性；其表面光泽性好、易涂装和着色、易于加工成型。ABS 塑料被大量用于家用电器制品，如电视机外壳、冰箱内衬、吸尘器等，还可以用作仪表、电话、汽车工业等工程塑料制品。

工程塑料一般指能承受一定外力作用，具有良好的力学性能和耐高、低温性能，尺寸稳定性较好，可以用作工程结构的塑料。聚酰胺（俗称尼龙）呈半透明或乳白色，有很高的强度和韧性，但在较高温度下持续承受载荷的能力较差，不适宜用于精密零件。尼龙耐热性好、电绝缘性好、化学稳定性好，有吸振性和消音性，耐弱酸、耐碱和一般溶剂，不易环境老化；但会溶解于强极性溶剂中，且吸水性大，有优异的耐磨性，可广泛用作工业齿轮，可部分取代金属或木材等传统材料。聚甲醛由甲醛聚合而成，特点是密度较高、表面光滑、有光泽，可在零下 40 ℃至零上 100 ℃温度使用。聚甲醛的拉伸强度、硬度和韧性高，弯曲强度和耐疲劳性好，在低温下仍有很好的持续承受载荷的能力，具备几何稳定性和抗冲击特性，吸水性小，电性能优良；聚甲醛的耐磨性优于绝大多数工程塑料，且有良好的耐油、耐过氧化物性能；但聚甲醛不耐酸、不耐强碱和不耐紫外线的辐射。聚甲醛可替代一些金属，广泛用于电子电气、机械、仪表、日用轻工、汽车、建材、农业、医疗器械、运动器械等领域。特别由于聚甲醛突出的耐磨特性，大量用于制作齿轮和轴承，以及管道阀门、泵壳体等。聚碳酸酯的强度和刚性高，韧性和抗冲击性较好，耐热性和电绝缘性良好，不易燃烧；但易吸湿和水解，不耐紫外光，不耐强酸和强碱。聚碳酸酯大量应用于透明高强度建材，汽车、飞机和航天器零部件，光盘、光学透镜和仪器，医疗器械，包装材料，以及各种加工机械，如电动工具外壳、机体、支架、电器零部件等（图 8.47）。

聚酯是一种共聚物工程塑料。普通聚酯具有良好的力学性能、耐磨性、持续承载能力及低吸水性和良好的电绝缘性能。它易于形成纤维状，可制成聚酯纤维和聚酯薄

8.45	8.46
8.47	

◉ **图 8.45** 塑料举例：a. 硬管；b. 软管；c. 电缆；d. 薄膜；e. 泡沫；f. 型材

◉ **图 8.46** 日用塑料制品举例：a. 玩具；b. 容器；c. 眼镜；d. 人造革制品；e. 食品袋；f. 拖鞋

◉ **图 8.47** 工程塑料应用举例：a. 电器外壳；b. 开关；c. 插座；d. 洁具；e. 管接头；f. 门窗

膜；广泛用于汽车、机械设备零部件、电子电气零部件，如继电器、开关等；此外还大量用于音像磁带膜、包装膜、中空包装容器等。另有一种较耐热的聚酯，具有优良的综合性能；其成型性能和力学性能都很好，吸水性在工程塑料中最小，制品尺寸稳定性好，且容易制成耐燃型品种，价格较低；可用于高精密工程部件、电器壳体、办公设备、汽车部件等。

在现代大型建筑工程中，也开始大量使用工程塑料结构材料。在国家游泳中心（水立方）的建设中，大量采用了乙烯和四氟乙烯共聚物（ETFE）制成的膜材（图 8.48），其厚度约 0.25 毫米、单层累计使用面积约 30 万平方米。实际施工过程中采用两层或者多层多边形 ETFE 叠层膜，夹住边缘并在中心充入几个大气压的气体，形成充气枕。水立方共使用了 3 216 个大小不同的气枕。ETFE 气枕具备韧性较高、超强的伸缩性能、不易被撕裂、重量轻、不导电、不易燃、抗风、隔热、透光、耐紫外辐照等特点，不仅能满足水立方建筑物各方面的特定需求，易于维护、修缮、更换，而且非常有利于降低使用过程中的能耗。

天然橡胶具有优良的回弹性、绝缘性、隔水性及可塑性。目前，世界上天然橡胶制成的物品已达 7 万种以上，如日常生活中使用的雨鞋、暖水袋、松紧带，医疗卫生行业所用的外科医生手套、输血管等，交通运输上使用的各种轮胎，工业上使用的传送带、耐酸和耐碱手套，各种密封、防振零件，以及航空航天飞行器、军工武器的零件等。囿于自然生长效率，天然橡胶的产量只能基本保证一个稳定的水平，橡胶产品的主体仍是合成橡胶（图 8.49）。

合成橡胶主要包括异戊橡胶、丁苯橡胶、顺丁橡胶等，主要用于制造轮胎和一般工业橡胶制品。异戊橡胶生胶强度低于天然橡胶，质量均一性和加工性能等优于天然橡胶。异戊橡胶的结构和性能与天然橡胶近似，具有良好的弹性和耐磨性，优良的耐热性和较好的化学稳定性，可以代替天然橡胶用于制造载重轮胎、越野轮胎（图 8.50）以及各种橡胶制品。丁苯橡胶是产量最大的通用合成橡胶；其综合性能和化学稳定性好，在大气环境下的耐热性、耐老化性和耐油性均优于天然橡胶。顺丁橡胶的耐寒性、耐磨性和弹性特别优异，耐老化性也较好；但抗撕裂性能、抗湿滑性能较差。顺丁橡胶常与天然橡胶、氯丁橡胶、丁腈橡胶等并用，绝大部分用于生产轮胎，少部分用于制造耐寒制品、缓冲材料以及胶带、胶鞋等。乙丙橡胶的耐老化和电绝缘性能突出，化学稳定性好，耐磨性、弹性、耐油性与丁苯橡胶接近。乙丙橡胶价格较低，用途十分广泛，一般作为轮胎、内胎和汽车零部件，电线电缆包皮，高压或超高压绝缘材料，以及胶鞋、卫生用品等浅色制品。氯丁橡胶的力学性能、耐热性、耐光性、耐老化性能优良，尤其其耐油性能优于天然橡胶、丁苯橡胶和顺丁橡胶；此外，还具有较强的耐燃性、化学稳定性和耐水性；但电绝缘性能、耐寒性能较差。氯丁橡胶常用来制作运输皮带和传动带（图 8.51）、电线电缆的包皮、耐油胶管、垫圈以及耐化学腐蚀的设备衬里等。

8.48
8.49
8.50
8.51

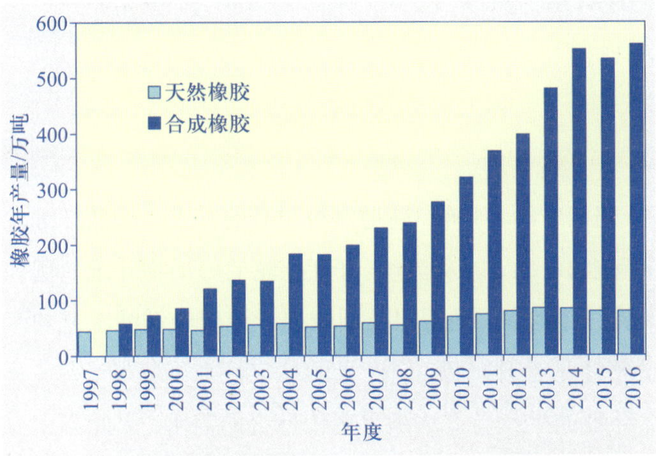

◉ 图 8.48 国家游泳中心（乙烯 - 四氟乙烯共聚物——气枕）

◉ 图 8.49 中国大陆橡胶年产量（国家统计局）

◉ 图 8.50 各种橡胶轮胎 :a. 工程车轮胎；b. 歼 6 超音速飞机机轮 ;c. 沙漠车轮 ;d. 各种手推车胶轮

◉ 图 8.51 橡胶应用实例：a. 化学防护手套；b. 防污手套；c. 雨鞋；d. 动力传输皮带；e. 幕墙密封接缝；f. 荷兰霍夫曼设计并由 200 多片橡胶拼接的大黄鸭

除了具有普通橡胶的一般特点外，还具有某些特殊性能的橡胶称为**特种橡胶**。如丁腈橡胶、氟橡胶、硅橡胶、聚硫橡胶等。丁腈橡胶的耐油性和耐老化性能突出，可在150 ℃的油中长期使用，但耐寒性则相应较差；此外丁腈橡胶还有良好的耐磨性、耐水性、气密性及黏结性能，广泛用于汽车、航空、石油、复印等行业中耐油橡胶制品、耐油垫圈、垫片、套管、软包装、软胶管、印染胶辊、电缆胶皮等。硅橡胶是含有硅氧烷的一类聚合物，按不同类型硅橡胶的性能和用途可分为通用型、超耐低温型、超耐高温型、高强力型、耐油型、医用型等。硅橡胶具有优异的耐热性、耐寒性和耐大气老化等性能；其突出的优点是使用温度宽广，能在零下 60 ℃至零上 250 ℃下长期使用；但硅橡胶的力学性能、耐油、耐溶剂性能较差，在普通工程领域的应用不及其他通用橡胶，但在许多特定环境有重要应用。例如，医用级硅橡胶具有优异的生理惰性，无毒、无味、无腐蚀、抗凝血，与生物组织的相容性好，能经受苛刻的消毒条件，可用于医疗器械和用作替代的人工植入脏器等。

8.9 纤维材料

传统上人类种植棉花或养蚕，用以纺纱、织布，满足对纺织品的需求。**天然纤维**包括诸如麻纤维、棉纤维、竹纤维等植物纤维，以及蚕丝、羊毛、驼毛等动物纤维。例如棉纱属于需求量非常大的一种天然纤维材料，是用棉花制成棉纤维后经纺纱工艺加工而成的纱。虽然中国的棉花产量整体呈上升趋势，但产量的稳定性会受气候、灾害及其他客观因素的影响。由于天然纤维的生产尚无法满足现代社会的需求，因此需大力采用工业合成纤维来充实纺织品的产量（图 8.52）。按照纤维的用途，可分为普通纤维，包括人造纤维与合成纤维；以及特种纤维，包括耐高温纤维、高强力纤维、高模量纤维、耐辐射纤维等。

人造纤维是以天然高分子化合物为原料制成的纤维，主要有黏胶纤维、硝酸酯纤维、醋酯纤维、铜铵纤维和人造蛋白纤维等。黏胶纤维以纸浆或棉绒为原料纺丝而得，其手感像棉纤维一样柔软，像丝纤维一样光滑，吸湿性与透气性优于棉纤维和其他化学纤维，染色后色彩纯正、艳丽；但黏胶纤维弹性较差，织物易折皱且不易恢复，耐酸、耐碱性也不如棉纤维，因此主要用于室内装饰和服装工业。素酯纤维也称醋酸纤维，是将天然植物纤维用醋酸反应获得醋酸纤维素酯后进行纺丝制成，主要用作人造丝、玩具、文具等。铜铵纤维采用氢氧化四氨铜溶液作为溶剂，将棉短绒溶解成浆液，纺丝制得人造丝；丝质精细优美，但成本较高。

合成纤维包括聚酯纤维、聚酰胺纤维、聚丙烯腈纤维、聚乙烯醇纤维、聚丙烯纤维等。合成纤维虽然有种种优点，但其染色性较差、静电大、耐光和耐候性差、吸水性差。聚酯纤维的商品名为**涤纶**，其原料易得、性能优异、用途广泛，现产量居化学纤维首位。涤纶强度高、耐磨、回弹性好，最大的特点是弹性高于所有纤维，耐热性和化学稳定性也较强，能抗微生物腐蚀，耐虫蛀。由涤纶纺织的面料不但牢度比其他纤维高，而且挺括、不易变形，有"免烫"的美称；涤纶的缺点是吸湿性极差、不透气，摩擦之处常易起毛、结球。聚酰胺纤维商品名为**锦纶**，有时也称为尼龙、耐纶、卡普纶、阿米纶等。锦纶是世界上最早的合成纤维品种，属于强度较高、耐磨、回弹性好的一种合成纤维，但其吸湿性和通透性较差，在干燥环境下易产生静电，短纤维织物也易起毛、起球，且耐热性、耐光性、保形性较差。以上这两种纤维广泛用于制作袜子、内衣、运动衣、轮胎帘子线、工业带材、渔网、军用织物、填充玩具等（图 8.53）。

聚丙烯腈纤维商品名为**腈纶**，有时也称奥纶、考特尔、德拉纶等。腈纶的外观呈白色，卷曲、蓬松、手感柔软，酷似羊毛，多用来和羊毛混纺或作为羊毛的代用品，故又被称为**合成羊毛**。腈纶具有轻、松、柔软、美观的特点，能长期经受较强紫外线集中照射和烟气污染，是最耐气候老化的一种合成纤维，其润湿性优于羊毛和丝纤维，但耐磨性是合成纤维中较差的，且不宜高温熨烫。腈纶广泛用于制作绒线、针织物和毛毯（图 8.54），以及船篷、帐篷、船舱和露天堆置物的盖布等。聚乙烯醇纤维商品名为**维纶**，有时也称维尼纶、维纳尔等。维纶性质接近于棉，吸湿性高于其他合成纤维，是一种具有较好耐磨性、耐光性、耐腐蚀性的合成纤维。维纶洁白如雪、柔软似棉，因而常被用作天然棉花的代用品，称为**合成棉花**。维纶所制作的主要产品短纤维，用于制作渔网、滤布、帆布、轮胎内增强线、软管织物、传动带以及工作服等。

特种纤维指具有耐腐蚀、耐高温、难燃、高强度、高刚性等一些特殊性能的新型合成纤维。特种纤维除作为纺织材料外，广泛用于国防工业、航空航天、交通运输、医疗卫生、海洋水产和通信等部门。常见的特种纤维有耐腐蚀纤维、耐高温纤维、高强度高刚性纤维等。耐腐蚀纤维是用四氟乙烯聚合而成的含氟纤维，商品名为特氟纶，也称**氟纶**。氟纶几乎不溶于任何溶剂，化学稳定性极好；氟纶织物主要用于工业填料和滤布。耐高温纤维包括聚间苯二甲酰间苯二胺纤维、聚酰亚胺纤维等，其熔点高，可长期在 200 ℃以上

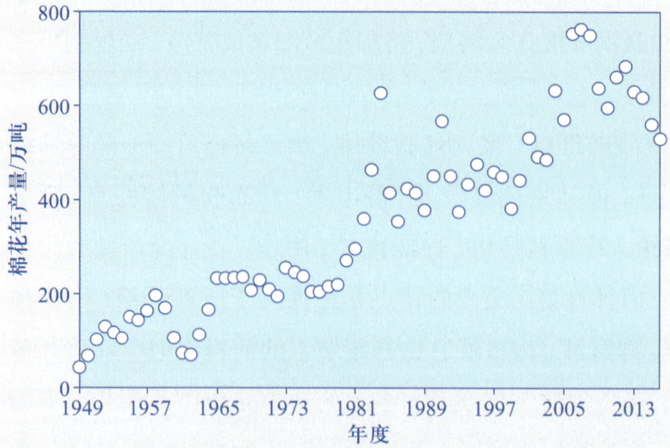
800
600
400
200
0
棉花年产量/万吨
1949
1957
1965
1973
1981
1989
1997
2005
2013
年度

a

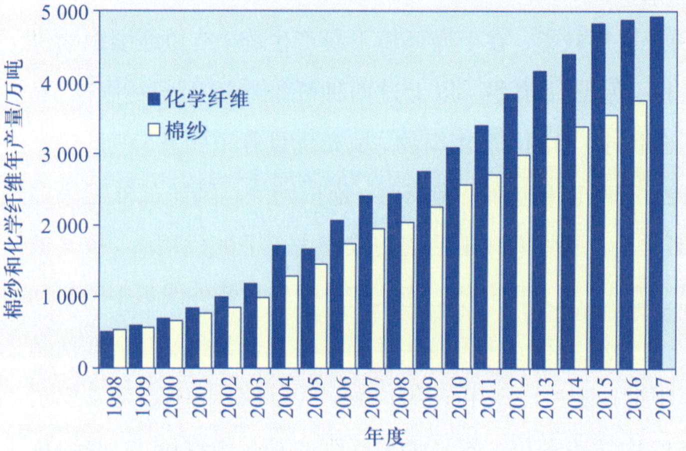
5 000
4 000
3 000
2 000
1 000
0
棉纱和化学纤维年产量/万吨
化学纤维
棉纱
1998
1999
2000
2001
2002
2003
2004
2005
2006
2007
2008
2009
2010
2011
2012
2013
2014
2015
2016
2017
年度

b

KAILAS

a b c d

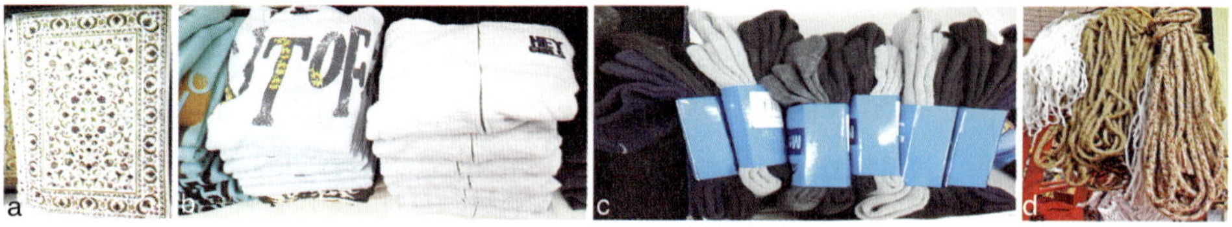

a b c d

使用且能保持良好性能；如酚醛纤维等阻燃纤维在火焰中难燃，可用作防火耐热帘子布、绝热材料和滤材等。聚对苯二甲酰对苯二胺液晶溶液可制成高强度高刚性纤维，也称**芳纶 1414**；具有高强度和高刚性，可用作飞机轮胎内增强线以及航天、航空器材的增强材料。此外，以黏胶纤维、腈纶纤维、沥青等为原料经高温碳化、石墨化可以得到高强度、高模量**碳纤维**，广泛用于宇宙飞船、火箭、导弹、飞机、体育运动等器材的结构复合材料中。改变纤维形状和结构可使其具有某种特殊的功能，例如将铜铵纤维或聚丙烯腈纤维制成中空形式，在医疗上可用作人工肾透析血液病毒的材料；聚酰胺 66 中空纤维可用作海水淡化透析器；聚酯中空纤维可用作浓缩、纯化和分离各种气体的反渗透器材等。

利用聚合物的高折射率制作的通体发光塑料光纤（图 8.55）也广泛出现在人们日常家庭生活和聚会场所。用聚合物光纤和传统织物混合制成的布料可制作自行发光和变色的服装，用于舞台表演以及娱乐场所和家居生活的装饰。例如，利用光纤织物和很少的电能就可以制作出在黑暗中自动发射出上百种深浅不同颜色的服装、衬垫、帷幔等，可用于歌剧演出。

8.10 木材与纸张

木材属于自始至终伴随人类社会发展且使用极为广泛的天然高分子材料，是人类生活中必不可少的材料。木材密度较低、比强度较高、容易加工，但其容易变形、易腐、易燃、质地不均、常有天然缺陷等缺点，使其应用范围受到一定局限。木材源自各种树种，

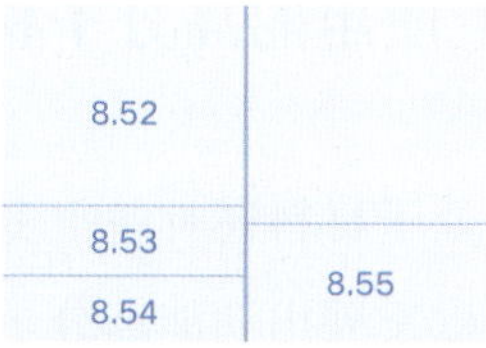

◉ **图 8.52** 中国大陆棉花及棉纱和化学纤维的年产量（国家统计局）：a. 棉花；b. 棉纱和化学纤维

◉ **图 8.53** 聚酯纤维（涤纶）制品实例：a. 遮阳伞；b. 帐篷；c. 长毛绒玩具；d. 空投救灾的降落伞（解放军画报 2008 年 6 月）

◉ **图 8.54** 日用化纤制品举例：a. 地毯；b. 涤纶与棉混纺的服装；c. 涤纶袜子；d. 各种绳索

◉ **图 8.55** 光化纤制成的通体发光塑料制品

以树干为主要来源；根据来源可以把木材划分成针叶类木材和阔叶类木材。针叶类木材包括杉、柏、冷杉、云杉、樟子松、红松及各种松木。针叶树的树干高大而挺直，木质轻软、变形小、易于加工，也称为软木；经常用作承受载荷的立柱、门窗、地板等构件（图 8.56）。阔叶类木材源自榆、柚、榉、柞、桃、梨、柳等以及质地稍软的杨、椴、桦等多种阔叶树木。多数阔叶树的树干短、木质硬、密度高、易翘裂、不易加工，因此也称为硬木。硬木虽然强度高，但易变形，不适合用作承重载的构件。一些硬木树种的木纹与颜色非常美观，常用作建筑装饰及家具等具有美观要求的构件。鉴于对环境和气候的保护，近几年来中国的木材生产量不再呈进一步发展趋势，大体在 8 000 万立方米左右的水平（图 8.57）；许多木材需大量依靠进口解决。

木材因为含水，其化学成分以碳、氧、氢为主。非均质木材的力学性能在各个方向上会呈现明显差异。木材顺纹方向的强度高于横纹方向；优良质地的木材在顺纹方向的强度可达到铝合金或钢的水平。针叶树横纹方向的抗拉强度只有顺纹方向的 2.2% 至 4.6%；阔叶树横纹方向的抗拉强度为顺纹方向的 8.5% 至 22.6%。实际应用的木材是整体受力，木材中分化或生长出树枝、树杈等天然缺陷部位往往成了木材服役失效的部位；这些缺陷的位置、尺寸等因素对木材实际的承载能力会产生重要影响，使之不同程度地低于相应优良均质部位的水平。

纸已经成为现代人类生活、学习、工作、生产等方面不可缺少的一种产品，木材是造纸的主要原料。在造纸过程中，首先需将木材制成木浆；然后通过造纸流程制成不同类型的纸张使用。目前，中国造纸的主要原料是废纸和木浆。废纸的重新利用本身是一个可持续发展的措施，但面对如此巨大而持续攀升的纸张需求（图 8.58）和相对有限的木材资源，中国每年需要进口大量的废纸和木浆，以支撑大规模生产。利用其他非木材的植物纤维虽然也可以造纸，但相应纸浆的制备过程容易造成更严重的环境污染，或带来更高的环保成本，因此受到很大限制。有关分析认为，为了保护环境和森林资源同时维持造纸产业的发展，需考虑种植专门用于造纸的速生林。

8.11 生物医学上使用的高分子材料

除了力学性能，许多高分子材料还具备很多突出的非力学性质；如果以这些性质为主要的材料服役指标，则可以发展出功能高分子材料。常见的功能高分子材料包括：导电高分子材料、生物医用高分子材料、高分子液晶、高分子凝胶、可降解高分子材料、光电转换高分子材料、高分子催化剂、高分子分离材料等。其中，生物医用高分子材料是与人类健康直接相关、十分复杂且发展迅速的一类材料。

◉ 图 8.56 木材的常规应用举例：a. 故宫太和殿的立柱；b. 地板；c. 家具

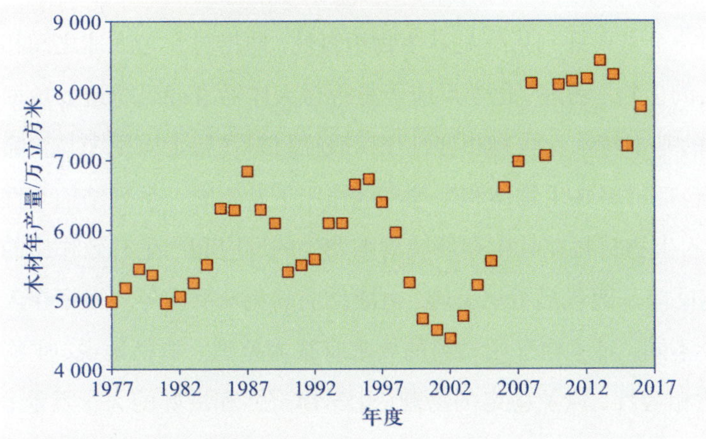

◉ 图 8.57 中国大陆木材年产量（国家统计局）

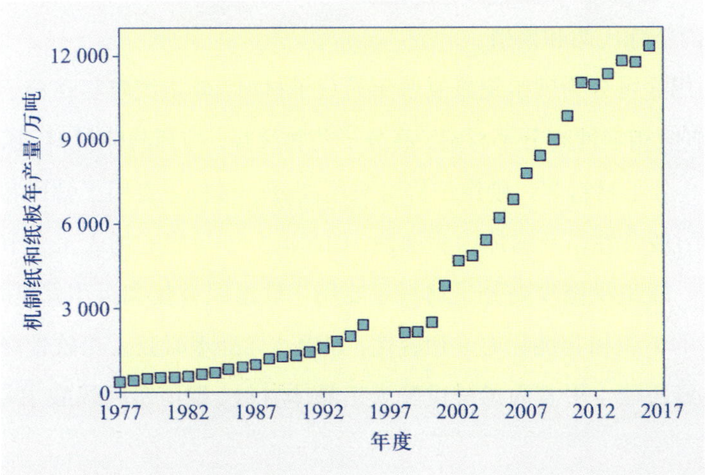

◉ 图 8.58 中国大陆机制纸和纸板年产量（国家统计局）

8.56
8.57
8.58

生物医用材料指用于对生物系统的疾病进行诊断、治疗、外科修复、理疗康复过程中或者替换生物体组织和器官以增进或恢复其功能过程中所使用的材料，以及相应的替代材料。很多生物医用材料都是高分子材料。根据来源不同，可分为天然生物医用高分子材料和合成生物医用高分子材料。前者指从生物体中提取出的一类天然高分子，包括胶原、明胶、丝素蛋白、角蛋白、黏多糖、壳聚糖和纤维素及其衍生物等；后者包括诸如硅橡胶、聚氨酯、聚乙烯、聚丙烯、聚酯等高分子材料。根据医用高分子材料与组织的反应特性，可分为**生物惰性材料**、**生物活性材料**、**可生物降解材料**。生物惰性医用高分子材料指在体内不与组织发生任何反应的材料；生物活性医用高分子材料指能与组织发生有益的相互作用或对组织和细胞有生物活性的一类材料，例如能与天然骨发生骨性结合的羟基磷灰石、高分子药物、高分子修饰的生物大分子治疗剂、多肽等生物分子修饰的高分子材料等；可生物降解的医用高分子材料可在体内逐渐降解，降解产物对人体无毒副作用，同时可被机体吸收、代谢或排泄。

生物医用高分子材料的一个重要评判指标是其**生物相容性**，即指材料与人体之间相互作用后所产生的各种复杂的生物、物理、化学反应等是否对人体器官或组织造成负面效应，同时是否能保持材料的基本特性。生物相容性用以表征材料在特定应用中与生命体相互作用的生物学行为，包括材料在生物体和生理环境作用下发生的一系列结构和性能的变化，以及生物体中植入生物材料在其生存环境周围发生的反应和产生有效作用的能力等两个方面。生存环境反应一般包括组织反应、血液反应和免疫反应等。根据在人体内应用环境和接触的部位不同，对生物医用材料的要求有很大差别。概括地说，生物医用材料应具有良好的生物相容性，以及稳定的物理、化学稳定性和良好的力学性能；即使长期植入人体内，也不会因引起人体不良组织反应而发生炎症、坏死、功能下降和损害等，并不干扰人体正常的新陈代谢和繁殖。

根据生物医用高分子的用途可分为硬组织修复医用高分子材料，软组织修复高分子材料，组织工程支架材料，血液相容性高分子材料，高分子药物缓释、控释载体材料，医用黏合剂，诊断与检测医用高分子材料等。硬组织修复医用高分子材料主要用于骨科和齿科，具有高的力学性能和耐疲劳性以及耐体内腐蚀性，如超高分子量聚乙烯人工关节臼、树脂型牙冠修复材料等。软组织修复高分子材料主要用于软组织替代和医用修复，这类材料具有与软组织良好的组织相容性和力学相容性，如聚乙烯醇水凝胶人工软骨修复材料、聚甲基丙烯酸 β－羟乙酯－甲基丙烯酸戊酯人工晶体材料、聚甲基丙烯酸 β－

羟乙酯、聚甲基丙烯酸 β－羟乙酯 –N– 乙烯吡咯烷酮、聚甲基丙烯酸甘油酯 –N– 乙烯吡咯烷酮等。高分子材料的**血液相容性**是评价材料能否抗血小板血栓形成、抗凝血性、抗溶血性、抗白血细胞减少性、抗补体系统亢进性、抗血浆蛋白吸附性和抗细胞因子吸附性等。优异的血液相容性的材料不会引起凝血、溶血等血液反应；还具有与人体血管相似的弹性和延展性以及良好的耐疲劳性等。血液相容性高分子材料主要用于与血液循环系统相关器官和组织修复和治疗的医用高分子，如人工心脏、人工血管、血管支架、透析材料等。高分子**药物缓释、控释载体材料**包括本身具有药理活性的高分子药物，以及辅助药物发挥作用的药物载体材料，它们具有延缓或控制药物释放速度和部位、提高疗效、减小药物毒性和刺激性对人体正常组织的不良影响、保护药物并增加药物贮存稳定性等方面的作用，同时还要求其在体内具有可降解性和可吸收性。**医用黏合剂**是指将生物组织黏合起来的组织黏合剂，这类材料应在体内能迅速聚合，不产生过量的热和毒副产物，并且黏合剂在创伤愈合时可被吸收而不干扰正常的愈合过程。常用的黏合剂有 α– 氰基丙烯酸烷基酯类、甲基丙烯酸甲酯 – 苯乙烯共聚物及亚甲基丙二酸甲基烯丙基酯等。**诊断与检测医用高分子材料**指通过与生物分子连接，可在体内对特异细胞、病毒、抗体等产生特异性反应，从而实现对疾病诊断和检测的材料。

生物医用高分子材料已经应用于人工心脏、人工肾脏、人工肝脏和胰脏、人工肺、人工关节、人工骨、人工皮肤、人工角膜、人工血管、人工胆管和尿道、人工食道和喉头、人工气管、人工腹膜、人工支架材料、药物释放载体等（图 8.59）。其中，生物惰性医用高分子主要用于人工组织与器官、心血管系统与血液净化材料、医用黏合剂、导管、插管、外用医疗辅助材料等，例如硅橡胶、聚砜、聚酯、聚四氟乙烯、聚酯纤维、聚甲基丙烯酸甲酯等。可降解生物医用高分子材料主要用于可吸收手术缝线、骨科固定钉板、

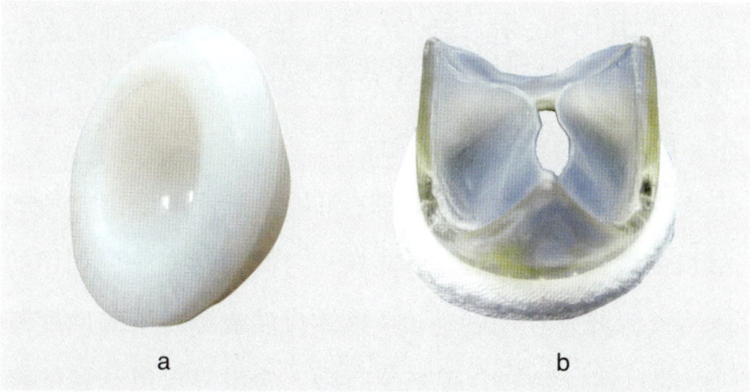

8.59

◉ 图 8.59 生物医用高分子材料制作的人工器官举例：a. 超大分子量聚乙烯人工关节试样；b. 聚合物人工心脏瓣膜

组织工程支架材料、药物缓释材料等，例如磷脂、脂质体、聚氨基酸、聚乳酸、聚乙醇酸、壳聚糖、海藻酸盐等。

8.12 材料资源利用的可持续发展

地球已经有几十亿年的历史。她为人类提供了包括土地、水、矿物、空气、森林和草地等自然环境。在人类出现之后，被人类利用并给人类带来效益的自然物质称为**自然资源**；自然资源是一切材料的原始来源。目前，人类所能获得的自然资源主要来自地球。地球是一个巨大而不规则的实心椭圆形球体，其平均半径约 6 370 千米，表面总面积 5.1 亿平方千米，体积 1 万多亿立方千米，平均密度每立方厘米 5.52 克。由地球表层向内延伸，可发现地球内部由三个圈层组成，即地壳、地幔和地核。地壳为地球的外层，厚度约为 33 千米至 45 千米，在喜马拉雅山脉的最厚处有 60 千米至 80 千米，在太平洋北半部海底的最薄处仅为 8 千米。地壳是由各种岩石构成，表层分布着由岩石风化而成的松散土层和水，平均密度为每立方厘米 2.67 克，深处为每立方厘米 2.7 克至 2.9 克。地核是地球内部的核心部分，位于地表下约 2 900 千米。地核以铁镍物质为主，平均密度每立方厘米 10.7 克，温度约为 3 000 ℃左右。地幔是地壳与地核之间的中间层，上界在地表以下约 33 千米，下界面约在 984 千米深度。地幔由十分复杂的非结晶岩浆物质组成，靠近地壳部以硅、镁为主，靠近地核部主要由金属的氧化物和硫化物组成。地幔密度由表及里逐渐增强，约为每立方厘米 3.64 克至 5.66 克，温度约为 1 200 ℃至 2 000 ℃。

矿物是地壳中各种地质作用的自然产物，现已知的矿物大约有 3 000 多种，其中组成地壳岩石的主要矿物仅有 20 种至 30 种，而矿石则是含有用组分的岩石集合体。地壳中蕴藏有 90 多种自然存在的化学元素，其中氧、硅、铝、铁、钙、钠、钾、镁 8 种元素的含量约占地壳总质量的 97.13%，其余几十种元素的总含量不足 3%。正是由于地壳中存在着丰富的化学物质，才构成了地球上丰富多样的矿产资源。

当材料及其制品被废弃后，其大多数最终也会返回地球；可以示意性地给出材料的循环途径（图 8.60）。应当指出，材料失效被废弃后，并不能在短时间内转变成可利用的自然资源。面对现代人类社会对自然资源开发利用的速度，整体自然资源再生的速度基本可以忽略，因此地壳中可直接利用的自然资源将会越来越有限。全世界可供开采的金属与非金属矿产资源约 400 余种。据统计，由于大量开采，许多重要的传统自然资源的可利用时间已经缩短到以数十年或数百年计算。与几百万年的人类历史相比，许多已知自然资源的利用期限已经屈指可数。

面对资源枯竭的压力，除了继续寻找常规资源外，人们也设想了许多至今尚未涉及的潜在资源，并进行了积极的探索。目前在南极的考察发现了 220 多种矿产资源，据已有的地质数据和测算，在南极大陆及周边海床区域，煤、铁和石油的储量均为世界第一。

地球表面的主要水体是海洋。全球海洋面积约为 3.9 亿平方千米，占地球总面积的 70.8%。海洋的水体中含有 80 多种元素，主要有氯、钠、镁、硫、钙、钾、溴、碳、硼、锶、氟，由它们构成了海水中的主要盐类，占海水总含盐量的 99.8% 至 99.9%。每立方千米海水中含氯化钠 2 720 吨、氯化镁 380 吨、硫酸镁 170 吨、硫酸钙 120 吨、碳酸钙及溴化镁各 10 吨。世界大洋中盐类物质的总质量约为 5 亿亿吨，体积为 2 200 多万立方千米。如果把这些盐类全部提取出来，均匀地撒在地球表面，盐层可厚达 87.7 米，约有 30 层楼房那么高。在海水中还含有许多种浓度很低的金属元素，如金、银等，可是由于海水体积庞大，其总量还是十分可观的，其中金 548 万吨、银 5 480 万吨、铀 43.8 亿吨（陆地上仅有 100 万吨）。

锰结核是大洋底部的铁锰氧化物组成的黑色团块，这种多金属锰结核含有锰、铜、镍、钴等 50 余种金属元素。锰结核在各大洋中的总储量为 3 万亿吨，比世界陆地上蕴藏的锰、铜、镍、钴、铁等金属储量还要高几千倍。单是太平洋底就有 1.5 亿平方千米的锰结核，约 1.7 万亿吨，其中含镍量就有 164 亿吨，可供世界消费 2.4 万年；铜 88 亿吨，可供使用 1 000 年；钴 58 亿吨，是陆地上储量的 960 倍，可供使用 34 万年；含锰最多达 4 000 亿吨，是陆地上储量的 67 倍，可使用 18 万年。并且，洋底的锰结核还在以每年

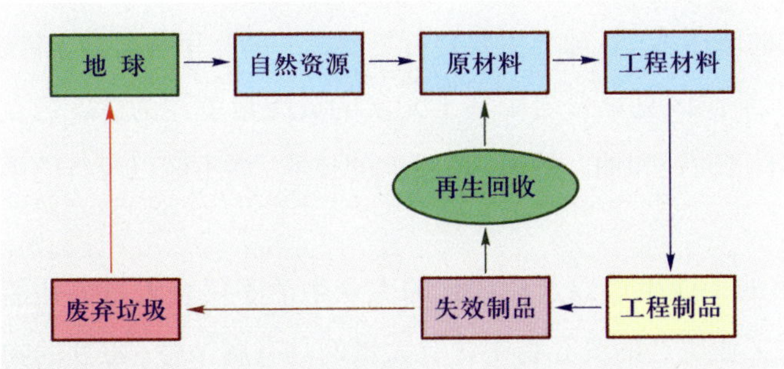

8.60

◉ 图 8.60 材料的循环途径

1 000万吨左右的速度生长，每年从新生长出来的锰结核中提取的金属：铜可供全球使用3年；钴可供使用4年；镍可供使用1年。锰结核的生长率大大超过世界上的消耗率。海洋里有很多可作肥料和化工原料的磷钙石和具有工业价值的重晶石。在海底含金的砂金矿开采中，可筛选出一些贵重的矿产，如含钛的金红石、锆石，含稀土元素的独居石、砂锡矿、磁铁砂等。金红石可提取制造火箭和卫星不可缺少的金属钛；从锆石中提取的锆是核反应的重要原料；从独居石中提取的钍，经加工后可代替铀作能源。目前，已经有锰结核开采和利用的尝试。

太平洋底部的抱球虫软泥含碳酸钙成分较高，是制造水泥的好原料。深海中的重金属软泥是富含铁、锰、铅、锌、银、金等多种金属的沉积物。根据红海海底洼地的调查资料，深洼上部10米厚的重金属软泥估计总量超过5 000万吨，其中有铁2 430万吨、锌290万吨、铜106万吨、银4 500吨、金45吨。这说明重金属软泥也是一种重要的海底资源。

可惜，目前地壳以下更深层资源开发的难度还太大。以上种种只能是一种潜在的开发可能，在短期内还不能进行有明显商业价值的利用。

近期的探月科考发现，月球上面的矿藏非常丰富。月球岩石中含有地球中全部元素和60种左右的矿物，其中6种矿物是地球没有的。仅月面表层5厘米厚的沙土就含有上亿吨铁，主要是氧化铁。可开发利用的钛铁矿的总资源量约为1 500万亿吨。月球上的氦–3蕴藏丰富，采用氦–3的聚变来发电，会更加安全。太阳在内部核聚变过程中，会产生大量的氦–3，而这些氦–3经过太阳风的吹拂，会落到周围的行星。地球表面覆盖着厚厚的大气层，太阳风不能直接抵达地表，所以地球上氦–3的天然储量非常低，总量仅有10吨至15吨。月球几乎没有大气，太阳风可直接抵达月球表面，大量沉积在月球表面的氦–3大约有5亿吨，可以为地球提供1万至5万年的核电能量。月陆区广泛分布的斜长岩富含硅、铝、钙、钠等元素；月球还蕴藏着丰富的铬、镍、钾、镁、铜等矿产资源，其稀有金属的储藏量比地球还多。月球上主要岩石类型之一的克里普岩富含钾、稀土元素和磷。据估算，仅在风暴洋区克里普岩中稀土元素的资源量就约为225亿至450亿吨；克里普岩中还蕴藏有丰富的钍和铀。然而，就目前的技术，尚不能以经济的手段对月球进行有效的开发和利用。

人们现在已经知道，大规模的工业生产以及现代化的大众生活不仅会大量消耗能源，而且也会造成环境污染。在工业生产的废弃物中含有大量的具有腐蚀性、毒性的物质，其中材料的生产是造成地球环境污染的一个主要原因。以水泥为例，生产水泥会产生大量的二氧化碳气体，二氧化碳在空气中停留时间长，因而对地球温室效应产生极大影响。再如，在钢铁生产中不仅会产生大量的二氧化碳气体，而且还会排放出大量的二氧化硫和其他有害气体。可以看出，一方面材料工业的发展使得人类的生活不断地得到改善；而另一方面材料的生产也正在不断地侵蚀着人们的生存质量。

现代社会在飞速发展，而地球被污染的程度在不断加重，地球可利用的资源也在明显日趋枯竭，这些都不得不使人们考虑人类社会可持续发展的问题。随着科学技术的不断进步，探索和开发新的自然资源越来越成为一种重要的潜在可能。在材料的生产和使用上除了要降低能耗、减少污染外，同时还要加强失效废弃材料的回收再利用，进而节约自然资源。另外，很重要的可持续发展还在于发展更充分、有效利用自然资源的方法以及更加高效率使用材料的新技术。在当前材料工业的生产中，结构材料在数量上占有绝对统治的地位。结构材料的生产状态对自然资源的消耗和长远发展具有决定性的影响；结构材料在使用过程中的失效形式主要是力学失效和腐蚀失效两大类。因此人们考虑到，如果使材料的力学性能成倍提高，则可以使需用的材料成倍节省；如果使材料的抵抗疲劳失效和腐蚀失效的时间成倍提高，则又可以使需用的材料进一步成倍节省。在保持不进一步扩大自然资源消耗的前提下，如何使材料的性能和寿命成倍提高，也是目前材料科学与工程领域研究的重要课题。

进一步阅读

- 黄玲．中国海事新旗舰——大型巡航救助船“海巡 01”轮下水．中国海事，2012（8）：2.
- 孙烈．党的八大二次会议与万吨水压机．百年潮，2012（1）：15–21.
- 田宗伟，叶蕨．500 万：骄人的三峡速度．中国三峡建设，2008（1）：20–27.
- 王向东，逯福生，贾翃，等．2010 年的中国钛工业．钛工业进展，2010, 27（5）：1–5.
- 贾翃，逯福生，郝斌．2015 年中国钛工业发展报告．钛工业进展，2016, 33（2）：1–6.
- Kokubo T, Matsushita T, Takadama H, *et al*. Development of

bioactive materials based on surface chemistry. Journal of the European Ceramic Society, 2009, 29: 1267–1274.

- 鲍荣华，范蓓茜．21 世纪金属镁将成为战略材料．中国国土资源经济，2012（12）：24–26.
- 刘煜，刘静安，刘志国．镁合金加工工业及技术的发展特点与趋势．有色金属加工，2013，42（1）：1–3.
- 崔利军，肖永清．轻量化的镁合金引领电动自行车更轻盈．中国自行车，2016（12）：74–81.
- 傅学怡，顾磊，施永芒，等．北京奥运国家游泳中心结构初步设计简介．土木工程学报，2004, 37（2）：1–11.
- 王双军．高性能 ETFE 膜气枕成套技术在国家游泳中心的应用．中国建筑防水，2010（7）：40–45.
- 肖永清．光纤照明技术给汽车增添精彩．交通与运输，2010（3）：44–45.
- 郭永新．中国造纸原料的现状和未来．中华纸业，2010, 31（19）：15–17.
- Liu H, Leng Y, Tang J, *et al.* Tribological performance of ultra–high–molecular–weight polyethylene sliding against DLC–coated and nitrogen ion implanted CoCrMo alloy measured in a hip joint simulator. Surface & Coatings Technology, 2012, 206: 4907–4914.
- Ghanbari H, Kidane A G, Burriesci G, *et al.* The anti-calcification potential of a silsesquioxane nanocomposite polymer under in vitro conditions: Potential material for synthetic leaflet heart valve. Acta Biomaterialia, 2010, 6: 4249–4260.
- 毛卫民．工程材料学原理．北京：高等教育出版社，2009.

第 9 章

材料的失效与现代文明的安全

“材料制成有用物件后并不能无限期地使用下去。例如，一双鞋经过一定时间的使用后会破损、磨穿甚至断裂；当其没有可修复价值时就得被废弃。由此可见，任何材料都会有其服役寿命或使用期限；超过这个期限，材料的服役就不再具备良好的安全性，随时都可能失效。材料及相应制品的使用者和生产者不仅希望材料具备优良的性能，而且希望其具有尽可能长的使用周期。随着现代社会的不断发展和进步，人们对所使用的装备、设施及相关材料的性能和技术指标的要求越来越高，材料的加工技术及材料的服役环境也越来越复杂。同时，伴随着因一些材料失效而引起的恶性事故的发生，现代工业也对工程材料在使用过程中的可靠性和安全性提出了更高的要求，因而需要不断开发出更高技术含量和更新的材料。”

9.1 材料的常规失效

根据材料服役过程中的失效形式，可以把造成材料失效的原因大致归结为力学和化学两大要素。任何材料都会有一定的承受力学载荷的能力。当材料所承受的载荷使其改变了外观几何尺寸、发生了塑性变形或超出了材料所能承受载荷的上限时，服役中的材料就会出现力学失效行为；如磨损、变形、断裂等现象（图 9.1）。在环境介质中服役的材料因化学作用而发生破坏、失效的现象称为材料的腐蚀。在很多情况下，外界的物理和化学因素会促进材料的腐蚀行为，如载荷、海洋环境、化工环境等条件下的腐蚀（图9.2）。通常材料的服役温度会影响其承载能力及其与环境的化学交互作用进程，因而会对其失效行为产生重要影响。在材料持续承受载荷的服役过程中，其内部可能会生成某种不断扩展的缺陷，造成材料因实际的承载能力持续下降而失效，如材料长时间服役后的疲劳失效现象；因此，材料的服役时间也会影响材料的服役能力。

在生产材料、制备构件时，人们总是要设法使材料能够具备尽可能高的抗失效能力，以延长其服役寿命，这也是材料科技需要解决的重要课题。

9.2 人为因素造成的失效

材料服务于人类社会，为人们所广泛使用，因此人为因素会造成多种材料的非正常失效。例如，2012 年 11 月 26 日凌晨在大雾影响下京台高速山东段发生连续的撞车事件，造成多人死亡、几十人受伤的重大交通事故，并导致许多车辆撞毁、报废（图 9.3a）。分析显示，许多司机未对大雾条件下的安全驾驶引起足够重视是造成事故的主要原因。2018 年 3 月 28 日渝昆高速四川宜宾段发生多车相撞交通事故，造成 11 人受伤、多车损毁（图 9.3b），所幸无人死亡。还有因铁路信号系统在设计、管理上造成的人为失误。例如，2011 年 7 月 23 日晚北京南站开往福州站的 D301 次动车组列车运行至甬温线永嘉站至温州南站间时，与前行的杭州站开往福州南站的 D3115 次动车组列车发生追尾事故，事故中后车四节车厢从高架桥上坠下毁坏，造成 40 人死亡、约 200 人受伤（图 9.3c）。2013 年 7 月 6 日韩亚航空 OZ214 班机在旧金山国际机场降落时，因飞行员操作失误造成机尾撞上海堤而坠毁，机上 3 名中国女学生丧生，181 人受伤（图 9.3d）。1986 年 4 月 26 日位于乌克兰的切尔诺贝利核电站因工作人员多次违反规程操作，导致反应堆爆炸，大量放射性物质冲破保护壳而发生核泄漏事故（图 9.3e），50% 的乌克兰国土遭到污染，约 170 万人受到事故不同程度的危害，所造成的损失估计为两千亿美元；事后还需采用大量的防辐射材料和水泥封堵和阻隔核辐射的持续扩散。以上这些事故中都出现了正常服役的材料在交通运输工具或装备设施意外损毁过程中的失效，且都与人为失误有关。在现实生活中，人们的行为有时难免会出现失误；而在特定情况下，这种失误也可能导致灾难性后果。

1940 年美国建造了能抗每小时 200 千米风速的塔科马跨海桥，通车仅 4 个月就于

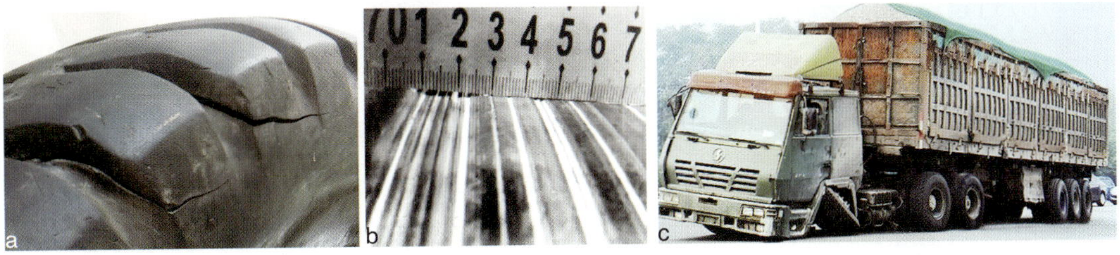

◉ **图 9.1** 材料常规服役的力学失效实例：a. 过度磨损轮胎老化裂开［蒙］；b. 汽轮发电机轴瓦因磨损出深沟痕而失效；c. 重载车轴老化断裂（德州晚报 2012 年 9 月 25 日）

◉ **图 9.2** 材料常规服役的化学失效实例（李晓刚供图）：a. 自然环境腐蚀失效；b. 化工管道腐蚀；c. 海洋环境的金属腐蚀；d. 跨海大桥桥墩腐蚀；e. 海岛码头混凝土柱腐蚀

1940 年 11 月 7 日因一场速度仅为每小时 65 千米的风的吹袭而发生剧烈摆动，并迅速垮塌（图 9.3f、g）。分析显示，其设计和建造施工过程以及建筑材料的选择都存在明显问题。2004 年 5 月 23 日巴黎戴高乐机场 2E 候机厅顶棚突然坍塌（图 9.3h），造成包括两名中国公民在内的多人死亡。调查认为，候机厅应对偶然性事故所设定的安全系数不足，造成候机厅的水泥顶棚与圆柱形金属支柱连接处出现穿孔；当混凝土材料不足以支撑大厦玻璃外壳的钢铁支架时，支柱便刺破房顶，进而导致顶棚坍塌。

不仅各种设施在设计和使用的过程中会因人为因素而导致破坏，相关设施的不当制造和粗糙施工也会造成严重恶果。1980 年 3 月 27 日在海上风暴的吹袭下，挪威北海上浮动钻井平台的柱脚断裂，造成了平台整体倾覆，平台上人员全部丧生（图 9.3i）。分析发现，在制作钻井平台的焊接过程中，因操作不当，在平台柱脚的一个部位残留了焊接裂缝。在钻井平台数月的服役过程中，裂缝在海浪冲击载荷的作用下不断扩展，使平台的柱脚形成了一个大裂口，并最终因海上风暴吹袭而倾覆。2018 年 3 月 15 日美国佛罗里达州一座重达 950 吨的在建过街天桥突然坍塌（图 9.3j），砸中多辆路过的汽车，并导致多人伤亡。该桥的建设过程采用了一种新的快速建造技术，即将桥体先在工厂造好，再移到现场整体安装，以达到快速施工、少占用交通道路的目的。目前，事故的原因还在调查中。通常，工厂建造的桥体在设计上和制造上不应该存在原则性安全问题；因而有可能由于施工过程中某个环节的疏忽，造成了桥体的某部位瞬时承受了超过其承受能力的载荷，并引发坍塌。

由此可见，现代社会里对材料的设计不仅需要考虑其服役环境对材料各种性能的要求；在人为事故不能完全避免的情况下，也还需要考虑在各种可设想的突发异常或灾难情况下材料的服役能力，以尽可能地保护人类的安全，避免受到严重伤害，或尽可能减少可能的伤害。

9.3 极端条件下服役的材料及其失效

随着现代经济和人类社会的发展，工程设施可能涉及的服役环境越来越多样化，也越来越具有挑战性；由此对相关的材料提出了日益严苛的要求。例如，当高速运行的飞机由亚音速提升到超音速时，飞机发动机的轰鸣声开始落后于飞机的飞行速度，并在飞

◉ **图 9.3** 材料人为因素造成失效实例：a. 2012 年 11 月 26 日京台高速山东段交通事故；b. 2018 年 3 月 28 日渝昆高速四川宜宾段交通事故（凤凰新闻）；c. 2011 年 7 月 23 日温州动车追尾事故；d. 2013 年 7 月 6 日韩亚航空 OZ214 班机旧金山机场坠落（人民画报 2013 年 8 月）；e. 1986 年 4 月 26 日乌克兰切尔诺贝利核电站核泄漏事故；f.1940 年 11 月 7 日美国塔科马跨海桥摆动；g. 塔科马跨海桥垮塌；h. 2004 年 5 月 23 日巴黎戴高乐机场候机厅顶棚坍塌事故；i. 1980 年 3 月 27 日北海上的浮动钻井平台倾覆事故；j. 2018 年 3 月 15 日美国佛罗里达州的一座在建过街天桥突然坍塌（海南日报 2018 年 3 月 17 日）

机周围产生球状声波团，飞行的飞机会挤压其正前方向外传递的声波，向前传递的声波因受到强烈挤压而形成一道阻碍飞机飞行的屏障，即**音障**。当飞机以比其发出声音更快的速度持续飞行，就可以突破这道音障（图 9.4a）。在突破音障的瞬间，被压缩的空气会生成巨大的冲击波和爆鸣声；此时超高速运行飞机所经受的特殊振动对飞机材料是一种严峻的考验。世界上曾多次发生超音速飞机突破音障时因相关材料无法承受极限挑战而导致爆炸的事故。沙漠是当今世界人们探索和开发的热点之一，干燥、地形起伏复杂、昼夜温差极大是沙漠环境的重要特点；在沙漠中穿行的车辆所使用的材料必须能够承受温度、载荷的巨大起伏以及振动所带来的挑战而不会发生失效（图 9.4b）。南极、北极的极地考察工作的环境温度极低，通常为零下几十摄氏度，此时许多金属材料已经处于脆性状态，而用于极地的破冰船不仅要承受低温，而且还要具备承受破冰时巨大冲击载荷的能力（图 9.4c），因而对所使用的金属材料的性能提出了巨大的挑战。

随着中国经济的迅速崛起，现代海洋技术和设施成为对中国的经济、贸易、能源供应、海洋资源开发等涉及国家可持续发展战略越来越重要的研究领域。中国在西沙永兴岛修建了永久性机场（图 9.5a），在渤海、东海和南海广泛开展海洋油气资源的勘探开发（图 9.5b）；但海水环境和海洋的水雾、盐雾气氛会对工程设施造成很严重的腐蚀，因此相关的材料必须具备良好的防腐蚀能力，以防止灾害事故的发生。

人类在探索太空的过程中，经常需要发射和接受航天飞行器。飞行器只有至少达到第一宇宙速度，即速度达到每秒 7.9 千米，才能摆脱地球的引力，飞离地球；当飞行器返回地球时，又会以很高的加速度降落。高速的飞行、巨大的推进力、高能量密度的燃料、飞行器表面与空气的剧烈摩擦、复杂多变的载荷状态、服役环境的偶然不确定性等，都使飞行器的安全性面临巨大的挑战，且对制造飞行器的各种材料提出了多重而严苛的要求，任何微小的疏漏或不足都可能造成严重的后果。

1986 年 1 月 28 日美国挑战者号航天飞机发射 73 秒后在空中爆炸（图 9.6），7 名致力于人类太空探索的宇航员全部遇难，造成 20 亿美元的经济损失。分析发现，挑战者号起飞发动时，右侧巨大褐色燃料箱上固体火箭推进器尾部喷气口的上端出现了异常的黑烟；发射升空后，在推进器喷出巨大推进气体出口的上端即之前的冒黑烟处，泄露出额外的高温火焰，直接烧灼燃料箱的外壳，且几秒钟就将燃料箱烧穿熔化，导致 200 万升液体燃料外泄并即刻引起剧烈爆炸。航天飞机推进器尾部有一个阻断高温气体异常外泄的橡胶密封圈，当推进器起飞晃动时，橡胶圈依靠其弹性可始终保持推进器非出口处的密封性。观

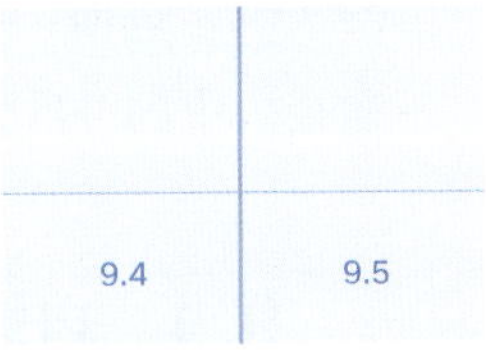

◉ 图 9.4 极端条件下服役的运载工具：a. 超音速飞机突破音障；b. 沙漠中行驶的陆风越野车；c. 雪龙号极地破冰船（中国极地考察队图稿）

◉ 图 9.5 海洋环境下服役的材料（中国海洋摄影家协会 2013 年国庆王府井全国海洋摄影展）：a. 西沙永兴岛机场（查春明摄）；b. 海上石油钻井平台（张远高摄）

察发现号航天飞机推进器尾部密封处可看到，经过多次反复使用后，橡胶密封圈会因不适应低温环境而过早地老化失效。因此，正是老化而失去弹性的橡胶密封圈这一关键性材料的失效，导致发射初期橡胶圈因无法密封而异常泄露少量火焰而烧毁，并冒出黑烟。随后大量高温气体侧向泄露并引发了爆炸，被推进器携带的挑战者号航天飞机也被炸成碎片。

2003 年 2 月 1 日美国哥伦比亚号航天飞机经 16 天飞行后返回地面，但在计划着陆时间的前几分钟在德克萨斯州上空解体（图 9.7），7 名宇航员为探索太空付出了生命的代价，同样造成 20 亿美元的经济损失。调查显示，在哥伦比亚号发射升空 81.7 秒时，燃料箱外表面用于隔热的一块泡沫材料意外失效脱落，并以极高速度撞击到被携入太空的航天飞机左翼前缘的热保护系统，由此产生裂缝。当哥伦比亚号重返大气层时，超高温气体从裂缝处进入航天飞机内部，逐步熔化了许多构件，导致航天飞机解体。一块泡沫材料虽然很轻，但在第一宇宙速度下撞击到航天飞机的机翼也会造成很大的洞；后来的地面模拟实验证实了这一结论。极端条件下轻质保温泡沫材料的可靠性也是影响航天飞机安全的重要因素。

面对频繁的航天飞机事故，使得人们不得不考虑，当今的材料技术能否满足类似航天飞机的这种在极端条件下反复服役的要求，人们是否有能力把材料改进得能够满足这些挑战。目前，美国也停止了传统的航天飞机计划，转而探索其他实施频繁航天飞行的途径。中国一次性使用的神舟飞船飞行计划，就目前来看还是相对比较安全的。

9.4 自然灾害造成的材料失效

我们所生存的地球并不是一个平静的天体。地壳内部的活动、大气层的风云变幻，时常会引起各种自然灾害并危及人类的生存。人类必须充分准备好各种防灾、减灾的措施，以应对自然灾害的来临。2009 年 9 月 17 日四川达州宣汉县山体滑坡，大量山石扑向村庄、损毁房屋。2008 年 5 月 12 日四川汶川地区发生里氏 8 级地震，灾区范围涉及 186 个县市，数万人丧生、几十万人受伤。灾区大量基础设施，包括道路、桥梁、房屋遭受损坏（图 9.8）。在周围大量房屋被地震彻底损毁而夷为平地的同时，可以看到有少量的房屋虽同样遭受损坏，但仍屹立不倒，为房屋里面人群的逃生创造了宝贵的时机。由此可以体会到，建筑材料的设计与使用不仅需要考虑正常服役条件下的性能要求，而且还需要在灾害发生时具备良好的防灾、减灾的能力。经历地震而不倒的房屋证明，确实可以发展出这类的材料技术。

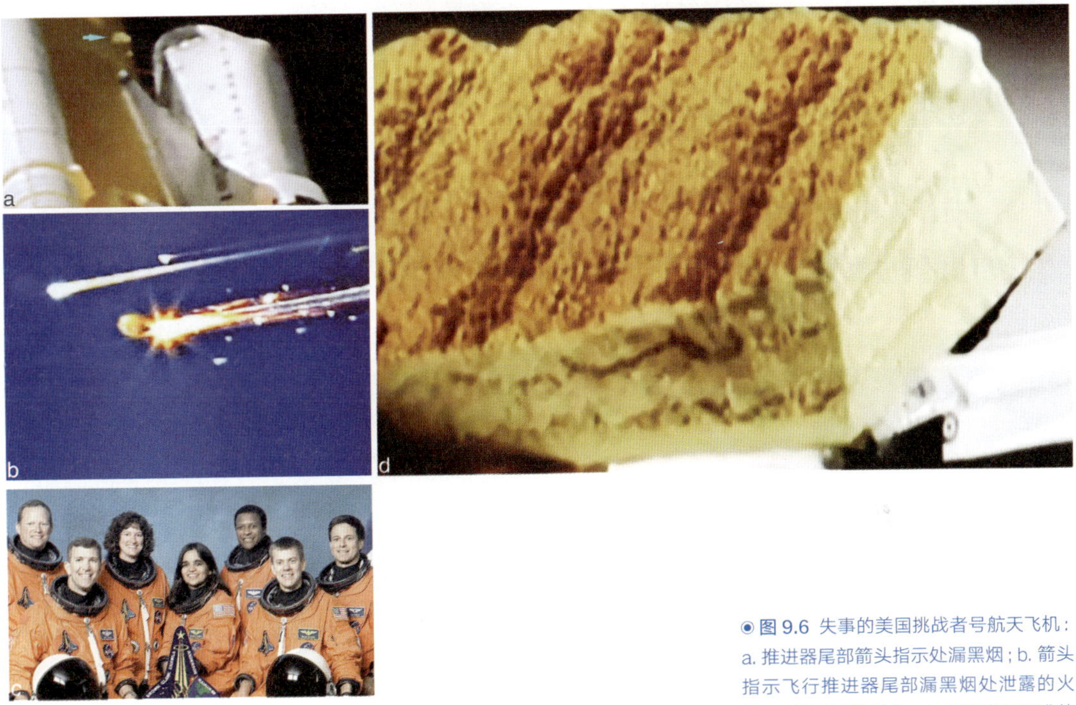

◉ 图 9.6 失事的美国挑战者号航天飞机：a. 推进器尾部箭头指示处漏黑烟；b. 箭头指示飞行推进器尾部漏黑烟处泄露的火焰；c. 燃料泄露爆炸；d. 挑战者号遇难的宇航员；e. 发现号航天飞机推进器尾部老化的橡胶密封圈

◉ 图 9.7 失事的美国哥伦比亚号航天飞机：a. 起飞时箭头指示处燃料箱外表面一块泡沫保温材料脱落；b. 哥伦比亚号航天飞机返回地面时解体；c. 哥伦比亚号遇难的宇航员；d. 脱落泡沫保温材料的形状

9.6

9.7

虽然人类的生存必须依赖于水的存在，但在许多自然灾害中，水也会衍生出可怕的灾难。2013 年 7 月 8 日四川北川遭遇了 50 年来最强的洪水（图 9.9a），大量不具备抗灾能力的房屋倒塌；台风吹袭也掀起滔天巨浪，毁坏了周围的村庄和房舍（图 9.9b）。2012 年 9 月 1 日飓风及后续的热带风暴吹袭美国中部，造成房屋倒塌、多个地区被淹、人员伤亡、财产损失、大面积停电（图 9.9c）。2011 年 3 月 11 日在日本本州岛以东海域发生特大地震并引发海啸（图 9.9d）。受海啸冲击，临海的福岛核电站随后发生了一系列爆炸事件，并产生大量核泄漏（图 9.9e）。尽管事先有专家提出应该增强核电站抵抗海啸的措施，但核电站所属东京电力公司及有关当局并没有对此引起足够的重视。核电站的建筑设施无法抵挡海啸的袭击，最终酿成严重核泄漏事故。由此可见，对于关键和敏感的工程建筑，其防灾、减灾的措施和能力尤为重要。

9.5 守护文明的抗灾安全用钢

随着全球经济的发展和人们生活水平的提高，汽车的消费需求量不断增加。以中国为例，改革开放以来随着经济水平明显上升，商用和私人汽车保有量也迅猛增长。根据

◉ **图 9.8** 地质灾害造成的破坏举例：a. 2009 年 9 月 17 日四川达州宣汉县的山体滑坡（解放日报 2009 年 9 月 18 日）；b. 2008 年 5 月 12 日四川汶川地震破坏的公路（人民画报 2011 年 9 月）；c. 汶川地震毁坏的北川县乡镇（解放军画报 2008 年 6 月）

◉ **图 9.9** 自然灾害引发的水患和事故举例：a. 2013 年 7 月 8 日北川老县城遭遇 50 年来最强的洪水（人民画报 2013 年 8 月）；b. 台风吹袭滔天浪潮扑向岸边的村庄（中国海洋摄影家协会，刘昌明摄）；c. 2012 年 9 月 1 日热带风暴吹袭美国中部造成损害；d. 2011 年 3 月 11 日日本本州岛地震引起的海啸灾难；e. 日本本州岛海啸引发了福岛核电站的核泄漏事故

国家统计局和公安部交通管理局的统计数据，至 2016 年中国民用汽车保有量超过了 1.8 亿辆；其中以私人汽车的增长为主，其保有量已经超过 1.6 亿辆（图 9.10a）。随着车辆的增多，交通事故的发生也愈加频繁。1950 年中国内地年交通事故死亡人数为几百人；而到了 2001 至 2004 年期间每年均有超过 10 万的死亡人数，即平均每 5 分钟就有一人因道路交通事故死亡；同时，2002 年交通事故受伤人数也超过了 56 万人（图 9.10b）。

面对频发的交通事故和所造成的伤亡，不仅交通管理部门需要加大交通安全的宣传教育，设法提高人们的安全意识，强化管理措施和交通安全设施的建设；世界各地汽车制造工业的研究部门也要积极探索并发展高安全性的新型车辆品种。一般来说，交通事故的发生很难完全杜绝。高速行驶的车辆具有很大的动能，当正在

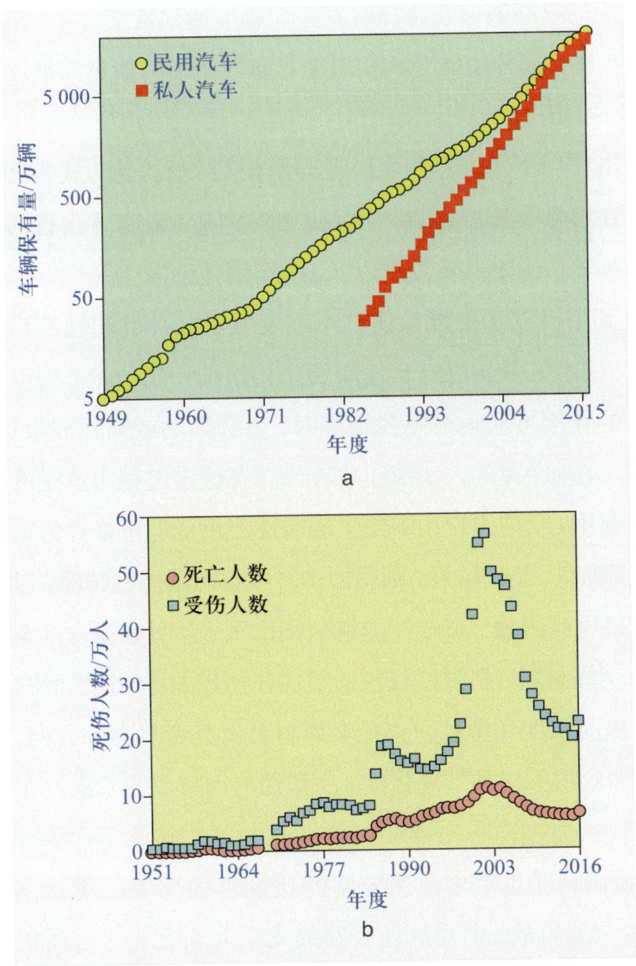

◉ 图 9.10 a. 中国内地商用和私人车辆保有量；b. 道路交通事故死、伤人数统计

行驶的车辆因出现危险状况而发生碰撞时，巨大的动能就会在短时间内完全释放出来，并损耗殆尽；通常这种动能的瞬时耗散是交通事故中破坏车辆、造成人员伤亡的主要原因。研究发现，适当地选择或改进车辆的构造设计以及选择合适的制造汽车的材料，可以明显降低动能耗散时车内剧烈的冲撞，并减少人员伤亡。这些防灾、减灾方面的成果和措施自 2000 年以来已经被大量地转换成民用车辆制造技术并付诸实践。2004 年以后，随着汽车保有量的持续攀升，交通事故伤亡人数却明显下降。这一变化显示，除了交通管理的改进和人们行车安全意识的提高之外，车辆构造设计及材料安全性的改进等措施确实可以在发生交通事故时明显发挥防灾、减灾的作用。

设想一辆高速行驶的汽车发生碰撞时瞬间停止；其巨大的动能会转化为破坏车辆和伤害人员的能量。如果制造车辆所用的材料能够在碰撞时发生大幅度的塑性变形，则车辆减速的急剧程度会得到很大缓解，其大部分动能会转变为金属塑性变形的能量而被逐步消耗掉，从而减少对车辆内人员的损伤。

遭受撞击的汽车钢质躯体在撞击作用下发生塑性变形时，躯体材料所承受的载荷已经超过造成其塑性变形的强度值。在塑性变形过程中，当载荷继续增大达到车体钢材的更高的断裂强度值时，车体会发生断裂。在撞击外力作用下，汽车钢体会发生弹性变形并吸收一定的动能；当外力增大达到塑性变形强度值使汽车钢发生永久性的塑性变形时，会大幅度吸收撞击动能，直至达到断裂强度值时车体断裂才会停止吸收动能。根据一般力学原理，在力的作用下沿力的作用方向运行一段距离时，力会做功或消耗能量。耗能值与作用力的大小成正比，也与运动距离的大小成正比。汽车在撞击过程中承受的撞击力及所转换成的强度水平即为作用力，撞击作用下发生的塑性变形量即可换算为运动距离。因此，汽车所用钢板的强度越高、塑性越好，则受撞击时吸收的动能也越多，汽车的安全性也就越高。由此可见，采用高强度、高塑性的钢制作汽车，会明显提升汽车受撞击时的安全性。然而对于多数金属材料，高强度材料的塑性往往较差，高塑性的材料往往强度较低。长期以来，同时提高强度和塑性一直是金属材料研究者努力的方向，并取得了显著的成果。由此，开发和应用不同种类高强度、高塑性的钢材成为发展汽车安全用钢的基本思路之一。

高速公路是中国重要的交通设施，近几年来高速公路的建设迅猛发展。更高速度的行驶容易发生损伤严重的恶性交通事故，因此高速公路的安全尤为重要。金属护栏作为高速公路安全的重要设施，其选材及结构设计直接涉及其所能够提供的安全保障作用。当出现紧急状况时，高速行驶的车辆会出于躲闪、失控等原因横冲直撞；当其无意或有意冲向护栏时，护栏需发挥避免车辆剧烈冲撞并减少或避免人员伤亡的作用。

设想一辆汽车高速撞向一堵水泥墙时会在瞬间停止，其间水泥不会发生明显塑性变形，因而不会吸收很多汽车的动能。如果水泥墙换为一堵类似于硬橡胶般的金属墙，则车辆减速的急剧程度也会在金属护栏的塑性变形过程中得到大幅减缓。如上所述，撞击产生的很大一部分动能会转变为金属塑性变形的能量而被逐步消耗掉，从而减少了对车内人员造成的损伤。与汽车金属壳体类似，高速公路的金属护栏也是发挥这种缓冲作用的安全设施（图 9.11）。

车辆的动能与其重量和速度有关。当小轿车的质量大致相等时，速度是决定车辆动能的主要因素。例如，时速分别在常规的每小时 80 千米和高速公路上限的每小时 120 千米时所具有的动能会有很大差异（表 9.1）。

◉ 图 9.11 a. 高速公路的钢质护栏；b. 护栏之间的连接

表 9.1 车辆整备质量及相应时速下的动能

常见小型轿车	车重 / 千克	80 千米时速时的动能 / 千焦耳	120 千米时速时的动能 / 千焦耳
桑塔纳 3000	1 248	308	693
POLO1.4 三厢	1 152	284	640
帕萨特 2.0	1 385	342	769
索纳塔 2.0GL	1 444	357	802
捷达手动基本型	1 110	274	617

目前，中国高速公路的护栏多设立在道路两侧，双向道路每侧两排，由压成波形的长条钢板一节节地连接而成，每段护栏之间都由钢制支柱支撑并固定。两段护栏钢板首尾由螺钉连接，并通过钢制缓冲板连接到支柱上。钢板材质以传统钢板为主，标准的护栏钢板尺寸为：厚度 0.3 厘米，展开宽度 48 厘米，单节长度 400 厘米。由此，可计算出受到一定速度和特种型号汽车冲撞时单节护栏直至撞断时的最大耗能。

根据不同强度钢板的强度和塑性，可以计算出其制成单节护栏的最大耗能。可以发现，现在服役的许多高速公路的传统钢板护栏最大耗能低于常规小轿车常见车速下的动能。发生碰撞时，小轿车不一定会正面冲撞护栏，车辆的动能也不会全部转变成护栏钢板的塑性形变能；同时，单节护栏钢板在碰撞时也不可能 100% 地发挥其潜在的塑性耗能；因此，传统钢板的安全性并不足够高。考虑到大量在高速公路上飞驰着的 10 吨以上的载重货车，即使是并行双排的护栏钢板也经不起载重货车的高速冲撞。分析计算显示，如果简单地改进护栏钢板，也不能完全解决上述安全性不高的问题。随着钢铁工业的发展、新品种的开发以及钢材性能的改进，可供选择的护栏钢材越来越多。如高强钢板、增强高强钢板、新型高强钢板、高新技术高强钢板等都是可以使高速公路护栏钢板安全性进一步提高的可选之材，可大幅度提高护栏用钢的安全性（表 9.2）。另外，正在探索研究中的新型钢板具有非常高的塑性、强度和极高的塑性耗能值，其损耗动能的潜力很大，具有相当大的发展空间。如果把护栏钢材与汽车用钢自身的安全性结合起来，就可以大幅度提高道路交通的安全性。

汽车安全用钢和高速公路护栏安全用钢的防灾、减灾设想，也可以用于飞机、火车、建筑等各种其他的设施。例如，在地震等自然灾害发生时，如果各种建筑结构用钢及其他材料都可以借助其塑性形变而大量吸收能量，则可避免或减少建筑设施的即时损毁，为人们的逃生和救助提供宝贵的时间和空间。可以设想，各种材料都可以作安全性设计，且各种安全性技术指标也还有待进一步改进与提高，相关问题也需要人们不断地探索与研究。

表 9.2 不同强度级别钢板制作护栏时的最大耗能

钢种	单节护栏最大耗能 / 千焦耳
传统钢板	490
改进钢板	540
高强钢板	660
增强高强钢板	730
新型高强钢板	890
高新技术高强钢板	960
探索研究中的钢板	2 620

进一步阅读

- 毛卫民 . 材料与人类社会 . 北京：高等教育出版社，2014.
- 张黎明，户传斌，王恩德，朱丰浩 . 汽轮发电机组轴颈与轴瓦磨损问题浅析 . 电力技术，2010，19（17–18）：47–55.
- 赵萍 . 全球近期灾害录 . 防灾博览，2012（10）：90–95.
- Plaut R H. Snap loads and torsional oscillations of the original Tacoma Narrows Bridge. Journal of Sound and Vibration, 2008, 309: 613–636
- Schultz A E, Gastineau A J. Bridge collapse: Innovative bridge design handbook. Elsevier Inc. 2016: 795–815.
- 新华社 / 法新社 . 戴高乐机场屋顶坍塌事故 . 中国记者，2004（6）：30.
- 小蒙 . 现代航空史上最大的挑战之一——穿越音障 . 世界博览，2004（2）：74–75.
- 鲁实 . 全球近期灾害录 . 防灾博览，2012（5）：90–95.
- 张旭辉 . 福岛核震启示录 . 环境保护，2011（6）：8–15.
- 马瑞 . 潘多拉盒子再度打开——世界各国应对福岛核事故综述 . 环境保护，2011（6）：16–23.
- 毛丰昕 . 高速公路金属护栏的选材与改进 . 金属世界，2006（5）：47–49.

第 10 章

面向未来文明的高技术新材料

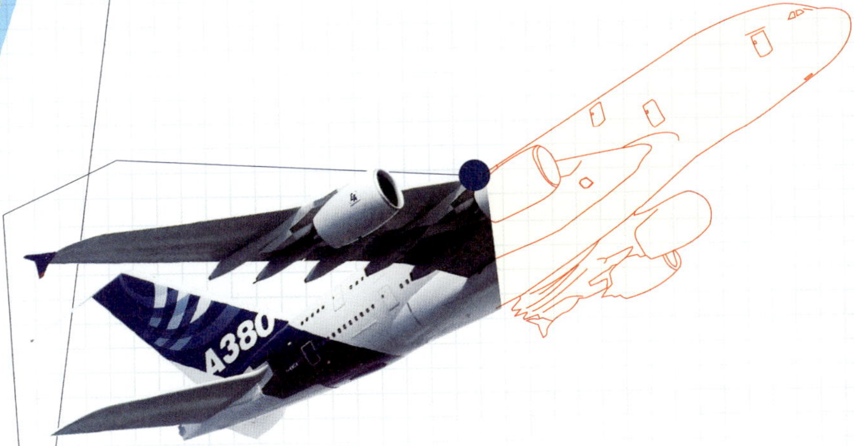

10

“随着当今社会的现代化发展和以智能技术为特色的第四次工业革命的开始，材料生产企业不断向社会提供着各种各样性能优异的材料，有力地支撑了现代科技进步，并较好地满足了人类消费的需求；同时，材料科技领域也不得不面对高新科技发展对更优异性能材料迫切需求的持续挑战。社会的巨大需求推动着人们不断地探索、研究和开发特殊性能的优质材料，使形形色色高技术含量的新材料不断涌现。本章尚不能全面介绍各种优异的新材料，仅能以介绍若干高技术新材料的实例，为读者了解未来社会生活中新材料对推动文明发展的重要且不可或缺的作用提供一个视角和初步参考。”

10.1 点石成金——人造金刚石

碳是自然界大量存在的元素。当碳以单质形式存在时，其内部碳原子排列的常规方式使其硬度很低，这种碳通常被称为**石墨**；但在特定情况下，碳原子也会以非常紧密的形式规则排列成硬度极高的物质，称为**金刚石**。自然界中金刚石极为罕见。

金刚石是自然界中硬度最高的物质，而且具有很好的透光性。不仅可见光可以透过金刚石，而且紫外线和很宽范围的红外线乃至X射线均可以穿透金刚石。金刚石的优良性能还在于其热导率高于所有已知的材料，具有很低的热膨胀系数、很高的耐受温度骤变能力、极强的抗化学腐蚀能力和极高的抗磨损能力等。金刚石的这些优异性能使得它在工业上具有广泛的用途。

金刚石的高硬度使其成为非常好的工具材料，可用于加工许多难加工的材料。金刚石的高硬度、高热导率和极佳的化学稳定性，使其成为优异的光学材料；不仅可以在多种射线条件下用作检测或观察用面罩、窗口材料，还可用作超高音速飞行器的头罩和红外平面热成像装置的窗口及光学涂层材料。那些必须在高温、腐蚀、磨损等恶劣工业环境条件下工作的红外光学装置的窗口，也可以用光学金刚石制作，如化工或钢厂的红外光学监测装置或窗口保护涂层。

在军事上，金刚石可用作高超音速、高磨损新型拦截导弹的头罩等极端恶劣条件下的透光材料，机载、车载或舰载红外热成像装置窗口或窗口保护涂层，战场恶劣环境下工作的红外光学装置的窗口或窗口保护涂层。新一代高速拦截导弹和红外制导导弹战场生存能力的提高都要借助于配备金刚石膜球罩，这种球罩可确保制导系统在雨滴、灰尘、风沙、盐雾强冲刷、核辐射、化学侵蚀、生物侵蚀破坏以及超高速强热振条件下无障碍地正常运作。目前，国际上研制的红外制导导弹金刚石球罩在相关红外波段的透过率可超过 60%。

人类最早关于金刚石的记载是公元前 1 000 多年前印度的金刚石。印度是早期金刚石的主要产地；18 世纪在巴西发现了金刚石；随后南非成了金刚石主要产地之一。这些都是自然生成的天然金刚石。目前，出产天然金刚石的地区主要有南非、扎伊尔、博茨瓦纳等非洲国家，以及澳大利亚和俄罗斯等；另外，巴西、印度、中国等地也有出产。生成天然金刚石的母矿主要是因火山喷发而带到地表附近的一类碱性镁质火山岩，多以南非地名金伯利命名，即**金伯利岩**；其主要组分为多种复合氧化物以及含镁、铁、锰的硅酸盐矿物。金伯利岩的一个重要特点在于其岩浆中游离碳的含量达到约 2% 至 4%，远高于其他岩浆。

生成天然金刚石的必要条件包括足够的碳源、高温、高压以及适当的冷却与降压等。分析表明，液态岩浆可以提供足够的高温，地表以下足够的深度可以提供足够高的压力，金伯利岩浆可以提供碳源。当金伯利岩浆以适当的方式降温、降压，即可以在其中产生一定形态和数量的天然金刚石。不同研究表明，形成天然金刚石所需的温度范围大约在 1 200 ℃至 1 300 ℃之间，所需的压力范围约 5 万至 6 万个大气压；地表 150 千米深度以下的金伯利岩浆可以达到这样的温度与压力范围。在适当的温度与压力条件下，金伯利岩浆内的碳会凝结成金刚石晶体，适于形成金刚石晶体的条件保持稳定的时间越长，则金刚石晶体的尺寸也越大。据分析，天然金刚石的形成过程长达 6 000 万年至几十亿年，甚至与地球的年龄相当。随着地壳运动和火山的喷发，金伯利岩浆会带着其内形成的天然金刚石一起沿着火山喷发形成的管状通道上升到地壳表层，形成含有金刚石的管状金伯利岩矿脉。经风吹雨打等地球风化作用，露在地表的金伯利岩矿会破碎，并在雨水或山洪冲刷下经长途迁徙来到下游河床甚至海岸地带沉积下来，形成冲积层金刚石矿床。在金伯利岩浆随火山喷发向地表运动的过程中，其温度和承受的压力均在不断下降。分析金刚石与石墨的关系可以发现，温度与压力下降的过程必须满足一定的条件，否则金伯利岩内的金刚石不能保存下来。例如，金伯利岩浆的压力在不断下降时，如果温度下降太慢，则其内已经形成的金刚石晶体会全部转化为石墨；另外，金伯利岩浆中已形成的金刚石晶体也可能会因其较高的密度而沉向火山熔岩的深处，不能到达地球表层。因此，即使在含有金刚石晶体的金伯利岩矿脉中，金刚石的含量也非常低，通常其质量比不超过亿分之四。目前，人类发现最大的一块天然金刚石约 620 克，源自南非；分割成数块后，其中最大的两块约为 109 克和 63 克，分别镶嵌在英国女王的权杖和王冠上。中国最大的天然金刚石发现于山东，质量约 56 克，第二次世界大战期间被日本掠去，至今下落不明。中国现存的最大天然金刚石于 1977 年山东省发现，质量约 31 克。

由于金刚石所具备的众多方面的优异性能，人们很早就企图把金刚石用作工程材料。由于天然金刚石的稀缺珍贵，人们一直寻求把石墨转变成金刚石，即“点石成金”的人工金刚石制造方法。1772 年法国化学家证实金刚石是碳的晶体。经过一个多世纪的努力，1954 年瑞典和美国的研究人员分别采用特殊的技术手段将石墨变成了人工金刚石，即利用高压和高温设备将石墨转变成金刚石。其基本过程为把选定的含碳砂矿加热到 1 400 ℃以上，在 5.5 万个大气压下的密封容器内，让砂矿自上方通过熔融状态的铁镍合金混合物区，并使砂矿熔解；其内的碳原子逐渐沉积在混合物区下方低温区内安置的金刚石种晶上，使种晶缓慢生长。用这种方法一周大约可生长 0.2 克人工金刚石。目前，人工金刚石的生产效率已经大幅度提高。金刚石获得广泛应用的主要障碍除了高昂的制造成本外，还在于传统高温、高压法只能制造出尺寸非常小的金刚石，这种金刚石主要适合用作磨料和硬质工具。

低温化学气相沉积金刚石薄膜工艺的出现，使得以较低价格制造较大尺寸人工金刚石成为可能。20 世纪 50 至 60 年代，人们就开始了用化学气相沉积法制备金刚石的尝试，并在 20 世纪 80 年代初取得突破，随后得到迅速发展。根据以甲烷为原料的化学气相沉积法制备金刚石膜的原理（图 10.1），先将含甲烷气（或其他含碳气体）、氢气及其他气体构成的混合气输入气相反应室，混合气会受到热灯丝或其他技术的激发而分解，形成含碳活性基团和原子氢。甲烷借助一系列复杂物理化学过程转变成具有活性的碳原子，并沉积到衬底表面，形成不断增厚的金刚石膜；所分解出来的氢原子又会互相结合成氢气分子。沉积时甲烷浓度可以是 0.5% 至 2%，衬底温度约为 700 ℃至 1 000 ℃，气体压力约为 40 至 66 个大气压。一些新的沉积技术可以使衬底温度进一步降低，甚至低于 200 ℃。可以看出，这种生成金刚石的温度和压力条件远低于对天然金刚石和传统金刚石的要求。

低温化学气相沉积金刚石膜研制成功（图 10.2）后，其制备成本成为衡量其是否能工业化应用的关键因素。最初制备出低温化学气相沉积金刚石膜的单价比地球上任何物质都贵；随着技术的改进，低温化学气相沉积金刚石膜的沉积速率急剧提高，从每小时

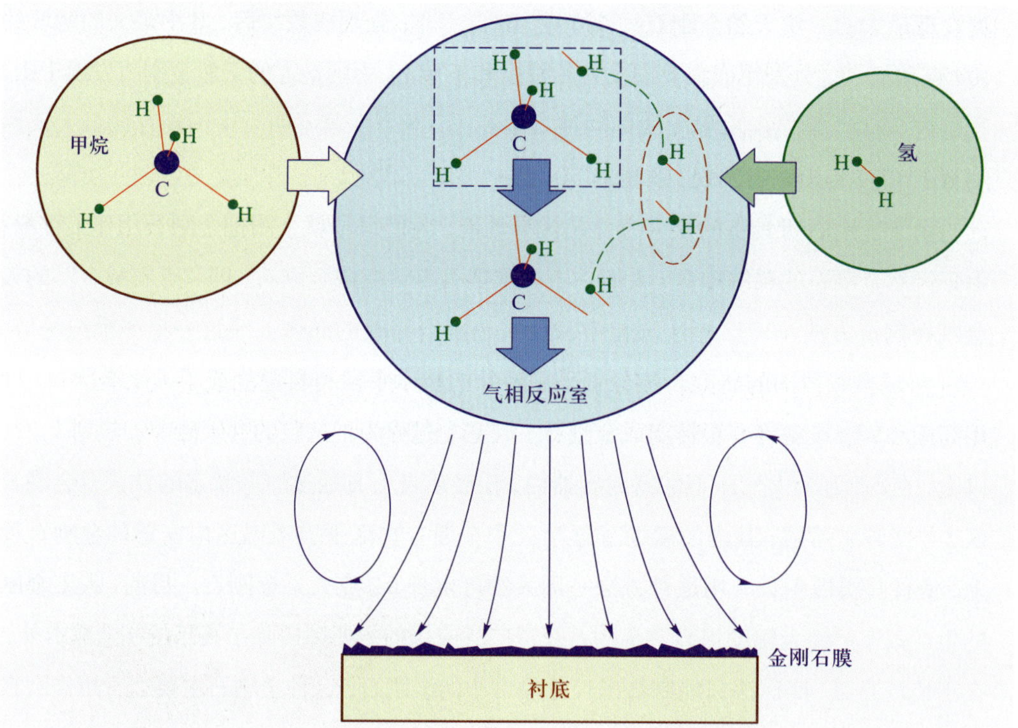

10.1 | 10.2 | 10.3

◉ **图 10.1** 低温化学气相沉积法制备金刚石膜原理示意图（C= 碳原子，H= 氢原子）

◉ **图 10.2** 低温化学气相沉积法制备出的光学级金刚石膜（右：抛光前；左：抛光后）

◉ **图 10.3** 壁虎脚底极细的末梢：a. 壁虎；b. 壁虎脚；c. 脚上刚毛束；d. 一根刚毛；e. 刚毛末梢

几个毫克上升到每小时大于 6 克，其制备成本从每克 2 万美元以上下降到每克 15 美元以下。目前，化学气相沉积制备技术制作金刚石膜的质量还不够稳定，不同制作单位所制备薄膜的性质差异很大，这与控制技术、设备状态、操作经验有很大关系。总体来说，低温化学气相沉积金刚石膜的性能水平仍略差于天然金刚石。

10.2　小尺寸引起大效应——纳米材料

纳米是一种长度单位，1 纳米是十亿分之一米，略等于 3 至 5 个原子排列起来的长度。人的头发直径为 50 ～ 100 微米，相当于 5 万至 10 万纳米。如果一个乒乓球的尺寸是 1 纳米，那么地球的尺寸则约为三分之一米。广义地讲，如果三维空间中的材料至少在一维方向上处于纳米尺度范围，或者以纳米尺度物质为内部基本单元构成整体，且呈现某种特殊性能，则称为**纳米材料**；这里纳米尺寸范围通常指 100 纳米以下、1 纳米以上的尺寸范围，大约相当于 10 至 100 个原子紧密排列在一起的尺度。

1974 年，纳米这个新名词首次出现在科技论文中。1990 年以前，人们重点探索纳米材料不同于常规材料的特殊性能，随后开始研究如何利用纳米尺度物质已挖掘出来的奇特物理、化学和力学性能来设计结构复杂的纳米材料。近些年来，人们更注重探索以纳米颗粒、纳米线、纳米管为基本单元，按人的意愿来设计，并在一维、二维和三维空间组装排列，形成具有纳米结构体系的材料，构建具有人们所希望特性的纳米器件并实现工程应用。

其实，纳米材料并不完全是人类近些年来才接触到的全新物质。自然界中广泛存在着天然形成的纳米材料，如蛋白石、陨石碎片、动物的牙齿、海洋沉积物等就都是由纳米微粒构成的。壁虎能飞檐走壁是因为壁虎的每只脚底部长着数百万根极细的刚毛，而每根刚毛末端又有 1 000 多根顶部直径为上百纳米的末梢（图 10.3）。这种精细的结构，

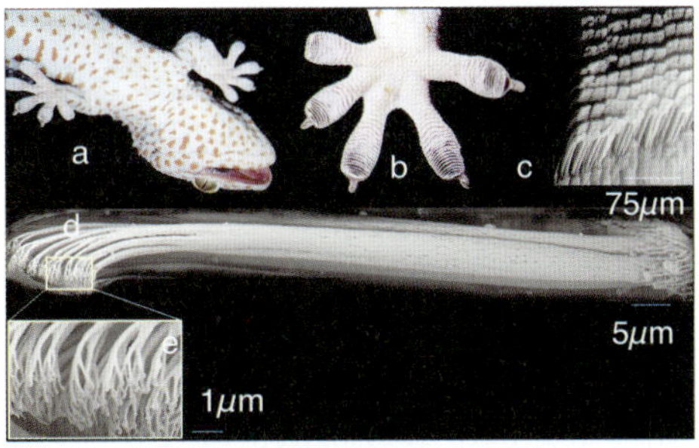

使得壁虎的脚与墙壁或玻璃表面分子间的距离非常近，从而产生刚毛末梢与玻璃分子之间的引力。虽然每根刚毛产生的力微不足道，但几十亿个着力点累积起来就非常大。人工制备纳米物质的实践也已有 1 000 年的历史，中国古代曾利用蜡烛燃烧之烟雾制成炭黑，用作墨的原料和着色的染料，这就是最早的人工纳米物质。

纳米材料通常具有不同于常规材料的特殊物理化学性质，即当材料本身或其内在细小微粒的尺寸在 100 纳米以下时，会产生物理化学性质的显著变化，这是纳米科技发展的重要基础。

物质的表面积与其体积的比值称为**比表面积**。几何尺度越小，则物质的比表面积越大，即其表面积及表面原子所占据的比率越高。物质内部原子的周围都与其他原子邻接；但物质表面原子的某一侧则不邻接其他原子，而与外界邻接，进而呈现出一定化学活性和不稳定性。因此，内部原子的性质会区别于表面原子。当物质尺寸小到纳米尺度，使得其表面原子比率超过某一局限后，物质整体的性质可能会发生某种突变。例如，直径为 100 纳米物质的表面原子约占其全部原子的 4%；直径为 10 纳米的物质包含了约 4 000 个原子，其表面原子占了约 40%；而直径为 1 纳米时，微粒包含有 30 个原子，基本全属于表面原子。表面原子数目增多，使得物质活性增高，也造成表面能的比例增高。例如进入纳米尺度的金属粒子会因表面快速氧化而在空中燃烧，会吸附气体等。纳米物质所引起这类性质的异常改变称为**表面效应**。

在大块晶体物质内，各原子会以一定规则和间距整齐地排列，其表面原子排列的规则会一定程度偏离内部原子；但这种偏离及其对大块物质性能整体的影响通常可以被忽略。当物质尺寸达到纳米尺度且只有几十层或更少原子排列时，表面原子偏离规则排列的行为及其对整体性能的影响就不再允许被忽略；甚至纳米尺度物质内部原子的排列也偏离了原有的排列规则，这些会导致宏观性质发生很大变化。其明显改变的性质可能是熔点、磁学性质、光学性质、导热性等。一些金属粒达到纳米尺寸时的熔点远低于块状金属，如 2 纳米金粒子的熔点约为 327 ℃，而块状金为 1 064 ℃。纳米银粉的熔点甚至可从大块的961 ℃降低至100 ℃。纳米物质所引起这类性质的异常改变称为**小尺寸效应**。

现代理论分析显示，物质原子内各电子可能的能量状态与物质的外观尺寸有一定关系，尤其当物质达到纳米尺度范围时，电子的能量状态可能会发生很大变化。例如当尺寸达到纳米尺度时，导电良好的铜的导电率会急剧恶化；绝缘的氧化硅颗粒在 20 纳米时反而开始导电。电子能量状态这种变化还会影响到物质磁学、光学、声学、热学、电学、超导电性能的明显变化。这时纳米尺度已明显小于波长约为 400 纳米至 750 纳米的可见光波长范围，因而会导致物质光学性质的变化。例如，有些金属纳米粒子吸收光线能力非常强，只要在水里放入千分之一这种粒子就会使水变得完全不透明。纳米物质所引起的这类变化称为**量子尺寸效应**。

迁移中的微小粒子遇到障碍时，若粒子所具备的能量足以克服障碍的能垒，则粒子可以穿越障碍而继续迁移；如果当微小粒子具备的能量低于障碍所具备的能垒而仍能穿越这一障碍时，这种微小粒子贯穿势垒的现象就称为隧道效应。现代物理研究发现，纳米尺度物质会呈现某种隧道效应；比如，原子内许多较低能量的电子可在磁场作用下以隧道效应的方式穿越较高势垒而使磁性发生改变。纳米物质所呈现的这种能力称为**量子隧道效应**。

纳米材料之所以拥有种种独特的物理化学性质，源于上述的表面效应、小尺寸效应、量子尺寸效应和量子隧道效应。这些在物质达到纳米尺度时带来其宏观性质突变或异常变化的现象统称为**纳米效应**。由此可见，纳米材料应该表现出非常特殊的纳米效应；发展纳米材料的关键之一也在于探索和更好地利用其纳米效应。如果所使用材料仅仅是尺度达到纳米，而没有发现和利用其纳米效应，则不能称该材料为纳米材料。

有史以来，人类一直从宏观的角度加工材料以制造各种器具，每个加工步骤都至少要削去或者融合数以亿计的原子，以便把材料按照事先的设计制造成有用的形态。1959 年美国物理学家费曼提出，要从单个分子甚至原子开始进行物质或材料组装，以达到设计要求。费曼的这一理念逐渐得到了越来越多科学家的重视和探索，并在 20 世纪 90 年代初迅速发展起来，从而使纳米材料的研究进入了一个新阶段。费曼这个理念被认为是纳米技术概念最初始的来源。在 100 纳米以下的尺寸范围研究物质的组成，以原子和分子尺度组装或创制新物质，并在这种水平上对物质和材料进行研究和处理的技术称为**纳米技术**。

自 20 世纪 70 年代以来，科学家开始从不同角度探索有关纳米科技的构想。1982 年德国物理学家宾宁和瑞士物理学家罗雷尔研究发现，当制作的极细针尖状探针顶部只有一个原子且探针尖顶部与被观测导电物质间的距离为 1 纳米左右时，电子在电场作用下会借助隧道效应而穿越该距离形成的能垒，进而实现在二者间的迁移。借助相应的纳米材料量子隧道效应原理，发明了研究纳米材料的扫描隧道显微镜，使人类能够实时地在物质表面观察单个原子及其排列状态，或调整和操纵单个原子或分子在表面的排列状态，且可以识别 1 纳米以下的距离。1990 年美国国际商用机器公司利用扫描隧道显微镜在镍表面用 35 个氙原子排出了最小的 IBM 商标（图 10.4）。随后，人们不仅能够操纵单个原子，而且还能够连续地操纵原子或分子的排列。晶体物质在人为操纵下的排列生长技术，可用于极薄的特殊晶体薄膜，每次可以只造出一层分子。

1991 年，人们制成了直径为 4 纳米至 30 纳米、长度达 1 微米的碳纳米管（图 10.5）。当这种纳米尺度的结构受力时，其碳原子间沿其排列平面上的结合键主要承担了外载荷，因而强度超过 50 万个大气压的水平，达到高强钢强度的 100 倍，而质量是相同体积钢的六分之一；同时，纳米尺度也造成良好的导电性、导热性、耐腐蚀、耐高温等特性。

清华大学 2008 年的研究发现，碳纳米管的体积热容非常低；对其施加音频电流时，碳纳米管会释放出很大的声音。音频电流的起伏会造成碳纳米管温度的起伏，进而导致碳纳米管上压力的起伏振动并引发声波，这一现象属于**热声效应**。借助这一原理，可以把大量碳纳米管平行排列；进而制成施加音频电流后即可发声的扬声器（图 10.6）材料。这种材料几十纳米厚、透明、无磁性、柔韧、易折弯，可以用于制成各种形状的扬声器。另外，其耐磨性和耐久性优于目前常用屏幕材料的 50 倍，可用作电子产品的触

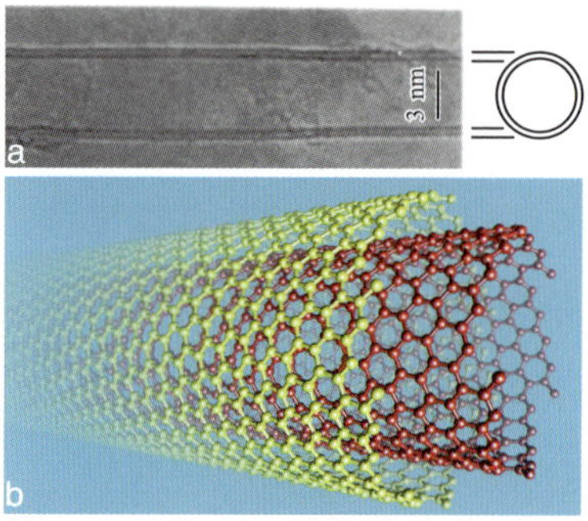

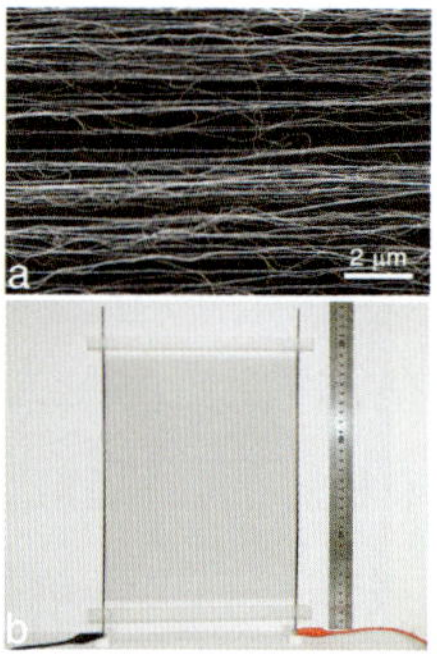

10.4
10.5 | 10.6

◉ 图 10.4 由氙原子排列而成的世界上最小 IBM 商标（美国时代周刊）

◉ 图 10.5 碳纳米管：a. 微观观察；b. 原子结构示意图

◉ 图 10.6 用碳纳米管制作扬声器：a. 在扫描电子显微镜下观察平行排列的碳纳米管；b. 制成 A4 纸大小且施加音频电流后即可发声的扬声器材料

摸屏材料。

2013年，美国斯坦福大学开发了全球首台完全以碳纳米管半导体制成的计算机；它使用了178个碳纳米管半导体晶体管，每个晶体管有10至200个碳纳米管。这台计算机尽管只具备基本功能，但不仅表现出优异的计算能力，而且可节能一个数量级以上；其种种技术优点被认为可用作发展下一代高效率电子设备。

2004年，英国物理学家海姆和诺沃肖洛夫在实验中成功地从石墨中分离出只有一个碳原子那么厚、目前世上最薄的纳米材料，称为**石墨烯**（图10.7）。检测显示，石墨烯的刚性大约是金属钛的10倍，因此弹性变形抗力很高；强度高达130万个大气压的水平，为超高强度钢的100倍、普通高强度钢的200倍以上，也明显高于金刚石，是目前所检测到的最高强度物质。石墨烯的热导率和电导率都非常高，热导率是纯银和纯铜的十几倍，是纯铝的二十几倍；电导率比纯银和纯铜高30%，是纯铝的2倍。接近98%的可见光可以穿越石墨烯，因此对可见光，石墨烯几乎是完全透明的。石墨烯的纳米效应在很多方面与碳纳米管类似，它在力学、光学、电学、热学等方面突出的特性带来了其非常良好的发展和广泛工程应用的前景。

石墨烯良好的导电性能和透光性能、优异的强度和柔韧性等可应用于各类透明电导电极，也可用作电子设备的触摸屏、液晶显示、有机光伏电池、有机发光二极管等。2010年韩国制造出了由多层石墨烯和玻璃纤维聚酯片基底组成的柔性透明板，并制成了触摸显示屏（图10.8）。这种触摸屏可以装载在手机、平板电脑等电子设备上。

一些物质在遭受外力作用时会发生极化现象，即呈现正、负电荷向该物质两端表面聚集，并在二者之间形成电场，电荷聚集密度与外力成比例。这种由纯外力引起物质表面电荷极化分布的现象称为**压电效应**。氧化锌就是具有压电效应的物质。观察发现，纳米氧化锌细丝锋锐的尖端与金触点连接时，会出现量子隧道效应；因而电子易于穿越触点边界而形成电流。如果在氧化锌细丝外包覆一层金，扩大的接触面会使量子隧道效应消失，导致电子难以穿越接触面边界而形成电流。当包覆金的氧化锌纳米丝与氧化锌纳米裸丝互相接触时，就会呈现出类似于二极管式的单方向导电性，但与传统p–n结二极管相比，其通断响应速度快、通断电压低。

借助氧化锌纳米丝的上述特性，可以设计并制成自动发电装置。人们的许多服装都是由合成化学纤维制成。可以在这些化学纤维外部垂直于其表面制备出密密麻麻排列的镀金的或裸氧化锌纳米丝，把这些镀金的和裸氧化锌纳米丝以间隔方式混合排列，便可以织成织物或做成衣服；其中，把镀金的和裸氧化锌纳米丝分别用导线引出，就可以形成一种自动发电的服装。当穿着这种服装的人走动时，镀金的和裸氧化锌纳米丝会互相碰撞、摩擦，并借助氧化锌的压电效应产生电荷迁移和电场；镀金的和裸氧化锌纳米丝间的单向导电性使得所产生的正、负电荷难以直接对消，进而可产生并保持一定电压（图 10.9）。如果把这类装置与自充电电池连接，还可以随时把发出的电储存起来，并驱动随身携带的电子设备。基于这个理念，如果在车辆、飞机、火车等移动设施外部的相应部位安装上述压电发电器，就可以从迎面吹袭的风、机械颠簸、振动等过程获取机械外力，进而转变成电能。

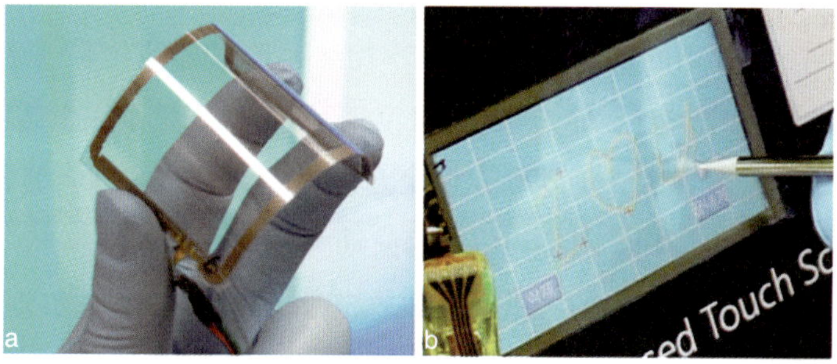

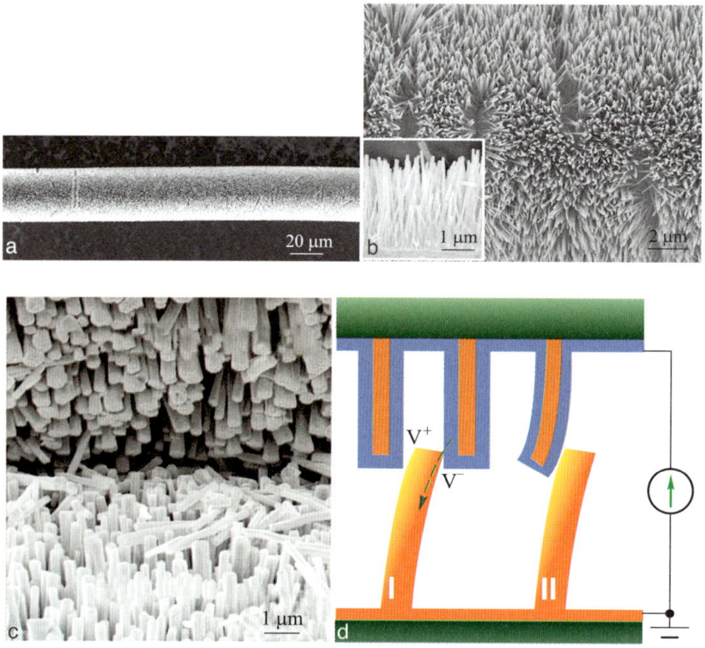

10.7	10.8
10.9	

◉ 图 10.7 石墨烯中碳原子的排列结构示意图

◉ 图 10.8 透明的石墨烯纤维聚酯板：a. 展示柔性；b. 所制成的触摸屏

◉ 图 10.9 氧化锌纳米丝自动发电装置：a. 纺织用合成纤维；b. 垂直纤维表面生长的氧化锌纳米丝；c. 带镀金氧化锌纳米丝与带裸氧化锌纳米丝的纤维互相接触摩擦；d. 发电原理示意图［上端为有蓝色镀金层的氧化锌纳米丝，下端为裸氧化锌纳米丝，氧化锌纳米丝互相移动受力后借助压电效应而发电（V^+= 高电压，V^-= 低电压，μm= 微米）］

经过几十年对纳米材料的研究与探索，纳米技术在基础研究和应用研究方面都取得了突破性进展。金属、半导体、氧化物、氮化物、碳化物等各种体系的纳米材料被相继制备出来；相应的各种纳米效应也造成了这些特殊纳米材料许多奇异的性质。通过深入研究，人们可以设法调整其纳米结构和相应的奇特性能，并不断取得重大成果。可以预见，纳米材料在未来社会发展中将会发挥越来越大的作用。

10.3 能量转换与信息转换的载体——磁致伸缩材料

自然界中存在许多磁性物质，常被称为磁石，或**铁磁体**。法国物理学家居里于 19 世纪研究磁石时发现，当把磁石加热到一定温度以上时，原来的磁性就会消失；这个磁性消失的温度被称为**居里温度**。1842 年英国物理学家焦耳发现，铁磁体或铁磁材料在磁场的作用下其长度会发生变化，这就是**磁致伸缩效应**，又称为**焦耳效应**。当铁磁材料从高温非铁磁状态逐渐冷却并穿过居里温度时，在向铁磁体转变时也会发生这种尺寸与体积的变化。后来的研究表明，当外加磁场变化时，铁磁材料都会产生磁致伸缩效应，外磁场的变化会引起铁磁体内相邻原子之间位置的调整，进而引起材料长度和体积的变化；当外加磁场消失时，磁致伸缩效应也随之消失，铁磁材料恢复到原来的长度和体积。由于此过程中铁磁材料的长度发生变化，其端部会发生位移并可对外做功，以一定的频率周期性地改变外磁场或施加交变外磁场，则铁磁材料的长度和体积也会发生周期性变化，即铁磁材料会沿外磁场方向反复伸长与缩短，从而产生振动或声波。一般铁磁材料磁致伸缩的相对量很小，处于约百万分之一至十万分之一的量级。当对铁磁材料施加外力使其发生弹性变形时，其内的磁场也会发生变化，称为**逆磁致伸缩效应**。

磁致伸缩效应被焦耳发现后的很长一段时间内都没有得到实际应用。直到 20 世纪 20 年代，磁致伸缩在声学器件中得到应用，才又引起了人们对磁致伸缩效应的研究与开发兴趣。金属镍是最早被开发应用的磁致伸缩材料。20 世纪 40 年代以后，人们陆续发现和研究了多种金属间化合物以及各种磁性金属氧化物等磁致伸缩材料。1963 年，美国的莱格沃尔德等人发现稀土金属铽和镝在低温下的磁致伸缩是传统磁致伸缩材料的 100 至 1 000 倍，但其居里温度很低，在室温下它们就转变为非铁磁体，丧失了磁致伸缩行为，因此稀土金属磁致伸缩材料无法在室温下使用。

1969 年美国的卡伦根据过渡金属核外电子的特征指出，由稀土族与过渡族金属形成的化合物可能会具有较高的居里温度，成功地阐述了室温下获得高磁致伸缩效应的可能性。1971年美国的克拉克在发现铽铁合金和镝铁合金等稀土铁合金在室温下有很大的磁致伸缩系数，并于1973年成功发现了超高磁致伸缩特性的铽镝铁合金，且可将磁场能量的60%转换为伸缩机械能。在此基础上，20世纪80年代末期出现了多种实用的磁致伸缩材料。2000年美国的古鲁斯瓦米等人发现，在较低磁场下就可以获得超高磁致伸缩特性的镓铁合金。

磁致伸缩材料可用作重要的能量与信息转换功能材料。利用磁致伸缩材料在外磁场作用下的长度变化，可实现电磁能与机械能之间的转换。同时，在外部应力作用下，磁致伸缩材料内部的磁场会发生变化，从而实现机械能向电磁能的转换。利用磁致伸缩效应把电磁能转变成机械能的原理可以制成磁致伸缩致动器（图10.10），即以磁致伸缩棒为核心部件的磁电-机械转换器件。磁致伸缩棒在其外围线圈所引发驱动磁场的激励下会产生磁致伸缩，从而推动位移输出轴产生位移输出。

利用该原理的位移致动器已应用于流量控制阀门、燃料注入系统和微型泵等；通过控制磁致伸缩棒的伸长与缩短来控制阀门的通断。利用磁致伸缩致动器产生与振动方向相反、大小相等的位移，可以降低工业设备的振动与噪声，提高运载工具的舒适性。另外，磁致伸缩精密致动器能够满足高位移精确度领域的应用要求，如精密加工时机床刀具微位移进刀尺寸的精确控制等。

在一定频率与强度的交变磁场作用下，磁致伸缩材料会产生相应频率与强度的机械伸缩，从而发出相应能量的声波。基于该原理的磁能与声能换能器在许多领域都展现出了良好的性能，如水声换能器、超声换能器、扬声器等。这类换能器具有体积小、功率大、换能效率高、可靠性好等优点。

利用声波在水下的传播特性，通过电声转换和信息处理，完成水下探测和通信任务的电子设备称为**声呐**；其在水中发射声信号的器件称为**水声换能器**，是声呐的核心部分。磁致伸缩材料是水声换能器的理想换能材料，可通过控制线圈上的交变电压信号及所产生的磁场来控制磁致伸缩组件的振动发声。例如，舰船拖曳式声呐（图10.11）工作时，由水声换能器的声源发出声波，声波在水中传播遇到目标物体后反射回来；接收系统在接收到包含丰富内容的反射信息后，经数据处理再与数据库里面的数据比照，从而实现对水下目标的探测、分类、定位和跟踪。同时，利用声呐也可进行水下通信和导航，为舰艇、反潜飞机和反潜直升机的战术机动和水中武器的使用提供可靠的信息。

通常需采用无线通信的方式，利用电磁波作远距离信息交换。但电磁波，尤其是用于通信的高频电磁波，在水中传播时会迅速衰减，难以作长距离的稳定联络；因此，潜水艇往往需要定期上浮到水面进行对外联络。但磁致伸缩材料把电磁波转换成机械波后，能在水中作较长距离传播，因此可以用作潜艇的通信手段。

采用磁致伸缩材料还可以制作共振音响，打破传统音响通过振膜振动空气发声的常

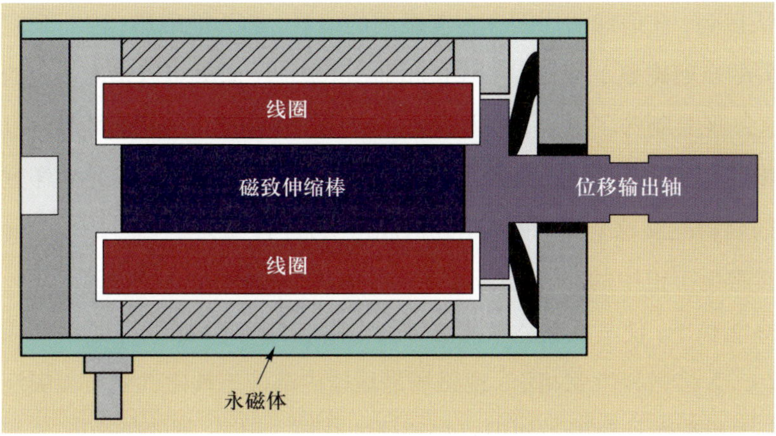

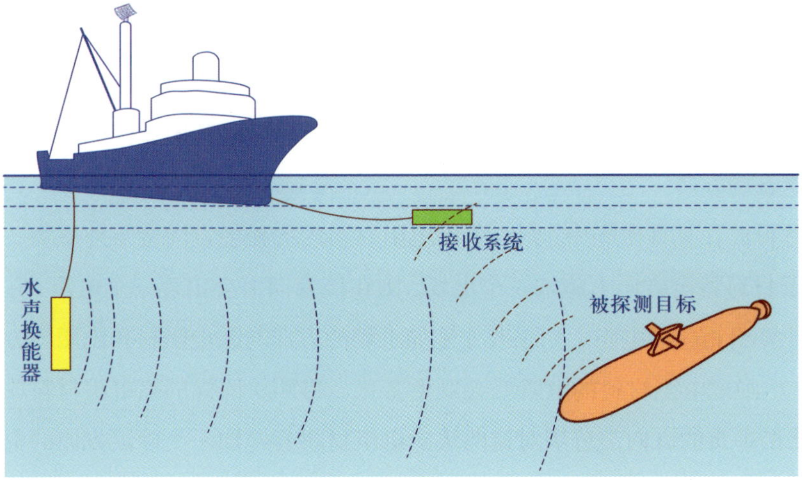

◉ 图 10.10 磁致伸缩致动器示意图

◉ 图 10.11 拖拽式声呐示意图

10.10

10.11

规。在变化磁场作用下，磁致伸缩棒的伸缩振动可以让接触它的任意桌面、玻璃、金属、石面等硬质平面振动发声，并能让音乐穿透这些硬质平面，使平面内外都能发声。其震撼的效果可给人们带来与众不同的听觉享受。

10.4 地球脉搏的监测者——磁电阻材料

自古以来人类就认识到，在地球的周围存在着微弱的磁场，称为**地磁场**；因而观察到了许多与地磁场相关的自然现象。如果用细线挂起细小的磁石，它就可以指向特定的方向；中国古代利用这一现象制作了司南，即古代的指南针。在茫茫大海中，可以通过指南针辨认地磁场的南北极来指引方向。研究发现，自然界中飞翔的候鸟、跨越大洋远游的海龟等远程迁徙的动物能够感受到地磁场，并借此辨明方向，最终到达目的地。研究表明，地磁场还能够避免宇宙中的高能粒子直接轰击地球，从而保护地球上的生命。地磁场可以捕获宇宙高能粒子，使其在南北极降落时撞击高层大气中的原子，进而形成美丽的极光（图 10.12）。大多数科学家相信，地磁场是地球内部液态铁磁性物质流围绕地核中心旋转产生的；因此探测地磁场类似于感知地球的脉搏。但是，地磁场产生的真正原因至今仍然不能被科学家完全解释清楚。

在外磁场作用下，磁性材料中的电阻会发生变化。在磁性材料的不同方向上施加外磁场，也会改变该磁性材料的电阻，这一现象称为**磁电阻效应**。可以利用一些磁性材料的磁电阻效应测量地磁场方向。

假如把磁电阻材料放在某外磁场中，则一些磁电阻材料内的磁场方向会与外磁场一致。假如在某磁电阻材料特定方向上施加一个电场，则在该方向上会出现一个电流，并可以根据欧姆定律计算出相应的电阻。如果改变施加电场的方向与磁电阻材料内磁场方向的夹角（图 10.13），则磁电阻材料的电阻就会发生变化。将两块同样的磁电阻材料放置在一起，在两个互相垂直的方向上分别对这两块磁电阻材料各施加一个确定方向的电场，则在这两个电场方向所决定平面内任意方向有外磁场时，根据所测量两个方向上的电阻及其变化规律，可以精确地计算并确定出外磁场的方向及其变化规律。如果外磁场是地磁场，则利用这种测量原理不仅可以确定出地磁场相对于测量装置的方向，而且还可能确定出地磁场的强弱。

然而，地磁场是非常微弱的磁场，弱到人体感受不到。因此，不是所有具备磁电阻效应的磁性材料都可以用来测量地磁场。只有在地磁场作用下其内部磁场比较容易偏转到地磁场方向的那些磁性材料才可以用于测量地磁场。鉴于磁特性的差异，不同磁电阻材料能够适用不同类型的磁场测量。根据其特征，各种磁电阻材料可用作电子罗盘（图 10.14）、磁电阻传感器、计算机的磁读写头、计算机磁随机存储器等。

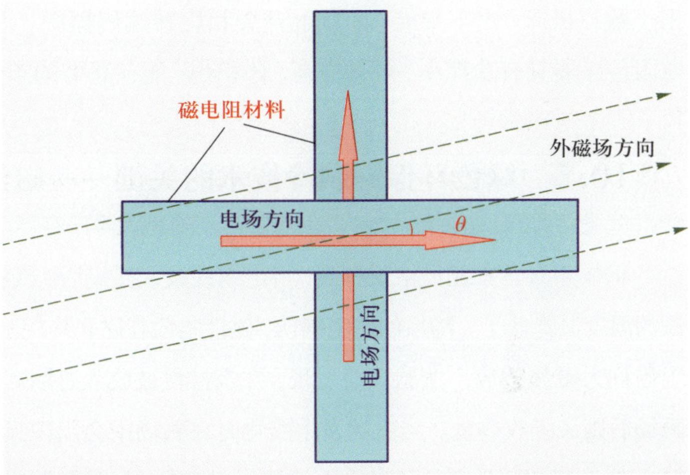

◉ 图 10.12 在加拿大北方观察到的极光现象

◉ 图 10.13 在互相垂直两磁电阻材料加电场时外磁场与电场方向夹角关系示意图

◉ 图 10.14 确定地磁场方向的电子罗盘（其中两个互相垂直的黑色器件即用磁电阻材料制成）

目前，磁电阻技术已经应用于几乎所有计算机、数码相机和电子播放器等电子产品。用磁电阻薄膜技术所制作的磁性随机存储器具有读写速度快、容量大、寿命长、使用安全等特点。如果在集成电路或微机电系统中植入很微小的磁场，就可以使其内的磁电阻薄膜发生感应，从而制造出极微小的可执行系统，以实现操控集成电路或微机电系统的目的。此外，磁阻效应还可应用于制作测量微量位移和转角的传感器，并广泛地应用于数控机床、汽车导航、非接触开关和旋转编码器中。与光电等传统传感器相比，磁电阻传感器具有功耗小、可靠性高、体积小、能在恶劣的条件下工作等优点。

10.5 绿色环保磁制冷技术的关键——磁热材料

1881 年科学家瓦贝格观察到，将金属铁放入磁场后，铁的温度升高了；而移去磁场时，铁的温度又降低了。随后的研究确认，磁性物质在磁场作用下升温、退除磁场时降温的物理现象称为**磁热效应**。实验观察发现，许多材料被放入磁场后就会释放出热量；而将其移出磁场后则又吸收热量。当磁场发生变化时在磁场中会出现吸、放热现象的材料称为**磁热材料**。20 世纪初科学家就从理论上推导出，磁热材料具备制冷的能力，利用磁热材料来降低温度的技术称为**磁制冷技术**。

到目前为止，我们日常生活中使用的诸如电冰箱、空调等制冷设备都是采用已有一个多世纪历史的传统气体压缩式制冷技术。在压缩状态下，气态制冷剂会凝结为液态，并因产生大量汽化热而造成温度升高；通过管线把液态制冷剂传输到外部冷凝器，进而可把产生的热量散发到周围空气中并使温度降低；然后再把高压下的液态制冷剂传输回蒸发器，随后借助降低压力的方式使其因转变成气态制冷剂而膨胀，并吸收大量的外界热量，进而造成周围温度降低；由此形成了制冷效果。

20 世纪 50 年代制冷技术中使用的制冷剂主要是氯氟烃，它逸出后会严重损害臭氧层，已被禁止使用。目前新型的制冷剂为对臭氧层影响不大或没有影响的氢氟烃化合物。最近研究发现，氢氟烃化合物气体所造成的全球暖化效应是标准的温室气体二氧化碳的数千倍。如果全球市场的所有空调都使用这种制冷剂，则到 2050 年造成全球变暖的二氧化碳当量排放量中有高达 20%的份额是由氢氟烃化合物造成的。随着经济条件的改善，空调设备销量以每年 20%的速度递增，温室效应问题会更加恶化；因此，全球面临着逐步减少氢氟烃化合物的消费和生产的需求。在人们寻找新型的制冷剂以及相应的制冷方式的过程中，借助磁热材料实施室温磁制冷技术逐渐成为被关注的焦点之一。

将具有正常温度的初始磁热材料推入一个外磁场中并导致其温度升高，可借助带走磁热材料中的热量，使磁热材料的温度逐渐降低；随后从外磁场取出磁热材料，使其温度进一步降低，很低温度的磁热材料从与其邻接的被制冷环境中吸收热量，从而使附近被制冷对象的温度降低；同时，磁热材料的温度升高并恢复到正常温度。从初始状态出发不断实施上述循环过程，就可以实现连续的制冷效果（图 10.15）。

目前人们已认识到，在接近零下 273 ℃绝对超低温下，现有技术已经无法继续制冷；此时，磁制冷技术却可以发挥重要作用。氦在低于 269 ℃以下的温度就处于液态。若将特定磁热材料悬置在一个装有低压氦气的制冷室中，关闭制冷室上部的阀门，再把制冷室安置在装有借助其他制冷及保温方式冷至温度为零下 272 ℃左右的液态氦容器内（图 10.16a）；则制冷室内的氦气会与液氦进行热交换，使该磁热材料的温度达到或接近零下 272 ℃左右的液氦温度。接着缓慢加入磁场使磁热材料内部产生热量；这些热量通过与低压氦气热交换后再传递给液氦，使得磁热材料温度保持在零下 272 ℃左右不变（图 10.16b）。以此为初始状态，打开制冷室上的阀门并抽去存放有磁热材料的制冷室内的氦气，使得磁热材料因失去传热介质而处于与外部不能进行热交换的绝热状态（图 10.16c）；再关闭阀门并逐渐减弱磁场，绝热状态磁热材料的温度就会下降（图 10.16d），理论上存在的最低温度是零下 273.15 ℃。选择适当的磁热材料和较强磁场，可以获得零下 273.149 ℃至 273.145 ℃的超低温度。在持续减弱磁场的绝热去磁过程中，不仅磁热材料的温度会下降，而且若此时磁热材料与被制冷物体接触，还会从被制冷物体吸收热量，使之冷却。之后，通过让磁热材料与被制冷物体脱离接触、向制冷室内重新输入低压氦气、缓慢加入磁场使磁热材料产生热量、借助热交换把热量传递给液氦等步骤，进而使过程恢复到初始状态，由此完成了一个绝热去磁制冷周期。循环实施该过程即可实现持续的绝热去磁制冷。

计算表明，在零下 258 ℃以下产生显著吸、放热效应需要的磁场在现实生产和生活中比较容易获得，也易于控制和使用；但要在室温以上产生显著吸、放热的磁热效应则比较困难，因为需要极高的强磁场。20 世纪 90 年代后期随着磁制冷研究的发展，人们不仅发现了室温磁热材料，而且还发现了具有很大磁热效应的磁热材料。在磁热材料研究取得进展的同时，人们也开始尝试用磁热材料制造新型磁制冷设备，并应用到日常生活之中。如美国出现了一种旋转式磁制冷机（图 10.17），在其中一个圆盘上安放了 12

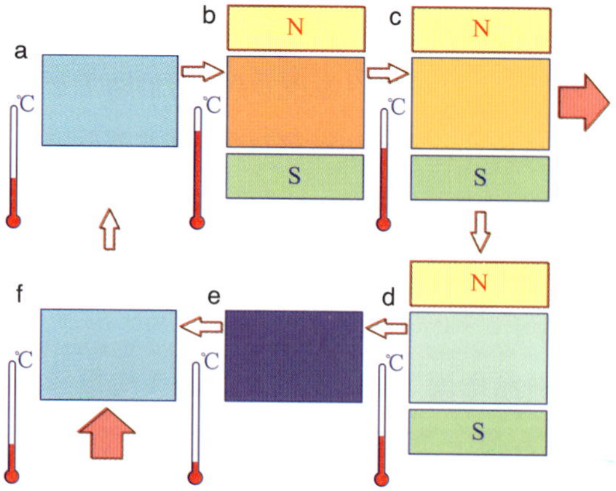

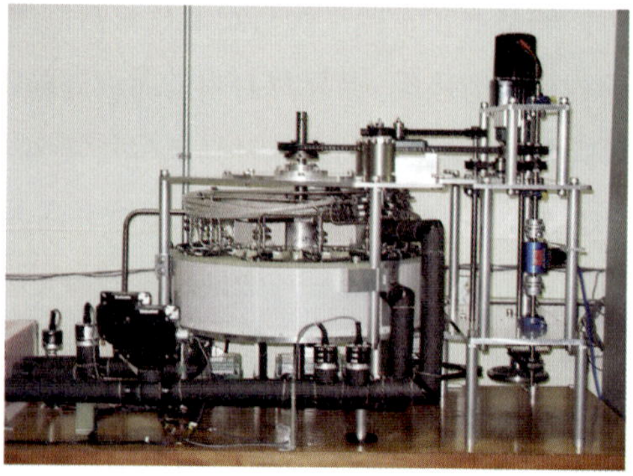

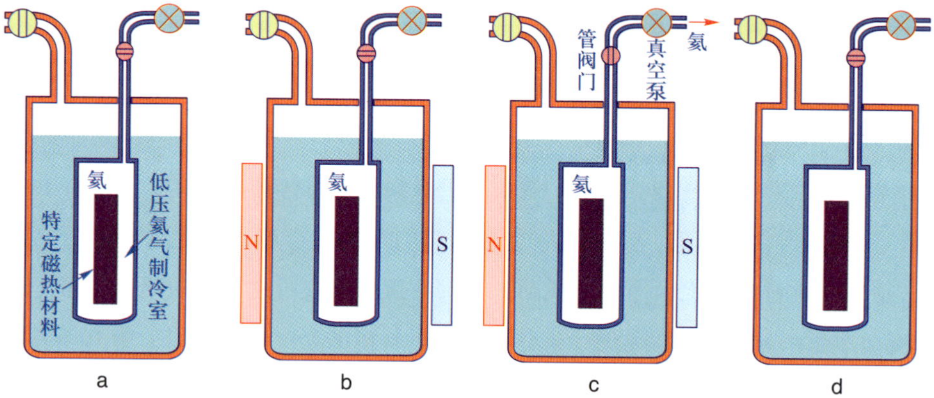

10.15	10.17
10.16	

◉ 图 10.15 磁热材料循环磁制冷原理示意图（各分图中间的矩形为磁热材料，红色箭头表示热量传递方向，空心箭头表示磁制冷循环路径，温度计显示温度的循环变化过程与磁热材料颜色对应）：a. 磁热材料初始状态；b. 外磁场导致温度升高；c. 热量从磁热材料散失；d. 散热后磁热材料温度降低；e. 去除外磁场后温度进一步降低；f. 吸收环境热量以发挥制冷作用，温度升高而恢复到初始状态

◉ 图 10.16 绝热去磁制冷技术原理示意图：a. 将装有特定磁热材料的闭合低压氦气制冷室置入温度为零下 272 ℃左右的液氦容器内；b. 对系统施加带有 N 极和 S 极的外磁场使特定磁热材料产生的热量借助热交换传递给液氦并散失；c. 抽除制冷室内的氦气使特定磁热材料处于绝热状态；d. 关闭阀门并去掉磁场以使绝热状态特定磁热材料的温度下降（用颜色变浅表示）并从被制冷物体吸收热量

◉ 图 10.17 旋转式磁制冷机

组磁制冷材料，并对应设置了2个高磁场区和2个无磁场区；高磁场区和无磁场区相间分布。转动圆盘时，磁制冷材料周期性地进、出高磁场区，交替产生升温与降温。目前室温磁制冷技术还没有得到实际应用，如果将来能够再发现磁热效果更大的材料，将更有力地推动室温磁制冷技术的实用化发展。绝热去磁制冷技术还可用于模拟太空的极低温环境，以检测卫星、宇宙飞船等航天器的微弱信号，也可用于保持原子能工业和超导领域等科研、工程应用及相关设备所需的超低温环境。

10.6 温度与电压的转换介质——热电材料

1820年前后，德国物理学家塞贝克在分析金属的磁性和温度关系时发现，如果把指南针放在一个由上端折弯状金属铜板和下端金属铋直板组成的闭合回路中，当该回路中的一端被加热时，指南针会产生偏转，即磁性指南针的N极和S极会绕指南针的中心发生相对转动（图10.18）。研究表明，一端被加热后，加热端与未加热端之间的温度差会造成一个电压，进而在金属回路中产生电流。正是这个电流引发的磁场导致了磁针的偏转，这一现象称为**塞贝克效应**。后来人们发现，几乎所有具有一定导电能力材料的两端存在温度差时，都会形成相应的电压。

在相同温差下，不同的材料可能产生大小和方向不同的温差电压。大多数金属的温差电压都很小，人们并不用担心手持一根两端温度不同的金属棒会触电。半导体材料的温差电压会比较高，n型半导体与p型半导体组成回路后，其每度温差可造成万分之一甚至千分之一伏特的电压。

即便非常微小的温差电压，也可以被人们所利用。例如把多组n型半导体与p型半导体对相互间隔串联排列（图10.19），并在一端高温加热；由此每对半导体形成温差电压的同时，串联而成的多组半导体对的温差电压相互叠加，进而可在串联电路引出端获得较高的串联电压。

德国物理学家欧姆于1827年制作了世界上第一个利用磁针偏转在恒压下测量电流与电阻关系的实验装置，其中所使用的恒压电源就是一个温差发电装置。该装置的热端用沸水加热（100 ℃），冷端用冰水冷却（0 ℃），从而可以获得一个恒定的输出电压。在19世纪20年代，这是最可靠的恒压直流电源。1834年喜欢做物理实验的法国钟表匠佩尔捷将一根金属铋棒和一根金属锑棒的端部对接焊在一起，并在焊接处挖了一个小凹坑，放入少量水。然后用导线将铋棒和锑棒的另一个端部与一个电池连接起来。结果显示，当这个回路中通电时，小凹坑中的水结冰了。当时，通电使物体发热已经为人们熟知，但通电致冷却是非常新奇的现象。这种因电压导致温度差的电致冷效应被称为**佩尔捷效应**。后来人们发现，佩尔捷效应实际上是前述温差产生电流的塞贝克效应的逆效应，二者可统称为**热电效应**。理论上塞贝克效应和佩尔捷效应可存在于所有物质中；但通常只有那些具有明显热电效应，并可以或可望用于实现热能和电能相互转换应用的材料才被称为**热电材料**。

通常用一块p型半导体和一块n型半导体组成一个器件，两个半导体一端互相连接或可用金属导电片连接成半导体对，即为最简单的热电材料器件（图10.20）。借助金

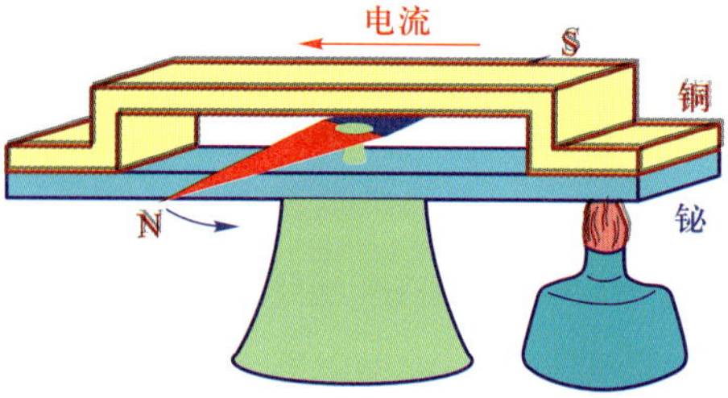

◉ 图10.18 温度差造成电压的热电效应实验示意图

◉ 图10.19 半导体温差电器件示意图

◉ 图10.20 半导体热电器件结构原理图：a. 单个半导体对；b. 两个半导体对串联

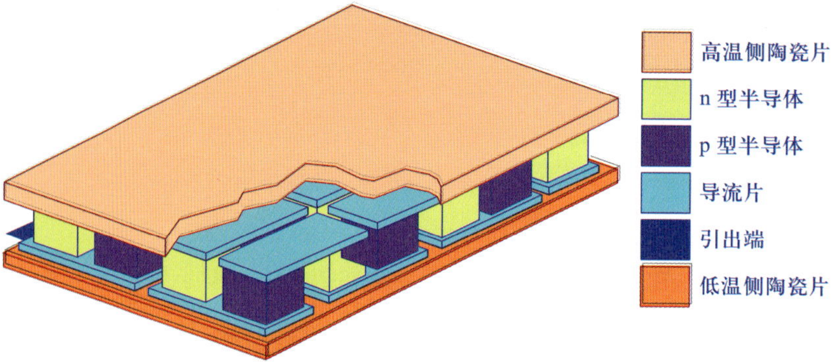

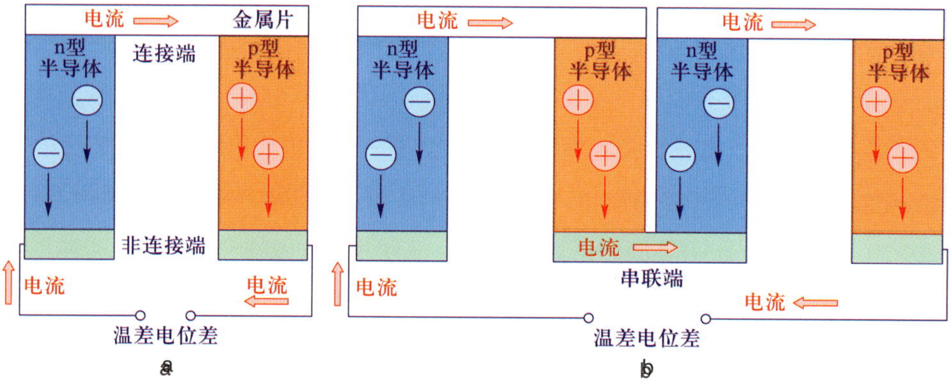

属导电片可把热电材料器件中半导体对的非连接端与外电路连接，或与相邻半导体对串联。热电材料目前主要有温度传感、温差发电和固态制冷三方面的实际应用，其基本原理是通过电荷在热电材料中的运动，将材料两端的温差转换为电压；或者人为施加电压，使相应电流即电荷的运动在材料两端制造温差。

当材料确定以后，温差电压的大小完全取决于连接与非连接端的温度差。如果把非连接端浸入熔融冰水使之保持在 0 ℃，则可以根据在非连接端测得的温差电压及已知的温差电压与连接端温度的固定关系计算出连接端的温度。这就是热电材料作为温度传感器的基本原理，这种温度传感器通常称为**热电偶**，是目前工业上和科学实验中应用最广泛的温度测量器件。

如果对连接端加热，且在非连接端接通一个外部负载形成闭合回路，则回路中会产生电流，并为外部负载提供功率输出。这就是利用热电材料的塞贝克效应实现温差发电和做功的基本原理。

如果在半导体对的非连接端接入一个直流电源，并假设电源使得回路中产生与上述温差发电时同方向的电流，当电荷从一种半导体进入到另一种半导体时，需要吸热或放热以达到能量平衡。电子从电位能较低的 p 型半导体通过半导体对的连接端进入金属片，进而再从金属片进入电位势能较高的 n 型半导体时，都需要吸收热量。在非连接端，电子从电位能较高的 n 型半导体进入金属导体以及通过金属导体进入电位能较低的 p 型半导体时，都会释放热量。因此，连接端会吸热，非连接端会放热，这就是用于电制冷技术的热电材料佩尔捷效应的基本原理。

自塞贝克发现材料的热电现象以来，热电材料已有近两个世纪的研究和发展历史。其中大致可分为三个阶段。在 20 世纪 50 年代以前为第一个阶段。那时人们一般都认为只有金属才有导电能力，所以热电材料的研究也仅仅局限于金属及其合金；但由于金属材料的塞贝克效应很弱，因此热电材料性能很低。热电材料发展的第二个阶段始于第二次世界大战后期的 20 世纪 40 年代。人们发现一些半导体材料具有很明显的塞贝克效应，从而引发了半导体热电材料研究热潮。在这个阶段中，开发了一些至今仍广泛使用的半导体热电材料，实现了热电材料在温差发电和固态制冷领域的实际应用；但具备高塞贝克效应的材料的热导率也比较高，快速传热并不利于维持温差和塞贝克效应。从 20 世纪 90 年代中期开始进入了热电材料发展的第三阶段，新研制的高塞贝克效应材料可以保持较低的热导率，显示出良好的发展前景。

用热电材料制造的温差发电器件或者固态制冷器件中没有机械运动零部件，因此热电器件具有无噪声、无磨损、可靠性高、免维护、无污染等突出优点；同时，其尺寸形状可以根据需要灵活设计。当前，利用佩尔捷效应制造的各种固态制冷器件多用于那些不适合于采用传统压缩机制冷的小型或者可移动设施。例如，半导体热电材料制造的制冷器件已广泛应用于冰水饮水机、便携式冷藏箱、小型冷藏酒柜等。近年来，在高档汽车座椅局部冷却、无线通信中继站以及光纤接头和红外探测器的局部制冷系统等领域，也有越来越多的应用。热电材料在温差发电方面应用的原始设想始于 20 世纪初，但 20 世纪 50 年代开发了半导体热电材料以后才开始实际应用。热电材料温差发电的应用主要包括特殊领域发电、余热利用发电以及环境温差发电等方面。

在木星及其以外的远日空间以及月球背阳表面，太空中的航天器不能使用太阳能电池供电，从而需要一种能够提供长期、稳定电力供应的装置。在目前的科学技术条件下，放射性同位素温差发电装置是唯一的选择；因此，美国宇航局利用热电材料制造了放射性同位素温差发电装置（图 10.21a）。这种装置以半衰期长达 80 余年的钚 –238 为燃料，利用其衰变过程中释放的热量，通过热电材料转化为电能，为航天器提供可靠和稳定的电力。自 20 世纪 60 年代以来，美国已在数十个远离太阳的航天器上使用类似的温差发电装置；这类发电装置也被俄罗斯用于北冰洋沿海的导航灯塔。在民用领域，例如可利用煤油灯火焰热能使热电材料发电，从而驱动收音机（图 10.21b），用于一些缺乏稳定电力供应的野外或边远地区的无线广播。用热电材料制造的温差发电器也已用于燃气热水器和燃气或燃油取暖器中电驱动的风扇排风系统，避免因外部电力供应中断时影响供暖。热电温差发电器可利用热水器或取暖器工作时自身产生的热量实现发电，保证取暖器在极端寒冷环境下正常工作。此外，热电温差发电器也已用于穿越荒漠地带的天然气输送管道；通过在管道上开设细管，引出并燃烧极少量天然气进行供热发电，为管道的检测器和无线信号发射器提供电力。

据统计，目前全社会直接消耗的能源中，实际只有 40% 左右转换为有用功，其余 60% 左右未得到充分利用，主要被作为余热排放；因此节能、环保的时代要求也极大促进了热电材料在利用余热发电方面的推广应用。例如，可以利用汽车发动机的余热发电，并为汽车提供额外的电力。汽车燃油所提供的能量中有 70% 左右分别通过排气管和发动机冷却系统排放，5% 由于各种传动摩擦和辐射损耗；在剩余约 25% 的有用功中，还有约占总燃油能量的 2% 至 3% 或有用功 10% 的一部分能量要消耗于车载发电机。若借助热电材料利用汽车排气管的余热温差发电，可望获得 500 瓦以上的电力输出；这些电力仅替代车载发电机就可使原消耗于发电机的有用功用于驱动汽车，并至少可降低 10% 左右的能耗。随着热电材料温差发电技术的发展，未来可望通过余热发电获得更多的电能，并用于汽车的辅助驱动，从而进一步提高汽车的燃油能量利用效率。根据美国通用汽车公司的估计，目前全球约有 10 亿辆汽车。按 1% 的车辆持续在道路上行驶来计，如果每辆车用余热发电 500 瓦，总量将达到 50 亿瓦，相当于新建 5 个核电站。近年来，中、美、日、德等国的一些研究机构和汽车公司先后开展了汽车发动机余热发电应用的研究，并组装了一些回收功率达到 500 瓦左右的原理验证性样车；中国一些研究机构也开展了类似研究，并进行了汽车发动机排气管余热温差发电（图 10.22）的台架实验。

利用自然环境的微小温差发电，也是热电材料温差发电技术的一个重要应用领域。例如利用人的体温与周围环境之间的温差发电，可为手表、体温测量或其他微电子随身设备供电。利用环境微小温差发电的微型发电装置，还可以与各类数据采集、传感、储存、计算、接收和发送单元集成，制造自供电无线传感器（图 10.23）。这种自供电传感器可用于地质、环境以及一些运动部件的实时监测，同时在物联网领域也具有广阔的应用前景。

目前，热电材料正处于快速发展阶段。中国已成为国际热电材料研究领域的重要力量，近年来也为热电材料研究的发展作出了重要的贡献。在热电材料问世近 200 周年之际，展望未来，优化和开发绿色环保的新型热电材料以及热电材料的规模化应用将成为未来的发展方向。

10.7 传输电流而无电阻的神秘物质——超导材料

金属导体的电阻率通常会随温度的下降而降低，并在零下 273 ℃达到非常低的值。1911 年荷兰物理学家昂内斯将汞冷却到液氦温度即约零下 269.2 ℃时，汞的电阻率突然消失，变为 0。随后昂内斯又发现许多纯金属都具有与汞相类似的特性，即在达到某一个超低温度时，突然失去电阻；他把金属的这种状态称为**超导态**。物质呈现零电阻的现象称为物质的**超导电性**；处于超导态的材料或物质称为**超导体**；物质开始失去电阻时的最高温度为其**超导临界温度**。例如锡的超导临界温度在零下 269 ℃，铅在零下 267.2 ℃等。昂内斯给冷却到零下 269.2 ℃的铅线回路施加一个电流；一年后再次测量这个电流时发现，电流没有任何减弱的迹象。此后，人们发现钨、铅、铌、钒、钽、钛、锌、铝等均

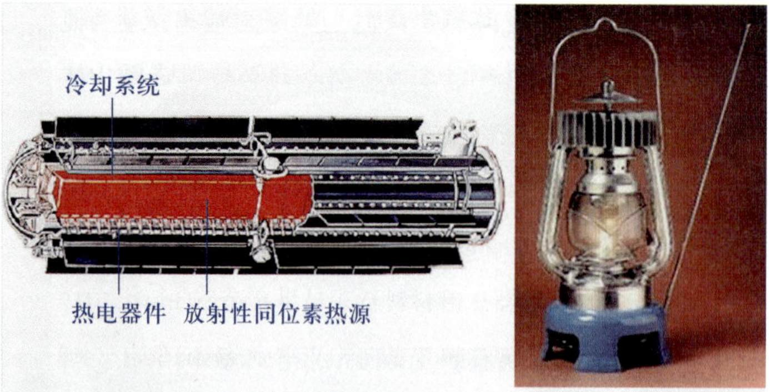

a　　b

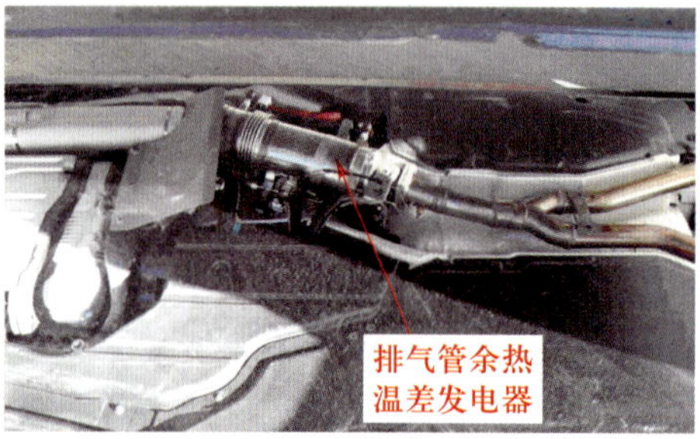

◉ **图 10.21** a. 放射性同位素温差发电装置示意图；b. 煤油灯收音机

◉ **图 10.22** 配备排气管热电发电装置的汽车

◉ **图 10.23** 配置环境温差发电器（中部矩形器件）的自供电无线传感器（德国弗莱堡弗劳恩霍夫物理测试研究所供图）

可以呈现超导态。目前发现约有26种金属以及数百种合金与化合物具备超导电性。目前，高温超导体的超导临界温度已经达到零下196 ℃以上，即在液态氮的温度下就可以进入超导状态。

物质一旦进入超导状态，就会排斥外在的磁性物体的磁场并产生排斥力。证实这一现象的典型实验（图10.24）为，在一个盘子中放一小块正常温度下的高温超导体，其上放置一小块永久磁铁，此时磁铁静置于高温超导体之上，并没有什么异常。随后把零下196 ℃以下的液态氮倒入盘子，使超导体降温并进入超导态，这时可以看到小磁体会离开超导体表面而慢慢地飘浮起来，并保持在空中。超导体在低于其超导临界温度而进入超导状态后，会产生对磁体的排斥力；当小磁体的重力小于该磁性排斥力时，就会被推起来。随着小磁体与锡盘的距离增大，排斥力逐渐减弱；当二者之间达到适当的悬浮距离，使重力与磁性排斥力绝对值相等时，小磁体就悬浮在空中保持不动了。

发现超导现象之后，在相当长的时间内所能找到的超导物质的超导临界温度都非常低，通常只能在昂贵的液氦温度下工作。这使得超导物质的实际应用受到了很大的限制，从而也引发了人们不断寻求高超导临界温度的超导物质。然而，直到1986年之前，这种努力始终没有取得本质突破，所发现的超导物质只能在液氦的温度下工作，称为**低温超导**。1911年至20世纪70年代，人们一直在低温超导领域努力探索高临界超导温度物质，并缓慢地提高着临界超导温度。1986年德国物理学家柏诺兹与瑞士物理学家缪勒在研究钡－镧－铜－氧陶瓷时发现，当温度降低到零下238 ℃时出现了超导电性。这一发现使得超导工作温度可以从传统的液态氦温度提高到了零下233 ℃附近的液态氖温度，同时拓展了超导物质的研究思路。陶瓷具有超导现象的发现引发了高温超导研究的热潮。1987年2月16日美国国家科学基金会宣布，美籍华裔科学家朱经武和吴茂昆获得了超导临界温度高于零下183 ℃的超导体，即以氧化物钇钡铜氧为基础的超导体。这是第一个超导临界温度高于液态氮温度的超导物质，随后各种可以在更高温度使用的超导物质不断涌现（图10.25）。1986年以来，人们不断在高温超导领域发现更高临界超导温度的物质，这些物质甚至可以在太空的温度下保持超导态。因此，人类在外太空技术领域需要使用超导时非常方便，不需要对超导体额外增加低温装置。

当前，超导材料越来越多地运用到了各种不同的工业部门，如用作超导电缆、超导传输线、超导发电机、量子干涉仪等。超导临界温度下的超导体所具备的超导电性还会受到工作时所处的磁场环境和工作电流密度的影响；过强的工作磁场和过高的电流密度会造成

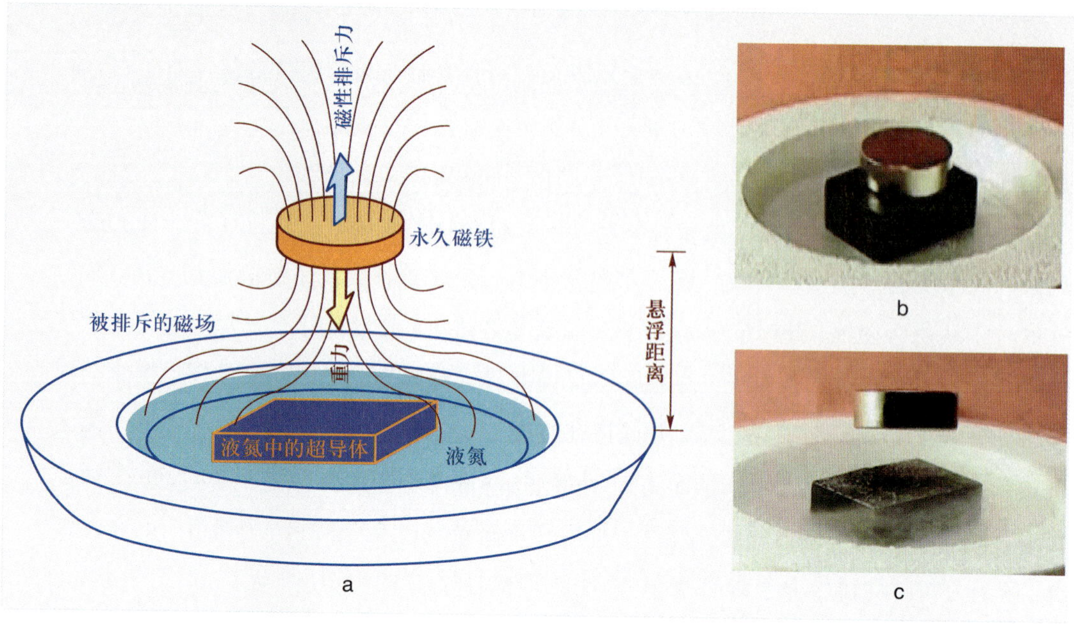

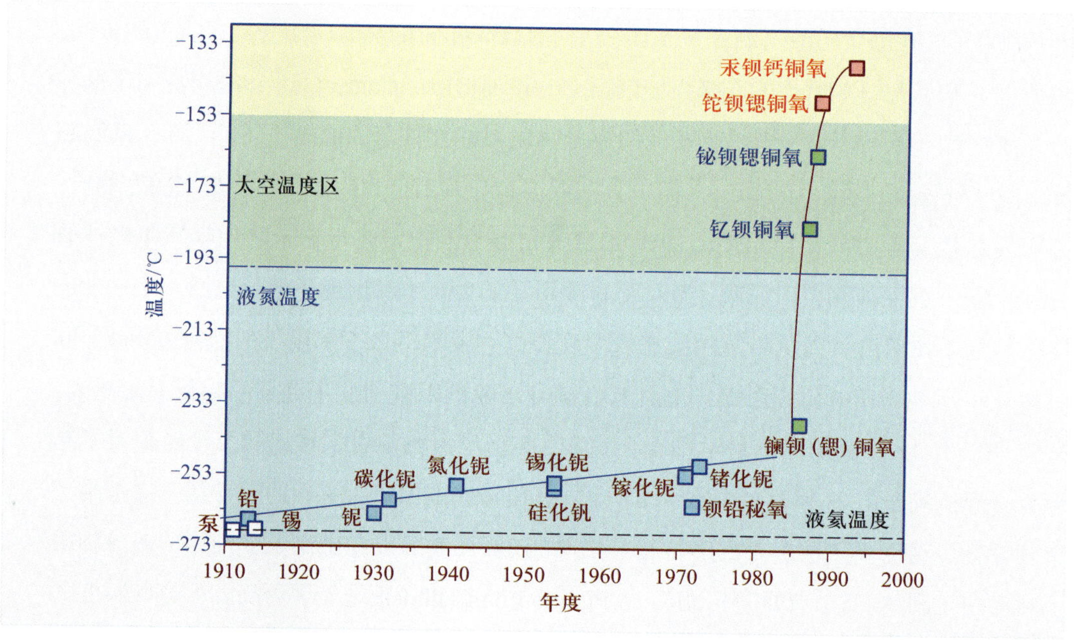

10.24 ◉ 图 10.24 超导态悬浮物重力与磁性排斥力平衡的约翰森实验：a. 实验示意图；b. 实际观察室温时的磁体静置；c. 注入液态氮后磁体悬浮

10.25 ◉ 图 10.25 物质临界超导温度的发展（蓝心符号为低温超导；绿心、棕心符号为高温超导）

超导电性的丧失。因此，人们不仅需要探索高超导临界温度的超导材料，而且还需要开发研究可以承受更强磁场和更高电流密度的超导材料。

工作温度高且可在较强磁场和较高电流密度工作的超导材料具有广泛的应用前景。超导线圈可承受的磁场越强，所制作发电机的输出功率越高。高功率超导发电机可以大幅度提高发电容量和效率，减小发电机体积和重量。超导发电机在现代工业中，尤其是航空、航天领域有重要的应用前景。超导材料可以制作成超导电缆或电线，用于超导变压器和超导输电线路，进而以极低的损耗输送电能。

超导体排斥磁体的特征可以用来制作高速磁悬浮列车。悬浮列车在运行过程中，完全摆脱了摩擦阻力的影响，有利于悬浮列车低能耗、无噪声、无污染、无振动地高速运行。

一些高速计算机所采用超大规模集成电路内的元件和互连导线排列密集，因而内部电流群所产生的大量热能会妨碍计算机的正常运行，甚至会导致集成电路的失效。如果元件间采用超导连接，其电阻接近零而所发热量微乎其微，有利于推进计算机运算速度的大幅度提高。

面对目前越来越紧迫的能源问题，人们不断努力发展新的能源，其中受控热核聚变发电就是其中一种环保、可持续发展的新能源。要实现核聚变热核反应的可控性，需要采用特殊设计的核聚变反应堆，把温度高达 1 亿至 2 亿摄氏度的等离子体用磁场包围起来，其难度非常大。必须采用超导强磁体才有可能实现所需的磁封闭，进而把人类从能源危机中彻底解放出来。

大型粒子加速器是高能物理研究的重要设备。一台普通同步加速器采用常规磁体时，其粒子轨道半径为 1.2 千米；而采用超导磁体，则可使轨道半径减少到 170 米；因此，可以大幅度降低加速器的制造成本。在同步加速器中，还需要通过偏转磁场把多种高能粒子分离出来，并分别重新束集；采用超导磁场可以增强偏转和集束能力，并减小通道长度。

在一恒定磁场和交变磁场的共同作用下，某些物质原子核内粒子运动造成的微磁场会对变化的电磁场产生强烈的共振吸收现象，称为**核磁共振**。生物体中不同的核及同种核在不同的微环境条件下会有不同的共振谱线；因此利用核磁共振谱线，可以对人体的组成、状态、构造和变化过程进行分析，从而获得人体的生理和病理信息。核磁共振成像不使用放射线，又不接触人体，所以对人体组织无损害。超导核磁共振成像仪中超导磁体产生的大范围均匀强磁场可以获得很高的共振谱线分辨率，进而得到高清晰度的图像。医用核磁共振成像仪对于癌症的诊断极为有效，可用于早期肿瘤、脑髓及心血管疾患等的诊断。人体的心、脑和眼的活动伴随着电子的传递和离子的移动，这些带电粒的运动会在空间产生强度相当于地球磁场约十万分之一或百万分之一的极为微小的磁场。人体中的电荷运动产生的磁场随时间变化的曲线称为心磁图、脑磁图和眼磁图，要想准确测量人体心、脑、眼磁图，则需要采用高灵敏度的超导量子干涉磁强仪，该仪器可探测小到相当于地球磁场亿分之一以下的微小磁场变化。目前，先进射频超导量子干涉仪的灵敏度已可以探测到相当于地球磁场百亿分之一的微小磁场变化。

在军事上，定向聚能武器能把能量汇聚成极细的能束，沿着指定的方向向外发射，以摧毁目标。在未来战争中，聚能武器将发挥重要作用；其关键在于在瞬时内提供大量的能量，因此需要制作电感储能装置。在该装置中只有采用超导线圈，才可以在极小能耗的情况下储存和瞬时释放大容量的能量。另外，利用超导材料制作的电磁推进系统，不仅能产生很大的推力，而且节省能源、噪声低、推进效率高、推进速度快，尤其适合用于潜艇航行。同时，超导在辐射热计测量、陀螺仪、磁悬浮支架、磁场计、重力仪、开关、信号处理器、磁屏蔽等方面均有所应用。

10.8　电磁波的吞噬者——隐身材料

1820 年丹麦物理学家奥斯特发现，导线通电时会在周围造成磁场，即电场可在周围引起磁场，电场与磁场的方向互相垂直。1831 年英国科学家法拉第发现，变化的磁场会使其附近的导线中产生电流，即变化磁场的周围产生了电场，磁场与电场的方向互相垂直；这就是**电磁感应**现象。系统的观察发现，变化的电场会产生磁场，变化的磁场则会产生电场。变化的电场和变化的磁场构成了一个不可分离的统一场，称为**电磁场**。电磁场会在空间传播，电磁场的运动或传播形态称为**电磁波**，也称为**电波**或**电磁辐射**。电磁波的传播方向与电磁波中变化电场 E 的方向及变化磁场 B 的方向同时垂直（图 10.26）。基于电磁感应现象，1865 年英国物理学家麦克斯韦根据自己的研究预测了电磁波的存在，这一预测于 1888 年得到了德国物理学家赫兹的实验证实。

电磁波广泛存在于现实生活中。研究发现，一切物体的温度都不可能低于绝对零度，而温度高于绝对零度的物体都可以发射电磁波。日常生活所涉及的普通无线电波、雷达波、微波、红外线、可见光、紫外线、X 射线及许多物理射线的物理本质实际上都是电磁波，只是它们的波长和频率范围各有不同。普通无线电波可用于多种通信技术以及电台和电视广播；雷达波可以远程探测各种物体；微波可用于微波炉加热和卫星通信；红外线可广泛用于工业和军事的各个领域；可见光是人类观察事物的基础；紫外线可用于医用消毒及各种工业领域；X 射线可用于医学检查和材料结构分析；许多高能物理射线可以用作医学治疗或物理研究手段。

鉴于电磁感应原理，当传播中的电磁波入射到电阻率极低的金属表面时，会在金属的外表层引发感生电流，并阻止电磁波的继续传播。感生电流借助电磁感应原理，又会在周围产生电磁场，并引起朝向远离金属表面方向传播的电磁波。由此可见，导电良好的金属表面实际上起到向相反方向散射或反射电磁波（图 10.27a）的作用。感生电流的产生会少量损耗入射电磁波的能量，使反射后电磁波有所减弱。金属导体阻挡了电磁波的继续传播，改变了其传播方向，因此呈现了一种屏蔽电磁波的作用。如果电磁波入射到电阻率极高的绝缘物质，则电磁波往往会穿越该物质，经过折射后以透射电磁波的形式而继续传播（图 10.27b）。电磁波穿越物质时，物质会多大程度吸收电磁波而使之损耗衰减，取决于该物质的基本电磁性质。

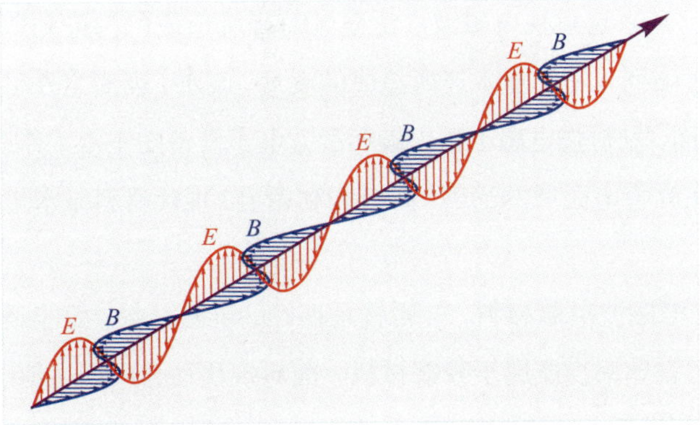

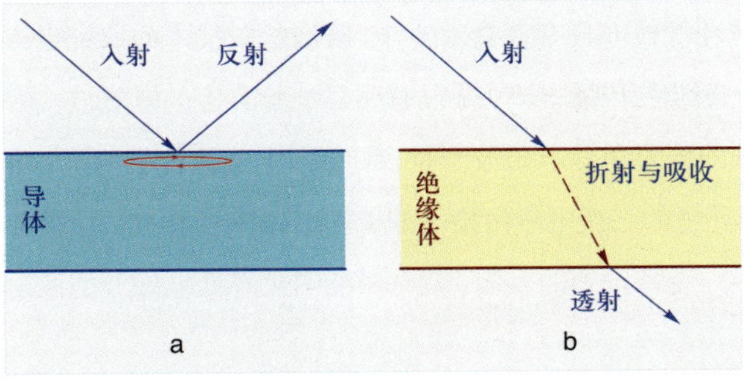

10.26

10.27

◉ 图 10.26 电磁波传播示意图（指向右上的箭头指示电磁波传播方向）

◉ 图 10.27 电磁波传播过程中与物质作用示意图

电磁场的衰减说明，电磁波穿越物质时能一定程度地被物质吸收。能显著吸收电磁波的物质可称为**电磁波吸收剂**。电磁波传播时，电磁场中的电场进入对电场吸收强烈的介质后，会明显衰减；电磁场中的磁场进入对磁场吸收强烈的介质后，也会明显衰减。

电磁波的发现及相应电子产品的发展，给现代科学技术和人类的生活带来了极大的便利；但同时也使得人类生存的空间越来越多地充斥着各种类型的电磁场和电磁波。分析表明，电磁波的大量存在也有非常不利的一面。空中到处转播的电磁波会干扰正常运行的电子器件，如飞行器、医疗检测设备、广播电视等电子媒体可能会因外来电磁场的干扰而不能正常工作，甚至导致事故。电磁波对人体的健康也会产生不利影响。特定频率的电磁波会深入人体内部或穿透人体；在电磁辐射的作用下，人体内分子会发生规则排列过程，并消耗电磁能而引起热效应。长期在较强电磁场环境中生活，可能会引起人体中枢性神经系统或植物神经系统功能及人体其他生理功能紊乱，出现头晕、全身乏力、记忆力减退、睡眠不好、食欲不振、脱发、多汗、心律不齐、心动过缓等病症，同时身体的免疫功能也受到损害。随着移动电话的日益普及，长期不正确地使用手机，可使神经衰弱、脑瘤和畸形胎儿的诱发率上升。装载着高速脉冲数字电路的工作态计算机会向机外辐射含有内部信息的电磁波，并可以被一定距离以外的检测设备捕获，从而导致军事、政治、经济等方面重要情报和信息的泄露。人们已越来越重视电磁波广泛蔓延对环境造成的污染和危害。联合国人类环境会议已把电磁污染列入了工业生产所造成的废气、废水、废渣之外且必须控制的第四种主要污染。另一方面，发射强电磁干扰以破坏敌方电子设备的正常工作，也是十分重要的现代化军事手段。在有害电磁波的治理、防范和利用上，现代材料技术也发挥着非常关键性的作用。

如上所述，导电良好的物质属于电磁波**屏蔽材料**，金属就是良好的屏蔽材料；而能吸收电磁波的高相对介电常数或高相对磁导率物质属于**吸波材料**。面对现代社会中因通信、广播、电磁医疗、计算机等技术普及所造成的电磁波危害，人们一直在发展对电磁波污染的防护技术。除了利用金属等高导电性材料屏蔽有害电磁波外，吸波材料技术的研究也得到迅速发展。屏蔽材料主要改变了电磁波的传播方向，并没有明显消除有害的电磁波。因此，屏蔽材料虽然可以保护其所包围的装置免除电磁波干扰，但会把电磁波传向周围，增强了周围的电磁污染，即会造成周围环境的二次电磁污染。如果把电磁波吸波材料涂覆在机场、电站、通信设备、普通建筑结构、装备设施的表面，就有可能明显降低电磁波的散射传播和后续污染。

在军事上，以电磁波原理为基础的雷达系统是远程侦测军事目标的主要手段之一；同时，采用电磁波漫散射和吸收等反雷达侦测技术是保持作战装备战场生存能力的重要手段。多数重要的军事装备都是由金属制成的，或具备金属外壳；因此它们对电磁波有较强的反射能力，很容易被雷达系统探测到，并遭受雷达引导下的导弹攻击。如果在这些军事装备外侧薄薄地涂覆一层能完全吸收雷达电磁波的材料，则可以避免被雷达发现。在遭受雷达电磁波探测时，它们处于隐身状态，因此这类雷达电磁波吸收材料被称为**隐身材料**。在正常的军事设施外表涂覆一层隐身材料，即构成隐身涂料，亦可保护该军事设施不被雷达检测到。

如上所述，理想的隐身涂料应具备与绝缘体类似的极高电阻率，以避免对电磁波产生直接反射；还要同时具备尽可能高的吸收电磁波中电场和磁场的能力，即借助把电场和磁场的能量转变成热能或其他形式的能量而吸收电磁波。然而，在客观世界中存在能够强烈吸收电场的物质，也存在能够强烈吸收磁场的物质，但并不存在能够同时强烈吸收电场和磁场的物质。根据电磁感应原理，电磁波中的电场被吸收后，残留的磁场在后续传播过程中会重新产生电场并形成完整的电磁波；同样，电磁波中的磁场被吸收后，残留的电场在后续传播过程中会重新产生磁场并形成完整的电磁波。继续传播的电磁波遇到掩盖在隐身涂料下面的金属后，仍会发生反射并被雷达检测到。因此，单纯使用电场吸收剂或磁场吸收剂都不能很好地实现吸收电磁波以达到隐身的效果。另外，强烈吸收电场或强烈吸收磁场的吸收剂，其电阻率有时也很低，不能排除这些物质在吸收进入体内的电磁波之前，一部分电磁波已经被其表面反射。例如，铁具有很强的吸收磁场的能力，钛酸钡有很强的吸收电场的能力，但它们的电阻率都不高，都具备较强的反射电磁波的能力。客观物质的这种特征成为发展高性能隐身材料的先天性障碍。

将强烈吸收电场物质和强吸收磁场的物质混合制成复合材料，是使隐身涂料获得高隐身特性的重要手段。然而，这种复合材料的电阻率比较低并导致较强的表面反射，使材料内部的吸波性质难以充分发挥作用，因而也难实现良好的隐身效果。只有让电磁波先充分进入电磁波吸收剂内部，才有机会使电磁波被充分地吸收。因此一种制备隐身涂料的办法是，让吸收剂的分布密度由表面向内部逐渐地提高，且另吸收剂的表面剧烈起伏，以增加表面积；各吸收剂之间保留明显的间隙，并用非吸收剂基础涂料填充（图 10.28a）。其组成、结构、微观尺寸、密度由一侧向另一侧逐渐变化的材料称为**梯度材料**。可见这里借助了梯度材料的理念来制作隐身涂料。这样不仅增加了电磁波与吸收剂的接触机会，而且也可以使电磁波较充分地射入隐身材料的内部。制作这种复合梯度材料时，还需选用高电阻率的基础涂料去混合电场吸收剂和磁场吸收剂，以进一步降低表面的反射。当电磁波未被材料表面反射而进入材料内部时，其电场和磁场在曲折照射和穿越复合梯度材料层的过程中会不断衰减；进入材料内部的残余电磁波接触到底层金属并被反射时，很难再返回入射表面。电磁波在涂层内部会频繁多次地往复漫散射、衰减，最终消耗殆尽（图 10.28b）。

需要指出的是，任何吸收剂不可能在所有电磁波频率范围都产生明显吸波效果，而且吸收剂的化学组成、微观结构、分布密度、工作温度、电场和磁场吸收的细致特性等都会对其吸波效果和有效吸波频率范围产生重要影响；因而需要作细致而系统的分析研究，才能掌握相关的规律。例如，实用隐身材料可造成装备对军事雷达波段的电磁波隐身，但对可见光波段的电磁波并不隐身。在这种情况下，隐身良好的军事装备可能被肉眼看见，但并不能被雷达发现。目前，隐身材料已获得越来越广泛的军事应用，且其隐身性能也在不断地提高和改善之中。

10.9 无限清洁能源的输送载体——储氢材料

统计显示，在全球的能源消费中，石油、煤炭、天然气分别占据了约 33%、30% 和 24% 的份额。随着世界人口的增长和经济的发展，人类对石油、煤炭、天然气等地球内蕴藏能源资源的消费量越来越多。以石油产品为例，全球 1971 年消费约 19 亿多吨，2016 年则消费了 38 亿多吨，增幅接近 100%（图 10.29）。尽管借助对石油的勘探仍会发现新的石油储量，但地球的石油资源是有限的，总会有用完的一天。多方分析表明，按照现在石油消费速度发展，估计只需几十年时间就可以消费掉地球上全部的石油蕴藏量；对于煤炭、天然气等传统自然资源的消费也有类似的趋势。

自 20 世纪 70 年代以来，中国在东海大陆架，即中国大陆领土的自然延伸部位 200 海里以内的专属经济区内，开展了长期的石油勘测工作，并发现了蕴藏丰富的油气田；随后进行了 30 多年的钻探开发。据测算，其油气蕴藏量或可够我国使用 80 年。然而，日本政府不愿接受《联合国海洋法公约》中以“大陆架自然延伸”的原则划分专属经济区，并对该油气田的归属提出了其自己的主张。日本政府甚至极力阻止中国在日方主张中间线的中方一侧开采油气资源。这种在石油资源方面的分歧也从一定层面反映出石油资源对人类发展的重要作用及石油资源逐渐匮乏给人类社会带来的巨大压力。

因此，人们在继续寻找新的油气田的同时，也在不断探索新的安全、清洁、来源丰富的新能源技术。

氢是元素周期表中的第一号元素，氢在宇宙中是最丰富的元素，构成了宇宙中物质的 75%。地球上在包括海洋和大气的地壳一千米范围内，化合态氢占总质量约 1%，原子组分约占 15.4%。氢常见的存在形式是水和有机物中的化合态氢。

作为燃料，氢气在燃烧时会放出热量，并生成水。氢在地球环境中主要贮存于水中。把海水中的氢全部提取出来所产生的总热量比地球上所有燃料放出的热量要高很多倍。氢气的导热性非常好，其热传导效率比多数气体高 10 倍；单位质量的氢燃烧后的发热值约为同样质量汽油的 3 倍多。在很宽的浓度范围内，氢都可以在空气中燃烧，且燃点高、点燃快、燃烧快。氢燃烧后主要生成水，不会产生二氧化碳、碳氢化合物、铅化物和粉尘颗粒等污染环境的有害物质，属于清洁燃料。氢燃烧后生成的水还可用来继续制氢，即可反复循环使用。

氢可以直接燃烧生热，但这种热量较难被各种工程机械所直接利用；如果能控制氢与氧的结合过程，使所释放的能量形式直接变为电能，则可以被绝大多数工程机械

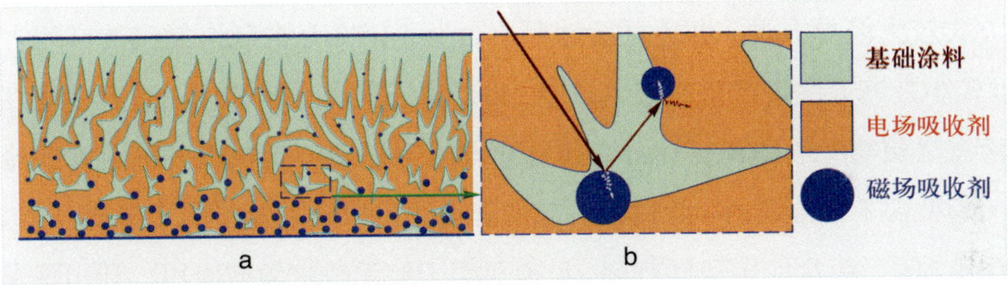

◉ 图 10.28 a. 隐身材料涂层结构（虚框线部位的箭头示意电磁波在隐身材料内的传播）; b. 吸收电磁波示意图

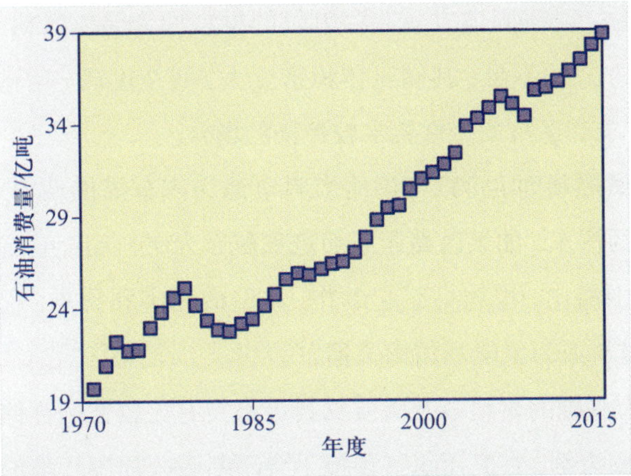

◉ 图 10.29 全球石油产品消费量（国际能源署）

直接利用。控制氢与氧结合使之直接产生电能的过程与电池类似，称为**燃料电池**。燃料电池是一种将储存在燃料和氧化剂中的化学能直接转化为电能的装置。如果不断从外部供给氢气燃料和氧化剂，则燃料电池可以连续发电。燃料电池能量转换效率高，一般大于 80%；且燃料电池洁净、无污染、噪声低、功率高，既可以集中供电，也适合分散供电，属于具有发展前景的提供能源模式。19 世纪时，欧洲已经认识到燃料电池的工作原理；20 世纪中期，英国剑桥大学制成了燃料电池实验装置。目前，燃料电池已经达到实用化水平。

将氢气输入燃料电池的阳极端（图 10.30），在阳极催化剂的作用下，氢气分解出氢离子和电子，电子可通过外部导线输出。将空气输入燃料电池的阴极端，在阴极催化剂的作用下，空气中的氧与氢离子和从外部导线流过来的电子结合形成水分子，并被导出。流动的电子及所形成的与其反向的电流可以做功，因而使氢与氧结合所释放的能量以电能的形式输出。

制成燃料电池后，需要不断提供大量存储的氢气作为燃料，以维持燃料电池的运行和发电。氢可以气态、液态或固态的金属氢化物形式存在或存储，以适应各种贮运及应用的要求。

气态储氢方式较为简单方便，也是目前储存压力低于 170 个大气压氢气的常用方法；但体积密度较小是该方法最严重的技术缺陷，另外气态氢在运输和使用过程中也存在安全隐患。液态法储氢时的体积密度可高达每立方米 70 千克，但氢气的液化需要冷却到零下 253 ℃超低温下才能实现，此过程消耗的能量约占所储存氢能的 25% 至 45%。液态氢不仅储存成本高，而且使用条件苛刻，目前只限于航天技术领域应用。利用吸氢材料吸收氢气，并与氢反应生成氢化物，以该固体方式储存氢气的材料称为**储氢材料**。储氢材料能有效克服气、液两种储存方式的不足；其储氢体积密度大、安全度高、运输方便、操作容易，特别适合于对体积要求和运行安全性要求较严格的场合。

例如，当地球上的石油不足以提供燃料时，可以考虑用燃料电池为汽车提供动力。设想用燃料电池驱动四处奔跑和颠簸的汽车，如果以高压压缩氢气瓶作为燃料储存装置会非常危险；高压氢气若在颠簸震动中溢出，很容易引起爆炸，并造成伤害和灾难，很不安全。因此，选用和发展固体储氢材料成为氢能利用的关键。

研究发现，许多以金属间化合物为基础的材料以及碳质材料等都具有比较强的存储氢并重新释放出氢气的能力。以镍化镧为例，在高压氢气环境下会不断吸收周围环境的氢，最终可形成含氢的镍化镧化合物；其中氢的质量分数，即**储氢容量**可超过 1%。在密封的高氢压环境下，含氢的镍化镧可保持稳定。如果消耗燃料电池阳极区域的氢气，并导致阳极周围氢气压力下降，则含氢镍化镧会逐渐释放出所储存的氢气，保证燃料的充足供应。一旦燃料电池停止工作，不再耗费氢气，则含氢镍化镧所释放的氢气会提高周围环境的氢气压，以阻止含氢镍化镧继续释放氢气。持续使用燃料电池，可以消耗掉含氢镍化镧内的全部氢气，并使之重新转变成无氢的镍化镧化合物；将镍化镧重新置于高氢压环境下，可使之变成含氢镍化镧，并可再次使用。如此过程的反复实施，就类似于汽车加油、开车耗油和再次加油的过程，镍化镧类似于空油箱，而含氢镍化镧则类似于加满油的油箱。大量燃料电池驱动汽车的制造以及充氢站或可更换储氢器的建设和配备，就可以使燃氢汽车像燃油汽车一样四处飞奔。根据上述的分析可以体会到，理想的储氢材料应该具备储氢密度大、循环使用寿命长、储氢和释放氢的效率高、工作温度适中、易于控制、价格低廉、使用安全等特点。目前，储氢材料已经得到较多的实际应用；其存储能量已经超过同体积汽油所存储能量的 40%，其储氢容量可超过 5%。另外，许多新型高容量储氢材料的储氢容量已超过 10%，并仍在改进之中。

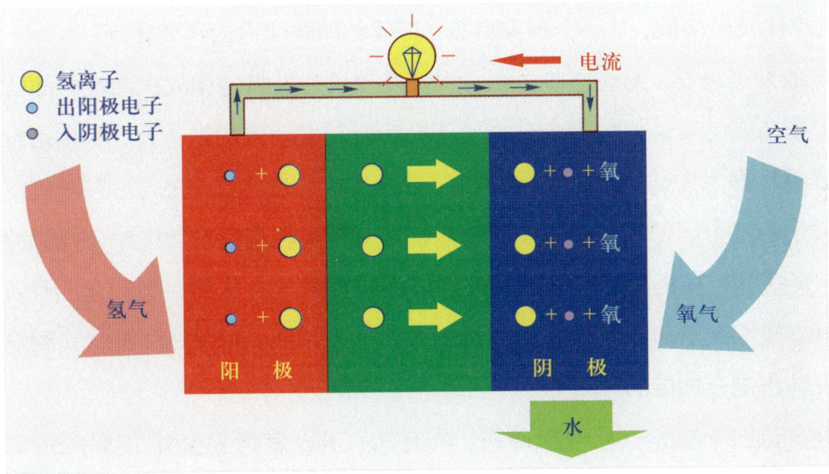

◉图 10.30 氢燃料电池工作原理示意图

10.30

当前，储氢材料虽然已经进入了实用阶段，但仍存在许多不能令人满意的缺憾，妨碍了其广泛的应用，需要人们继续深入地开发与研究。这些研究开发工作包括新型储氢材料的探索、储氢材料精细制备加工技术、提高储氢密度、降低储氢体积、提高充氢和释放氢过程的控制精度、提高充氢次数和使用寿命、提高材料的稳定性、降低成本、开发高效催化剂、开发高效率的实用产品等。因此，储氢材料还有非常广阔的发展空间。

10.10 航空发动机材料中的皇冠——涡轮盘和叶片用高温合金

自古以来，人类一直怀揣着飞行之梦，并不畏挫折和失败，不断尝试。1903 年美国发明家莱特兄弟制造了第一架载人带动力飞机并成功试飞（图 10.31），使人类的飞行之梦迈出了跨时代的一步。而飞行器的动力装置即发动机，则是拉开人类飞行时代序幕的关键。

百年航空发展是一个飞行速度不断提升的历程。迄今的空中客车 A380 和最为先进的战机（图 10.32），无不彰显人类科技攀登之迅猛；而提升飞行速度的关键在于动力系统性能的改进。航空发动机为航空器提供飞行所需的动力，作为飞机的心脏，它直接影响飞机的性能、可靠性及经济性，是一个国家科技、工业和国防实力的重要体现。

从航空发动机的发展来看，无论是省油的民用机发动机还是强调作战机动性的战斗机发动机，进一步提高航空发动机的性能，尤其是提升航空发动机的推重比，一直是发展的主攻方向。**推重比**即为发动机推力与发动机质量或飞机质量之比，它表示发动机或飞机单位质量所产生的推力。发动机材料及其制造技术则是实现航空发动机综合性能的保障。据预测，未来新材料在提高航空发动机性能方面的贡献率将达到 50% 以上；而新结构、新材料和制造技术在发动机减重方面的贡献率将达到 70%。可见，材料及其制造技术是提高航空发动机综合性能的基石。

航空喷气发动机通常为燃气涡轮发动机，具有压气机、燃烧室和燃气涡轮（图 10.33）。燃气涡轮一般由多级的装配叶片的涡轮盘组成，涡轮盘也称为整体叶盘。发动机工作时，先后经历如下过程：进气道进气，压气机增压，燃烧室加热，涡轮膨胀做功带动压气机，尾喷管膨胀加速，排气到体外等。发动机转起来之后，压气机源源不断地把压缩的空气送到后面的燃烧室，空气和燃油在燃烧室里混合燃烧，向后排出高温、高速、高压气体，从而产生推力。对发动机不同部位实际的工作状况分析可以了解到，燃烧室中涡轮盘的叶片不仅要承受最高的温度，而且还是一组承受很大应力的转动零件。涡轮盘主体虽然承受的温度比其边沿的叶片低，但承受的离心力更大。发动机推力产生的主要途径是，借助叶片带动涡轮盘高速转动，产生高温、高速、高压的气体。理论分析显示，燃烧室的温度越高，则所产生的推重比就越大；因此，要提高发动机推力就必须提高涡轮盘尤其是叶片在更高温度下承受载荷的能力。叶片承受高温的能力每提高 10 ℃，就可以使发动机的效率提高约 2%。由此可见，各部件中服役条件最为复杂恶劣的涡轮盘和叶片是制造高性能发动机的关键。涡轮盘和叶片要同时承受高达上千度的高温及高

10.31
10.32
10.33

◉ **图 10.31** 莱特兄弟于 1903 年制造的飞行器

◉ **图 10.32** 各类现代飞机：a. 欧洲空中客车 A380；b. 美国先进的 F35 军用战机；c. 国产 ARJ21 客机（李东供图）

◉ **图 10.33** 航空发动机结构示意图及高温合金涡轮盘工作部位（图中红圈所示）

速旋转应力，所以把涡轮盘和叶片称为航空发动机制造中的皇冠。

航空发动机涡轮盘，尤其是其边沿上安装的叶片（图 10.34），要在长时间承受高温和高载荷作用的条件下保持稳定和可靠。同时，航空用材料的轻量化或高比强度也极为重要。叶片以根部的齿嵌入涡轮盘边沿的槽而发生机械连接，其间的接触匹配对发动机的性能有很大的影响，因此其制造加工技术极为精细。

实际的涡轮盘和叶片大多是一种密度约为每立方厘米 8 克至 9 克的镍基高温合金材料。**高温合金**是一种能够在 600 ℃以上及一定应力条件下长期工作的金属材料，具有优异的高温强度、良好的抗氧化和抗热腐蚀性能、良好的抗疲劳性能以及韧性等综合性能，是军用及民用燃气涡轮发动机热端部件不可替代的关键材料。高温合金主要由镍、钴、铬等元素组成，另外还会含有多种甚至更贵重的元素；因此，高温合金比较昂贵。一般高温合金的服役温度可达 900 ℃，但如果用单晶体取代多晶体高温合金，则可以使服役温度进一步提高，达到 1 150 ℃。要想提高叶片的服役温度并获得高性能的涡轮盘和叶片，需要掌握和运用大量的高技术手段。

纵观航空发动机技术发展现状和趋势，世界航空发动机技术正呈现一种加速发展的态势，现已开展了推重比为 15 至 20 级的更先进发动机的研究计划。虽然中国已经跻身自主研发和生产航空发动机的主要几个国家之列，但中国与美国等发达国家还是有一定的差距。中国现阶段飞机的设计正处于向推重比为 10 的研发目标迈进的过程中。

随着飞机的航程和飞机速度的提高，对飞机的推力、推重比的要求也越来越高，从而导致发动机的压力比、进口温度、燃烧室温度以及转速都大大提高。在先进的航空发动机中，高温合金占发动机材料总量的 40% 至 60%。因此，从某种意义上来说，没有高温合金就没有先进的航空工业。当前，陶瓷基复合材料、碳 / 碳复合材料、金属间化合物等材料在航空发动机上得到了应用。但在 1 200 ℃至 1 600 ℃高温条件下使用时，这

◉ 图 10.34 飞机发动机涡轮盘及涡轮盘边沿上安装的一圈叶片

些材料均未达到与镍基高温合金相抗衡的地步。可见，高温合金已经成为国防武器装备不可或缺的核心材料，同时也是民用工业领域中的关键材料；其研究和应用水平是衡量一个国家材料科学发展综合实力的重要标志。相信随着中国整体科研实力的快速提升，相关软硬件研发条件的不断完善，在不久的将来，一定会在中国航空领域开出更加鲜艳瑰丽的发动机工业之花！

10.11 具有光电特性的流体——液晶材料

通常，我们生活中所能接触到的物质一般只具有固态、液态和气态三种状态。固态物质在加热以后，一般会变为澄清、透明的液体。然而，1888 年奥地利植物学家莱尼茨尔在合成一种新型的有机化合物时发现，将该固态有机化合物加热到 145.5 ℃熔化时，产生了带有光彩的混浊物（图 10.35）；温度升到 178.5 ℃后，光彩消失，液体透明；而将此澄清液体稍微冷却，混浊又复出现。他将所观察的现象告诉了德国物理学家莱曼，莱曼利用偏光显微镜对该化合物进行了系统观察，重现和肯定了莱尼茨尔发现的双熔点现象。其中较低的温度为熔点，较高的温度称为**清亮点**。莱曼发现，这种混浊液态除了具有液体的流动性外，还具有固态晶体的某些光学性质。于是，莱曼将这种介于液态和固态晶体之间的物质命名为**液态晶体**，简称**液晶**。

随着人们对液晶的逐渐了解，发现液晶物质基本上都是有机化合物，可以把此类有机化合物的分子形状简单理解成棒状或盘状。以棒状液晶为例，在透明液态时具有流动性，其分子无序排列而长轴方向混乱；固态时没有流动性，其分子有序排列而长轴方向规整；当进入液晶态时，既具有流动性，其分子又能有序排列而长轴方向也规整（图 10.36）。现有的有机化合物中，每 200 种中就有一种可以呈现出液晶状态。

液晶材料有多种分类方法，按照液晶分子形成条件可分为溶致液晶和热致液晶。**溶致液晶**是指当溶液中分子达到一定浓度时，形成有序排列的液晶态，即溶致液晶的产生是由于溶液浓度发生变化导致的；**热致液晶**是分子在熔点和清亮点之间的温度范围内，形成一定程度有序排列而得到的液晶，液晶的出现是由于温度变化所导致的。目前，用于显示的液晶材料基本上都是热致液晶，而溶致液晶大量存在于生物系统中，在生命活动中起着重要的作用。

当前最常见的液晶分类方法是按照液晶结构有序性的类型和程度划分，一般分为近晶型液晶、向列型液晶和胆甾型液晶（图 10.37）。**近晶型液晶**因有序程度接近晶体而得名，分子排列成层，层内分子长轴互相平行，垂直于层片平面；分子可在本层活动，不能上下层移动，沿二维方向排列有序。**向列型液晶**分子沿长轴方向平行排列，分子间保持与近晶型液晶相似的平行关系；分子能上下、左右、前后滑动，沿一维方向有序，有很大的流动性。**胆甾型液晶**是向列型液晶的一种特殊形式。分子排列成层，层内分子排列成向列型；分子长轴平行于层的平面，层与层间分子长轴逐渐偏转，形成螺旋状。

从微观结构上看，多数液晶中分子沿某方向优先排列的现象会造成该优先方向与其他方向物理性质有所差异。由于液晶具有类似液体的流动性，其优先排列方向可由外电场或磁场来控制。研究发现，液晶分子在外电场作用下会改变其排列状态，从而引起液晶整体光学性质的改变，如折射率随之改变，称为**电光调制**现象。在工程上常利用电场来控制液晶中分子的排列方向。有的液晶的分子长轴和电场平行时，电势能较低；所以在外加电场下，长轴会朝着电场的方向转动。有的液晶的分子长轴和电场垂直时，电势能较低；所以在外加电场下，长轴会向着与电场垂直的方向转动。

经过几十年的发展，目前液晶显示器已是整个显示领域中的佼佼者。只要稍加留意，不难发现市场上用液晶显示器的仪器仪表、计算器、计算机、彩色电视机等，不仅品种越来越多，而且显示品质也越来越高，价格却越来越便宜。在液晶显示中，开发最成功、市场占有量最大、发展最快的是向列型液晶显示器。

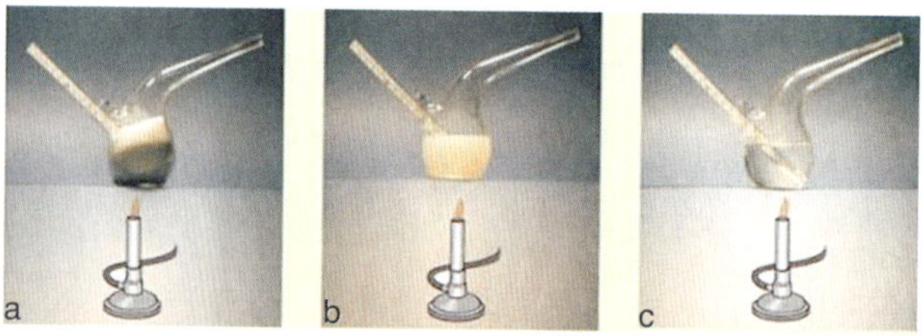

10.35 10.36 10.37 10.38

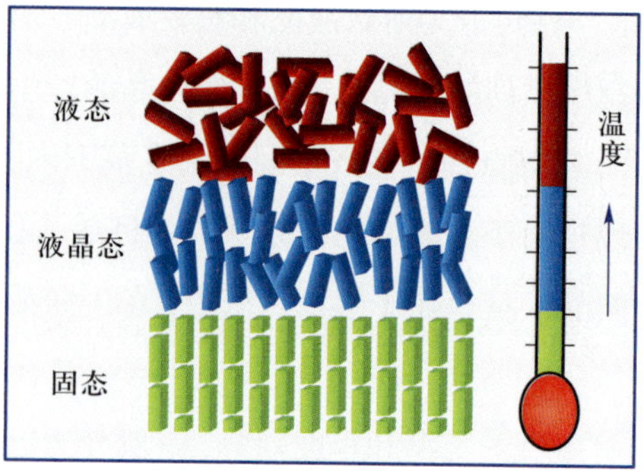

◉ 图 10.35 莱尼茨尔观察到的液晶态随温度转变示意图：a. 加热固体开始变成混浊液体；b. 升温使固体完全转变成混浊液体；c. 继续升温使混浊液体转变成清亮透明的液体

◉ 图 10.36 液态、液晶态和固态分子排列示意图向列型液晶显示器件的基本构件是**液晶盒**，液晶盒的两个外侧贴有偏光片，里面由上下两片平行且通常间隔十几个微米的透明导电玻璃基片支撑，盒中间充有液晶，四周用胶密封。上下玻璃基片内侧镀有透明的氧化铟锡导电薄膜作为显示电极；外部电场信号可以通过电极加载到盒中间的液晶区。液晶盒中玻璃片内侧的整个显示区通常覆盖着一层经处理过的高分子有机薄层，其作用是使向列型液晶分子按特定的方向排列。将外电场施加于液晶盒两侧时，液晶分子以其长轴排列与电场相互作用能尽可能低为原则，发生排列状态的改变（图 10.38），进而调制通过的光线。这种现象就是液晶显示的基础。

任何复杂的图形或画面都是由许许多多细小的单元组成，组成画面的这些细小单元称为**像素**。液晶显示器就是由大量的像素排列组合而成。每个像素都非常小而不能被肉眼分辨，但是通过控制每个像素中液晶的旋转方向，可以控制不同像素的透光强度，即亮度，进而整体呈现出不同明暗信息的画面，达到信息显示的目的。无论哪种液晶显示器件，基本显示原理都是利用液晶的电光效应做成电光调制器件，控制外界光在显示屏

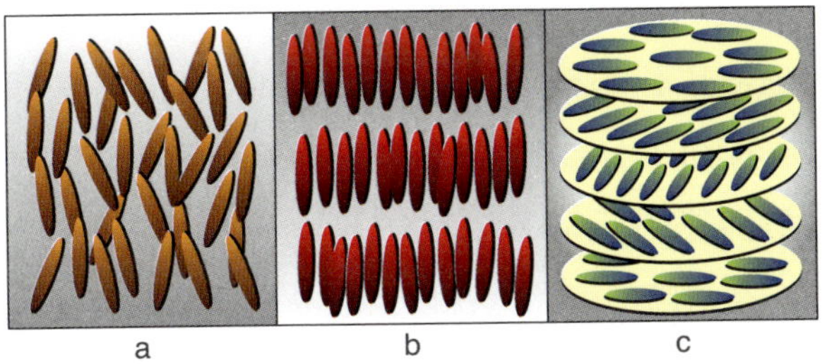

◉ 图 10.37 液晶分子排列模拟图：a. 近晶型液晶；b. 向列型液晶；c. 胆甾型液晶

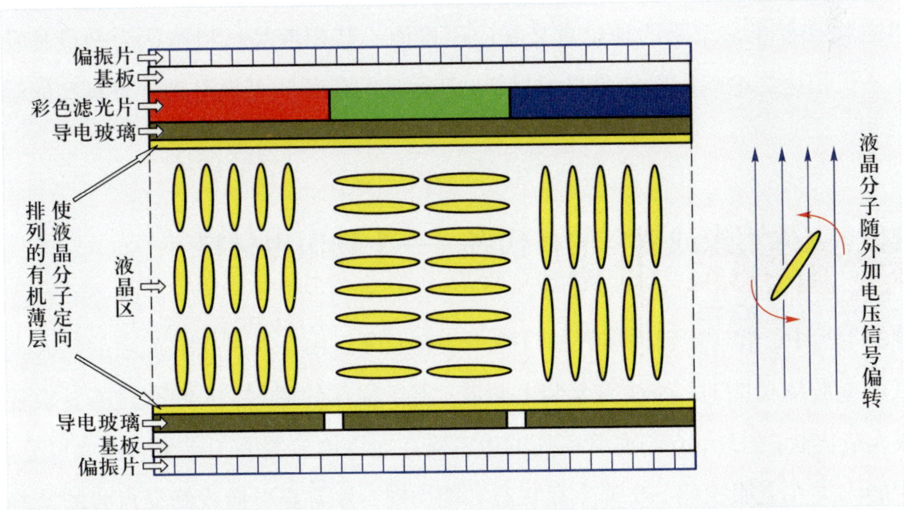

◉ 图 10.38 常见的向列型液晶显示器中液晶盒结构及电场作用下液晶分子改变排列方向示意图

上不同区域的强弱和明暗，以达到显示的效果。在彩色液晶显示器中，每个像素又分成三个单元，或称**子像素**。由下部照射的白光进入液晶后，用电信号控制液晶分子的排列方向可调制白光；调制后的白光透射过滤光片后继续传播。滤光片的作用是只允许某一种颜色通过，余下各色全部滤除，而附加的滤光片通常由红色、绿色和蓝色三种基本颜色按一定的顺序排列而成。这样，人们在液晶屏上看到的就是由红、绿、蓝三基色混合相加后形成的绚丽多彩的画面。

除了电场、磁场外，温度、光照等许多周围环境物理条件的变化也会改变一些特定液晶的透光特性，这些特性可以在很多方面得到实际应用。如在玻璃建筑构件或汽车挡风玻璃上涂覆适当液晶后，可借助人为改变液晶所承受的电场、磁场来改变其透光性，或随自然光照和玻璃温度的变化自动改变其透光性，以满足各种特殊的需求。

将某些类型的胆甾型液晶加热到接近清亮点的时候，会发生结构变化而形成**蓝相液晶**；出现蓝相液晶的温度区间通常比较窄，但蓝相液晶具备一些特殊的光学性能。当用作显示技术时，蓝相液晶具有亚毫秒级的极快响应速度、简单的液晶盒结构和制造工艺、较低的能耗以及更宽的视角等特点，被认为是下一代的液晶显示技术，因而近些年来受到了越来越多的重视。与前述的普通液晶不同，未施加电场时，蓝相液晶在偏振片作用下会呈现一个无光线的暗场；当施加电场的时候，液晶分子的长轴将沿着电场方向重新排列以改变其光学特性，使入射光通过偏振片后呈现亮度场。

随着人们生活水平的提高，大尺寸、高清晰的液晶电视以及液晶显示器成为时代的需要，这就要求液晶显示器的响应速度需要进一步提高。因此，研究快速电光响应的显示材料也就具有非常重要的理论意义和应用价值。蓝相液晶材料被认为是最具发展前途的下一代快速光电响应的液晶显示材料，其运动图像品质可提升到近乎真实的运动效果。

10.12 人体组织或器官的替代者——生物医用材料

在日常的生活中，常观察到许多人的口腔中装有假牙。由于各种疾病或事故使人丧失某部分肢体或肢体功能时，往往需要装上假肢；出于损伤的原因，人们有时需要换装人工关节或人造皮肤；另外，有心血管疾病的患者需在血管内放置人工支架。由此可见，现代社会中的人类在克服疾病、改善生存状态和能力时，常需要更换或修复自身的某些器官或部位；而在这一过程中，不可避免地会使用到与人类生物体相关且需借助医学技术的各种生物医用材料。通常要求，生物医用材料不能对人体组织产生显著的不良影响。生物医用材料本身并不是药物，而是为植入体内或与人体器官组织相接触而设计的天然或人工材料，以便通过与生物机体直接结合和相互作用实现治疗的目的。

生物医用材料的研究和应用由来已久。早在公元前约 3 500 年，古埃及人就利用棉花纤维、马鬃作缝合线缝合伤口；而这些棉花纤维、马鬃则可称为原始的生物医用材料。墨西哥的印第安人曾使用木片修补受伤的颅骨。在公元前 500 年的中国和埃及墓葬中，均发现了假牙、假鼻和假耳。1936 年发明了有机玻璃后，有机玻璃很快被用于制作假牙和补牙，至今仍在使用。1949 年美国第一次介绍了利用有机 PMMA 聚合物作头盖骨、关节和股骨，以及利用聚酰胺纤维作手术缝合线的临床应用情况。在 20 世纪 50 年代，有机硅聚合物开始被用于医学领域，如在器官代替、整容等临床上有广泛的应用。近年来生物医用材料迅猛发展，全球对生物医用材料的需求也以大于 20% 的速度逐年增长。

作为植入人体的材料，不仅需要在生理条件下长期保持力学性能的稳定，而且还不能对人体的组织、血液、免疫等系统产生不良影响。因此，除了要求生物医用材料具备相应的力学性能、物理性能、成型加工性能外，还要在灭菌性能、生物稳定性、生物相容性、溶出物及可渗出物等特性方面均有比常规材料更高的要求。

生物医用材料在长期的服役过程中，要与人体器官或组织长期共存，因此生物相容性是生物医用材料非常关键的特性指标。例如，植入人体内的生物医用材料及各种人工器官、医用辅助装置等医疗器械，必须对人体无毒性、无致敏性、无刺激性、无遗传毒性和无致癌性，不能对人体组织、血液、免疫等系统产生不良反应；同时，又能在体内生理环境中保持其应有的物理、化学、力学性能。

生物相容性通常包括**组织相容性**与血液相容性两大类。组织相容性涵盖细胞吸附性、无抑制细胞生长性、细胞激活性、抗细胞原生质转化性、抗类症性、无抗原性、无诱变性、无致癌性、无致畸性等。目前，常用于体内植入装置的生物医用材料包括硅橡胶、环氧树脂、聚乙烯、聚合酯等各种高分子材料，以及铂、钛、钽、不锈钢等各种金属材料。长期植入装置还需选用耐腐蚀的贵金属作为封装材料，例如钛合金、铂合金、钴合金等；这些贵金属除具备较高的生物相容性外，还具有较高的稳定性、密封性、高刚性、高强度等优点。

生物医用材料的生物相容性和相关质量直接关系到患者的生命安全。因此，根据在人体内接触部位（皮肤、黏膜、组织、血液等）、接触方式（直接或间接）、接触时间（暂时、中期和长期）和用途，还需对生物医用材料作生物学实验评估，包括细胞毒性实验、致敏实验、刺激反应实验、亚急性毒性实验、植入实验、血液相容性实验、慢性毒性实验、致癌性实验、生殖与发育毒性实验、生物降解实验等。

按照材料的化学本质，生物医用材料可分为金属、陶瓷、高分子等几大类。

生物医用金属材料具有高强度、抗疲劳、抗生理腐蚀和优良生物相容性等特点，可以用于各种人工器官及外科辅助器械。实际应用的生物医用金属材料有不锈钢、钴基合金、钛及钛合金、镍钛形状记忆合金、金银等贵重金属、银汞合金、钽、铌等金属和合金。医用不锈钢具有一定的耐腐蚀性和良好的综合力学性能，且加工工艺简便，是生物医用金属材料中应用最多、最广的材料，适合于制造体内承载苛刻载荷的长期植入件。医用不锈钢在骨外科和牙科中应用较多，常用于制造人工髋关节、膝关节以及接骨板、骨钉、关节扣钉和骨针等；在心脏外科中，它也用于制造人工心脏瓣膜、血管支架等。医用不锈钢最大的缺点是化学稳定性尚不理想；临床前的消毒、电解抛光和钝化处理只能在一定程度上改善其化学稳定性，因而影响其植入人体后的服役性能和寿命。医用钛和钛合金也是一种应用越来越广泛的医用金属材料，它不仅具有良好的力学性能，而且在生理环境下具有优良的生物相容性。钛合金的密度较低，弹性较其他金属更接近天然骨，故广泛应用于制造各种髋、膝、肘、肩等人造关节（图 10.39）；此外，钛合金还在心血管系统具有广泛的应用。钛合金的缺点是耐磨性能不够理想，限制了其使用范围。

随着年龄的增长，人体心脏的冠状动脉血管会出现硬化、变窄、梗塞的现象，危及生命。临床上通常采用安装心脏冠状动脉支架方法（图 10.40）撑开血管，以方便血液流动。理想的支架需具备抗血栓、生物相容性好、表面积小、扩张可靠、支撑力优异等特点，且需便于灵活安装和跟踪监视，常选用不锈钢、镍钛合金或钴铬合金的网状支架。

生物医用陶瓷由各种生物相容性良好的氧化物、碳化物、硅化物等组成，常见的生物陶瓷有氧化铝、氧化锆、碳化硅、氮化硅、硅酸盐、羟基磷灰石、生物活性玻璃等。又可根据生物陶瓷与生物体的反应特性，分为生物惰性陶瓷、生物活性陶瓷、生物吸收性陶瓷材料。世界各国已相继发展了各类用于人体硬组织的代用植入陶瓷材料，可以广泛用于骨科、整形外科、牙科、口腔外科、心血管外科、眼外科等。如氧化铝是最常用的生物惰性陶瓷，具有高强度、高耐磨，化学性稳定和耐腐蚀等特点，克服了医用金属存在的腐蚀、疲劳、易与体液发生反应以及塑料稳定性差、强度低等问题，因而在骨科、牙科、五官科骨缺损修复方面被广泛应用。此外，生物活性玻璃是一类兼具生物相容性和生物降解性的陶瓷材料，在生物体内可与体液发生反应生成类骨羟基磷灰石，并可逐渐降解吸收；常用于骨填充、骨植入体、骨科和牙科器械表面改性等。与天然骨比较，生物活性玻璃韧性较差，易脆断，在生理环境中抗疲劳性能较差，目前还不能直接用于承力较大的人工骨。

因外伤、肿瘤及其他眼科致盲的疾病有时需摘除眼球，其后如不及时填充材料即会造成眼窝塌陷，严重影响患者的容颜及身心健康。传统的硅胶球、陶瓷和玻璃球等填充材料植入人体后，不易被机体接受，易发生排斥反应，且不能活动。1985 年，美国设计发明了用与人体骨骼的化学和物理结构相似的羟基磷灰石制作**义眼台**（图 10.41），即眼球摘除术后进行眼窝修补的植入性填充物，由此大大扩展了生物陶瓷的应用前景。人工制备羟基磷灰石义眼台的多孔物理结构孔孔相通，可非常接近人骨物质；植入后人体的组织纤维、血管甚至骨细胞可自由长入。因此，这种义眼台的组织相容性好、质量轻、无

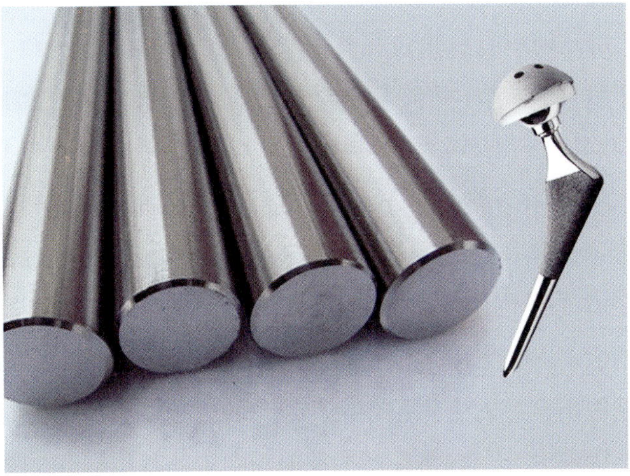

10.39

10.40

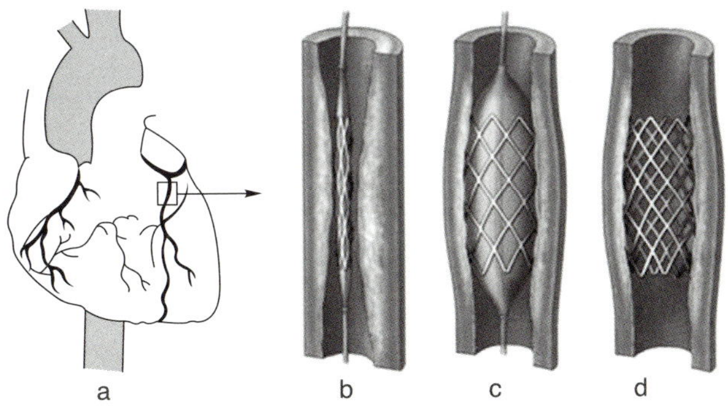

◉ **图 10.39** 钛合金质人工髋关节

◉ **图 10.40** 心脏冠状动脉支架及其安装：a. 心脏冠状动脉血管的位置；b. 用纤维管将收缩的金属网状支架输入冠状动脉血管内部适当位置；c. 将纤维管局部充气以撑开金属网状支架；d. 放气并撤除纤维管

刺激性、化学性质稳定、可生殖出血管，而且无毒、不排异、眼窝凹陷部充盈、可侧眼转动，因而可一次植入终身受益，已被广泛应用于矫正眼球摘除术后眼眶凹陷畸形。

生物医用高分子材料是生物医学材料中发展最早、应用最广泛、用量最大的材料，也是一类正在迅速发展的材料。它既可以来源于天然产物，又可以人工合成。此类材料除应满足一般的物理、化学性能要求外，还必须具有足够好的生物相容性。根据不同的来源，医用高分子材料可分为天然医用高分子材料、人工合成高分子材料、天然生物组织与器官等。按照不同的性质，医用高分子材料可分为非降解型和可降解型两类。对于前者，要求其在生物环境中能长期保持稳定，不发生降解等化学反应或物理磨损等，并具有良好的力学性能。对于后者，则要求其在体内逐渐降解，同时降解产物能被肌体吸收代谢，并通过排泄系统排出体外，不对人体健康产生影响。根据使用的目的或用途，医用高分子材料还可分为心血管系统、软组织或硬组织修复材料等。生物医用高分子材料可满足人体组织器官的大部分要求，因而在医学上受到广泛重视。目前，已有数十种高分子材料适用于人体植入，可用于制造人工肺、肾、心脏、喉头、气管、胆管、角膜等；聚酯纤维可用于制造血管、腹膜等；硬组织材料包括有机骨水泥、PMMA 聚合物、尼龙、硅橡胶等，可用于制造人工骨和人工关节；可降解材料包括具有生物降解特性的脂肪族聚酯，多用于手术缝线、可吸收骨板、组织工程支架材料等。

医学凝胶材料常指溶液中的高分子链在一定条件下互相连接，形成空间网状结构，且结构空隙中充满了大量作为分散介质的液体，其整体几乎无流动性。生物医用水凝胶（图 10.42）是一种以水为分散介质的高分子网络体系，性质柔软，能保持一定的形状；在水中吸收大量的水分后，体积会增大，并继续保持其原有结构而不被溶解。医用水凝胶这种特性与生命组织材料类似，表现出良好的生物相容性和适当的力学性能；医用水凝胶比其他任何合成生物材料都接近活体组织，它在性质上类似于细胞外基质部分，吸水后可减少对周围组织的摩擦和机械损伤，可显著改善材料的生物学性能。水凝胶在生物医药、组织工程等方面得到了广泛应用，如可作为组织填充剂、药物缓释剂、接触眼镜、人工血浆、人造皮肤、组织工程支架材料等。

10.41

10.42

◉ 图 10.41 羟基磷灰石生物陶瓷义眼台

◉ 图 10.42 医用细菌纤维素水凝胶

进一步阅读

- 毛卫民．材料与人类社会．北京：高等教育出版社，2014.
- Autumn K, Liang Y A, Hsieh S T, *et al*. Adhesive force of a single gecko foot-hair. Nature, 2000, 405: 681–684.
- Autumn K, Majidi C, Groff R E, *et al*. Effective elastic modulus of isolated gecko setal arrays. The Journal of Experimental Biology, 2006, 209: 3558–3568.
- Eigler D M, Schweizer E K. Positioning single atoms with a scanning tunneling microscope. Nature, 1990, 344: 524–526.
- Iijima S. Helical microtubules of graphitic carbon. Nature, 1991, 354: 56–58.
- Xiao L, Chen Z, Feng C, *et al*. Flexible, stretchable, transparent carbon nanotube thin film loudspeakers. Nano Letters, 2008, 8(12): 4539–4545.

- Bae S, Kim H, Lee Y, *et al*. Roll-to-roll production of 30-inch graphene films for transparent electrodes. Nature Nanotechnology, 2010, 5(8): 574–578.
- Qin Y, Wang X, Wang Z L. Microfibre-nanowire hybrid structure for energy scavenging. Nature, 2008, 451: 809–813.
- 埃德蒙顿 . 极光梦境 . 新经济，2013（3）：30–31.
- 赵敏寿，孙长英 . 稀土金属间化合物磁蓄冷材料 . 稀有金属，1996，20（6）：467–471.
- Johansen T H, Bratsberg H, Riise A B, *et al*. Measurements and model calculations of forces between a magnet and granular high-Tc superconductor. Applied Superconductivity, 1994, 2(7–8): 535–548.
- Yang Z J, Johansen T H, Bratsberg H, *et al*. Lifting forces acting on a cylindrical magnet above a superconducting plane. Physica C, Superconductivity, 1992, 197(1–2): 136–146
- 马如璋，蒋民华，徐祖雄 . 功能材料概论 . 北京：冶金工业学出版社，1999.
- 乡村走出来的巨人——莱特兄弟 . 乡镇论坛，1994（9）：49.
- 郭仁玮. 利用聚合物稳定胆甾相液晶制备宽波反射薄膜的研究 . 博士学位论文 . 北京：北京科技大学，2010.
- 贺潇 . 新京报 .2012 年 3 月 27 日 .
- Lutjering G, Williams J C. 钛 . 雷霆，杨晓源，方树铭，译 . 2 版 . 北京：冶金工业出版社，2011.
- 王庆良 . 羟基磷灰石仿生陶瓷及其生物摩擦学研究 . 徐州：中国矿业大学出版社，2010

附录 1　各展览院馆资料来源索引

1. 省级博物院、馆

简称	全称	简称	全称
川	四川博物院	闽	福建博物院
鄂	湖北省博物馆	宁	宁夏回族自治区博物馆
甘	甘肃省博物馆	青	青海省博物馆
赣	江西省博物馆	琼	海南省博物馆
贵	贵州省博物馆	陕	陕西历史博物馆
桂	广西壮族自治区博物馆	苏	南京博物院
黑	黑龙江省博物馆	皖	安徽博物院
沪	上海博物馆	湘	湖南省博物馆
吉	吉林省博物院	新	新疆维吾尔自治区博物馆
冀	河北博物院	渝	重庆博物馆
津	天津博物馆	豫	河南博物院
晋	山西博物院	粤	广东省博物馆
辽	辽宁省博物馆	云	云南省博物馆
鲁	山东博物馆	浙	浙江省博物馆
蒙	内蒙古博物院		

2. 其他博物院、馆

简称	全称	简称	全称
半	西安半坡博物馆	乐	沈阳新乐遗址博物馆
昌	南昌市博物馆	洛	洛阳博物馆
地	中国地质博物馆	南	南宁博物馆
广	广州博物馆	农	辽宁农业展览馆
国	中国国家博物馆	秦	秦始皇兵马俑博物馆
汉	张之洞与汉阳铁厂博物馆	昙	昙石山遗址博物馆
杭	杭州博物馆	西	西安博物院
徽	安徽省地质博物馆	越	西汉南越王博物馆
金	金沙遗址博物馆	长	长沙博物馆
京	北京古人类文化遗址博物馆	周	周口店遗址博物馆
矿	新疆地质矿产博物馆		

3. 国际博物馆、展会

简称	全称	简称	全称
杜	德国杜塞尔多夫市博物馆	陶	德国国家陶瓷博物馆
弗	德国弗莱堡考古博物馆	特	美国英特尔博物馆
肯	希腊雅典肯罗坡罗斯博物馆	卫	希腊雅典卫城博物馆
魁	加拿大古易洛魁村落遗址	希	希腊国家考古博物馆
廊	希腊雅典阿塔罗斯柱廊	英	大英博物馆百物展
沙	沙特出土文物展		

附录 2　名词索引及名词概念的科普阐述

名词	科普阐述	章 - 页码
n 型半导体	掺杂后出现了许多带负电荷而易于迁移的自由电子的半导体	7-230
p 型半导体	掺杂后出现了许多易于吸收电子而迁移的空穴的半导体	7-230
p-n 结	n 型半导体与 p 型半导体接触后，n 型半导体内自由电子越过接触面进入 p 型半导体区，由此在接触面两侧附近形成的高电阻区	7-232
白铜	以含较多镍为主的铜合金	4-113
百炼钢	以适当含碳较高的冶炼铁条为原料，将若干这种铁条叠放在一起，经过加热、铁锤锻打、再加热、铁锤再锻打的反复加工并以适当冷却速度制成的钢条	5-183
半导体	阻率介于金属导体和绝缘体之间的物质	7-230
半导体二极管	以半导体物质为材料制成的呈单向导电性的器件	7-229
本征半导体	不含杂质的半导体	7-230
比表面积	物质的表面积与其体积的比值	10-314
比强度	强度与密度的比值	8-252
比特	以 0、1 为基础的二进制的一个位数	7-227
表面效应	因物质达到纳米尺度所引起的表面性质的异常改变	10-314
冰铜	粗制的铜块，铜和氧化铜混合的富铜复合物，属于人工冶铜过程的中间产品	4-116
兵器	铜器时代首先出现且专门用于人与人之间争斗的战争器具或装置	4-131
玻璃	日常生活中能够让可见光穿越的透明或透光的固体物质	5-194
玻璃钢	把塑料与化学纤维按照设定的方式混合在一起构成的化学纤维增强塑料基复合材料	6-219
玻璃态	物质的原子或分子杂乱地堆砌分布状态	5-197
不锈钢	表面形成一层致密的氧化膜，可以阻止进一步氧化的钢	6-208
瓿	盛酒或水的小瓮	4-142
材料	用于制造有用物件的物质	1-004
采猎经济	人类以捕获野生动物、捕鱼及采摘植物的果实来获取食物的经济模式	3-049
锸	一种掘土、松土的工具，类似于锹，具有铲或镐的某些功能	4-122
超导电性	物质呈现零电阻的特性	10-331
超导临界温度	物质开始失去电阻时的最高温度	10-331
超导态	物质处于零电阻的状态	10-331
超导陶瓷	在高于液氮温度保持超导状态的陶瓷	8-265
超导体	处于超导态的材料或物质	10-331
超高强度钢	特殊的高强度钢，用于制作要求强度高、质量轻的构件	8-250
炒钢	对生铁水鼓风搅拌，促使铁水中的碳氧化烧损，促使生铁变成熟铁或钢的制钢技术	5-182
储氢材料	吸收氢气并以固体方式储存氢气的材料	10-342
储氢容量	储氢材料可储存氢的质量分数	10-343
锤击法	用石头块作为石锤直接打击，使该石材转变或碎变为适合使用的形状，以用作工具	2-028
瓷器	烧制原料中氧化铝含量的提高和氧化铁含量的降低，造成烧成器的断口基本呈现白色，烧成温度超过 1 200 ℃致使烧成器断面致密度提高至其吸水率低于 1%，表面釉料适合于 1 200 ℃以上高温烧制并形成与烧成器主体结合紧密而均匀分布的釉层的烧成器	5-186
磁电阻效应	磁性材料的不同方向施加外磁场导致其电阻改变的现象	10-322

续表

名词	科普阐述	章 - 页码
磁热材料	当磁场发生变化时在磁场中出现吸、放热现象的材料	10-324
磁热效应	磁性物质在磁场作用下升温、退除磁场时降温的物理现象	10-324
磁性陶瓷	氧化铁为基础与其他金属氧化物复合成的磁性材料	8-264
磁制冷技术	利用磁热材料降低温度的技术	10-324
磁致伸缩效应	铁磁体在磁场的作用下长度发生变化的现象	10-319
长石	主要是氧化硅、氧化铝及多种碱性氧化物混合组成的铝硅酸盐	8-260
粗钢	经炼铁、炼钢过程获得的在后续加工之前的钢坯	6-214
脆性	在外载荷值提高到一定程度后，材料不发生塑性变形而直接突发性断裂的特性	1-007
单晶硅	硅原子完全按照特定规则堆砌成一个大块的单晶体	7-236
单晶体	一块单一的晶体	5-195
单体	构成高分子化合物的简单低分子化合物	1-008
单向导电性	当阳极的电位高于阴极时导通，当阳极的电位低于阴极时不导通；这种随电场正、反方向变化而分别呈通、断状态的特性	7-228
胆甾型液晶	向列型液晶的一种特殊形式。分子排列成层，层内分子排列成向列型；分子长轴平行于层的平面，层与层间分子长轴逐渐偏转，形成螺旋状	10-348
低温超导	只能在液氦温度下呈现超导态的物质	10-333
涤纶	一种纤维，其弹性高于所有纤维，耐磨性较好，耐热性和化学稳定性较强，能抗微生物腐蚀、耐虫蛀的合成纤维；所织造的面料不仅非常牢固，而且挺括、不易变形，且可免烫；但是吸湿性极差、不透气，经常摩擦之处易起毛、结球等	8-277
地磁场	地球周围存在的微弱磁场	10-322
电波	电磁波	10-336
电磁波	电磁场的运动或传播形态	10-336
电磁波吸收剂	能显著吸收电磁波的物质	10-338
电磁场	变化的电场和变化的磁场所构成的一个不可分离的统一场	10-336
电磁辐射	电磁波	10-336
电磁感应	变化的电场会在周围引起磁场、变化的磁场会在周围引发电场的现象	10-336
电光调制	在外电场作用下，液晶分子会改变其排列状态，从而引起整体液晶的光学性质的改变，如折射率随之改变的现象	10-348
电子二极管	具有阳极和阴极两极和单方向导电特性，可以电子方式记录二进制数值的电子器件	7-228
（电子）计算机	电驱动数据输入、存储、计算、增殖和输出系统，可用于大型复杂运算，用作互联网络系统的各种设备、自动而精确控制各种工业生产过程、操控机器人等	7-228
电子 - 空穴对	一个自由电子和一个空穴的合称	7-230
鼎	带支撑腿的釜	3-075
豆	高脚食器，盛放热食时可以端起来随处移动而不烫手	3-082
多晶体	大量大大小小的单晶体堆砌成的集合体	5-196
范	铸造时所用其内腔具有铸器形状的模子，液态金属在内腔冷却凝固后即成铸造器件	4-119
芳纶 1414	一种高强度、高刚性的特种纤维	8-279
纺织	纤维材料制成布料的过程	3-085
非晶体	原子或分子以非规则方式堆砌起来形成的物质体	5-195
非铁金属材料	钢铁以外的金属材料	8-252
翡翠	主要由氧化硅、氧化铝、氧化钠及少量其他氧化物组合而成的一种玉石，质地偏硬	3-091

续表

名词	科普阐述	章 - 页码
氟纶	几乎不溶于任何溶剂、化学稳定性极好的特种纤维	8-277
腐蚀	金属元素在环境中发生氧化或其他化学反应的行为	1-007
复合材料	将两种或两种以上固体材料借助特定的加工方法混合在一起而组成的具有良好综合性能的材料	1-008
服役	使役	1-017
刚性	在外力作用下固体物质不容易改变原来几何形状的特性	1-006
钢	含碳量适中、质地比较纯净且性能优良的铁质材料	5-182
钢筋混凝土	把钢筋添加到混凝土内形成的复合材料	6-218
钢铁材料	以铁为基础和主要成分的材料	8-247
钢铁时代	英国工业革命后传统的小作坊式的钢铁生产转变为工业化钢铁生产的时代，即工业化的铁器时代	6-206
高分子化合物	分子量大于 5 千或 1 万的化合物	1-007
高温超导	在液氮存在的温度或更高温度能够呈现超导态的物质	8-265
高温合金	能够在 600 ℃以上及一定应力条件下长期工作的金属材料	10-346
隔热材料	具有高的气孔率和很低的密度，导热能力很低的轻质材料	8-267
工程材料	在工业部门借助某种方式的加工、制造而生产各种物件或产品时会使用到各种不同的物质	1-006
工程塑料	一般指能承受一定外力作用，具有良好的力学性能和耐高、低温性能，尺寸稳定性较好，可以用作工程结构的塑料	8-272
工具钢	用于制作加工其他金属构件的工具，且硬度很高的钢	8-250
功能材料	主要满足服役环境对非力学的物理性能所提出的各种特定要求的材料	1-012
觥	带盖的盛酒器	4-142
共聚物	通过化学的方法把多种有机物单体共同聚合在一起形成的有机高分子材料	8-272
觚	用于饮酒的圈足、敞口容器	4-142
刮削器	较为小型，通常带有刃口的边缘，用以切割猎物或刮削、分割猎物	2-026
灌钢	将熟铁和生铁按一定比例混合后加热到生铁熔点以上，使二者融合制成含碳适中钢材的方法	5-182
光导纤维	使光可以在其内部以波的方式传输的纤维状介质材料	7-239
光通信技术	以激光为载体、以光导纤维为传输介质的通信方式	7-238
光纤	使光可以在其内部以波的方式传输的纤维状介质材料	7-239
硅时代	信息时代	7-242
硅酸盐材料	以氧化硅为基础、由多种硅酸盐化合物构成的材料	1-007
鬶	带把的盛放液体的壶，底部可以烧火加热，以随时保障热饮	3-082
簋	一种盛放热食的容器，底部有一个座腿，与放置处隔开了一定距离，防止烫灼	3-078
海绵钛	从钛矿石还原出来的呈海绵状的金属钛	8-257
合成棉花	维纶	8-277
合成纤维	用人工合成的高分子化合物制成的化学纤维	6-219
合成橡胶	以化学方法人工合成且具有天然橡胶基本特性的橡胶	6-221
合成羊毛	腈纶	8-277
合金	以金属元素为基础、由两种或两种以上金属或金属与非金属组成的金属体系	1-006

续表

名词	科普阐述	章 - 页码
核磁共振	在一恒定磁场和交变磁场的共同作用下，物质原子核内粒子运动造成的微磁场对变化的电磁场产生强烈共振吸收的现象	10-335
盉	温酒的容器	3-082
黑色金属材料	钢铁材料	8-247
红铜	纯铜或比较纯的铜	4-113
后铁器时代	英国工业革命后传统的小作坊式的钢铁生产转变为工业化钢铁生产的时代，即工业化的铁器时代	6-205
互联网（络）	利用通信线路和设备以一定的连接方式把分布在不同地点且具有独立功能的计算机系统相互连接在一起，在网络软件的支持下进行数据通信、实现资源共享的系统	7-238
化学纤维	以天然高分子化合物或人工合成高分子化合物为原料，经过制备特定的化学原液、喷压成丝、凝固成纤维和后续处理等工序制成的、具有可纺织成织物特性的纤维	6-219
黄铜	以含较多锌为主的铜合金	4-113
混凝土	将水泥与砂、碎石按照一定比例经搅拌混合后构成的水硬性混合凝胶材料	6-217
机械性能	力学性能	1-009
集成电路	把以半导体材料为基片，经加工使各种电子元器件在制作过程中互相连接并集成在基片内部、表层和表面，以产生所设定的电路功能的微型化电路	7-233
戟	把矛和戈合并在一起制成的兼有矛与戈所有作战效能的兵器	4-133
加工	针对不同材料的特点，为制成有用物件所需实施制备过程的整体简称	1-016
斝	底部可以加热而用于温酒的容器	4-127
尖状器	带有尖锐突出部位的石器	2-029
焦耳效应	铁磁体在磁场的作用下其长度发生变化的现象	10-319
阶跃型光纤	入射光束在芯层与包层之间借助全反射呈锯齿曲线传播的光纤	7-239
结构	材料的化学构成和内部原子排列方式的整体简称	1-016
结构材料	主要满足服役环境对力学性能所提出的各种特定要求的材料	1-011
金伯利岩	火山喷发而带到地表附近的类碱性含碳镁质火山岩	10-310
金刚石	单质碳原子以非常紧密的形式规则排列成硬度极高的物质	10-309
金属材料	由金属或合金构成的材料	1-006
金属陶瓷	至少由一种金属和一种陶瓷质非金属烧结而成的材料	8-263
锦纶	强度较高、耐磨、回弹性好的一种合成纤维，但其吸湿性和通透性较差，在干燥环境下易产生静电。短纤维织物也易起毛、起球，且耐热性、耐光性、保形性较差	8-277
近晶型液晶	分子排列成层，层内分子长轴互相平行，垂直于层片平面	10-348
劲度系数	弹性变形量的大小与外力的大小成比例的比值	1-006
晶界	两个相邻单晶体之间的分界面	5-196
晶体	原子或分子以规则方式堆砌起来形成的物质体	5-195
晶体管	以半导体物质为材料制成的呈单向导电性的器件	7-230
腈纶	属于轻、松、柔软、美观、能长期经受较强紫外线集中照射和烟气污染、最耐气候老化的一种合成纤维，其润湿性优于羊毛和丝纤维，但耐磨性是合成纤维中较差的，且不宜高温熨烫	8-277
旧石器时代	石器时代约 1.5 万年前之前的阶段	1-018
居里温度	磁性物质在此温度之上会失去磁性	10-319
聚合反应	把单体聚合起来生成聚合物或高聚物的化学过程	1-016

续表

名词	科普阐述	章 - 页码
聚合物	通过特定的聚合处理制成的高分子化合物	1-008
聚合物材料	有机高分子材料	1-008
爵	一种带有流槽的高脚饮酒容器	4-127
砍砸器	一般比较厚钝的较大型石质工具，主要用于伐树制棒、挖掘植物块茎、砸破坚果外壳、攻击狩猎猎物及后续加工等	2-026
可生物降解材料	可在体内逐渐降解，降解产物对人体无毒副作用，可被机体吸收代谢或排泄的材料	8-282
空穴	带负电的自由电子离开原来位置后会留下一个带正电的空位	7-230
块炼铁	借助加热烧烤铁矿石，缓慢地制出海绵状或蜂窝状铁块	5-160
蓝相液晶	具备亚毫秒级极快响应速度、简单液晶盒结构和制造工艺、较低能耗、更宽视角等特性的接近清亮点的胆甾型液晶	10-350
劳动	思维指导下有目标地改造环境而获取成果的生存行为	2-025
老化	随使用或放置时间的延长，高分子材料性能在外界日晒、温度、湿度、载荷等环境作用下发生变脆、龟裂、变软、发黏、褪色、失去光泽等不可逆的恶化现象	1-008
鬲	一种口沿外翻带三个空心支撑腿的煮饭炊具	4-142
罍	小口、宽肩、收腹、圈足、有盖的盛酒器	4-142
耒	一种分两叉的翻土工具	4-122
力学性能	材料承受各种载荷力作用的能力	1-009
连续铸造	将金属液体注入特定模腔中使之连续地凝固成一定厚度且较宽的金属坯	1-014
炼钢	去除铁水中各种残留杂质和多余的碳，并调整铁水中各种元素的含量而形成所期望成分的过程	1-014
炼铁	将铁矿石还原成含有较高碳量的铁水	1-014
量子尺寸效应	因物质达到纳米尺度所引起的物质原子内电子能级的异常改变及所带来的物质物理性能的改变	10-315
量子隧道效应	因物质达到纳米尺度所引起的物质内部较低能的微小粒子可以穿越较高能垒及所带来的物质物理性能突变或异常变化的现象	10-315
撂荒耕作制	把种植几年的地荒废一两年，等该地生长植物的能力恢复后再耕种	3-050
铝合金	以铝为主要成分的金属材料	8-252
马赛克	不同颜色小陶瓷块，可拼接成各种镶嵌图案，属于炻器	8-262
镁合金	以镁为主要成分的金属材料	8-258
棉	铜器时期发展并广泛使用的植物纤维纺织材料	4-149
模拟信息	以无理数值准确、真实、连续地表达那些在自然界和人类社会中存在的相关数值信息	7-227
磨光石器	选择比较坚硬且适合磨制加工的砺石作磨石，然后把粗制的石器坯料在磨石上作精细的磨制加工以获得较光洁的表面	3-053
磨制石器	边刃部多经过进一步磨制加工制成的石器，区别于原始粗放式制作的石器	2-035
纳米材料	材料在三维空间中至少在一维方向上处于纳米尺度范围，或者以纳米尺度物质为内部基本单元构成整体，且因某种纳米效应而呈现某种特殊性能的材料	10-313
纳米技术	在 100 纳米以下的尺寸范围以原子和分子尺度组装或创制新物质，并在这种水平上对物质和材料进行研究和处理的技术	10-315
纳米效应	因物质达到纳米尺度所引起宏观性质突变或异常变化的现象	10-315
耐火材料	在 1 580 ℃以上使用的无机非金属材料	8-267
耐热钢	在较高温度下具有一定抗氧化能力并可保持较好的力学性能的钢，主要用作各种高温设备的构件	8-250

续表

名词	科普阐述	章 - 页码
铙	一种扁圆形打击乐器	4-142
内应力	单位截面面积上所承受的力	1-009
逆磁致伸缩效应	对铁磁材料施加外力使其发生弹性变形时其内的磁场发生变化的现象	10-319
黏土	主要由颗粒细小的氧化硅、适量的氧化铝以及少量氧化铁和多种其他氧化物组成的含水泥土	3-069
凝胶材料	能从浆体转变成具有一定强度的固体物质的材料	6-216
佩尔捷效应	有导电能力材料的两端存在电位差时会形成温度差的现象	10-328
碰击法	手持所选择的石核向周围环境中的天然大石头上碰击以产生碎石片	2-028
平炉	一个比较封闭的带有很大熔池的专用炼钢设备，带有燃料通道和热空气通道，可以快速燃烧加热，熔化炼钢原料并保持或控制钢水的温度，实现较长时间炼钢过程	6-206
屏蔽材料	导电良好、能阻挡电磁波的物质	10-338
普通陶瓷	黏土类及其他天然原料经过粉碎、成型、烧成等工序制成的具有较高强度的固体制品	8-260
强度	使材料发生塑性变形或断裂时所需要的最低应力值	1-009
青瓷	借助增加氧化铁的含量在表面形成低熔点、高粘度釉的瓷器	5-187
青铜	以含较多锌、镍以外的其他元素为主的铜合金	4-113
青铜器时代	人工制造并大规模使用青铜器的时代	1-018
清亮点	有机化合物在熔点以上变成混浊液体后升温至变成透明液体的温度	10-347
燃料电池	控制氢与氧结合使之直接产生电能的电池类装置	10-342
热电材料	具有明显热电效应，并可望用于实现热能和电能相互转换应用的材料	10-328
热电偶	利用适当材料的热电效应制作成的测量温度的装置	10-329
热电效应	塞贝克效应和佩尔捷效应的总称	10-328
热声效应	低体积热容材料通入音频电信号后引发巨大声波的现象	10-316
热致液晶	分子在熔点和清亮点之间的温度范围内形成一定程度有序排列而得到的液晶	10-347
人造纤维	以天然高分子化合物为原料制成的纤维	8-276
韧性	材料抵抗冲击作用而不被破坏的能力	1-011
溶致液晶	溶液中分子达到一定浓度时形成有序排列而形成的液晶态	10-347
茹毛饮血	捕获猎物后，连毛带血生吃禽兽	2-034
软件	要求计算机执行的一系列按照特定顺序编排的数据和指令的集合体	7-228
软玉	氧化硅、氧化镁、氧化钙及少量其他氧化物组合而成的玉石，质地偏软	3-091
塞贝克效应	有导电能力材料的两端存在温度差时会形成电位差的现象	10-327
烧结	高温加热使细碎的原料结合成整体坚硬构件的过程	1-016
烧土	火源附近因长期经历火烤而板结坚硬的土块	2-034
生铁	含碳量通常超过 2% 的硬而脆的早期铁块	5-162
生物惰性材料	在生物体内不与组织发生任何反应的材料	8-282
生物活性材料	能与生物组织发生有益的相互作用或对组织和细胞有生物活性的一类材料	8-282
生物陶瓷	具有特殊生理学特性的陶瓷	8-264
生物相容性	材料与生物体之间相互作用后所产生的各种复杂的生物、物理、化学反应等不会对人体器官或组织造成负面效应，同时可以保持材料的基本特性	8-282
生物医用材料	用于生物系统的疾病进行诊断、治疗、外科修复、理疗康复过程中或者替换生物体组织和器官以增进或恢复其功能的过程中所使用的材料，以及相应的替代材料	8-282
声呐	完成水下探测和通信任务的电子设备	10-320

续表

名词	科普阐述	章 - 页码
石核	适合用来制作石器的石材	2-028
石墨	单质碳原子以不很紧密的常规形式规则排列成硬度很低的物质	10-309
石墨烯	从石墨中分离出只有一个碳原子那么厚的纳米材料	10-317
石器时代	人工制造和使用石质工具的时代	1-018
石英	主要组分为氧化硅的石料	8-260
炻器	原料和烧成温度介于陶器和瓷器之间的烧成器	8-260
使役	材料处于正在发挥其性能的应用状态及相应行为的整体简称	1-017
熟铁	含碳量通常低于 0.1% 的早期软铁块	5-160
数字化过程	把模拟信息转变成数字信息的过程	7-227
数字信息	以有限的有理数表达的数值信息	7-227
水晶	氧化硅晶体	5-195
水泥	一种以氧化钙和氧化硅为主要成分的水硬性凝胶材料	6-216
水声换能器	在水中发射声信号的器件	10-320
塑料	一种主要用作结构材料的一类有机高分子材料或聚合物材料；通常需借助化学聚合过程人工合成塑料的主体成分；作为工程材料，其内还会含有填料、稳定剂、着色剂等多种添加成分	6-218
塑性	变形时当外力足够高，以致适当变形并去除外力后固体物质不能恢复原来形状而保留一定程度永久变形量的变形特性	1-006
燧石取火	敲打燧石产生火星，引燃周围易燃的树叶或动、植物纤维，最终获得燃烧的火	2-034
钛合金	以钛为主要成分的金属材料	8-257
弹簧钢	具有良好弹性、主要用作发挥减振的钢材	8-250
弹性	一个固体物质在外力作用下会发生一定变形，当外力去除后固体物质能够恢复到原来几何形状的那种变形特性	1-006
炭素耐火材料	以无烟煤、煤焦、煤沥青焦和石油沥青焦作原料，控制原料颗粒尺寸，经各种配料的混合加工、成型，在隔绝空气的条件下煅烧或干燥除水制成的耐火材料	8-267
碳纤维	以黏胶纤维、腈纶纤维、沥青等为原料经高温碳化、石墨化制成的高强度、高模量纤维	8-279
陶瓷材料	硅酸盐材料	1-007
陶器	以黏土为原料、与水混合成泥，人工塑造坯胎成型并晾干，经过火高温适时烧烤后，即经历一个烧结过程就会形成坚硬的器具	3-069
陶文	新石器时期大多在陶器上发现的字符，一些字符后来发展成现代汉字	3-093
特种陶瓷	采用高度精选的原料和严谨设计的成分，在生产过程中采用现代加工设备以精确控制化学组成和制造工艺参数，并因此获得不同类型优良性能的陶瓷	8-263
特种纤维	具有耐腐蚀、耐高温、难燃、高强度、高刚性等一些特殊性能的新型合成纤维	8-277
特种橡胶	除了具有普通橡胶的一般特点外，还具有某些特殊性能的橡胶	8-276
梯度材料	组成、结构、微观尺寸、密度由一侧向另一侧逐渐变化的材料	10-339
梯度型光纤	芯部由多层介质组成，其折射率从中心轴线开始沿径向向外逐渐减小，入射光束进入纤芯后，偏离中心轴线的光将呈曲线路径向中心集束传输；光束传播时形成周期性的会聚和发散，呈波浪式曲线前进的光纤	7-239
体积热容	单位体积的物质每升高一度所吸收的热量	8-258
天然铜	自然界里天然存在的金属铜	4-113
天然纤维	包括诸如麻纤维、棉纤维、竹纤维等植物纤维，以及蚕丝、羊毛、驼毛等动物纤维	8-276

续表

名词	科普阐述	章 - 页码
天然橡胶	主要取自橡胶树的胶乳，并经后续加工而制成的具有极高弹性、绝缘性、不透水和空气的材料；是一种以碳和氢为主要化学成分的天然高分子化合物	6-220
铁磁体	磁性物质、磁石	10-319
铁电陶瓷	内部电荷分布状态会随外加磁场的改变而发生变化的陶瓷	8-264
铁器时代	人工制造并大规模使用铁器的时代	1-018
铁氧体	以氧化铁为基础，与其他金属氧化物复合成的磁性材料	8-264
通用塑料	一般指产量大、用途广、成型性好、价格便宜的塑料	8-271
铜合金	以铜为主要成分的金属材料	8-255
铜器时代	人工制造并大规模使用铜器的时代	1-018
铜石并用时代	人类仍以使用石器为主，并少量使用铜制品的时期	4-114
透光	可见光线可以大量穿过物体，但从物体的一侧不能或很难清楚地看到另一侧的情景和图像的物体光学特性	5-194
透明	不仅可见光线几乎可以完全穿过物体，而且从物体的一侧可以清楚地看到另一侧的情景和图像的物体光学特性	5-194
土器	人为地把软泥块制成所需的形状，变干后硬化板结，可制成容器使用	3-069
推重比	发动机推力与发动机质量或飞机质量之比	10-344
维纶	性质接近于棉，吸湿性高于其他合成纤维，具有较好耐磨性、耐光性、耐腐蚀性的一种合成纤维	8-277
文明的标志	文字的发明和广泛使用	4-104
文字	保存和传递语言信息的一种系统性符号体系，可使信息在广泛的时间和空间范围高效率地传递	3-092
无缝钢管	对粗钢作穿孔加工而制成的钢管，具有良好的密封性且能够承受更大压强，其制造过程不需经过焊接	8-250
无机非金属材料	不具备延展性和其他金属特性的高化学稳定性无机化合物构成的材料	1-007
西门子 - 马丁炉	一个比较封闭的带有很大熔池的专用炼钢设备，带有燃料通道和热空气通道，可以快速燃烧加热，熔化炼钢原料并保持或控制钢水的温度，可实现较长时间的炼钢过程	6-206
吸波材料	能强烈吸收电磁波的材料	10-338
锡青铜	以含锡为主的青铜合金	4-113
线性文字	树枝或芦苇杆在泥面上书写时所划出两侧平行线条构成的文字	4-105
向列型液晶	分子沿长轴方向平行排列，分子间保持与近晶型液晶相似的平行关系	10-348
像素	组成显示画面的细小单元	10-349
橡胶	在室温或服役温度下具有大幅度可逆形变的高弹性聚合物材料或有机高分子材料，是天然橡胶与合成橡胶的总称	6-221
小尺寸效应	因物质达到纳米尺度所引起的物质自身性质的异常改变	10-314
楔形文字	树枝或芦苇杆插入泥面时所构成的以出现楔形痕迹为特征的文字	4-105
新石器时代	石器时代约 1.5 万年前之后的后一阶段	1-018
信息时代	大量的信息被数字化且在计算机及网络系统内海量存储、高速传输、广泛共享、经计算机处理和运算后，可转换或衍生出大量的新信息，极大地促进知识快速更新和实体经济发展的时代	7-241
性能	材料所必备的种种有用特性的整体简称	1-016
血液相容性	材料能否抗血小板血栓形成、抗凝血性、抗溶血性、抗白细胞减少性、抗补体系统亢进性、抗血浆蛋白吸附性和抗细胞因子吸附性等	8-283

续表

名词	科普阐述	章 - 页码
压电陶瓷	内部电荷分布状态会随外加载荷的改变而发生变化的陶瓷	8-264
压电效应	由纯外力引起物质表面电荷向两端极化分布的现象	10-317
甗	带笼屉的蒸食用具	4-142
药物缓释、控释载体材料	具有延缓或控制药物释放速度和部位、提高疗效、减小药物毒性和刺激性对人体正常组织的不良影响、保护药物并增加药物贮存稳定性等方面的作用，同时还要求其在体内具有可降解性和可吸收性	8-283
冶铁竖炉	一种由冶铜竖炉改造而来的，高高竖立的冶铁设备	5-160
冶铜竖炉	一种固定而竖立的冶铜设备	4-142
液晶	在较低的熔点和清亮点之间变成可流动混浊液体，但同时具备固态晶体性质的双熔点有机化合物	10-347
液晶盒	向列型液晶显示器件的基本构件，其内向列型液晶分子按特定的方向排列；施加外电场时，液晶分子长轴改变排列状态，进而调制通过的光线并实现所需的液晶显示	10-349
液态晶体	熔点和清亮点之间变成可流动混浊液体，但同时具备固态晶体性质的有机化合物	10-347
医学凝胶材料	溶液中的高分子链在一定条件下互相连接形成空间网状结构，且结构空隙中充满了大量作为分散介质的液体，其整体几乎无流动性的材料	10-354
医用黏合剂	将生物组织粘合起来的组织粘合剂，这类材料应在体内能迅速聚合，不产生过量的热和毒副产物，并且在创伤愈合时粘合剂可被吸收而不干扰正常的愈合过程	8-283
匜	一侧有敞口的水器	3-075
彝	祭祀用的大型盛酒器具	4-142
义眼台	眼球摘除术后进行眼窝修补的植入性羟基磷灰石填充物	10-353
音障	当飞机的飞行速度从亚飞行提高到超飞行时，飞机发动机的轰鸣声逐渐落后于飞机的飞行速度并会在飞机周围产生球状声波团，飞行的飞机会挤压其正前方向外传递的声波；向前传递的声波因受到强烈挤压而形成的一道阻碍飞机飞行的屏障	9-296
隐身材料	雷达电磁波吸收材料	10-339
印纹陶器	烧制前在柔软的陶坯表面刻画或印制上一些规则的痕迹或条纹，再烧制成表面带印纹的陶器	5-184
印纹硬陶	选择含有氧化铁量尽可能少的黏土，把烧陶温度尽可能提高到 1 200 ℃，而烧制成其上印纹可长期保留的硬质陶器	5-184
应力	内应力	1-009
硬度	物质抵抗外来物质侵入或迫使其塑性变形的能力	1-011
硬件	计算机系统中可以看见的物质部分	7-228
硬玉	氧化硅、氧化铝、氧化钠融合成主体为硅酸钠铝的玉石，质地偏硬	3-091
有机高分子材料	以聚合物为基本组分的材料	1-008
有机化合物	碳的化合物及其衍生物的总称	1-007
有机物	有机化合物	1-007
有色金属材料	非铁金属材料	8-252
卣	有盖和提梁的装酒器皿	4-142
釉	陶瓷表面一层透明、光滑、明亮、不吸水的物质，可保护陶瓷表面并装饰美化陶瓷	5-184
釉陶	涂覆并烧结出釉层的陶器	5-186
盂	广口瓶	3-075
预制棒	在较低折射率的氧化硅玻璃管内壁上沉积出不同折射率的物质，并在高温下使外层氧化硅玻璃管与沉积层均匀地融合在一起，冷却后形成的固态长条棒	7-240

续表

名词	科普阐述	章 - 页码
原始瓷	性能和质量已经远远超出传统陶器的釉陶	5-187
钺	最初源于斧，其功能也与斧类似，后变为用于装饰和陈列的礼器	3-054
陨铁	从地球以外穿过地球大气层坠落到地球表面且有非常高铁含量的陨石	5-157
砸击法	选用适当的石块作为加工工具，砸击放在石砧上面的石核以形成所需的石器形状	2-028
轧制	上、下互为反向滚动的轧辊把厚板坯卷入二者的缝隙中压制，形成厚度较低的轧板	1-014
诊断与检测医用高分子材料	通过与生物分子连接，可在体内对特异细胞、病毒、抗体等产生特异性反应，从而实现对疾病诊断和检测的材料	8-283
纸	植物纤维经适当加工制作后，以化学氢键键合及物理连接方式相互交联结合而成的薄片状材料，可用于书写、绘画、印刷、包装等许多方面	5-192
觯	饮酒用小尺寸的尊	4-142
铸铁	早期采用冶炼竖炉的铁水直接浇铸成型的生铁	5-163
铸铁韧化	将铸件在较高温度长时间加热可以促使铸件内碳与铁的化合物分解，碳的形态转变成石墨，使脆性明显降低	5-180
铸铁脱碳技术	将生铁铸件再次加热，使生铁中的碳在高温下扩散出铸件表面而在空气中烧损，以降低铸件的碳含量和脆性	5-180
铸造	把高温冶炼成的液态金属或合金注入具有所需形状的模腔内，液态金属或合金随温度降低转变成模腔形状固态的凝固过程	4-119
转炉	有一个可以翻转的放置熔融的生铁的熔池，可以把空气吹入熔池，并通过氧与碳的燃烧反应降低铁中的碳含量和其他杂质的炼钢设备	6-206
子像素	在彩色液晶显示器中每个像素所包含的红色、绿色和蓝色三个控制颜色的更小单元	10-350
自然金	自然界里天然存在的金属金	4-144
自然铜	自然界里天然存在的金属铜	4-113
自然银	自然界里天然存在的金属银	4-146
自然资源	在人类出现之后，被人类利用并给人类带来效益的自然物质	8-284
字节	八个比特的二进制数，以表达任何可能的字母、数码、符号等	7-229
镞	弓箭射出箭的头部，简称箭头	2-040
阻尼	材料因发生弹性变形而吸收能量，并因此造成弱化载荷波动的传递和降低构件振动的减振现象	8-258
组织相容性	材料的细胞吸附性、无抑制细胞生长性、细胞激活性、抗细胞原生质转化性、抗类症性、无抗原性、无诱变性、无致癌性、无致畸性等	10-351
钻木取火	木与木在木槽内摩擦生热产生燃木，引燃周围易燃的树叶或动植物纤维，最终获得燃烧的火	2-034
尊	圈足、带腹、长颈、大敞口的盛酒器	4-142

郑重声明

前沿零距离
Walking at Frontiers

“前沿零距离”科普著作系列

已经出版

- 基因的名义
  黄捷 著

ISBN 978-7-04-049950-6

- 时空的乐章——引力波百年漫谈
  卢昌海 著

ISBN 978-7-04-050988-5

- 趣谈创意实现的3D打印
  李维 邹慧君 著

ISBN 978-7-04-051848-1

- 材料与文明
  毛卫民 著

ISBN 978-7-04-053003-2

即将出版

- 时间之旅
  杜如虚 著

- 中国古机械解密
  颜鸿森 著